物联网综合应用

——物联网系统安装调试综合实训

主　编　席　东　吕文祥　刘华威

副主编　花文俊　王慧倩　张玉玲

贾安乐

西北工業大學出版社

西　安

【内容简介】 本书采取项目教学、任务驱动方式编写，主要内容包括物联网系统安装调试技术基础、典型物联网感知层系统安装调试与应用、典型智慧农业系统安装调试与应用、智能家居系统安装调试与应用。编写时既考虑知识全面、内容严谨，在书中配有大量图片以帮助学生学习理解，又考虑从实际应用出发，淡化理论、强化应用。在内容上注重理论与实践相结合，将教学内容合理分配到三个实际工程项目中，每个项目均由若干任务组成，每个项目根据知识点设计工作任务，循序渐进地培养学生对物联网工程项目的安装与调试技能的掌握，让学生在完成任务的同时，掌握物联网应用系统硬件和软件的配置与搭建。

图书在版编目(CIP)数据

物联网综合应用 / 席东，吕文祥，刘华威主编. --
西安：西北工业大学出版社，2019. 8
ISBN 978-7-5612-6524-6

Ⅰ. ①物… Ⅱ. ①席… ②吕… ③刘… Ⅲ. ①互联网络—应用②智能技术—应用 Ⅳ. ①TP393. 4②TP18

中国版本图书馆 CIP 数据核字(2019)第 153997 号

WULIANWANG ZONGHE YINGYONG
物联网综合应用

责任编辑：付高明　　**策划编辑**：付高明
责任校对：华一瑾　　**装帧设计**：李　飞
出版发行：西北工业大学出版社
通信地址：西安市友谊西路 127 号　　邮编：710072
电　　话：(029)88491757，88493844
网　　址：www. nwpup. com
印 刷 者：兴平市博闻印务有限公司
开　　本：787 mm×1 092 mm　　1/16
印　　张：18
字　　数：443 千字
版　　次：2019 年 8 月第 1 版　　2019 年 8 月第 1 次印刷
定　　价：55. 00 元

前　言

物联网被称为继计算机、互联网之后信息产业发展的第三次浪潮，物联网时代的来临正在使人们的生活发生翻天覆地的变化。为适应行业企业对物联网技术人才的需求，越来越多的职业院校开始开设物联网技术应用相关专业。相对于高等学校侧重于物联网技术开发，职业院校教学更强调物联网技术在实际工程中的具体应用。为便于中、高职业院校物联网相关专业教师组织专业教学，我们编写了此书。

本书采取项目教学、任务驱动方式编写。编写时既考虑知识全面、内容严谨，在书中配有大量图片以帮助学生学习理解，又考虑从实际应用出发，淡化理论、强化应用。在内容上注重理论与实践相结合，将教学内容合理分配到三个实际工程项目（项目二～项目四）中，每个项目均由若干任务组成，每个项目根据知识点设计工作任务，循序渐进地培养学生对物联网工程项目的安装与调试技能的掌握，让学生在完成任务的同时，掌握物联网应用系统硬件和软件的配置与搭建。

本书符合职业教育注重实践、动手能力的教学特点，适合作为中职和高职院校物联网相关专业学生学习物联网安装与调试的教材，也可以作为短期培训教材和辅导用书。

本书由河南省驻马店财经学校物联网技术应用专业有丰富实践经验的教师编写。席东、吕文祥、刘华威担任主编，花文俊、王慧倩、张玉玲、贾安乐担任副主编。其中项目一、项目四由吕文祥、张玉玲、贾安乐编写，项目二由席东、花文俊编写，项目三由刘华威、王慧倩编写。

本书配套实训设备由北京新大陆时代教育科技有限公司提供，该公司为本书的编写提供了技术支持。由于作者水平有限，书中疏漏和不足之处难免，敬请读者批评指正。

编者

2019 年 1 月

目　　录

项目一

物联网系统安装调试技术基础

物联网系统安装调试与应用，涉及物联网硬件设备安装与综合布线、系统软件安装部署、组网调试及应用等内容。

本项目主要介绍物联网基本知识、安全用电知识，并以物联网典型应用——智能家居为例，介绍物联网设备安装施工工具和布线规范。通过本项目的学习，可以了解物联网基本知识、掌握物联网设备安装布线的基本方法和要求。

任务1　物联网技术概述

本任务主要学习有关物联网技术的基础知识，物联网的关键技术及架构。通过上述内容学习，使学生了解和认识物联网。

一、物联网的内涵

物联网，简称IOT，其英文全称是“ The Internet of things”。顾名思义，物联网就是物物相连的互联网。这里有两层含义：①物联网的核心和基础仍然是互联网，是在互联网基础上的延伸和扩展的网络；②其用户端延伸和扩展到了任何物品与物品之间进行信息交换和通信。物联网实际上是互联网的应用拓展，与其说物联网是网络，不如说物联网是业务和应用；物联网本质上是通过智能感知、自动识别技术与普适计算、泛在网络的融合应用；物联网被称为继计算机、互联网之后世界信息产业发展的第三次浪潮。

进入21世纪以来，随着感知和识别技术的快速发展，信息从传统人工生成的单通道模式转变为人工生成和物体自动生成的双通道模式。以传感器和智能识别终端为代表的信息自动生成设备，可以实时准确地开展对物理世界的感知、测量和监控。

来自物理世界的联网需求以及信息世界的扩展需求，催生出了一类新型网络——物联网。物联网最初被描述为物品通过射频识别等信息传感设备与互联网连接起米，实现智能化识别、控制和管理。其核心在于物与物之间广泛而普遍的互联。上述特点已超越了传统互联网应用的范畴，呈现了设备多样、多网融合、感控结合等特征，具有了物联网的初步形态。物联网技术通过物理世界信息化、网络化，对传统上分离的物流世界和信息世界实现互联和整合。

通过传感网、互联网、泛在网等相关网络的比较分析，可以得到一个结论：物联网是一个基于互联网、传统电信网等信息承载体，让所有能够被独立寻址的普通物理对象实现互联互通的网络。它具有普通对象设备化、自治终端互联和普适服务智能化三个重要特征。在物联网时代，每一件物体均可寻址，每一件物体均可通信，每一件物体均可控制。毫无疑问，物联网时代的来临将会使人们的日常生活发生翻天覆地的变化。一个物物相连的世界如图1-1-1所示。

在理解物联网基本概念时需要注意以下几个问题。

1. 物联网是互联网的延伸与扩展

物联网是在互联网的基础上，利用射频标签与无线传感器网络技术构建一个覆盖世界上所有人与物的网络信息系统。人与人之间的信息交互和共享是互联网最基本的功能，而在物联网中，更强调的是人与物、物与物之间信息的自动交互和共享。因此，可以认为物联网是

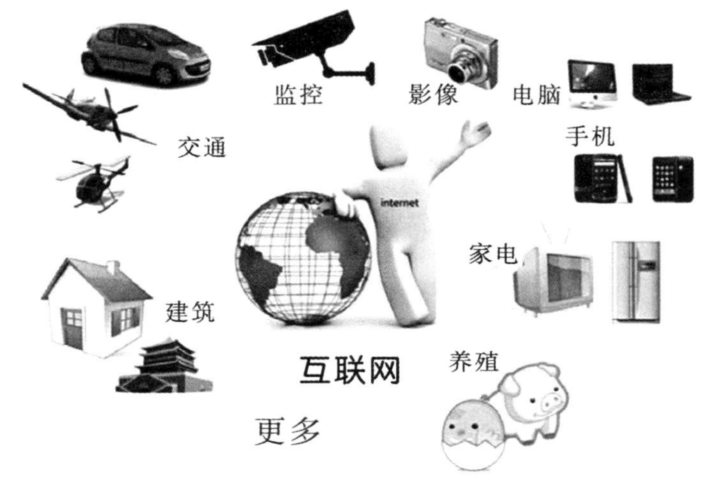

图 1-1-1　物物相连的互联网

互联网接入方式与端系统的延伸，也是互联网功能的扩展。

2. 物联网实现现实世界与信息世界的无缝连接

2009 年 9 月在北京举办的“物联网与企业环境中欧研讨会”上，欧盟委员会信息和社会媒体司 RFID 部门负责人洛伦特（Rorent Ferderix）博士对物联网的描述是：物联网是一个动态的全球网络基础设施，它具有基于标准和互操作通信协议的自组织能力，其中物理世界和虚拟的“物”具有身份标识、物理属性、虚拟的特征和智能的接口，并与互联网无缝连接。

IBM 公司也在智慧地球概念的基础上提出了其对物联网的理解。IBM 的学者认为智慧地球将感应嵌入和装备到电网、铁路、桥梁、隧道、公路、建筑、供水系统、大坝、油气管等每种物体中，并通过超级计算机和云计算组成物联网，实现人类社会与物理系统的整合。智慧地球的概念从根本上说，就是希望通过在基础设施和制造业上大量嵌入传感器，捕捉运行过程中的各种信息，然后通过无线传感器网络接入互联网，通过计算机分析处理发出指令，反馈给传感器，远程执行指令，以达到提高效率和效益的目的。这种技术控制的对象小到控制一个开关、一个可编程控制器、一台发电机，大到控制一个行业的运行过程。

因此，我们可以将物联网理解为物—物相连的互联网、一个动态的全球信息基础设施，也有学者将它称作无处不在的“泛在网”和“传感网”。无论是叫它“物联网”，还是“泛在网”或“传感网”，这项技术的实质都是使世界上的物、人、网与社会融合为一个有机整体。

物联网概念的本质就是将地球上人类的经济活动、社会活动、生产运行与人的生活都放在一个智慧的物联网基础设施之上运行。

3. 连接到物联网上的“物”应该具备的基本特征

连接到物联网的每个“物”应该具有四个基本特征：地址标识、感知能力、通信能力和可以控制。我们可以将这四个基本特征理解为：①地址标识——你是谁？你在哪里？②感知能力——你有感知周围情况的能力吗？③通信能力——你能够将你了解的情况告诉我吗？④可以控制——你能听从我的指令吗？

在组建物联网应用系统时，我们首先需要给具有感知能力的传感器或射频标签（FID）芯片编号，将编号后的传感器安装在指定的位置：将编号和物品的基本信息写入到RFID芯片中，再将RFID芯片贴到指定的物品上。在物联网系统运行过程中，当传感器或RFID芯片移动时，我们能够通过无线网络与互联网随时掌握不同编号的传感器或RFID芯片目前所处的位置，能够指示传感器或RFD芯片，将它们感知的周边情况通过网络传给我们，并且利用计算机的智能决定应该做什么。因此，具有移动感知功能的物联网需要由三大关键技术来支撑，这三个关键技术是感知、传输与计算。终端感知和地址标识是物联网技术的基础。终端感知和地址标识主要通过RFID与传感器技术来实现。因此，支撑物联网中人与物、物与物之间自动信息交换的关键技术是FFID与WSN技术，它们将物理世界与信息世界整合为一个整体。对物联网中的人、设备、网络与信息进行处理、管理与控制时需要有功能强大的高性能计算机与安全的数据存储设备。

4. 物联网可以用于公共管理和服务、企业应用、个人和家庭应用三大领域

互联网有多种网络服务功能，如E-mail，FTP，Web以及IPTV等，很多的互联网网站购置了大量的服务器、存储设备和路由器、通信线路，提供各种网络服务功能，同时学校的校园信息服务系统、企业的电子商务系统、政府部门的电子政务系统都在互联网中运行，提供各种信息服务和信息共享功能。同样，随着物联网的广泛应用，必然出现大量的物联网应用系统，如服务于制造业、物流业以及军队后勤补给的物联网应用系统，能够在提高产业核心竞争力方面产生重要的作用，从感知层到网络层，再到最后的应用层，物联网业务将在工业生产、精准农业、公共安全监控、城市管理、智能交通、安全生产、环境监控、远程医疗、智能家居等领域得到广泛应用。因此，物联网可以应用于三大领域，即公共管理和服务、企业应用、个人和家庭应用。物联网是由大量不同用途、符合不同协议标准的物联网应用系统所组成，物联网的功能体现在各种物联网应用系统所提供的服务上。

5. 物联网提供服务的特点

在物联网环境中，一个合法的用户可以在任何时间、任何地点，对任何资源和服务进行低成本访问。有的学者将物联网能够提供服务的特点总结为7A服务，即“Anyone，Antime，Anywhere，Affordable，Access to Any thing by Authorized”。我们也可以将物联网提供服务的特点总结为任何人（Anyone，Anybody）可以在任何时候（Anytime，Any Context）、任何地方（Any Place，Anywhere），通过任何网络或途径（Any Path，Any Network）访问任何事（Anything，Any Device）和任何服务（Any Service，Any Business）。

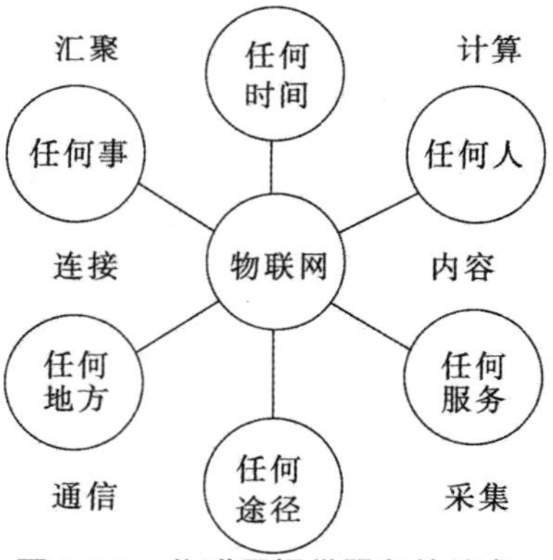

图1-1-2 物联网提供服务的特点

物联网能够提供服务的特点如图1-1-2所示。

二、物联网的基本特征

物联网的基本属性归根结底就是无论是人还是物品，均不受时间和地点的限制，通过各式各样的网络和途径与其他设备之间进行联系，实现人与物、物与物之间的沟通和对话。而

数据的采集、计算、分析与处理、通信乃至应用场景的连通性就构成了物联网的相关属性，这些均体现为物与物、人与物间的无缝连接。根据物联网的特性，其主要特征有以下四点。

1. 基本功能特征

物联网的“物”，既可以是真实存在于物理世界的“物”，也可以是虚拟的“物”，均具有身份标识，遵循并使用物联网的通信协议，采用适当的信息安全保障机制，在物联网的真实与虚拟的世界中实现信息的交换。

2. 物体通用特征

物体自身带有传感器，可实时捕获数据，按照一定的周期采集信息，不断更新数据，实现与环境之间的交互。

3. 社会特征

物与物、人与物之间是可以进行相互通信的，同时还能彼此协作创建网络，以实现所有物品与网络之间的连接，充分达到互联互通。

4. 自治特征

具有自动化、自我反馈等智能处理功能，如物体可自动完成设定的任务，具有分析自理判断能力，自动有选择性地传送信息等。

三、物联网的关键技术

物联网技术涉及多个领域，这些技术在不同的行业往往具有不同的应用需求和技术形态。根据如图 1-1-3 所示为物联网的关键技术，对物联网涉及的核心技术进行归类和梳理，可以形成如图 1-1-4 所示的物联网技术体系模型。在这个技术体系中，物联网的技术构成主要包括感知与标识技术、网络与通信技术、计算与服务技术、管理与支撑技术四大体系。

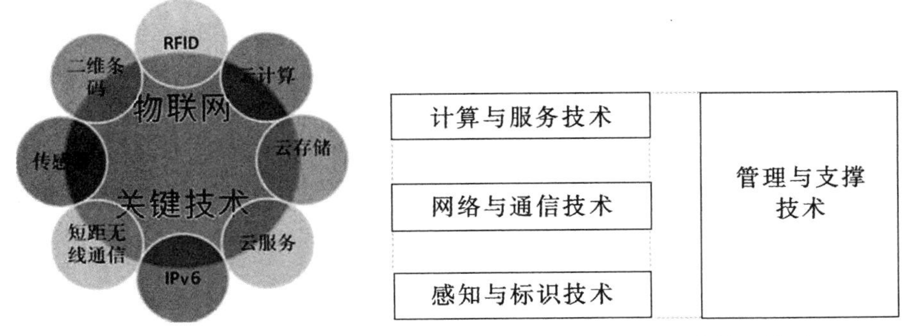

图 1-1-3　物联网关键技术　　　图 1-1-4　物联网技术体系模型

（一）感知与标识技术

感知与标识技术是物联网的基础，负责采集物理世界中发生的物理事件和数据，实现外部世界信息的感知和识别，包括多种发展成熟度差异性很大的技术，如传感器、

RFID、二维码等。

1. 传感技术

传感技术是利用传感器和多跳自组织传感器网络、协作感知，采集网络覆盖区域中感知对象的信息。传感器技术依附于敏感机理、敏感材料、工艺设备和计测技术，对基础技术和综合技术要求非常高。

2. 识别技术

识别技术涵盖物体识别、位置识别和地理识别，对物理世界的识别是实现全面感知的基础。物联网标识技术是以二维码、BFID 标识为基础的，对象标识体系是物联网一个重要技术。从应用需求的角度，识别技术首先要解决的是对象的全局标识问题，要研究物联网的标准化物体标识体系，进一步融合及适当兼容现有各种传感器和标识方法，并支持现有和未来的识别方案。

（二）网络与通信技术

网络是物联网信息传递和服务支撑的基础设施，通过泛在的互联功能，可实现感知信息的高可靠性和高安全性传送。

1. 接入与组网

物联网的网络技术涵盖泛在接入和骨干传输等多个层面的内容，以互联网协议版本 6（IPv6）为核心的下一代网络，为物联网的发展创造了良好的基础网条件，以传感器网络为代表的末梢网络在规模化应用后，面临着与骨干网络的接入问题，并且其网络技术需要与骨干网络进行充分协同，这些都将面临着新的挑战，需要研究固定、无线和移动网及 Ad-hoc 网技术、自治计算与联网技术等。

2. 通信与频管

物联网需要综合各种有线及无线通信技术，其中近距离无线通信技术将是物联网的研究重点。由于物联网终端一般使用工业科学医疗（ISM）频段进行通信（免许可证的 2.4 GHz ISM 频段全世界都可通用），频段内包括大量的物联网设备以及现有的无线保真（Wi-Fi）、超宽带（UWB）、ZigBee、蓝牙等设备，频谱空间将极其拥挤，制约物联网的实际大规模应用。为提升频谱资源的利用率，让更多物联网业务能实现空间并存，需要切实提高物联网规模化应用的频谱保障能力，保证异种物联网的共存，并实现其互联、互通和互操作。

（三）计算与服务技术

海量感知信息的计算与处理是物联网的核心支撑，服务和应用则是物联网的最终价值体现。

1. 信息计算

海量感知信息计算与处理技术是物联网应用大规模发展后面临的重大挑战之一，需要研究海量感知信息的数据融合、高效存储、语义集成、并行处理、知识发现和数据挖掘等关键技术，攻克物联网“云计算”中的虚拟化、网格计算、服务化和智能化技术，核心是采用云计算技术实现信息存储资源和计算能力的分布式共享，为海量信息的高效利用提供支撑。

2. 服务计算

物联网的发展应以应用为导向，在物联网的环境下，服务的内涵将得到革命性扩展，不断涌现的新型应用将使物联网的服务模式与应用开发受到巨大挑战，如果继续沿用传统的技术路线必定束缚物联网应用的创新。从适应未来应用环境变化和服务模式变化的角度出发，需要面向物联网在典型行业中的应用需求，提炼行业普遍存在或要求的核心共性支撑技术，研究针对不同应用需求的规范化、通用化服务体系结构以及应用支撑环境、面向服务的计算技术等。

（四）管理与支撑技术

随着物联网网络规模的扩大、承载业务的多元化和服务质量要求的提高以及影响网络正常运行因素的增多，管理与支撑技术是保证物联网实现“可运行—可管理—可控制”的关键，包括测量分析、网络管理和安全保障等方面。

1. 测量分析

测量是解决网络可知性问题的基本方法，可测性是网络研究中的基本问题。随着网络提高与新型业务的不断涌现，需研究高效的物联网测量分析关键技术，建立面向服务感知的物联网测量机制与方法。

2. 网络管理

物联网具有“自治、开放、多样”的自然特性，这些自然特性与网络运行管理的基本需求存在着突出矛盾，需研究新的物联网管理模型与关键技术，保证网络系统正常高效的运行。

3. 安全保障

安全是基于网络的各种系统运行的重要基础之一，物联网的开放性、包容性和匿名性也决定了不可避免地存在信息安全隐患，需要研究物联网安全关键技术，满足机密性、真实性、完整性和抗抵赖性的四大要求，同时还需解决好物联网中的用户隐私保护与信任管理问题。

四、物联网的架构

物联网作为一个系统网络，与其他网络一样，也有其内部特有的架构。物联网系统有三个层次，一是感知层，即利用 RF1D、传感器、二维码等随时随地获取物体的信息；二是网络层，通过各种电信网络与互联网的融合，将物体的信息实时准确地传递出去；三是应用层，把感知层得到的信息进行处理，实现智能化识别、定位、跟踪、监控和管理等实际应用。

如果把物联网系统和人体做比较，感知层好比人体的四肢，传输层好比人的身体和内脏，那么应用层就好比人的大脑，软件和中间件是物联网系统的灵魂和中枢神经。

感知层包括信息采集和组网与协同信息处理，通过传感器、一维/二维条码、RFID以及其他多媒体信息自动识别并采集信息。采集到的信息需要向上位端传输，这就需要利用组网技术和协同信息处理技术，包括远距离与近距离数据传输技术、自组织组网技术、协同信息处理技术以及信息采集中间件技术。网络层主要指的是由移动通信网、广电网、互联网以及其他专网组成的网络体系，实现数据的传输。应用层包括物联网应用的支撑技术和物联网的实际应用。在物联网系统架构中，我们还可以看到物联网涉及到公共技术，例如编码、标识、解析、信息服务、安全以及中间件技术。如图1-1-5所示，物联网的层次还可以换一种方式理解，即信息采集、信息传输、信息处理。

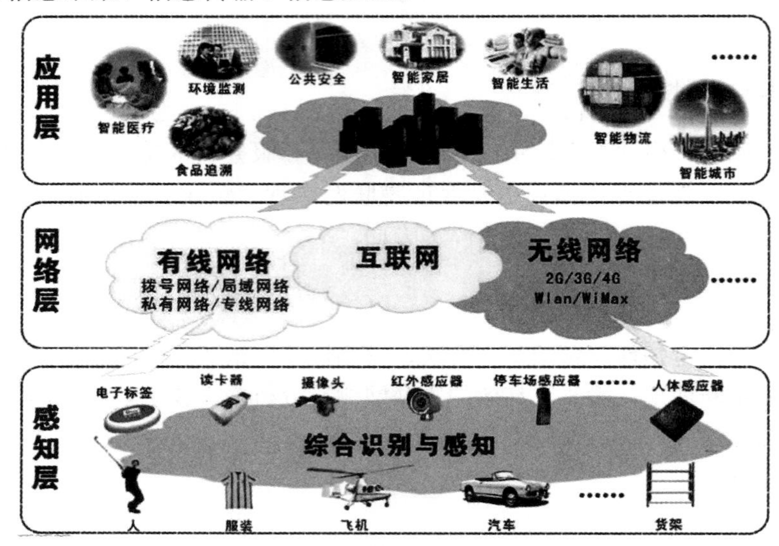

图 1-1-5　物联网的三层架构

物联网接入技术是指凡是能够实现物物相连，无论是通过有线方式还是无线方式接入互联网的数据传输技术。

（一）物联网感知层

感知层，顾名思义就是感知系统的一个层面，这里的感知主要就是指系统信息的采集。感知层就是把所有物品通过一维/二维条码、射频识别（RFID）、传感器、红外感应器、全球定位系统等信息传感装置自动采集到与物品相关的信息，并传送到上位端，完成传输到互联网前的准备工作。比如在供应链管理、工业控制、智能交通、智能家居中都得到很好的应用。例如，粘贴在设备上的RFID标签和用来识别采集RFID信息的读写器就属于物联网的感知层设备。人们采集到的信息是RFID标签里面存储的内容，需要在采集装置的本地进行处理，然后将有用的数据传输到系统控制管理中心，例如，高速公路不停车收费系统、超市仓储管理系统等，都是基于此类结构的物联网应用。

感知层作为物联网架构的基础层面，主要是达到信息采集并将采集到的数据上传的目的。感知层主要包括自动识别技术产品和传感器，无线传输技术（WLAN，Bluetooth，ZigBee，UWB）、自组织组网技术和中间件技术。

1. 传感器

传感器是构成物联网的基础单元，是物联网的耳目，是物联网获取相关信息的来源。具体来说，传感器是一种能够对当前状态进行识别的元器件，当特定的状态发生变化时，传感器能够立即察觉出来，并且能够向其他的元器件发出相应的信号，用来告知状态的变化。

(1) 传感器的定义。国家标准 GB7665-87 对传感器下的定义："能感受规定的被测量并按照一定的规律转换成可用信号的器件或装置，通常由敏感元件和转换元件组成。"传感器是一种检测装置，能感受到被测量的信息并能将检测感受到的信息，按一定规律变换成为电信号输出，以满足信息的传输、处理、存储、显示、记录和控制等要求。它是实现自动检测和自动控制的首要环节。

(2) 传感器的作用。人们为了从外界获取信息，必须借助于感觉器官。而单靠人们自身的感觉器官，在研究自然现象和规律以及生产活动中，它们的功能就远远不够了。为适应这种情况，就需要传感器。因此，可以说，传感器是人类五官的延长，又称之为"电五官"。

新技术革命的到来，世界开始进入信息时代。在利用信息的过程中，首先要解决的就是要获取准确可靠的信息，而传感器是获取自然和生产领域中信息的主要途径与手段。

在现代工业生产尤其是自动化生产过程中，要用各种传感器来监视和控制生产过程中的各个参数，使设备工作在正常状态或最佳状态，并使产品达到最好的质量。因此，可以说，没有传感器，现代化生产也就失去了基础。

在基础学科研究中，传感器更具有突出的地位。现代科学技术的发展，进入到了许多新领域，例如，在宏观上要观察上千光年的茫茫宇宙，在微观上要观察小到纳米级的粒子世界，纵向上要观察长达数十万年的天体演化，短到纳秒的瞬间反应。此外，还出现了对深化物质认识、开拓新能源、新材料等具有重要作用的各种极端技术研究，如超高温、超低温、超高压、超高真空、超强磁场、超弱磁场等。显然，要获取大量人类感官无法直接获取的信息，没有相适应的传感器是不可能的。许多基础科学研究的障碍，首先就在于对象信息的获取存在困难，而一些新机理和高灵敏度的检测传感器的出现，往往会导致该领域内的突破。一些传感器的发展，往往是一些边缘学科开发的先驱。

传感器早已渗透到诸如工业生产、宇宙开发、海洋探测、环境保护、资源调查、医学诊断、生物工程、甚至文物保护等等极其广泛的领域。可以毫不夸张地说，从茫茫的太空到浩瀚的海洋，以至各种复杂的工程系统，几乎每一个现代化项目，都离不开各种各样的传感器。由此可见，传感器技术在发展经济、推动社会进步方面的重要作用是十分明显的。

(3) 传感器的分类。传感器通常有根据转换原理（传感器工作的基本物理或化学效应）、用途、输出信号类型以及制作、材料和工艺等不同的分类方式。

根据传感器转换原理，可分为物理传感器和化学传感器二大类。传感器工作原理的分类物理传感器应用的是物理效应，诸如压电效应、磁致伸缩现象、离化、极化、热电、光电、磁电等效应。被测信号量的微小变化都将转换成电信号。化学传感器包括那些以化学吸附、电化学反应等现象为因果关系的传感器、被测信号量的微小变化也将转换成电信号。

有些传感器既不能划分到物理类，也不能划分为化学类。大多数传感器是以物理原理为基础运作的。化学传感器技术问题较多，例如可靠性问题，规模生产的可能性，价格问题等，解决了这类难题，化学传感器的应用将会有巨大增长。

2. 自动识别

自动识别技术系统是指将物品有关代码采用条码、射频等自动识别与数据采集技术作为载体进行承载，以及通过条码、射频等自动识别设备获取条码、射频标签上承载的物品编码信息的技术体系。自动识别过程实现了某一个条码、射频标签与唯一标识某一物品的物品编码的一一对应关系，该系统完成国家物品识别网络体系的信息采集功能，该系统获取物品编码系统中的信息，并上传到上层中间件系统中进行加工处理。

（1）日前常用的自动识别技术主要有以下几种。

1）条码识别技术。这是目前应用最为广泛的自动识别技术，其识别原理是光学识别，条码识读器将采集到的条码反射光通过光电转化变为电信号，经整形、模数转换以及译码，转换成相应的数字、字符信息，通过与计算机相连的识读器将信息送入信息系统进行数据处理与管理。条码按照不同的分类方法、不同的编码规则可以分成许多种，现在已知的世界上正在使用的条码有 250 多种。条码的分类主要依据条码的编码结构和条码的性质来决定。例如，按条码的长度来分，可分为定长条码和非定长条码；按排列方式分，可分为连续型条码和非连续型条码；从校验方式分，又可分为自校验条码和非自校验型条码等。

条码技术具有简单易操作、灵活实用、可靠性高、成本低廉等特点，在商业零售领域、仓储管理与物流跟踪、数据自动录入、图书管理等众多领域有着广泛的应用。

2）射频识别技术。射频识别技术是 20 世纪 90 年代引起全球关注的一种非接触的自动识别技术，射频标签与射频识读器之间通过感应、无线电波反射的工作方式进行非接触双向通信，识读器可以对标签进行读写操作。最基本的 RFI1D 系统由三部分组成：①标签（tag），由耦合元件及芯片组成，标签含有内置天线，用于和射频天线间进行通信；②识读器/读写器，读取/写入标签信息的设备；③天线，在标签和读取器间传递射频信号。

系统的基本工作流程：阅读器通过发射天线发送一定频率的射频信号，当射频标签进入发射天线工作区域时，射频标签获得能量被激活，并将自身编码等信息通过标签内置发送天线发送出去，系统接收天线接收到从射频标签发送来的载波信号，经天线调节器传送到识读器，识读器对接收的信号进行解调和解码，然后送到后台主系统进行相关处理。

按照不同的方式，射频识别系统有以下几种分类：

按供电方式分为有源射频识别系统和无源射频识别系统。有源是指标签内有电池提供电源，其作用距离较远，但寿命有限，体积较大、成本高，且不适合在恶劣环境下工作；无源是指标签内无电池，它利用射频波供电技术将接收到的射频能量转化为直流电源为卡内电路供电，其作用距离相对有源卡较短，但寿命长且对工作环境要求不高。

按载波频率分为低频、高频和超高频。低频射频标签主要有 125 kHz 和134.2 kHz两种；高频射频标签频率主要为 13.56 MHz；超高频射频标签主要为433 MHz，800～900 MHz，2.45 GHz，5.80 GHz 等。在应用方面，低频系统主要用于短距离、低成本的应用中，如多数的门禁控制、校园卡、动物监管、货物跟踪等；高频系统用于门禁控制和需传送大量数据的应用系统；超高频系统应用于需要较长的读写距离和高读写速度的场合，其天线波束方向较窄且价格较高，在火车监控、高速公路收费等系统中应用。

我国物品识别网络的射频技术建议采用 800～900 MHz 频段，因为该频段相对于其他频段具有以下优势：

- 穿透性好：30 cm左右的波长，对于物流过程识别，对物品的一些阻挡有较好的绕射。
- 识读距离长：此频段的识别，采用雷达模型，可以有较长的识别距离。
- 识读速率高：本频段频率高，识读速率高，适合物流中对移动物品的识别。
- 良好的产业基础：最先实现被动标签识别的频段，有相关产业基础。

按调制方式的不同可分为主动式和被动式。主动式射频标签用自身的射频能量主动地发送数据给读写器；被动式射频标签使用调制散射方式发射数据，它必须利用读写器的载波来调制自己的信号，该类技术适合用在门禁或交通应用中，因为读写器可以确保只激活一定范围之内的射频标签。在有障碍物的情况下，用调制散射方式，读写器的能量必须来去穿过障碍物两次，而主动方式的射频标签发射的信号仅穿过障碍物一次，因此，主动方式工作的射频标签主要用于有障物的应用中，距离更远（可达30 m）。

射频识别技术具有非接触、无须人工干预、抗劣环境、标签数据存储量大、可识别多对象等特点，目前在车辆自动识别、高速公路收费及智能交通系统、货物的跟踪及物品监视、生产线自动化及过程控制、动物的跟踪管理等方面都得到越来越广泛的应用。

3）其他识别技术。图像识别技术和光学符识别技术也在物品自动识别领域有一定的应用前景。

（2）自动识别过程。自动识别过程由数据承载、数据采集与数据传输3个过程组成，3个过程相互配合，共同完成编码数据的自动采集。根据不同的载体特性或应用需求，部分过程或过程的功能可以省略。

1）数据承载。数据承载过程是指按照确定的自动识别数据载体的技术规定，将物品编码转换为数据载体承载格式，以及提供数据采集过程必须的附加信息的过程。

2）数据采集。数据采集过程是指采集获取数据承载过程装载的物品编码以及附加数据传输所需的附加信息的过程。

3）数据传输。数据传输过程是将数据采集过程中获得的物品编码，按一定的规则，添加相应的标识符后，上传到信息系统的过程。

3. 无线传输技术

信息在通过设备采集之后就要传输到网络节点上，在传输过程中分为近距离传输和远距离传输。这里所讲的近距离传输和远距离传输主要是指采集设备到传输节点的距离的长短。根据传输距离远近和传输环境的不同，可以采用不同的传输技术。一般情况下，如果在应用场所已经接通了物联网，即可实现数据的传输，下面特指的是在没有物联网接入的情况下，可以采用的几种技术：

（1）WLAN与Wi-Fi。WLAN即无线局域网，起源于美国军方，是利用无线技术在空中传输数据、话音和视频信号。作为传统布线网络的一种替代方案或延伸，无线局域网使人们可以随时随地获取信息，提高了办公效率，此外，它能够方便地实施联网技术，因为WLAN可以便捷、迅速地接纳新加入的成员，而不必对网络的用户管理配置进行过多的变动。在物联网中，WLAN可以利用在有线网络布线困难的地方，使用WLAN方案。Wi-Fi是无线保真（Wireless Fidelity）的缩写，属于WLAN的一种，是一种可以将个人计算机、手持设备（如PDA、手机）等终端以无线方式互相连接的技术，Wi-Fi的主要特点是传输速率高、可靠性高、建网快速、便捷、可移动性好、网络结构弹性化、组网灵活、组网价格较低等，物联网中可以通过 Wi-Fi 网络连通 RFID 识读器等手持终端和信息传输节点。

(2) Bluetooth。Bluetooth 即蓝牙，是一个开放性的、短距离无线通信技术标准，创始人是瑞典爱立信公司。它可以在较小的范围内，通过无线连接的方式，安全、低成本、低功耗的网络互联，使得近距离内各种通信设备能够实现无缝资源共享，也可以实现在各种数字设备之间的语音和数据通信。由于蓝牙技术可以方便地嵌入到单一的 CMOS 芯片中，因此，特别适用于小型的移动通信设备，使设备去掉了连接电缆的不便，通过无线建立通信。

(3) ZigBee。ZigBee，即紫蜂，属于短距离无线通信技术。2002 年，ZigBee AIliance 成为这一名称来源于密蜂的八字舞，由于蜜蜂 (bee) 是靠飞翔和“嗡嗡”(zlg) 地抖动翅膀的“舞蹈”来与同伴传递花粉所在方位信息，也就是说蜜蜂依靠这样的方式构成了群体中的通信网络。ZigBee 特点是近距离、低复杂度、自组织、低功耗、低数据速率、低成本。在自动控制和远程控制领域比蓝牙的效果要好，并且可以嵌入各种设备。

(4) UWB。UWB (Utra widebond) 即超宽带技术。UWB 起源于 20 世纪 50 年代末，此前主要作为军事技术在雷达等通信设备中使用。从理论上讲，UWB 可以与现有无线电设备共享带宽。UWB 是一种高速而又低功耗的数据通信方式。UWB 的特点主要有抗干扰性能强、传输速率高、带宽极宽、消耗电能少、保密性好、发送功率非常小、成本低等。

上面四种无线传输技术的特点与比较，见表 1-1-1。

表 1-1-1　四种无线传输技术的特点与比较表

	无线局域网 (WLAN)	蓝牙 (Bluetooth)	紫蜂 (ZigBee)	超宽带 (UWB)
传输速率	高	低	低	高
功耗	高	高	低	低
有效传输距离	30～50 m	小于 10 m	10 m	小于 10 m
成本	高	高	低	低
安全性	高	高	低	低
复杂程度	高	高	低	低

4. 自组织组网技术

在物联网感知层中还应用到了自组织组网技术。自组织组网技术起源于 1968 年的 ALOHA 网络和 1973 年美国国防部高级研究计划署 (DARPA) 资助研究的“无线分组数据网 PRNET)”。其主要特点是网络拓扑结构动态变化、分布式控制方式、具有自组织性、多跳通信、节点的处理能力和能源受限、信道质量较差。在物联网中它主要是应用在一些企业中，通过自组织组网技术组织，创建了公司内部的网络，在与外界进行信息交换，特别是在物联网的应用中需要了解这样的组网技术，以便于其公司信息的采集。

5. 协同信息采集技术

在信息采集的过程中，由于所需的控制信息储存在不同的数据库表中，如果需要这样的信息就要从不同的表中调取，这时就需要用到协同信息采集技术。协同信息采集技术是将协同信息的相关理论运用于信息采集中，协同信息采集是20世纪70年代初德国理论物理学家哈肯创立的。协同信息采集技术运用在物联网中主要是之前所提到调用所需信息，如要在一定温度和湿度下控制空调或者是浇水系统的开关，则需要调用温度信息和湿度信息，这时的信息就需要运用协同技术整合到一起来达到控制条件。

6. 信息采集中间件技术

在感知层作业中，采集到的信息还要通过相应的中间件传输到网络节点上，这个时候就需要信息采集中间件技术，它通过标准的程序接口和协议，针对不同的操作设备和硬件接收平台，中间件可以有符合接口和协议规范的多种实现。通过这样的中间件，就能将物品信息准确无误地传输到网络节点中去。

（二）物联网网络层

物联网的网络层可以理解为搭建物联网的网络平台，建立在现有的移动通信网、互联网和其他专网的基础上，通过各种接入设备与上述网络相连，如手机付费系统中由刷卡设备将内置手机的RFID信息采集上传到互联网，网络层完成后台鉴权认证并从银行网络划账。

在图1-1-5所示的物联网感知层架构中，可以清楚地看到位于第二层的网络层起到连接上下两层的作用。网络层的作用就是当感知层中的感应设备将物品信息传输到网络节点后，再通过网络层中的移动通信网、互联网和其他专用网络连接各个服务器，以此来让用户可以根据自己的需要获取物品信息。

除了我们通常所熟知的移动通信网和互联网，还有下列专用网络可以用来作为物联网连接网络。

1. 下一代承载网

互联网的承载网是指互联网的承载网络——IP网，下一代的承载网是指基于承载网的融合，即三种业务网（PSTN/Cable Modem/ Internet）的承载网建立在一个统一的网络上来承载，这并不是说现在的IP网可以承载另外两个网络，而是指基于IP技术的发展变化后的IP网，它是在满足另外两个网的需求发展而来的。

对于现在物联网的发展而言，它的承载网仍然是以互联网、移动通信网为主的公共网络。随着未来网络的发展将向着民用和专用两个方面发展，民用主要就是涉及范围广，适合大众使用的网络，比如像Internet这样的网络。专用网络的发展对于物联网大的趋势来说，就是在未来能够发展成为物联网提供服务的专有网络。我们希望有这样的专用承载网出现，暂且称为“下一代承载网”。

2. M2M无线接入

M2M（Machine to Machine）是一种理念，也是所有增强机器设备通信和网络能力的技术的总称。2002年诺基亚便开始推动M2M的解决方案，他们将其定义为“以以太网和无线网为基础，实现网络通信中各实体间信息交流”。M2M作为实现机器与机器之间的无线通信手段，为制造业的信息化提供了一种新的解决思路。例如，在电力设备中安装可监测配电网运行参数的模块，实现配电系统的实时监测、控制和管理维护；在石油设备中安装可以采集油井工作情况信息的模块，远程对油井设备进行调节和控制，及时准确了解油井设备工作情况；在汽车上配装采集车载信息终端、远程监控系统等，实现车辆运行状态监控等。

网络层在整个的物联网架构中起着承上启下的作用，作为物联网中不可或缺的架构组成部分，网络层能够为物联网的应用带来好处，有以下几点。

1. 异构网融合

异构网（Heterogeneous net），是指网络不具有相同的传输性质和通信协议。近些年来，层出不穷的无线通信系统为用户提供了异构的网络环境，包括无线个域网（如 Bluetooth）、无线局域网（如 Wi-Fi）、无线城域网（如 WiMAX）、公众移动通信网（如 4G）、卫星网络以及 AdHoc 网络、无线传感器网络等。尽管这些无线网络为用户提供了多种多样的通信方式、接入手段和无处不在的接入服务，但是，要实现真正意义的自组织、自适应，并且实现具有端到端服务质量保证的服务，还需要充分利用不同网络间的互补特性，实现异构无线网络技术的有机融合。

2. 资源存储与网络管理

网络层中的感知数据管理与处理技术是实现以数据为中心的物联网的核心技术。感知数据管理与处理技术包括传感网数据的存储、查询、分析、挖掘、理解以及基于感知数据决策和行为的理论和技术。

在网络层要能够达到资源存储的功能，因为在感知网采集到信息之后，需要存储在网络层中，以便于用户和操作者对于信息的搜集和调出等。比如操作人员能够通过访问 IP 地址，输入用户名和密码之后，调用指定摄像机拍摄到的视频资料，并且能够达到对摄像机的机位和角度等进行远程的控制功能。

（三）物联网应用层

物联网概念的问世，打破了之前的传统思维。过去的思路一直是将物理基础设施和 IT 基础设施分开，一方面是机场、公路、建筑物，而另一方面是数据中心、个人电脑、宽带等。而在“物联网”时代，钢筋混凝土、电缆将与芯片、宽带整合为统一的基础设施，在此意义上，基础设施更像是一块新的地球工地，世界的运转就在它上面进行，其中包括经济管理、生产运行、社会管理乃至个人生活。

物联网应用层利用经过分析处理的感知数据，为用户提供丰富的特定服务，以实现智能化识别、定位、跟踪、监控和管理。应用是物联网发展的目的。目前，已经有不少物联网范畴的应用，譬如通过一种感应器感应到某个物体触发信息，然后按设定通过网络完成一系列动作。当你早上拿车钥匙出门上班，在计算机旁待命的感应器检测到之后就会通过互联网自动发起一系列事件，如通过短信或者音响自动报今天的天气；在计算机上显示快捷通畅的开车路径并估算路上所花时间，同时通过短信或者即时聊天工具告知你的同事你将马上到达。各种行业应用的开发将会推动物联网的普及。

1. 应用层的构成

应用层主要包含应用支撑平台子层和应用服务子层。其中应用支撑平台子层用于支撑跨行业、跨应用、跨系统之间的信息协同、共享、互通的功能，它主要包括公共中间件、信息开放平台、云计算平台和服务支撑平台；应用服务子层包括智能交通、供应链管理、智能家居、工业控制等行业应用。

下面主要介绍一下应用支撑平台子层中的几个概念。

（1）公共中间件。在应用支撑平台子层中的公共中间件主要是指，在应用物联网的过程中，当遇到操作平台和应用程序之间无法直接连接的时候就要应用到中间件作为通信服务的提供者。这样是为了能够让平台（包括操作系统和硬件系统）在与应用连接的时候不会因为接口标准不同等问题导致无法通信。

在应用层中的公共中间件与感知层中的信息采集中间件技术不同，信息采集中间件主要应用于整个物联网末端的信息采集中，如 RFID、传感器等采集设备与数据传输节点之间连接时候的通信服务。采集设备与传输节点之间必然也存在接口标准不同的问题，所以同样需要中间件，但由于应用的环节不同，如上所提到的两种，则中间件技术也不同。

（2）云计算（Cloud computing）。

1）云计算的概念与特点。云计算概念是由 Google 提出的，这是一个美丽的网络应用模式。狭义云计算是指 IT 基础设施的交互和使用模式，指通过网络以按需、易扩展的方式获得所需的资源；广义云计算是指服务的交互和使用模式，指通过网络以按需、易扩展的方式获得所需的服务。这种服务可以是 IT 和软件、互联网相关的，也可以是任意其他的服务，它具有超大规模、虚拟化、可靠安全等独特功效。

云计算是分布式计算技术的一种，其最基本的概念是透过网络将庞大的计算处理程序自动分拆成无数个较小的子程序，再交由多部服务器所组成的庞大系统经搜寻、计算分析之后将处理结果回传给用户。通过这项技术，网络服务提供者可以在数秒之内达到处理数以千万计甚至亿计的信息，达到和“超级计算机”同样强大效能的网络服务。最简单的云计算技术在网络服务中已经随处可见，例如搜寻引擎、网络信箱等，使用者只要输入简单指令即能得到大量信息。

云计算的特点有以下几项：①提供了最可靠、最安全的数据存储中心，用户不用再担心数据丢失、病毒入侵等麻烦；②对用户端的设备要求最低，使用起来也最方便；③可以轻松实现不同设备间的数据与应用共享；④为存储和管理数据提供了几乎无限多的空间，也为我们完成各类应用提供了几乎无限强大的计算能力。

2）云计算与物联网的结合方式。云计算和物联网就好比人的大脑和四肢及五官之间的关系。云计算譬如人的大脑，而物联网则是人的五官和四肢。为了能够更好地利用物联网提供便捷的环境，人们便考虑将云计算运用到物联网中，提高物联网的存储、计算和资源共享的能力。云计算与物联网的结合方式可以分为以下几种。

一是单中心、多终端。此类模式中，分布范围的较小各物联网终端（传感器、摄像头或 4G 手机等），把云中心或部分云中心作为数据处理中心，终端所获得信息、数据统一由云中心处理及存储，云中心提供统一界面给使用者操作或者查看。这类应用非常多，如小区及家庭的监控、高速路监测、幼儿园小朋友监管以及某些公共设施的保护等都可以用此类信息。

这类主要应用的云中心，可提供海量存储和统一界面、分级管理等功能，对日常生活提供较好的帮助。一般此类云中心为私有云居多。

二是多中心、大量终端。对于很多区域跨度较大的企业、单位而言，多中心、大量终端的模式较适合。譬如，一个跨多地区或者多国家的企业，因其分公司或分厂较多，要对其各公司或工厂的生产流程进行监控，对相关的产品进行质量跟踪等。有些数据或者信息需要及时甚至实时共享给各个终端的使用者也可采取这种方式。例如，如果北京地震中心探测到某地和某地10分钟后会有地震，只需要通过这种途径，仅仅十几秒就能将探测情况的告警信息发出，可尽量避免不必要的损失。中国联通的“互联云”思想就是基于此思路提出的。这个模式的前提是我们的云中心必须包含公共云和私有云，并且它们之间的互联没有障碍。这样对于有些机密的事情，比如企业机密等可较好地保密而又不影响信息的传递与传播。

三是信息、应用分层处理，海量终端。这种模式可以针对用户的范围广、信息及数据种类多、安全性要求高等特征来打造。当前，客户对各种海量数据的处理需求越来越多，针对此情况，我们可以根据客户需求及云中心的分布进行合理的分配。对需要大量数据传送，但是安全性要求不高的，如视频数据、游戏数据等，我们可以采取本地云中心处理或存储；对于计算要求高，数据量不大的，可以放在专门负责高端运算的云中心里；而对于数据安全要求非常高的信息和数据，我们可以放在具有灾备中心的云中心里。此模式是具体根据应用模式和场景，对各种信息、数据进行分类处理，然后选择相关的途径给相应的终端。

2. 应用层的特点

相对于已有的各种通信和服务网络，物联网在技术和应用层面具有以下几个特点：

(1) 感知识别普适化。作为物联网的末梢，自动识别和传感网技术近些年来发展迅猛，应用广泛，仔细观察就会发现，人们的衣食住行都能折射出感知识别技术的发展。无所不在的感知与识别将物理世界信息化，对传统上分离的物理世界和信息世界实现高度融合。

(2) 异构设备互联化。尽管硬件和软件平台千差万别，各种异构设备（不同型号和类别的RFID标签、传感器、手机、笔记本电脑等）利用无线通信模块和标准通信协议构建成自组织网络。在此基础上，运行不同协议的异构网络之间，通过“网关”互联互通，实现网际之间信息及融合。

(3) 联网终端规模化。物联网时代的一个重要特征是“物品触网”，每一件物品均具有通信功能，成为网络终端。据预测，未来5～10年内，联网终端的规模有望突破千亿大关。

(4) 管理调控智能化。物联网将大规模数据高效、可靠地组织起来，为上层行业应用提供智能的支持平台。数据存储、组织以及检索成为行业应用的重要基础设施。与此同时，各种决策手段包括运筹学理论、机器学习、数据挖掘、专家系统等广泛应用于各行各业。

(5) 应用服务链条化。链条化是物联网应用的重要特点，以供应链生产为例，物联网技术覆盖从原材料引进、生产调度、节能减排、仓储物流到产品销售、售后服务等环节，成为提高企业整体信息化程度的有效途径。更进一步，物联网技术在一个行业的应用也将带动相关上下游产业，最终服务于整个产业链。

（6）经济发展跨越化。经历过 2008 年金融危机的冲击，越来越多的人认识到转变发展方式、调整经济结构的重要性。国民经济必须从劳动密集型向知识密集型转变，从资源浪费型向环境友好型转变。在这样的大背景下，物联网技术有望成为引领经济跨越化发展的重要动力。

综上所述，物联网包括感知层、网络层和应用层。感知层作为物联网架构的基础，主要通过条码、RFID、传感器等达到对信息采集的目的。网络层则作为物联网架构的中间层面，承载着对感知层采集来的数据的网络传输。应用层就是物联网的最终目的，将物联网与生产、生活切实结合在一起。

任务 2　电气施工操作安全规范

本任务主要介绍电气施工中的操作安全，包括如何辨别强电和弱电设备，避免电工操作过程出现安全隐患，并介绍如何处理突发的触电情况。

一、强电和弱电的区别

电气设备与线路一般划分为强电（电力）和弱电（信息）两部分，两者既有联系又有区别，一般来说强电的处理对象是电能（电力），其特点是电压高、电流大、功率大、频率低，主要考虑的问题是减少损耗、提高效率；弱电的处理对象主要是信号，即信号的传送和控制，其特点是电压低、电流小、功率小、频率高，主要考虑的是信号传送的效果问题，如信号传送的保真度、速度、广度、可靠性。我们通常讲的弱电工程包括了电子工程、通信工程、消防工程、保安工程、影像工程等等以及为上述工程服务的综合布线工程。

在电力系统中，36 V 以下的电压称为安全电压，1 kV 以下的电压称为低压，1 kV 以上的电压称为高压。直接供电给用户的线路称为配电线路，如用户电压为 380 V/220 V，称为低压配电线路，也就是所说的强电（因为它是市电使用最高的电压）。

如果从设备获取电能方面来看，那么强电设备一般就指交流电电压在 24 V 以上的电器设备。如家庭中的电灯、插座等，电压在 110～220 V。家用电器中的照明灯具、电热水器、取暖器、冰箱、电视机、空调、音响设备等家用电器均为强电电气设备。

弱电一般是指直流电路或音频、视频线路、网络线路、电话线路、传感信号线路、控制信号线路等，直流电压一般在 24 V 以内。家用电器中的电话、电脑、电视机的信号输入（有线电视线路）、音响设备（输出端线路）等用电器均为弱电电气设备/线路。

二、电工操作安全

在设备安装中，很多时候都会接触交流 220V 或 380V 的电网甚至更高的电压，若操作不当或工作疏忽极易造成人身或是设备的损伤，严重时还可能会引起火灾的事故。因此，设备安装操作人员必须具备安全用电的基本常识，并掌握必要的安全操作规范。

（一）施工环境的安全

在电工的施工环境中，需要放置一些必备的消防器材，如灭火器等，以便施工过程中出现火灾事故时，能够及时进行抢险，除此之外，还应确保消防的器材在合格的使用期限内。施工环境的安全应该注意以下几点：①保持用电环境的清洁、干燥，保证用电区域不要有积水；②施工的环境中不可以堆积过多的杂物或易燃物；③电线不能过于冗长或与其他的工具有拉扯；④供电导线两端的连接必须牢固，在导线传输的中途不许有接头，电线的接头设在接线盒。

（二）用电设备的安全

用电设备的安全应该注意：①避免接线板超负荷使用，切忌在同一个接线板上同时使用多个大功率设备，正常情况下，一个接线板只连接一个正在使用的大功率设备，如电钻、切割机等；②避免将施工工具及连接导线在地面、通道随意放置，否则导线会由于踩踏或磕绊等造成破损以及断裂，在使用过程中很容易造成人身触电或火灾的事故，为了安全操作，可以在使前对工具的线缆部分进行检查。

（三）着装和操作安全

施工的操作过程中，如果需要进行带电操作，一定要佩戴绝缘手套、绝缘鞋及安全帽等，并且需要保证绝缘护具的性能良好。绝缘手套是劳保用品，起到对手或者人体的保护作用，用橡胶、乳胶、塑料等材料做成，具有防电、防水、耐酸碱、防化、防油的功能；适用于电力行业、汽车和机械维修、化工行业、精密安装。

1. 绝缘手套使用的注意事项

绝缘手套是个体防护装备中绝缘防护的主要组成部分，随着电力工业的发展，带电作业技术的推广，对带电作业用绝缘手套使用安全性提出了更加严格的要求，绝缘手套的使用应该注意以下几点：

（1）用户购进绝缘手套后，如发现在运输、储存过程中遭雨淋、受潮湿发生变质，或有其他异常变化，应到法定检测机构进行电性能复核试验。

（2）绝缘手套在使用前必须进行充气检验，发现有任何破损则不能使用。

（3）绝缘手套作业时，应将衣袖口套入筒口内，以防发生意外。

（4）绝缘手套使用后，应将内外污物擦洗干净，待干燥后，撒上滑石粉放置平整，以防受压受损，且勿放于地上。

（5）绝缘手套应储存在干燥通风、室温－15℃至＋30℃、相对湿度50％至80％的库房中，远离热源，离开地面和墙壁20 cm以上，避免受酸、碱、油等腐蚀品物质的影响，不要露天放置避免阳光直射，勿放于地上。

（6）绝缘手套使用6个月必须进行预防型试验，要求同第（1）条。

2. 绝缘鞋使用的注意事项

绝缘鞋（绝缘靴）是电工在进行配电作业时穿戴的一种辅助性用具。绝缘鞋一般分低压绝缘鞋、6 kV 绝缘鞋或 10 kV 以上的高压绝缘鞋。

电工在低压带电作业的情况下，穿戴绝缘鞋就可以正常作业。但是在高压带电的情况下，如果仅仅是依靠绝缘鞋，而不穿戴其他绝缘防护用具，是不允许的。绝缘鞋仅仅只能保护脚部不受伤害，但是其他裸露的部分都可能带来危险。保质期内的电工绝缘鞋应避免接触尖锐物，防止因尖锐物刺破鞋子绝缘层而带来危险。同时还要防止机械损伤，应正确合理地进行保养，避免接触高温、油污、酸碱和腐蚀性的物质。

图 1-2-1　使用测电笔确认是否带电

由于电工施工操作人员通常与“电”打交道，所以要时刻注意判断通、断电的情况，对于已经断开的电源开关，在操作前也应该使用测电笔确定是否带电，测试方法如图 1-2-1 所示。

三、触电应急处理

在电工作业过程中，若是发现有人触电时，首先应让触电者脱离电源。根据不同的触电情况，解救的方法也不相同，此时，需要对触电的种类进行了解，然后根据触电的情况对触电人员进行救护，使触电者脱离电源，最后应对触电者采取具体的医疗急救方法。

（一）触电种类

触电的种类一般包括单相触电和两相触电。当人体的某一部位触及一相带电导体时，就有触电电流通过人体，这种情况称为“单相触电”。触电的情形如图 1-2-2（a）所示，这时，作用于人体的电压为 220V，电流经过人体，大地和中性点的接地装置，形成闭合回路，会给触电者造成致命危险；当人的两手或身体某一部位同时触及两相带电导线时，不论电网的中性点是否接地都会有触电电流通过人体，这种情况称为“两相触电”。两相触电的情形如图 1-2-2（b）所示，这时作用于人体的电压是 380V，由于电压较高，危险性更大。

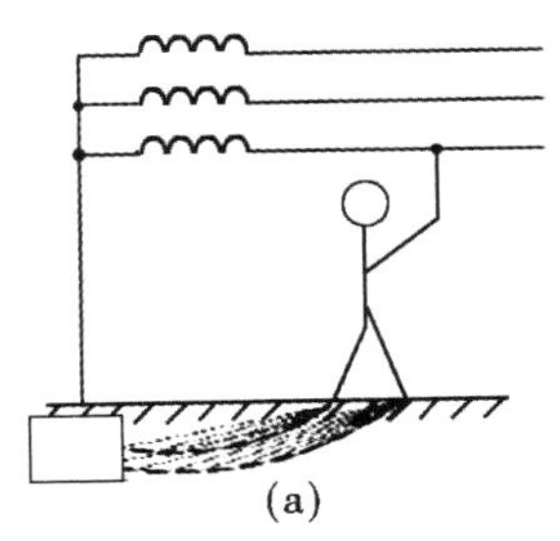

(a)

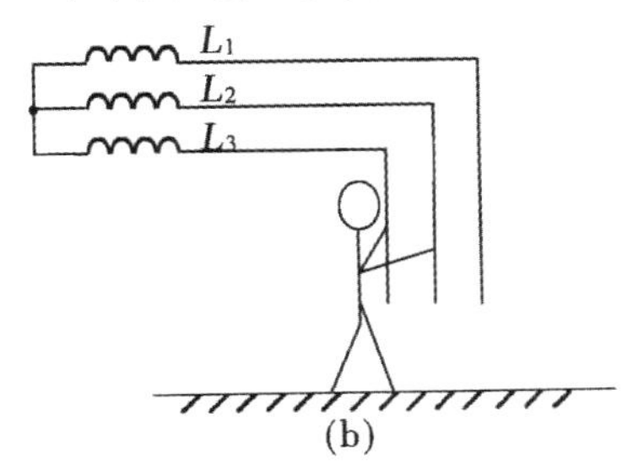

(b)

图 1-2-2　单相触电和两相触电示意图

在触电事故中，单相触电占触电事故的 95%左右，例如在没有关断电源的情况下，对断开的电线进行维修，操作者的手部误碰断开的线头，将造成单相触电。另外，维修带电插座也可能导致单相触电，当插座漏电情况严重时，手指不慎接触螺丝刀的金属部分，同样会造成单相触电，如图 1-2-3 所示。

图 1-2-3 维修带电插座时易造成单相触电

（二）触电急救

触电急救的要点是救护迅速、方法正确。若发现有人触电时，首先应使触电者脱离电源，但不能在没有任何绝缘防护设施的情况下直接与触电者接触，这时就需要了解触电的具体方法。

1. 脱离触电环境

通常情况下，若发生市电触电，触电者的触电电压低于 1 000V。这时首先要使触电者迅速脱离触电环境，方可进行救治处理。一旦出现家装人员触电，救护人员要及时切断电源，切不可盲目上前拖拽触电者。若电线压在触电者身上时，救护者可以利用干燥的木棍、竹竿、塑料制品、橡胶制品等绝缘物挑开触电者身上的电线。

注意在急救时，严禁使用潮湿物品或者直接拉开触电者，以免救护者触电。

2. 现场急救处理

在触电者脱离电源后，不要将其随意移动，应将触电者仰卧，并迅速解开触电者的衣服、腰带等保证其正常呼吸，疏散围观者，保证周围空气畅通，同时拨打 120 急救电话，以保证用最短的时间将触电者送往医院。做好以上准备工作后，就可以根据触电者的情况做相应的救护了。以下列举几种常用的救护方式：

（1）若触电者神志清醒，但有点心慌、恶心、头痛、头昏、出冷汗、四肢发麻、全身无力等症状，这时应让触电伤者平躺在地上，并对触电伤者进行仔细观察，最好不要让触电伤者站立或行走。

（2）当触电者已经失去知觉，但仍有轻微的呼吸及心跳，这时候应让触电伤者就地仰卧平躺，要让气道通畅，应把触电者衣服以及阻碍其呼吸的腰带等解开帮助其呼吸。并且在 5 秒内呼叫触电者或轻拍触电者肩部，以判断触电者意识是否丧失。在触电者神志不清时，不要摇动触电者的头部或呼叫触电者。

（3）当天气炎热时，应使触电者在阴凉的环境下休息；天气寒冷时，应帮触电者保温并等待医生的到来。

（4）包扎救助法。触电者在触电的同时其身体上也会伴有不同程度的电伤，如果被电伤后，可以根据不同的灼伤情况，进行不同的包扎。被电灼伤的部位可以用盐水球洗净，用凡士林或油纱布（或干净手巾等）包扎好并稍加固定。

（5）心肺复苏救护。当触电者出现心脏骤停的情况，应采用心肺复苏法救治。近些年较为提倡的心肺复苏做法为“胸外按压（Circulation）→畅通气道（Airway）→人工通气（Breathing）”，简称 C-A-B 三步骤，操作要领如图 1-2-4～图 1-2-6 所示。

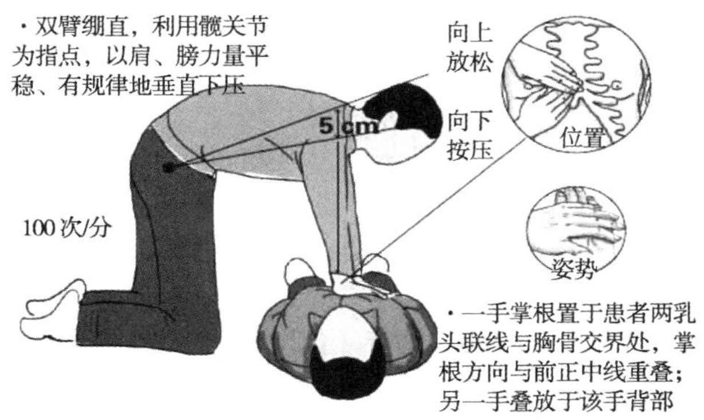

图 1-2-4　胸外按压

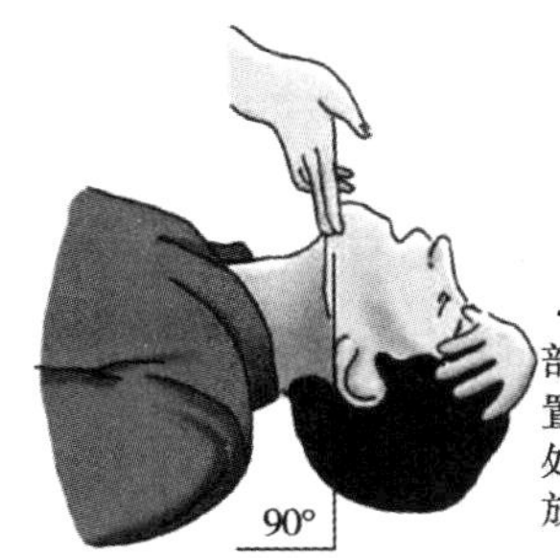

图 1-2-5　畅通气道

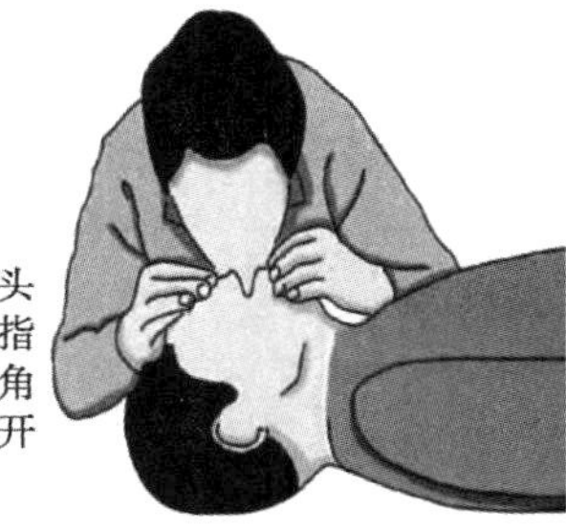

图 1-2-6　人工通气

胸外按压须注意以下几点：①按压速率至少 100 次/min（不再是约 100 次/min）；②成人按压幅度至少 5 cm（不再是约 4～5 cm）；③必须保证每次按压后胸部回弹；④尽可能地减少胸外按压的中断；⑤避免过度通气。此外，单人操作时，胸外按压与人工通气的比例为 30∶2。

畅通气道时，伤员取仰卧位，即胸腹朝天，颈后部（不是头后部）垫一软枕，使其头量后仰，以方便放开气道。

人工通气一般采用口对口吹气，具体细节和注意事项如下：①救护人站在其头部的一侧，自己深吸一口气，对着伤员的口（两嘴要对紧不要漏气）将气吹入，造成吸气。为使空气不从鼻孔漏出，此时可用一手将其鼻孔捏住，在病人胸壁扩张后，即停止吹气，让病人胸壁自行回缩，呼出空气，这样反复进行，每分钟进行 14～16 次。②如果病人口腔有严重外伤或牙关紧闭时，可改为口对鼻吹气（必须堵住口）。③救护人吹气力量的大小，依病人的具体情况而定。成人每次吹气量应大于 800 ml，但不要超过 1 200 ml，低于 800 ml，通气可能不足；高于 2 000 ml，易使咽部压力超过食管内压，使胃胀气而导致呕吐，引起误吸。一般以吹进气后，病人的胸廓稍微隆起为最合适。口对口之间，如果有纱布，则放一块叠二层厚的纱布，或一块一层的薄手帕，但不要因此影响气出入。④每次吹气后抢救者都要迅速掉头朝向病人胸部，以吸入新鲜空气。对小孩 3 秒一次，一分钟 20 次。要规律地、正确地反复进行。

心肺复苏效果的判断：伤员颈动脉能摸到搏动，伤员自主呼吸恢复，说明救治产生效果了。

四、火灾急救

在电工作业的过程中，线路的老化、设备的短路、安装不当、负载过重、散热不良以及人为因素情况都可能导致火灾事故的发生，电工操作人员应该掌握应对火灾的有效扑救措施。面临火灾事件时，应当保持沉着、冷静。立即采取措施切断电源，以防电器设备发生爆炸，或造成火灾蔓延和烧伤事故。同时尽快拨打 119 消防电话。在发生火灾事故时，快速、有效的灭火是非常必要的，可以采用以下几种常用的方法：

（1）尽快脱下着火的衣服，特别是化纤衣服。以免着火衣服或衣服上的热液继续作用，使烧伤者的创面加大加深。

（2）迅速卧倒后，在地上滚动，压火焰。伤者衣服在着火时切记不要站立、奔跑，以防增加头面部烧伤或吸入性损伤，可求助身边的人员一起灭火。

（3）救护人员在救助时，可以用身边不易燃的材料，如毯子、大衣、棉被等迅速覆盖着火处，使与空气隔绝，从而达到灭火的效果。

（4）救护人员若自己没有烧伤，在进行火灾扑救时尽量使用干粉灭火器，切记不要用泼水的方式救火，否则可能引发触电危险。表 1-2-1 列举了不同种类灭火器的使用方法。

表 1-2-1　不同种类灭火器的使用方法

灭火种类	灭火范围	使用方法
二氧化碳灭火器	电器、仪器仪表、酸性物质、油脂类物质	一手握住喷头对准火源，另一手扳开开关
四氯化碳灭火器	电气设备	一手握住喷头对准火源，另一手扳开开关
干粉灭火器	电气设备、石油、油漆、天然气	将喷头对准火源，提起环状开关
1211 灭火器	电气设备、化工化纤原料、油脂类物质	拨下铅封锁，用力压手柄
泡沫灭火器	可燃性物质、油脂类物质	倒置摇动、将喷头对准火源，拧开开关

常见的灭火器使用图解如图 1-2-7 所示。

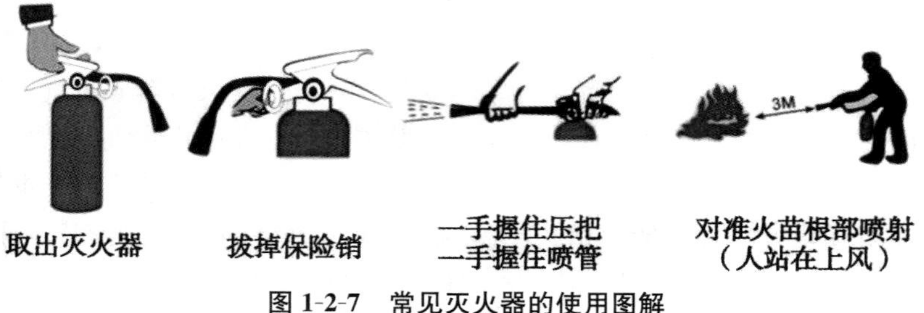

图 1-2-7　常见灭火器的使用图解

任务 3　施工工具与布线规范

本任务主要认识常用的综合布线工具，了解物联网智能家居布线规范与施工要点。

一、认识工具

物联网设备安装过程中需要使用到多种工具和仪表，在这里我们引入了物联网工程施工中通用的工具包，对各种通用的工具和仪表分别加以认知。物联网工程施工中通用的工具包如图 1-3-1 所示。

图 1-3-1　工具包

工具包中包含有常用规格的螺丝刀、钳子、万用表、电路焊接及测量工具、网线制作测量工具等，如图 1-3-2～图 1-3-20 所示。

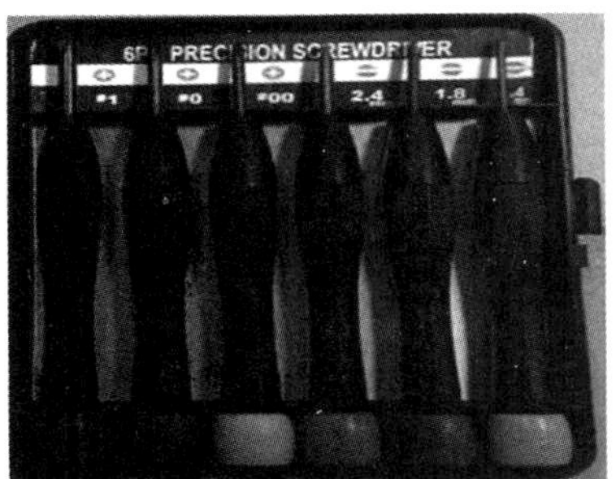

图 1-3-2　小螺丝刀套件

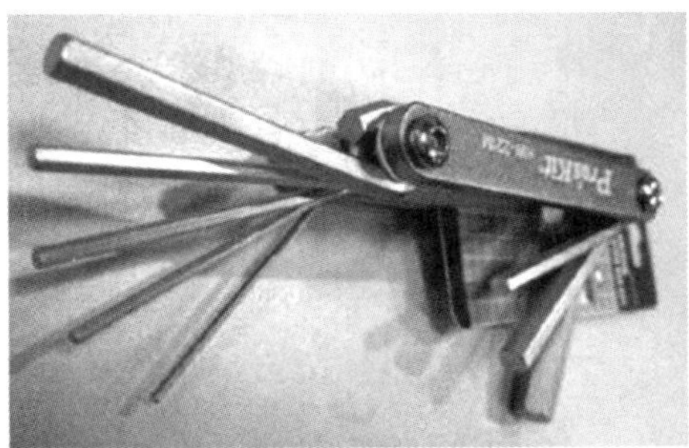

图 1-3-3　内六角套件

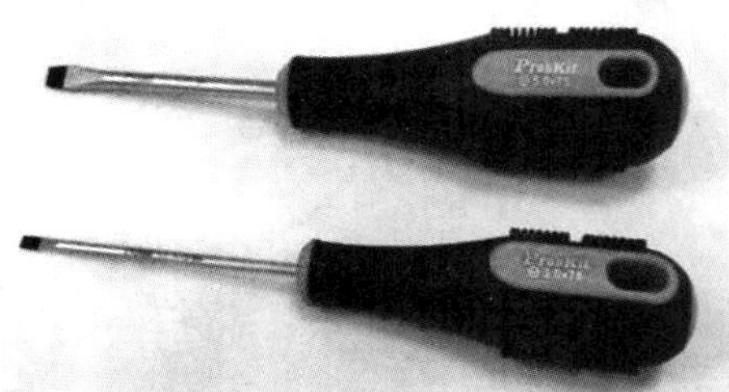

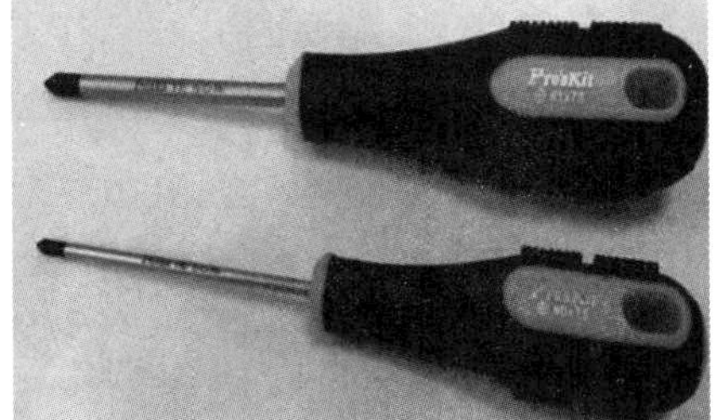

图 1-3-4　螺丝刀

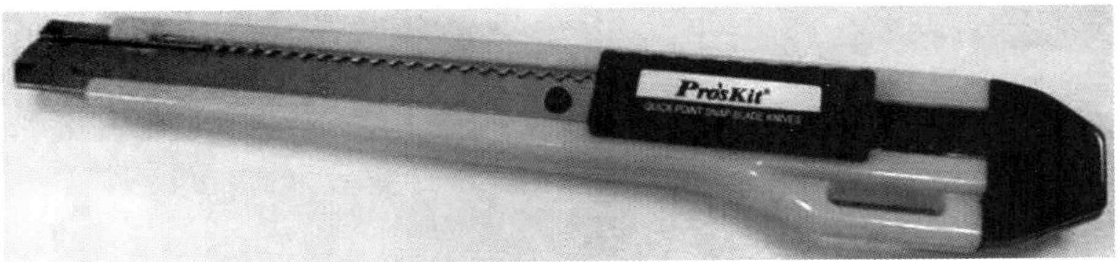

图 1-3-5　美工刀

图 1-3-6　不锈钢防磁瘦尖镊子

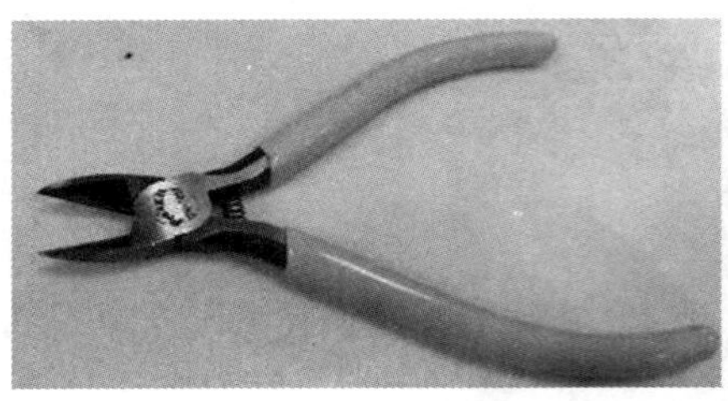

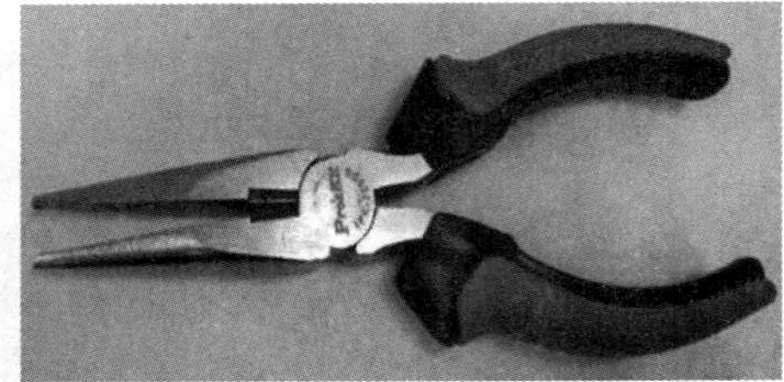

图 1-3-7　钳子

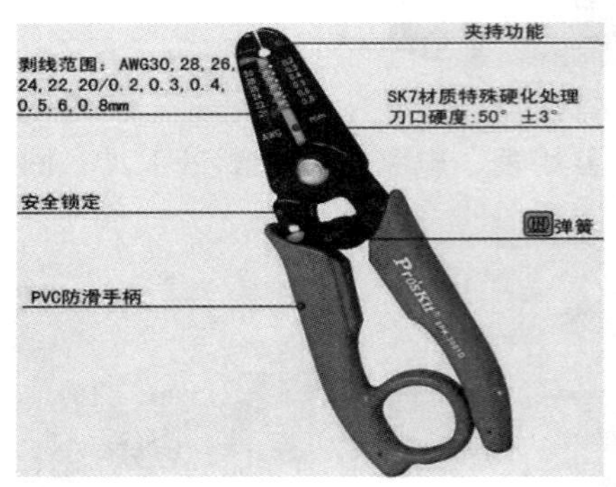

图 1-3-8　电线剥线钳

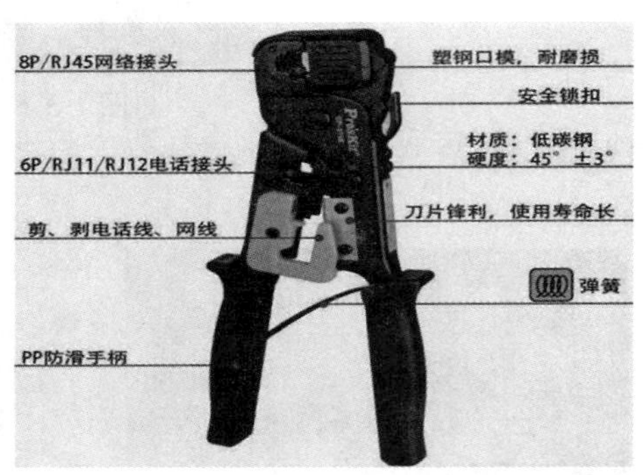

图 1-3-9　网线压线钳

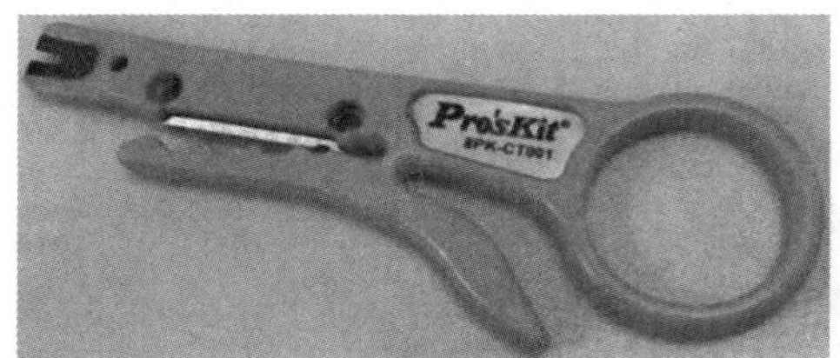

图 1-3-10　简易剥线刀

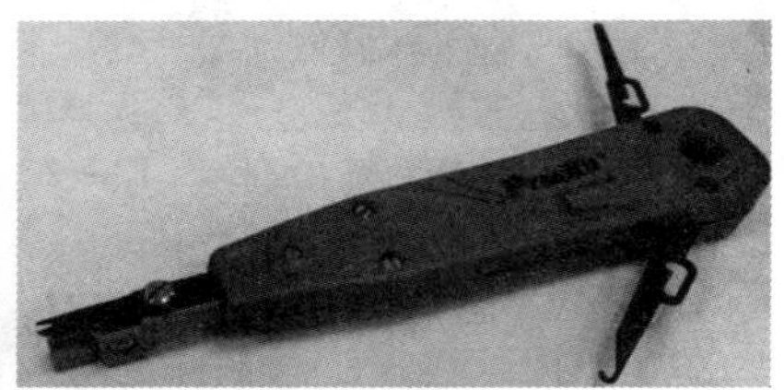

图 1-3-11　打线刀

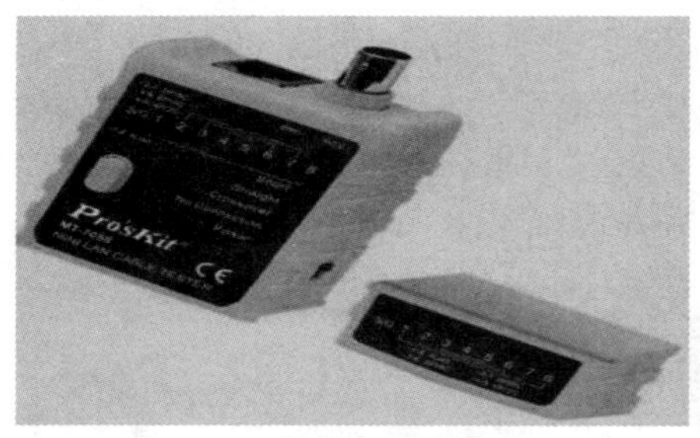

图 1-3-12　网络测线仪

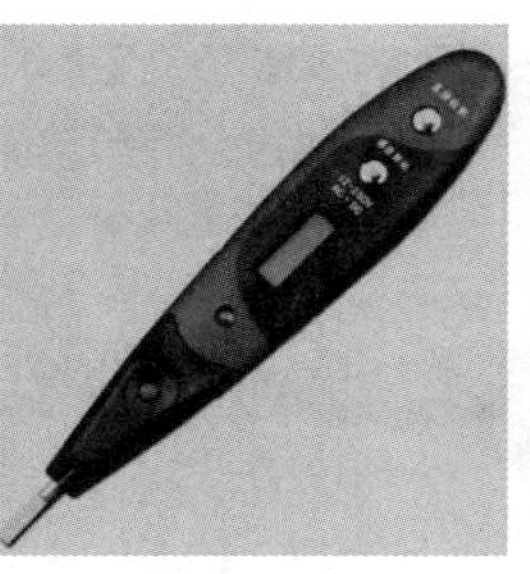

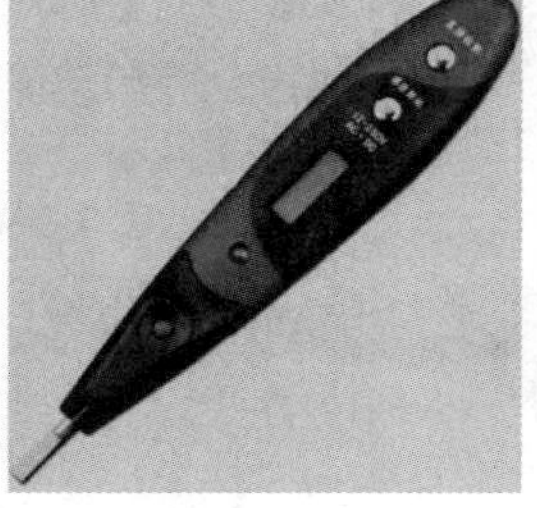

图 1-3-13 数字测电笔　图 1-3-14 数字万用表

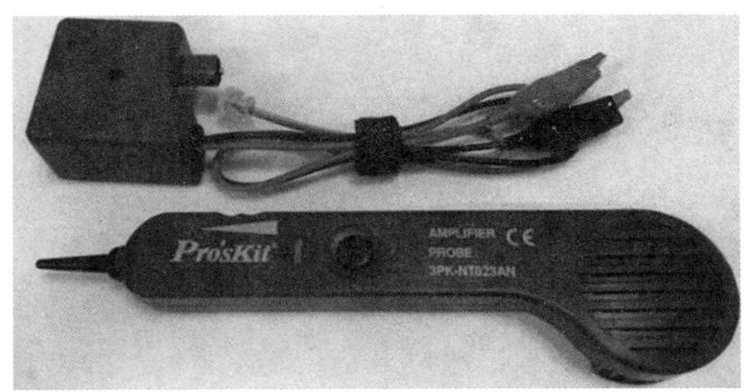

图 1-3-15　巡线仪

图 1-3-16　焊锡丝

图 1-3-17　助焊剂

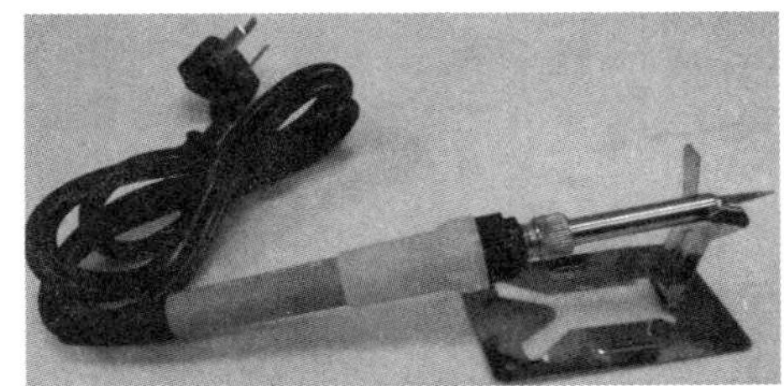

图 1-3-18　电烙铁

图 1-3-19　吸锡器

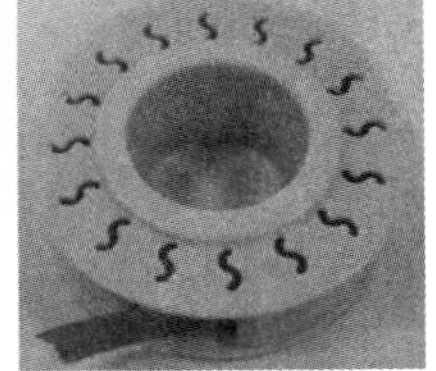

图 1-3-20　绝缘防水电胶布

二、电线的性能、选用与驳接

（一）电线的性能、选用

1. 电线的分类

图 1-3-21　塑铜线

（1）塑铜线。塑铜线一般配合电线管一起使用，多用于建筑装修电气施工中的隐蔽工程，如图 1-3-21 所示。为区别不同线路的零、相、地线，设计有不同的表面颜色，一般多以红线代表“相”线，双色线代表“地”线，蓝色代表“零”线，但由于不同场合的施工和不同的条件，颜色的区分也不尽相同。

（2）护套线。如图 1-3-22 所示，为一种双层绝缘外皮的电线，它可用于露在墙体之外的明线施工，由于它有双层保护套，使它的绝缘性能和防破损性能大大提高，但散热性能相对塑铜线有所降低，所以不提倡将多路保护套线捆扎在一起使用，那样会大大降低它的散热能力，时间过长会使电线老化。

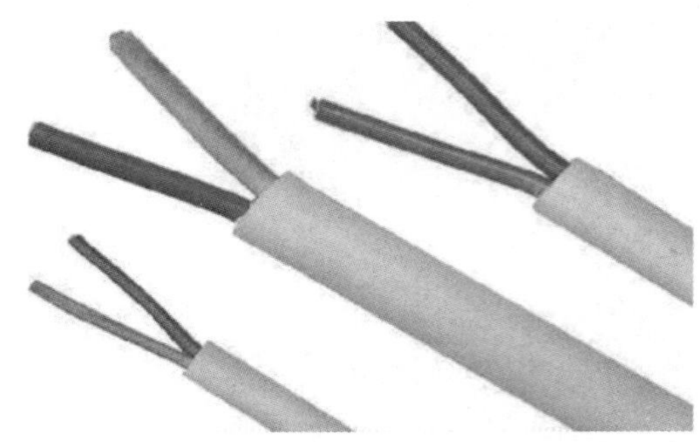

图 1-3-22　护套线

图 1-3-23　橡套线

（3）橡套线。橡套线又称水线，如图 1-3-23 所示。顾名思义这种电线是可以浸泡在水中使用的，它的外层是一种工业的绝缘橡胶，可以起到良好的绝缘和防水作用。

2. 电线材质的选择

室内供电线路应选用铜线；如果对旧线路改造，原先采用的铝线一定要更换成铜线，因为铝线极易氧化，其接头易打火。据调查，使用铝线的电气火灾发生率为铜线的几十倍。

3. 电线截面积选择的原则

（1）按允许电压损失选择。电压损失必须在允许范围内，不能大于 5%，以保证供电质量。

（2）按发热条件选择。发热系数应在允许范围内，不能因过热导致绝缘损坏，影响使用寿命。

（3）按机械强度选择。要保证有一定的机械强度，保证在正常使用下不会断线。

4. 家装电线的基本规格

家装使用的电线一般为单股铜芯线，也可以选用多股铜芯线，比较方便穿线。其截面积主要有 4 个规格：1 mm^2，1.5 mm^2，2.5 mm^2 和 4 mm^2。1 mm^2 的铜芯电线最大可承受 5～8 A 电流，1.5 mm^2 的铜芯电线一般用于灯具和开关线，同时也用于电路中的地线；2.5 mm^2 的铜芯电线一般用于插座线和部分支线；4 mm^2 的铜芯电线用于电路主线和空调、电热水器等专用线。

5. 电线颜色的选择

在国内，家庭用电绝大多数为单相进户，进每个家庭的线为三根：相线、中性线（零线）和接地线。电线颜色的相关规定见表 1-3-2。

表 1-3-2　电线颜色的相关规定

类　别	颜色标志	线　别	备　注
一般用途	黄色 绿色 红色 浅蓝色	相线 L1 相 相线 L2 相 相线 L3 相 零线或中性线	A 相 B 相 C 相
保护接地（零线）	绿/黄双色	保护接地（接零） 中性线（保护接零）	颜色组合 3∶7
中性线（保护接零）	红色 浅蓝色	相线 零线	
二芯（供单相电源用）	红色 浅蓝色 绿/黄色或黑色	相线 零线 保护接零	
三芯（供三相电源用）	黄色　绿色　红色	相线	无零线
四芯（供三相四线电源用）	黄色　绿色　红色 浅蓝色	相线 零线	

家装电线的颜色：

（1）相线可使用黄色、绿色或红色中的任意一种颜色，但不允许使用黑色、白色或者绿/黄双色电线。

（2）零线可使用黑色，没有黑色线时，也可用白色，零线不允许使用红色电线。

（3）保护零线只能使用绿/黄双色电线或者黑色电线，但保护零线采用黑色时，零线应使用浅蓝色或白色的电线，以便两者有所区别。

（二）电线的连接

在很多因电线问题引发的事故中，有一部分是电线超负荷使用造成的，另一部分是电线的接头不符合规范造成的。电线的接头如果接触不良、松动，那么高负荷大电流通过接头处就容易形成电弧，也就是俗称的“电火花”，电弧弧心的温度高达几千摄氏度，从而给电线和电气设备成严重损坏。

在这里我们将学习常见的电线接头的连接方法。

1. 电线连接的基本要求

新连接的电缆芯线，其芯线截面积必须大等于原配的芯线截面积，例如原配的芯线截面积是 1.5 mm^2，则新连接上去的一段电线芯线截面积也应大于等于 1.5 mm^2。需连接的该段电线需相同材料、线径、芯线的芯线数、以及芯线颜色和原配的电线一样。必须按照导线颜色一一对应连接，以便日后维修时容易识别。

2. 连接导线操作方法

（1）接线工具。连接导线的主要工具有尖嘴钳、剥线钳、绝缘胶绝布等，如图 1-3-24 所示。

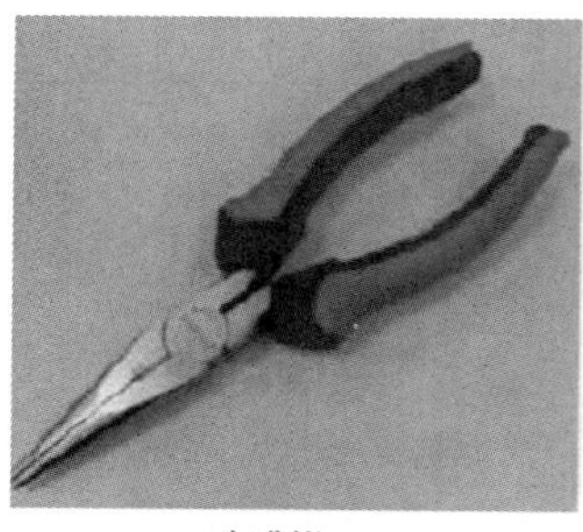
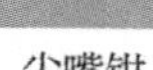
尖嘴钳

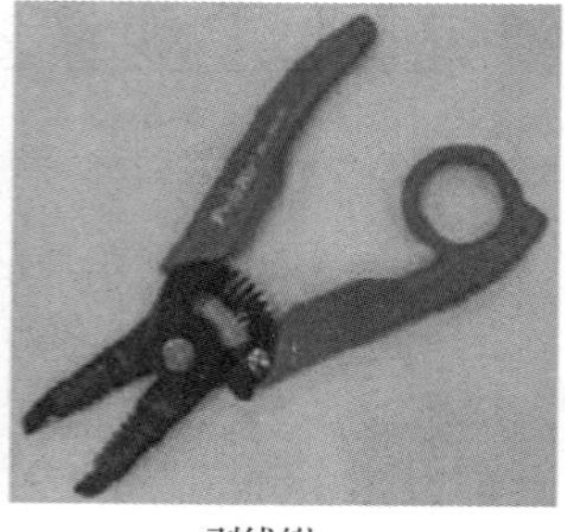
剥线钳

绝缘胶布

图 1-3-24　安装工具

（2）相关物料准备：0.5 mm² 或 1.5 mm² 电线两条；接线帽。

（3）连接步骤。

1）芯线剥皮。使用尖嘴钳，分别剥去每根电线的绝缘层，让芯线裸露出 11 mm 长的铜线，不应有开叉，如图 1-3-25 所示。

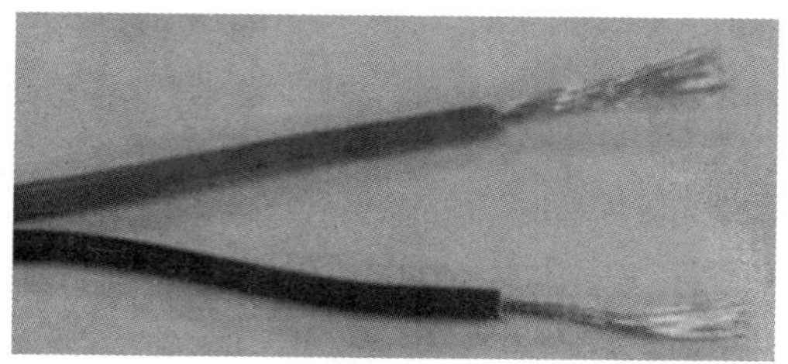

图 1-3-25　剥线长度

2）如果是临时用的较细的软铜线，可将两条电线的铜线绕在一起；如果使用的是较硬的铜线，可采用扭绕的方法。具体缠绕的方式如图 1-3-26 所示。

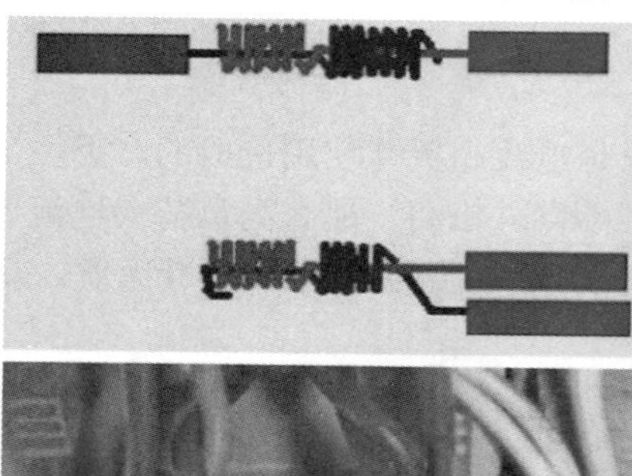
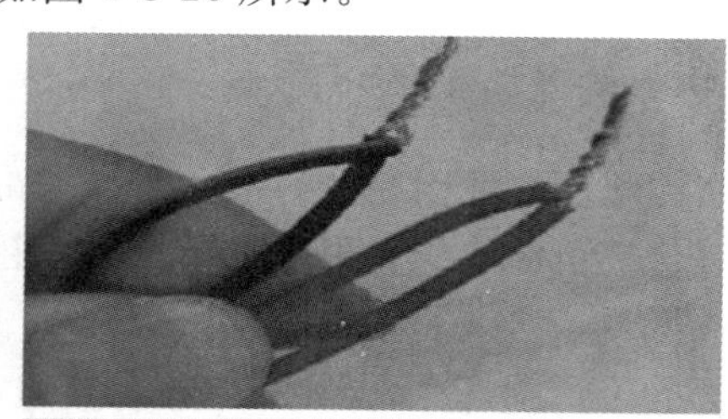

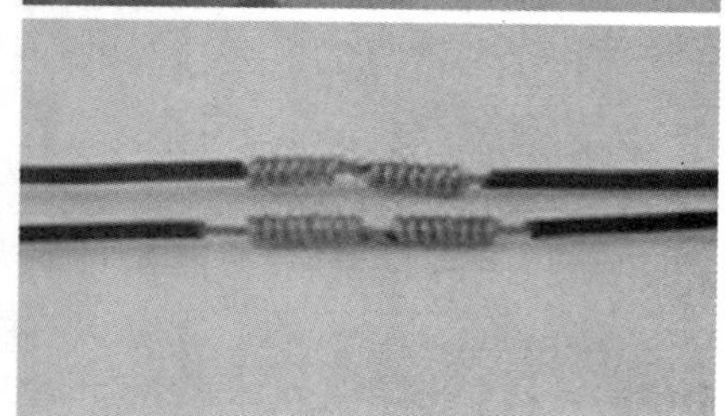

图 1-3-26　软制线、硬铜线的缠绕方法

3）缠绕在一起的线头同时插入接线帽里（注意：必需插到底，不允许有铜丝漏出接线帽外，线在压线帽内一定要放到位，尽量避免线在压线帽内上下、左右晃动，以防止压制完成后线材接触不良），紧接着将接线帽放在尖嘴钳的压接虎口上，用力压到底（压到压不动为止），如图 1-3-27所示。

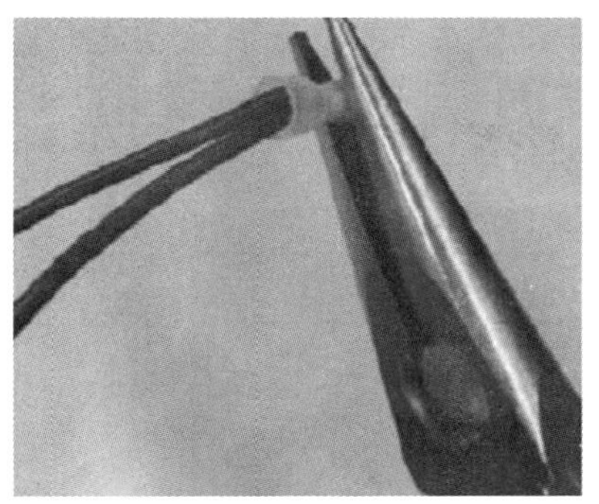
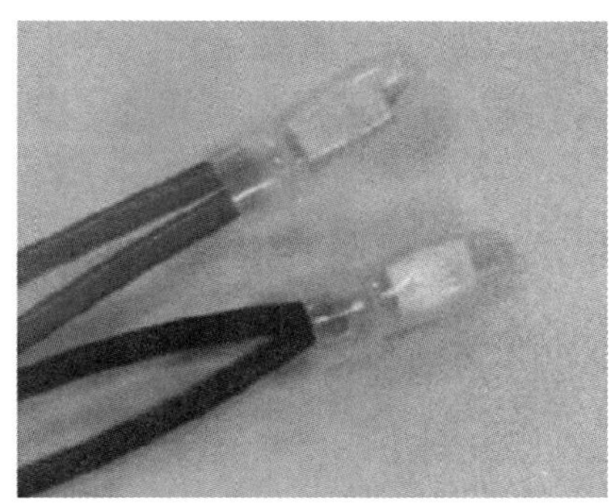

图 1-3-27　线帽的压制

如果没有接线帽，则不使用步骤 3）的做法，改为直接使用绝缘胶布，将缠绕在一起的裸露芯线包扎起来。缠绕绝缘胶布时，绝缘胶布应缠绕至连接接口以外 3 cm，往返次数不少于 2 次，如图 1-3-28 所示。

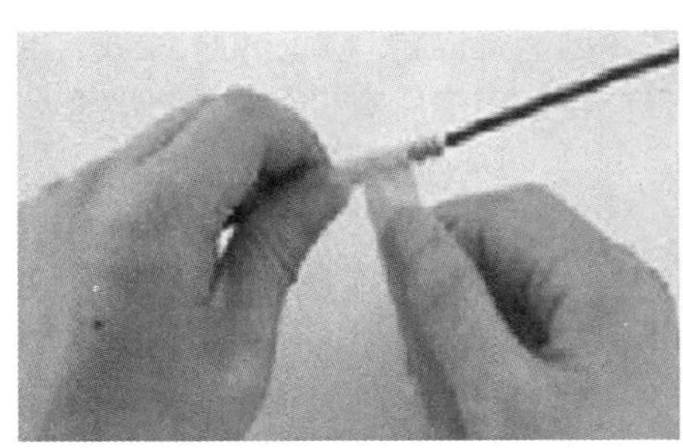
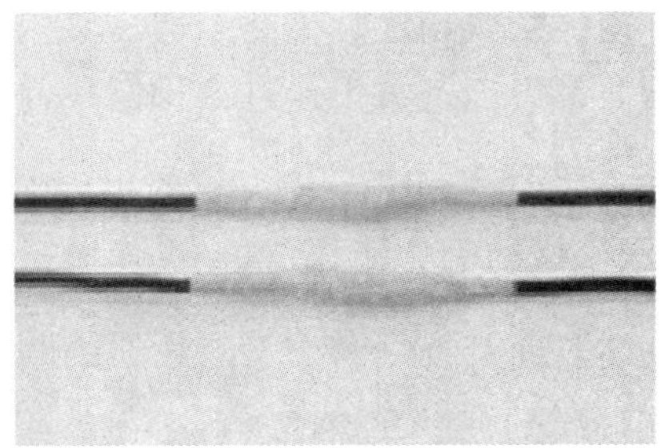

图 1-3-28　使用绝缘胶布的情况

三、网络双绞线的制作

（一）双绞线的制作规范

目前通用的双绞线制作标准是由美国国家标准委员会 ANSI 制定的 EIA/TIA568A 和 568B 标准。568A 和 568B 分别定义了一种双绞线连接头的排线顺序，如图 1-3-29 所示。

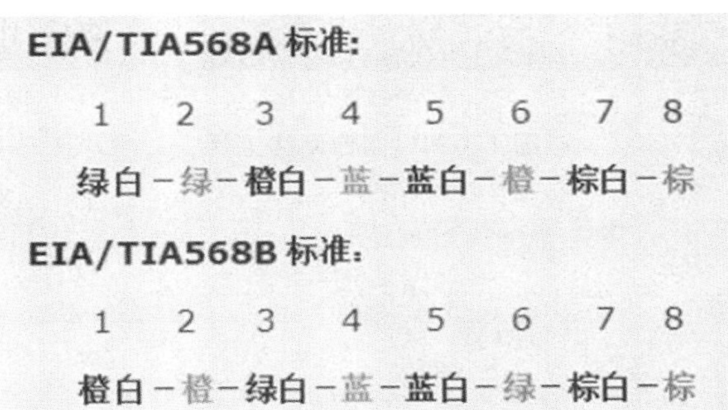

EIA/TIA568A 标准:

1 2 3 4 5 6 7 8

绿白－绿－橙白－蓝－蓝白－橙－棕白－棕

EIA/TIA568B 标准:

1 2 3 4 5 6 7 8

橙白－橙－绿白－蓝－蓝白－绿－棕白－棕

图 1-3-29　EATA568A 和 EI/TIA568B 标准

制作双线既可以使用 568A 标准，也可以用 568B 标准。需要注意的是，当一条网线的两端都采用相同标准时，将这条网络称为“直通线”；当网线的两端分别采用 568A 和 568B 线序来排线时，将这条网线称为“交叉线”。

直通线和交叉线各有其使用场合。当两台同级设备对连时，必须采用交叉线，例如计算机连接计算机，或是早期的路由器连接路由器；而两台不同级设备对连时，往往采用直通线，常见的几种场合见表 1-3-2。

表 1-3-2　两种线型的使用场合

线型	使用场合
直通线	计算机——交换机 计算机——宽带路由器（LAN 口） 交换机——路由器
交叉线	计算机——计算机 路由器——路由器 交换机——交换机

随着网络设备的技术改进，现在大部分网络设备已经无需刻意强调交叉线和直通线的区别。例如，现在的家用级宽带路由器，其接口芯片已经可以自动适应交叉线或直通线，不论接入哪种网线都可以正常工作（这种情况并非百分百通用于所有设备，少数设备仍然要手工区分）。

（二）双绞线的制作流程

下面叙述直通双绞线和交叉双绞线的制作方法。

1. 制作工具

制作网线的工具有网络压线钳、简易剥线刀、网络测线仪等，如图 1-3-30 所示。

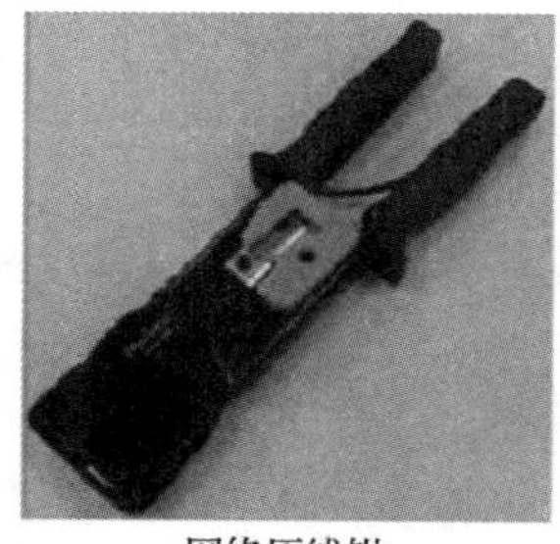
网络压线钳

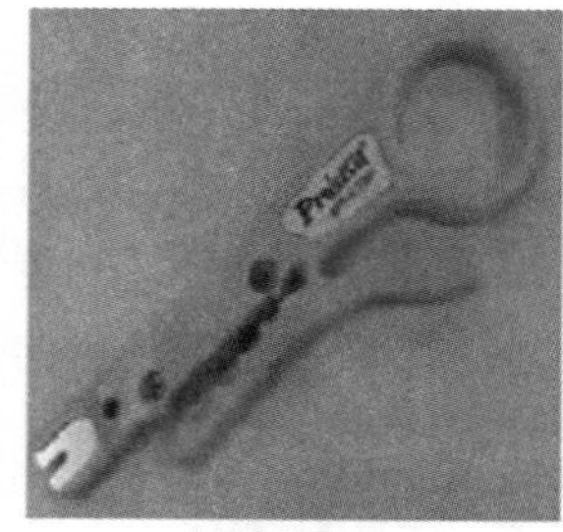
简易剥线刀

网络测线仪

图 1-3-30　制作网线工具

2. 相关物料准备

双绞线（长度 100 cm）×2，RJ45 水晶头×4。

3. 制作步骤

（1）用压线钳的剥线刀（或简易剥线刀）将双较线的外层保护剥去 3 cm，注意不能将内层的双绞线绝缘层划破，如图 1-3-31 所示。

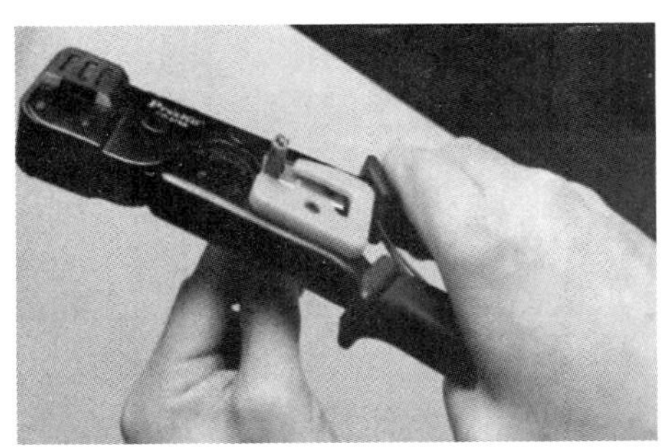

图 1-3-31　压线钳剥线

（2）露出内部的四对 8 条双绞线，拨照 EA/TA568B 标准线序顺序，将 8 条线芯从左到右排好（按照“橙白—橙—绿白—蓝—蓝白—绿—棕白—棕”顺序），如图 1-3-32 所示。

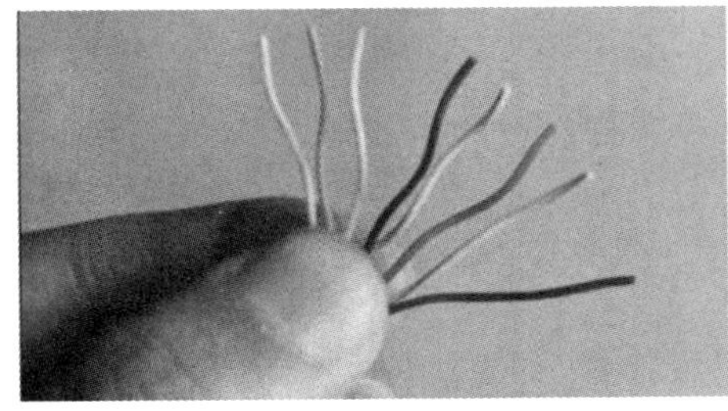

图 1-3-32　586B 标准线排序

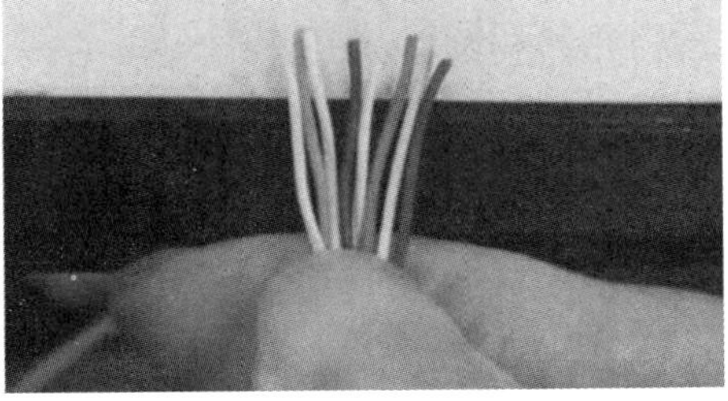

图 1-3-33　导线并拢不留间隙

（3）将 8 条线芯捋直后并拢排列，导线之间不留空隙，如图 1-3-33 所示。

（4）将芯线放到压线钳切刀处，8 根线芯要在同一平面上并拢，而且尽量伸直，留下一定的线芯长度约 1. 5 cm 处剪齐，如图 1-3-34 所示。

（5）将双绞线插入 RJ-45 水晶头内，插入过程用力要均衡，直到插到尽头，并检查 8 根线是否已经全部充分、整齐地排列在水晶头里面。

（6）将 RJ-45 放入压线钳的压头槽内，双手紧握压线钳的手柄，用力压紧，在听到水晶头的塑料卡槽发出“咔”的一声后，压制完成，如图 1-3-35 所示。

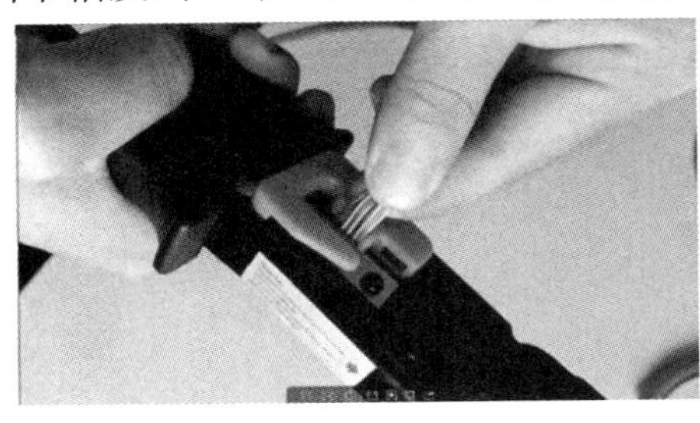

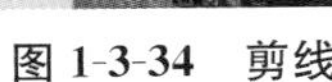

图 1-3-34　剪线

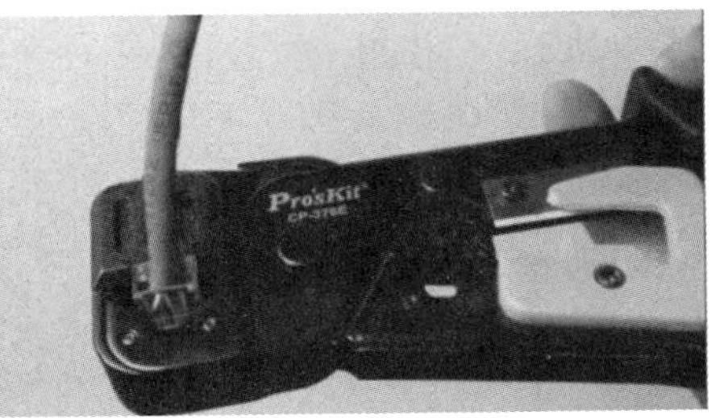

图 1-3-35　压线

取出水晶头后，观察水晶头顶端，应该可以看到水晶头的 8 个金属片已经穿透了双绞线的 8 条导线，将每条导线紧紧的卡在水晶头内部了。

（7）重复前面的步骤（1）～（6），用同样方法和线序制作另一端网线，即可完成一条直通双绞线的制作。

（8）把网线的两头分别插到双绞线测试仪上，打开测试仪电源开关，对制作好的双绞线进行测试，用测线仪测试结果为：测线仪主机的指示灯闪烁顺序为“1-1，2-2，3-3，4-4，5-5，6-6，7-7，8-8”，测试结束后右侧的“Straight”指示灯会亮起，表明这是一条直通双绞线，如图 1-3-36 所示。

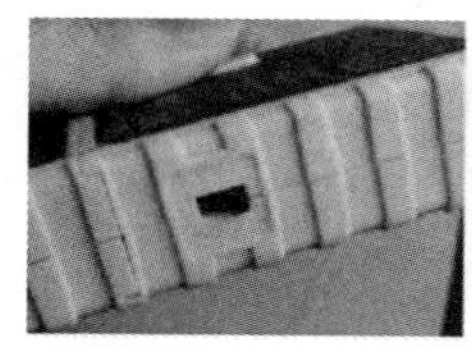
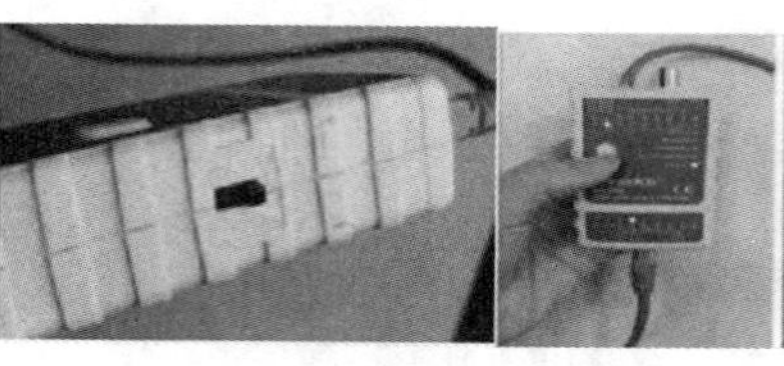
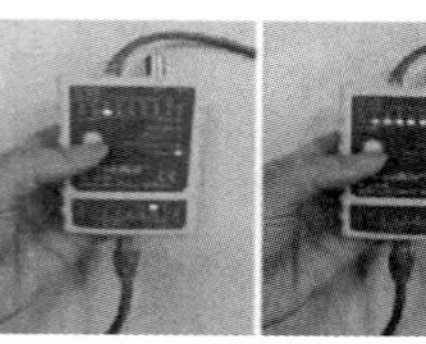
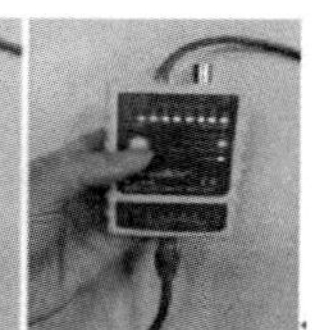

图 1-3-36　直通双绞线的测试

（9）重复前面的步骤（1）～（7），将制作线序改为一端 568A，另一端 568B，即可完成一条叉双绞线的制作。用测线仪测试结果为：测线仪主机的指示灯闪烁顺序为“1-3，2-6，3-1，4-4，5-5，6-2，7-7，8-8”，测试结束后右侧的“Crossover”指示灯会亮起，表明这是一条交叉双绞线。

四、布管布线材料的选用

（一）PVC 电线管的分类

家装电气工程中常用的是 PVC 电线管和 PVC 波纹管，如图 1-3-37 所示。本书主要针对 PVC 电线管进行介绍。

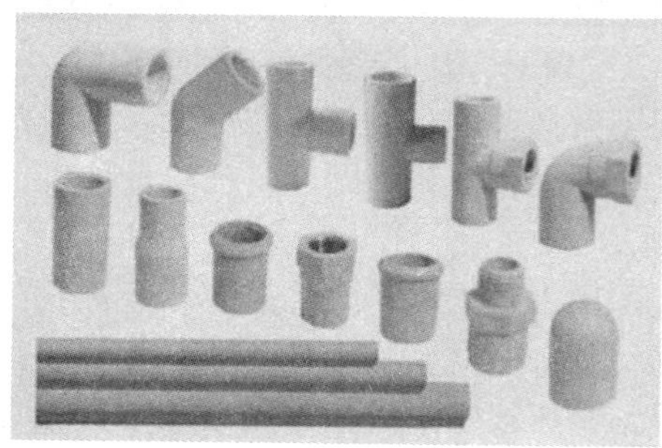
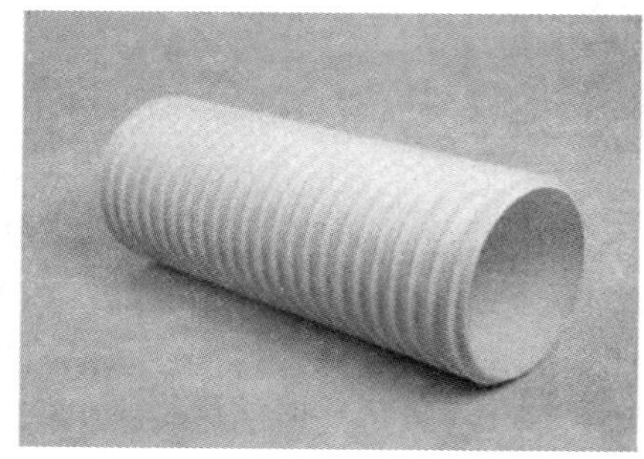

图 1-3-37　PVC 电线管和 PVC 波纹管

按照材料划分：PVC 电线管通常分为普通聚乙烯 PVC、硬聚氯乙（PVC-U）、软聚氯乙烯（PVC-P）和氯化聚氯乙烯（PVCC）等 4 种。

按照管形划分：PVC 电线管可分为圆管、槽管、波形管。

按照管壁的薄厚划分：PVC 电线管可分为轻型—205（主要用于挂顶）、中型—305（用于明装或暗装）、重型—305（用于埋藏混凝土中）等 3 种，家庭装修主要选择轻型和中型管。

（二）PVC 电线管操作注意事项

（1）供用 PVC 电线管弯曲时，管内应穿入专用弹簧。使用时，把管子完成 90°，弯曲半径大于 3 倍管径，弯曲后外观应光滑。

（2）PVC 电线管超过下列长度时，其中间应装设分线盒或放大管径：①管子全长超过 20 m，无弯曲时；②管子全长超过 14 m，只有一个弯曲时；③管子全长超过 8 m，有两个两曲时；④管子全长超过 5 m，有 3 个弯曲时。

（3）顶埋 PVC 电线管时，禁止用钳子将管口夹扁、扭弯，应用符合管径的 PVC 塞头封盖管口，并用胶布绑扎牢固。

（4）线路有接头时必须在接头处留有暗盒并扣上面板，方便日后的更换和维修。

（5）铺设 PVC 电线管时，电线的总线截面积不能超出 PVC 电线管内径的 40%。

（6）不同电压等级、不同信号的电线不能穿在同一根 PVC 电线管内，避免干扰。

五、布线规范与施工要点

（一）家居布线规范

家庭住宅基本都采用单相入户的供电方式，有关单相电进入配电箱户表后的室内强弱电线路布线及电器安装规范如下：

（1）配电箱户表应根据室内用电设备的不同功率分别配线供电，大功率家电设备应独立配线安装插座。

（2）配线时，相线与零线的颜色应不同，同一住宅相线（L）颜色应统一，零线（N）宜用蓝色，保护线必须用黄绿双色线。

（3）导线间和导线对地间的电阻必须大于 0. 5 MΩ。

（4）各弱电子系统均用星形结构。

（5）进线穿线管 2～3 根从户外引入家用信息接入箱。出线管从家用信息箱到各个户内信息插座。所敷设暗管（穿线管）应采用钢管或阻燃硬质聚氯乙烯管（硬质 PVC 管）。

（6）直线管的管径利用率应为 50%～60%，弯管的管径利用率应为 40%～50%。

（7）所布线路上存在局部干扰源，且不能满足最小净距离要求时，应采用钢管。

（8）暗管直线长度超过 30 m 时，中间应加装过线盒。

（9）暗管直线敷设时，其路由长度应小于等于 15 m，且该段内不得有 S 弯曲。连续弯曲超过两处时，应加装过线盒，所有转弯处均用弯管器完成，为标准的转弯半径。不得采用国家命令禁止的三通、四通等。暗管孔内不得有各种线缆接头。

（10）电源线配线时，所用导线截面积应满足用电设备的最大输出功率。

（11）电线与暖气、热水器、煤气管之间的平行距离不应小于 300 mm，交叉距离不应小于 100 mm。

（12）工程竣工后应向业主提供综合布线工程竣工简图。

（二）主要材料的质量要求

家居布线主要材料的质量要求如下：

（1）电器、电料的规格、型号应符合设计要求及国家现行电器产品标准的有关规定。具体如下：①单个电器支线、开关线用标准 1.5 mm^2；主线用标准 2.5 mm^2，空调插座用 4 mm^2；②背景音乐线标准 2×0.3 mm；③环绕音响线，100 芯无氧铜线；④视频线采用 AV 影音共享线；⑤线采用超五类 UTP 双绞线；⑥有线电视线采用宽带同轴电缆。

（2）电器、电料的包装完好，材料外观不应有破损，附件、备件应齐全。

（3）塑料电线保护管及接线盒、各类信息面板必须是阻燃型产品，外观不应有破损及变形。

（4）塑料电线保护管及接线盒的外观不应有折扁和裂缝，管内应无毛刺，管口应平整。

（5）通信系统使用的终端盒、接线盒与配电系统的开关、插座，应选用与各设备相匹配的产品。

六、家居布线的施工要点

（1）应根据用电设备位置，确定管线走向、标高及开关、插座的位置。要求如下：①电源插座间距不大于 3 m，距门道不超过 1.5 m，距地面约 30 cm；②所有插座距地高度约 30 cm；③开关安装距地 1.2～1.4 m，距门框 0.15～0.20 m。

（2）电源线配线时，所用导线截面积应满足用电设备的最大输出功率。

（3）暗盒接线头留长 3 m，所有线路应贴上标签，并标明类型、规格、日期和工程负责人。

（4）在穿线管道与暗盒连接处，暗盒不许切割，须打开有管孔，将穿线管穿出。穿线管在暗盒中保留 5 mm。

（5）暗线敷设必须配管。

（6）同一回路的电线应穿入同一根管内，管内总根数不应超过 4 根。

（7）电源线与通信线不得穿入同一根管内。

（8）电源线及插座与电视线，网线、音视频线及插座的水平间距不应小于 500 mm。

（9）穿入配管导线的接头应改在接线盒内，接头搭接应牢固，绝缘包缠应均匀、紧密。

（10）连接开关、螺口灯具导线时，相线应先接开关，开关引出的相线应接在灯中心的端子上，零线应接在螺纹的端子。

（11）厨房、卫生间应安装防溅插座，开关宜安装在门外开启侧的墙体上。

（12）线管均采取地面直接布管方式，如有特殊情况需要绕墙或走顶，则必须事先在协议上注明不规范施工或填写《客户认可单》方可施工。

项目二

典型物联网感知层系统安装调试与应用

本项目主要学习典型物联网感知层设备的检测、配置、系统安装、组网调试、数据采集与控制等内容。通过对“PC 直连数据采集模式”“Android 移动终端直连数据采集模式”“Android 移动终端配置网关直连操作模式”及“云服务平台模式”的实训，让学生逐步熟练掌握物联网系统的安装、组网调试的基本方法与应用，通过该项目的学习，使学生对物联网有系统性的感性认知，同时，该项目是学习项目三和项目四的基础。

模块一　典型物联网设备安装基础

感知层作为物联网架构的基础层面，主要是达到信息采集并将采集到的数据上传的目的，本模块使用典型物联网应用实训平台（感知层基础套件），选取具有典型意义的物联网感知层实训设备进行认识。

任务 1　认识典型物联网感知层设备

认识移动实训台、物联网数据采集网关、移动工控终端、数字量采集器、四输入模拟量采集器、人体红外探测器、光照传感器、继电器、风扇、温湿度传感器等典型物联网感知层设备，了解其功能及电气规格，见表 2-1-1。

表 2-1-1　设备清单

序号	设备名称及型号	数量及单位
1	移动实训台	1 个
2	物联网数据采集网关	1 个
3	移动工控终端	1 个
4	数字量采集器	1 个
5	四输入模拟量采集器	1 个
6	人体红外探测器	1 个
7	光照传感器	1 个
8	继电器	1 个
9	风扇	1 个
10	温湿度传感器	1 个

任务实施

步骤 1　了解典型物联网感知层。了解典型物联网感知层基础套件主要设备名称及构成部件，典型感知层套件主要由核心部件、采集器、传感器、继电器和执行器等几部分组成。见表 2-1-2。

表 2-1-2　典型感知层套件的组成

组成部分	构 成 部 件
核心部件	移动实训台，物联网网关，安卓移动工控终端
采集器	四输入模拟采集器，数字量采集器
传感器	温、湿度传感器，工业级光照传感器，光照传感器，人工红外传感器
继电器	24 V 继电器Ⅰ，24 V 继电器Ⅱ，ZigBee 单联集电器
执行器	24 V 风扇Ⅰ，24 V 继电器风扇Ⅱ，12 V LED 灯泡

步骤 2　认识感知层设备。

1. 移动实训台

移动实训台是物联网感知层设备安装与固定的平台，它使用 220 V 强电输入；具有强电交流供电口 6 个 3 孔插座；提供 5 V，12 V，24 V 弱电直流供电端子；提供 1 个 WAN 以太网口和 4 个 LAN 以太网口且具备 Wi-Fi 功能的无线路由器。

移动实训台正面如图2-1-1所示，其中①为感知层设备安装、固定的主工作区，通过螺丝或磁铁进行设备的固定；②为弱电供电端子，共有两组，均可以提供 5 V，12 V，24 V 的弱电；③移动实训台底座，可吸附磁性设备。

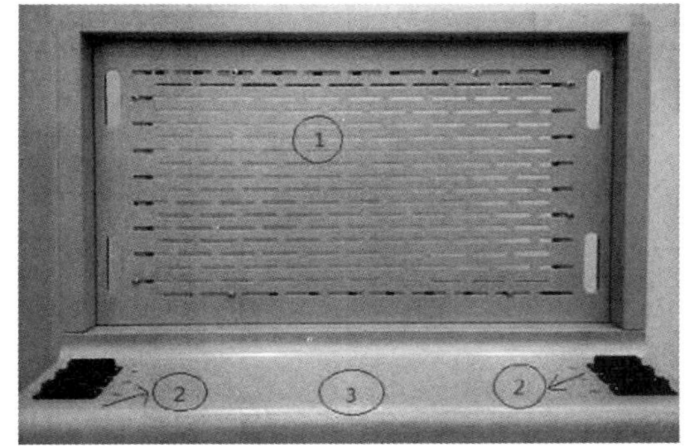

图 2-1-1　移动实训台正面

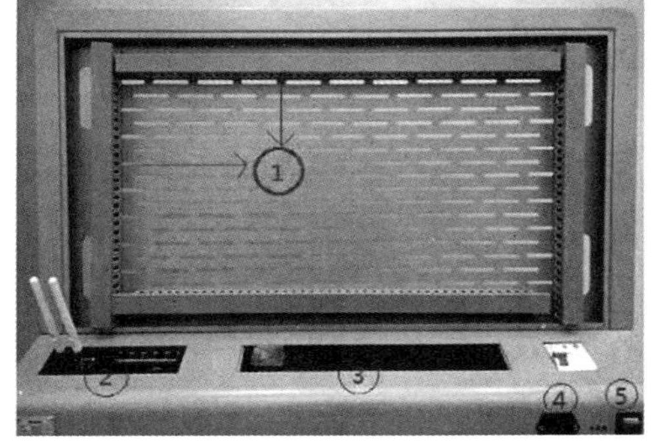

图 2-1-2　移动实训台背面

移动实训台背面如图 2-1-2 所示，其中①为线槽，所有设备的电源线和信息号均需要布置到线槽中；②为无线路由器，具备 Wi-Fi 功能，并提供 1 个 WAN 以太网口，4 个 LAN 以太网口；③强电供电模块，提供 6 个 3 孔的 220 V 交流电输出；④为 220 V 交流电输入；⑤为电源总开关。

2. 物联网数据采集网关

物联网数据采集网关是感知层实训系统的设备域的重要部件，集成物联网核心采集器、控制器，通过 ZigBee 协议、Modbus 协议，以 802. 3 协议等采集、解析数据、透传、控制命令下发等功能，并将数据实时显示于网关显示屏，如图 2-1-3 所示。

物联网数据采集网关具有如下特点：①LCD 显示，触摸操作，可同时显示 6 路传感器数据；②本地声光报警功能，具备超温、断电报警功能；③Wi-Fi/GPRS/以太网传输，数据实时传送；④内置后备电池，断电后可继续工作 2 小时。

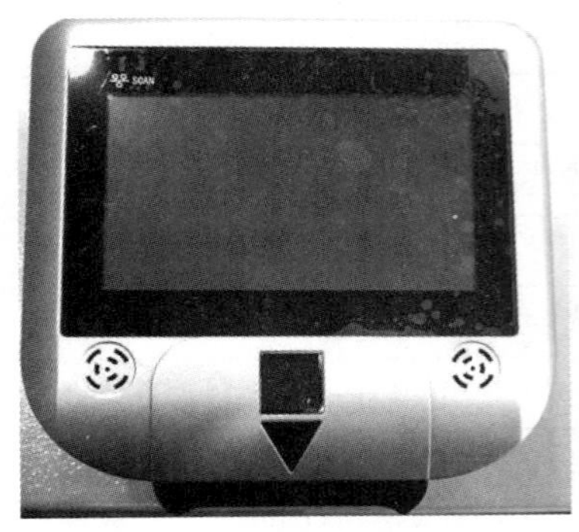

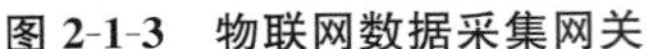

图 2-1-3　物联网数据采集网关

图 2-1-4　移动工控终端

3. 移动工控终端

移动工控终端是感知层实训套件的数据处理的核心，通过对网关传输的数据的逻辑处理，向网关下达指令，如图 2-1-4 所示。其特点如下：①支持通过网关连接和通过串口与采集器直接连接两种数据采集方式；②显示内容丰富，界面友好；③多通道数据传输，支持 Wi-Fi、串口、RJ45 等多种数据传输方式；④可旋转支架，自由旋转。

4. 数字量采集器

ADAM4000 系列模块应用 EIA RS—485 通信协议，它是工业上最广泛使用的双向、平衡传输线标准。它使得 ADAM4000 系列模块可以远距离、高速传输和接收数据。ADAM—485 系统是一款数据采集和控制系统，能够与双绞线多支路网络上的网络主机进行通信。如图2-1-5所示。

5. 四输入模拟量采集器

四输入模拟量采集器是一款 4 路通道的 ZigBee 采集模块，用于采集模拟信号量，接在 ZigBee 板上，将采集到的模拟信号量通过 ZigBee 传输采集信息，如图 2-1-6 所示。

图 2-1-5　数字量采集器

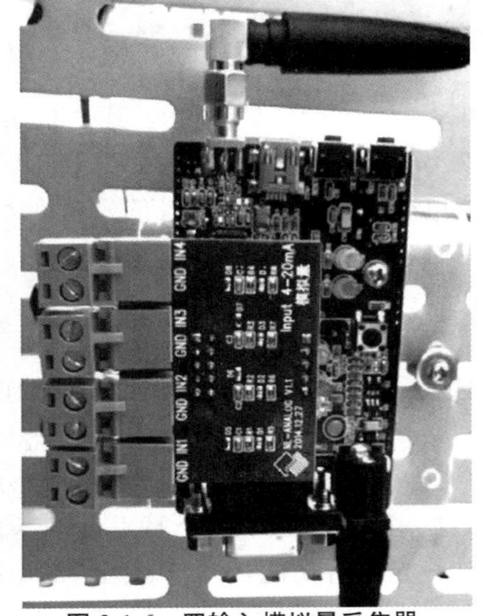

图 2-1-6　四输入模拟量采集器

6. 人体红外探测器

自然界中任何有温度的物体都会辐射红外线，只不过辐射的红外线波长不同而已，人体有相对固定的体温范围，发出特定波长 10 μm 左右的红外线。人体红外探测器，能够探测到 10 m 范围内人体辐射的红外线，并能通过后续电路实现声光报警，如图 2-1-7 所示。

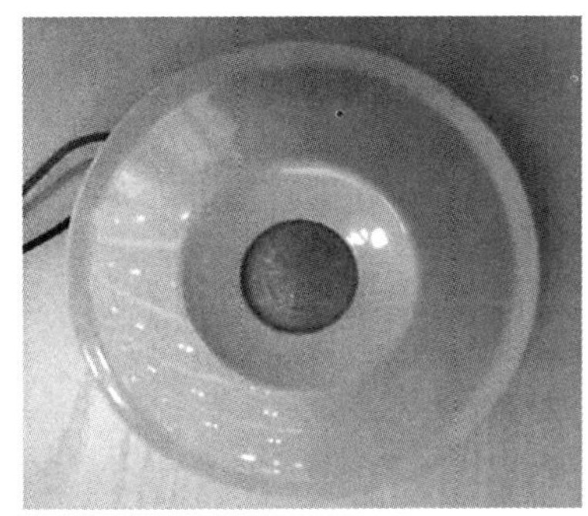

图 2-1-7　人体红外探测器

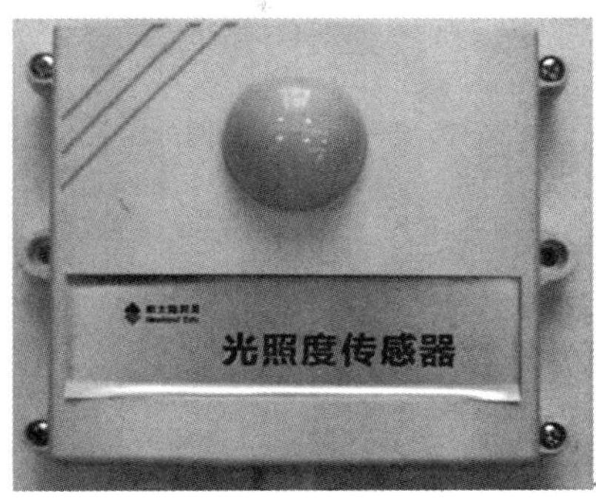

图 2-1-8　光照度传感器

7. 光照传感器

光照传感器用于检测光照强度，工作原理是将光照强度值转为电压值。采用高灵敏度的光敏原件作为传感器，具有测量范围宽，使用方便，便于安装，传输距离远等特点，如图 2-1-8 所示。

8. 继电器

继电器是一种电磁开关控制器件，通常应用于自动化的控制电路中，它实际上是用小电流去控制大电流运作的一种开关。故在电路中起着自动调节、安全保护、转换电路等作用，如图 2-1-9 所示。

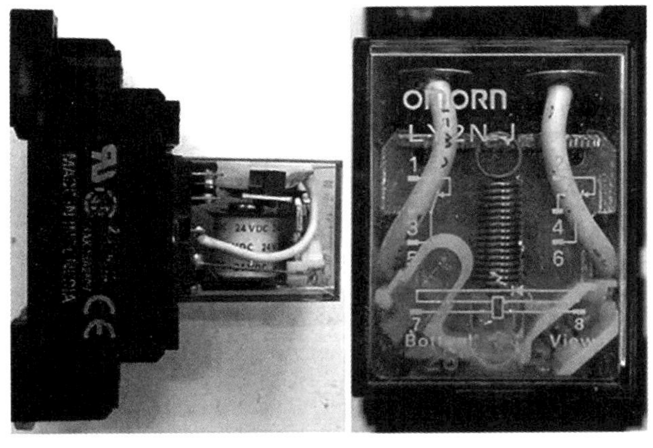

图 2-1-9　继电器

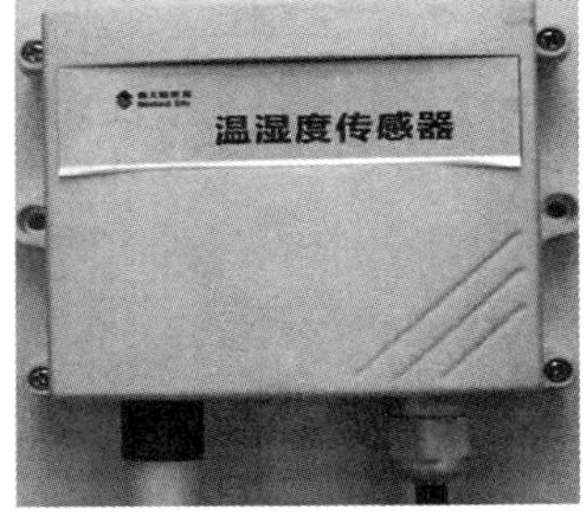

图 2-1-10　温湿度传感器

9. 温湿度传感器

温湿度传感器是指能将温度量和湿度量转换成容易被测量处理的电信号的设备或装置，如图 2-1-10 所示。

任务 2　典型物联网设备安装

任务描述

掌握物联网感知层设备的安装及接线；理解典型物联网移动实训台的布局图与连线图。

任务实施

步骤 1　认识典型物联网设备接连接图。典型物联网移动实训台的布局图，如图 2-1-11 所示。

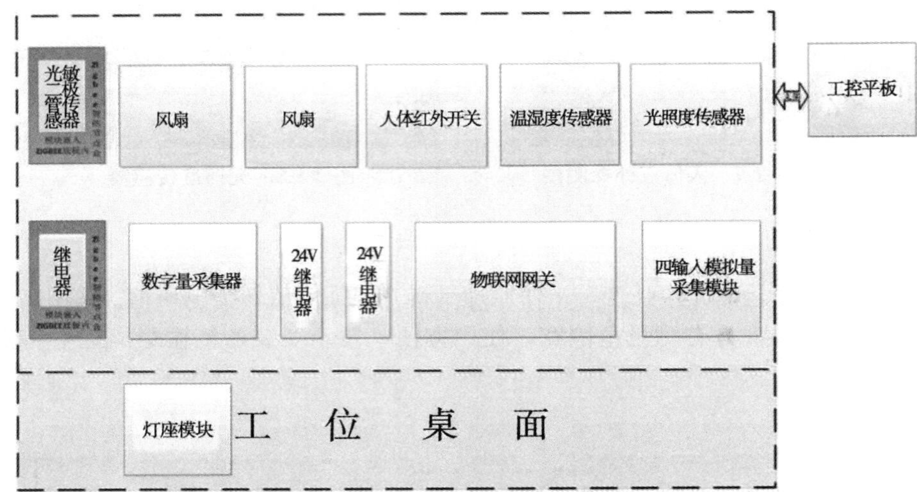

图 2-1-11　物联网移动实训台的布局图

典型物联网移动实训台的接线图，如图 2-1-12 所示。

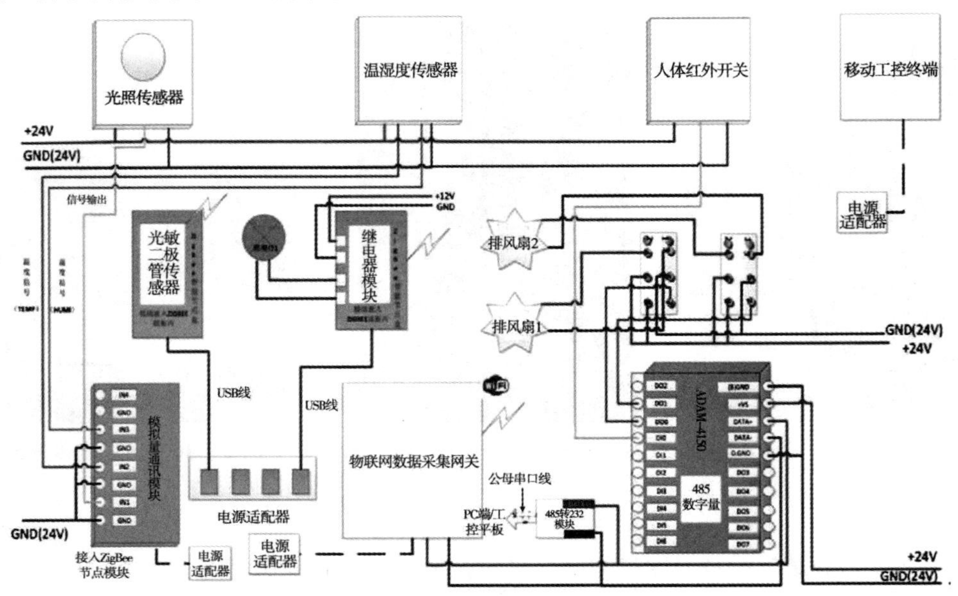

图 2-1-12　移动实训台的接线图

步骤 2　主要设备的安装、连线。

1．ZigBee 板、固定板安装

（1）将铜柱固定在 ZigBee 板的背面，如图 2-1-13 所示。

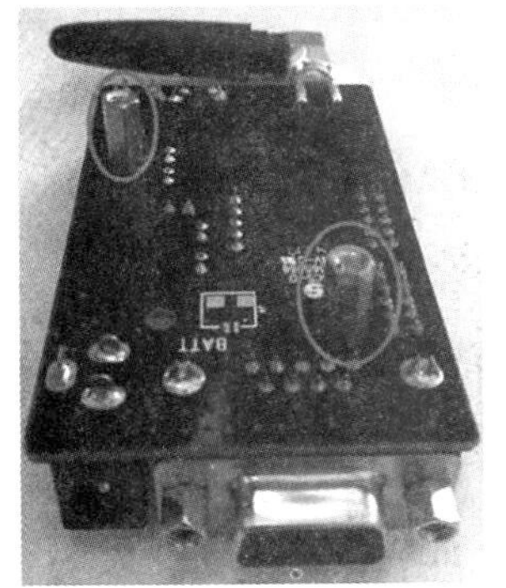

图 2-1-13 铜柱固定 ZigBee 板背面

图 2-1-14 透明板

（2）再把 ZigBee 板固定在透明板上，如图 2-1-14，图 2-1-15，图 2-1-16 所示。

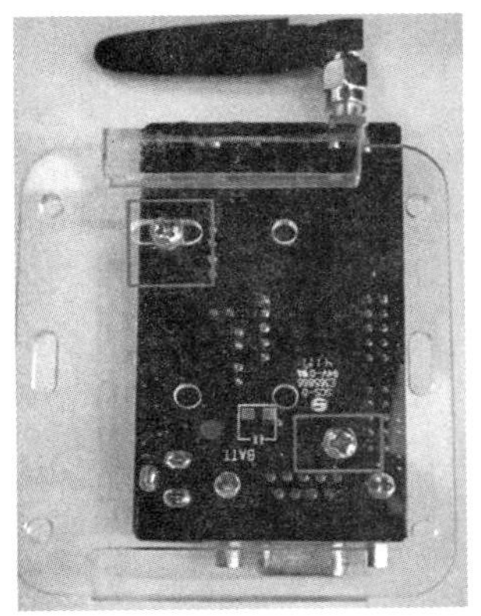

图 2-1-15 固定在透明板上

图 2-1-16 固定好后的侧面图

（3）将 ZigBee 板用螺丝固定到工位上，如图 2-1-17，图 2-1-18 所示。

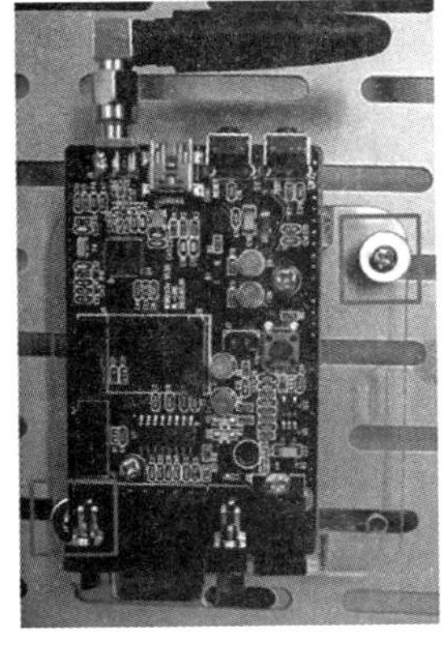

图 2-1-17 固定 ZigBee 板后正面

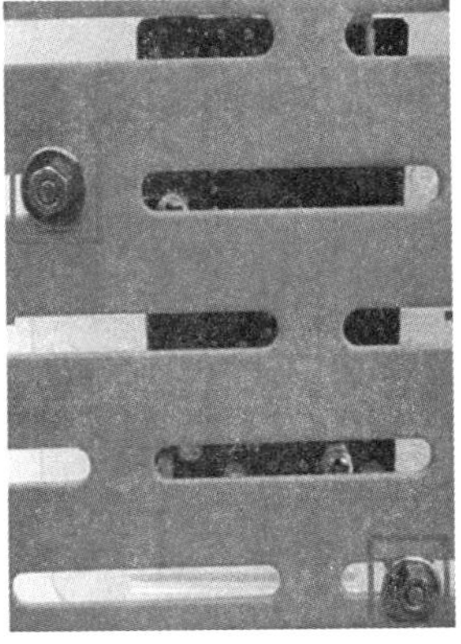

图 2-1-18 固定 ZigBee 板后背面

2. 数字量采集器的接线

(1) ADAM-4150 数字量采集器接线图，如图 2-1-19 所示。其中 DO0～DO7 为输出端口；DI0～DI7 为输入端口；(B) GND，D. GND 为－24V 接地端口；＋VS 为＋24V 供电端口；DATA＋，DATA－接 485 转 232 模块的 DATA＋，DATA－。

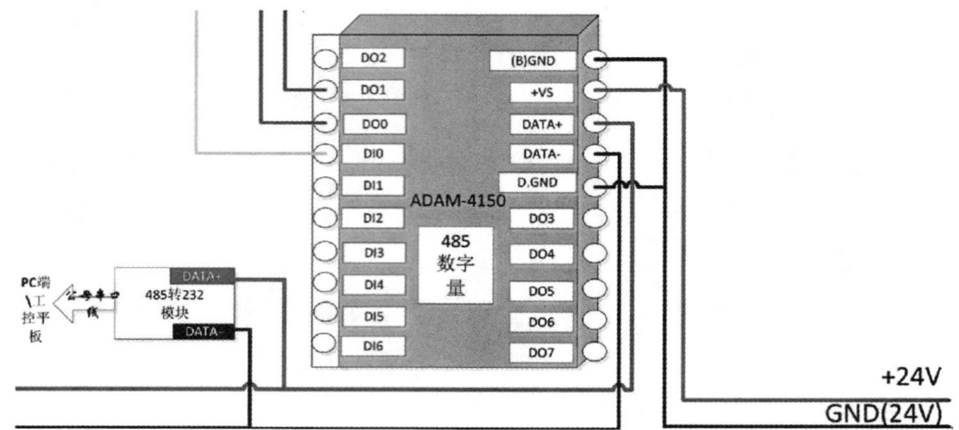

图 2-1-19 数字量采集器的接线

3. 485 转 232 模块

485 转 232 模块是将采集设备上采集到的数据通过转换接口，用串口转接到终端设备上，通过终端来分析采集的数据，如图 2-1-20 所示，其中 T/R＋接数字量采集器 DATA ＋，T/R 接数字量采集器 DATA－。

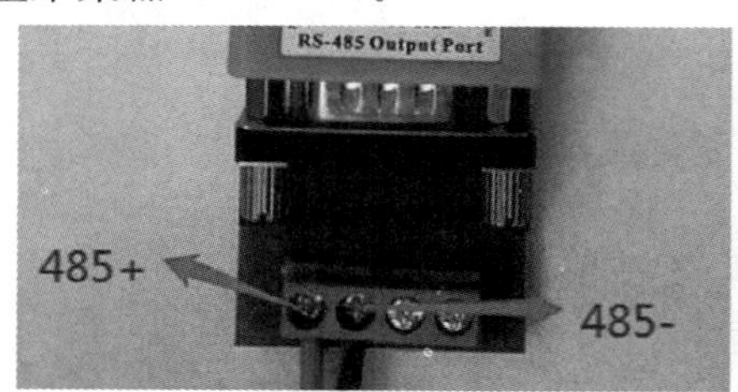

图 2-1-20 485 转 232 模块布线图

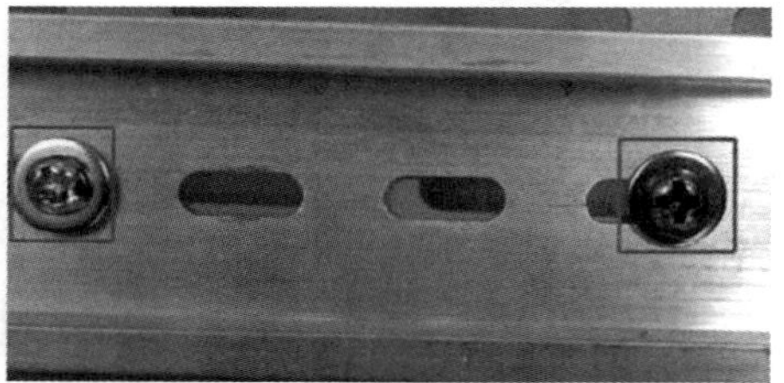

图 2-1-21 固定凹形小铝条

4. 继电器的安装与接线

(1) 使用螺丝将凹形小铝条固定到移动实训台，如图 2-1-21 所示。

(2) 将继电器扣到凹形小铝条上，如图 2-1-22 所示。

(3) 将铝条和继电器固定到移动实训台上，如图 2-1-23 所示。

(4) 继电器接线：继电器供电端为继电器的工作提供电源（继电器线圈供电）；负载供电源为负载提供工作电源（通过继电器开关触点向负载供电）；开关（触点）常开端、开关（触点）常闭端接负载，如图 2-1-24 所示。

5. 风扇的安装与接线

通过螺丝将风扇固定到移动实训台上，风扇共有两根连接线，其中红色线接＋24V，黑色线接 GND，如图 2-1-25、图 2-1-26 所示。

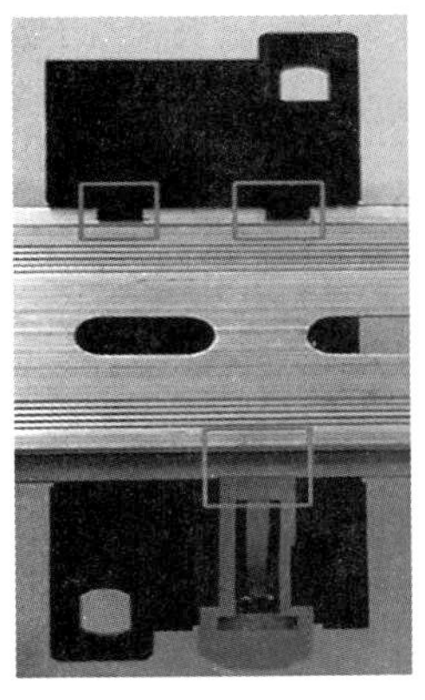

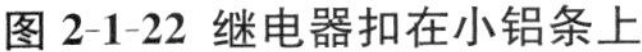

图 2-1-22 继电器扣在小铝条上

图 2-1-23 安装完成

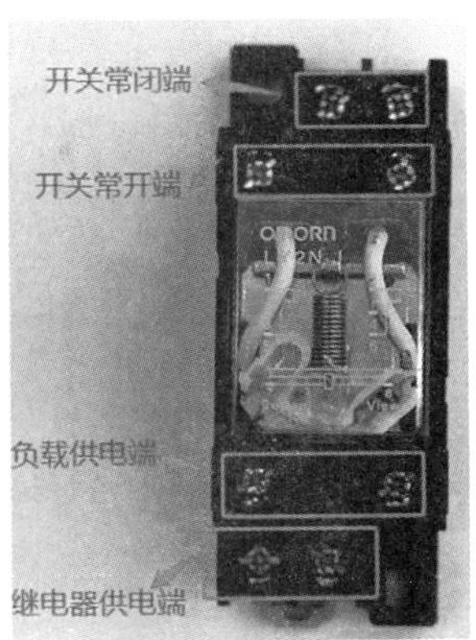

图 2-1-24 继电器连线

图 2-1-25　风扇

图 2-1-26　风扇安装和接线图

6. 人体红外传感器安装与接线

(1) 通过螺丝将人体红外传感器的底座固定到工位上，如图 2-1-27 所示。

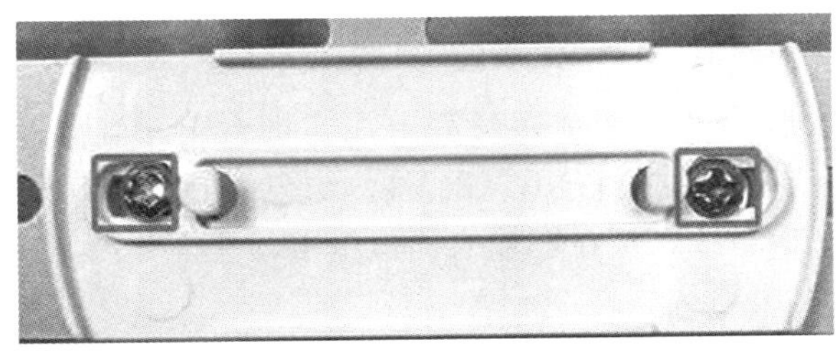

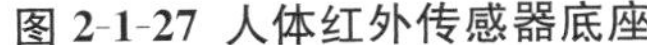

图 2-1-27 人体红外传感器底座

图 2-1-28 人体红外安装连线

(2) 人体红外传感器共有三根连接线，其中红色线接＋24V，黑色线接 GND，黄色线为信号线接数字量采集器的信号输入端口，如图 2-1-28 所示。

7. 四通道模拟量采集模块安装接线

将四通道模拟量采集模块通过对接点（插针），如图 2-1-29 所示，插入到黑色 ZigBee 板的相应插座上，如图 2-1-30 所示。

图 2-1-29　对接点

图 2-1-30　安装到 ZigBee 板上

四通道模拟量采集模块接线如图 2-1-31 所示。

图 2-1-31 安装到 ZigBee 板上

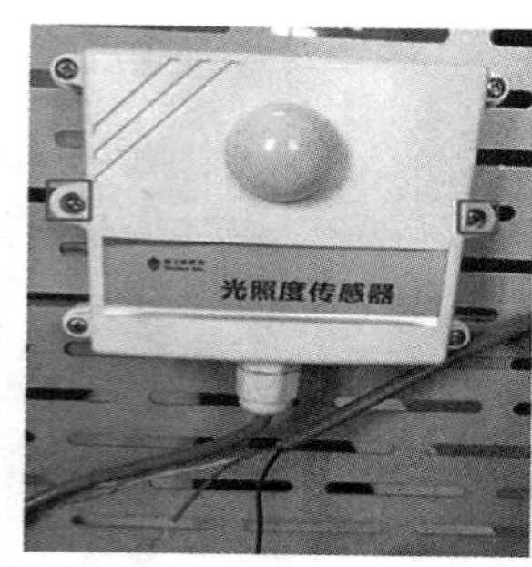

图 2-1-32 光照传感器的安装连线

图 2-1-33 温湿度传感器的安装连线

8. 光照传感器的安装与连接

光照传感器通过如图 2-1-32 所示左右两个螺丝固定在实训台上，光照传感器共 3 根引线，其中红色引线接+24V，黑色引线接 GND（24V），黄色引线为信号线接四通道模拟量采集通讯模块。

9. 温湿度传感器的安装与连接

温湿度传感器通过如图 2-1-33 所示左右两个螺丝固定在实训台上，温湿度传感器共 4 根引线，其中红色引线接+24V，黑色引线接 GND（24V），绿色线是湿度信号线，接在四输入模拟量 IN3 上。蓝色线是湿度信号线，接在四输入模拟量 IN2 上。

模块二　典型物联网感知层直连数据采集

模块介绍

本模块是将人体红外传感器、继电器、风扇与数字量采集器正确规范连接，并将数字量采集器通过 RS-485/RS-232 转接模块连接到 PC 机和移动终端，分别实现 PC 端直连数据采集和 Android 端直连数据采集。

任务 1　数字量采集器安装

任务描述

读懂电路连接图，按照电路图正确规范安装连接数字量采集器及其外部设备，设备清单见表 2-2-1。

表 2-2-1　设备清单

序号	设备名称及型号	数量及单位
1	数字量采集器（ADAM-4150）	1 个
2	人体红外传感器	1 个
3	24V 继电器	2 个
4	24V 风扇	2 个
5	RS-232 到 RS-485 无源转换器	1 个

任务实施

步骤 1　按图 2-2-1 所示将数字量采集器模 ADAM-4150、人体红外传感器、继电器、RS-232 到 RS-485 转换器安装在移动实训台上。

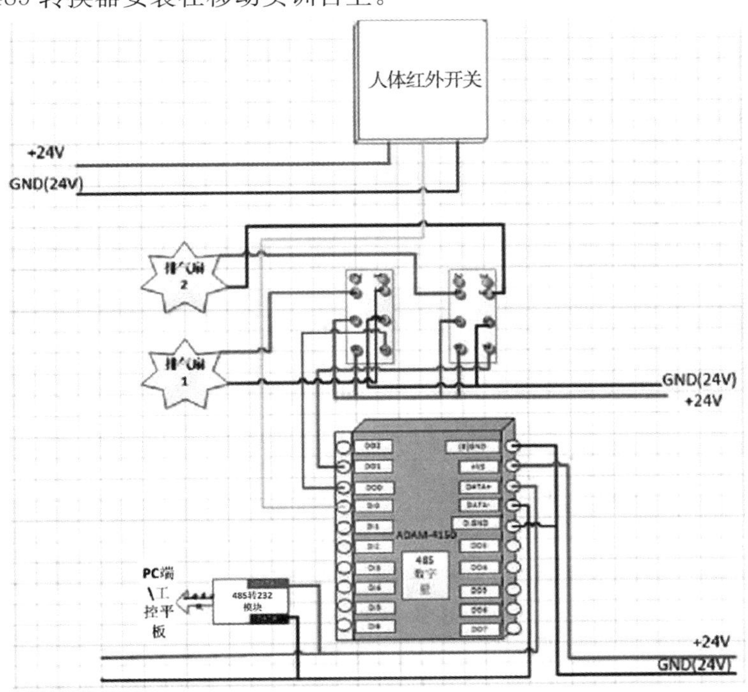

图 2-2-1　数字量采集器相关链接设备电路图

步骤 2　按图 2-2-1 所示将人体红外传感器、485 数字量采集器、继电器、风扇、RS-232 到 RS-485 转换器连接起来。

任务 2 四输入模拟量直接采集模块烧写与安装

安装 SmartRF Flash Programmer（SmartRF 闪存编辑器），并使用 SmartRF 对 ZigBee 模块进行烧写，设备清单见表 2-2-2。

表 2-2-2 四输入模拟量直接采集模块烧写与安装的设备清单

序号	设备名称	数量及单位
1	ZigBee 模块	1 块
2	仿真器（烧写器）	1 块
3	PC 机	1 台

步骤 1 烧写工具 SmarRF Flash Programmer 的安装、运行。找到 SmarRF Flash Programmer 烧写工具软件的安装程序 Setup_SmartRFProgr_1.12.7.exe，双击进行安装，如图 2-2-2 所示。

图 2-2-2 SmarRF Flash Programmer 安装界面

安装过程中，点击 Next 下一步，直到安装完成生成图标，双击图标运行 SmarRF Flash Programmer 软件，运行界面如图图 2-2-3 所示。

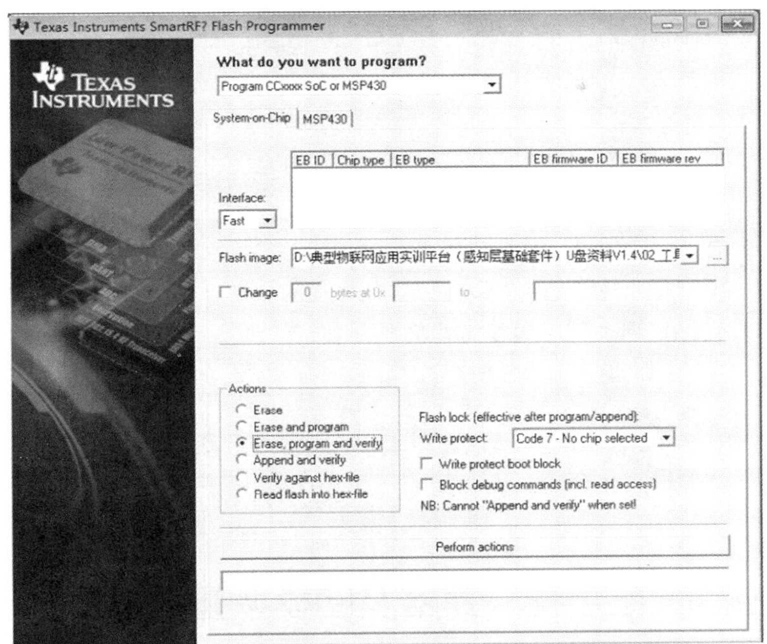

图 2-2-3　SmarRF Flash Programmer 运行界面

步骤 2　烧写程序。

（1）将烧录器（也称编程器或下载器）的下载线连接到 ZigBee 板（需供电，用专用电源插头），注意方向一致（△和▽对应），另一端连接到计算机的 USB 端。烧录器如图 2-2-4 所示。

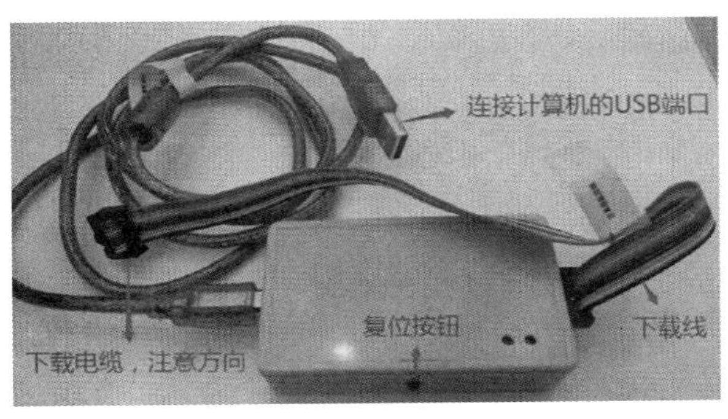

图 2-2-4　烧录器的连接

（2）打开运行 SmarRF Flash Programmer 软件，按烧录器的复位键找到 ZigBee 模块的连接成功的设备提示（如果没有出现，则需要检查下载线和 ZigBee 模块是否接反），选择烧录文件（文件格式为. hex）。如图 2-2-5 所示，图中 此处为选择烧录文件的路径，点击右边的 选择路径。

（3）如图 2-2-5 所示，在下载选择里选择勾选“Erase，program and verify”项，点击 Perform actions（下载按钮）开始下载，下载过程中有进度条显示，下载成功后出现如图 2-2-5所示的下载成功提示。

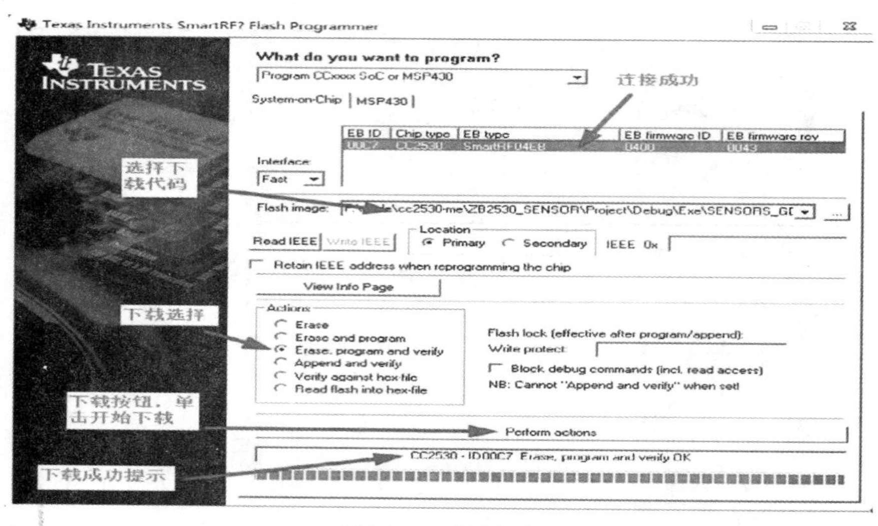

图 2-2-5　烧写程序

任务 3　数字量采集器及四模拟量输入模块与 PC 端直连采集数据

任务描述

通过已连接完成的数字量与模拟量的设备，将其通过串口线与 USB 转串口线连接到 PC 机的串口与 USB 口，实现模拟量数据的采集（包括温湿度、光照），数字量数据的采集（包括人体感应）与控制（通过继电器控制两个风扇）。

任务实施

步骤 1　安装感知层基础套件并了解其功能。找到感知层基础套件安装程序 ，双击打开进行安装，安装完成后桌面生成感知层套件软件的快捷图标 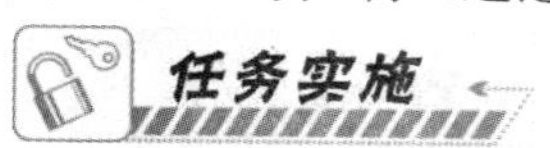，双击快捷图标打开感知层基础套件软件，界面如图 2-2-6 所示。

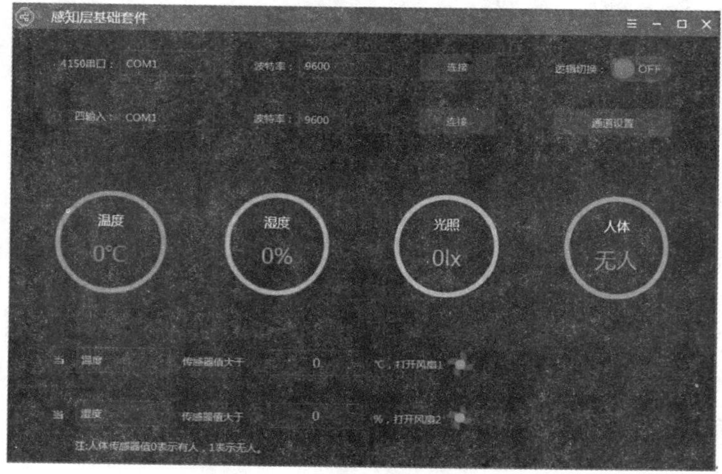

图 2-2-6　感知层基础套件运行界面

步骤 2　安装 USB 转串口驱动程序。将 U 转串线插入计算机的 USB 口，再在桌面计算机图标上点击右键，点击“管理”→“设备管理器”，见图 2-2-7。若未安装驱动会出现如图 2-2-8 所示的提示。这时候需要安装 U 转串驱动程序，安装方法为：找到如图 2-2-9 所示的“win xp server 2008 2012 2016 Vista 7 8 8. 1 10 32-64bit”文件夹，找到如图 2-2-10 所示 CDM21226_Setup.exe 安装文件，双击该文件进行安装，安装界面如图 2-2-11 所示，安装完成后如图 2-2-12 所示，点击完成，退出安装。这时候再次打开设备管理器查看端口就会识别端口，如图 2-2-13 所示。

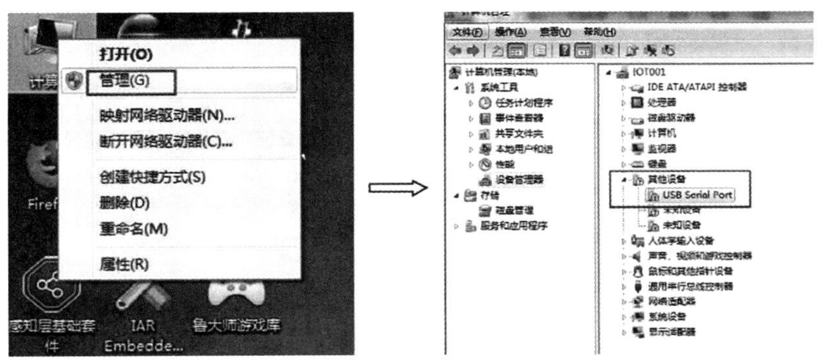

图 2-2-7　计算机管理　　　　图 2-2-8　设备管理器查看端口

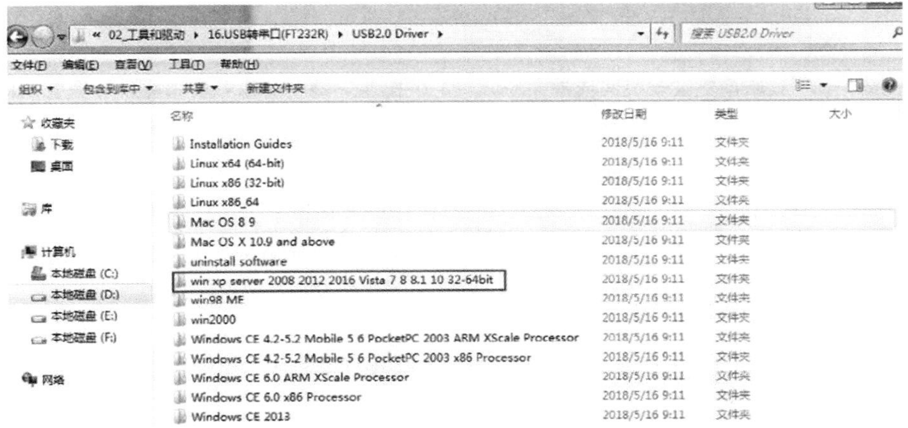

图 2-2-9　U 转串驱动安装文件夹

图 2-2-10　U 转串驱动安装文件

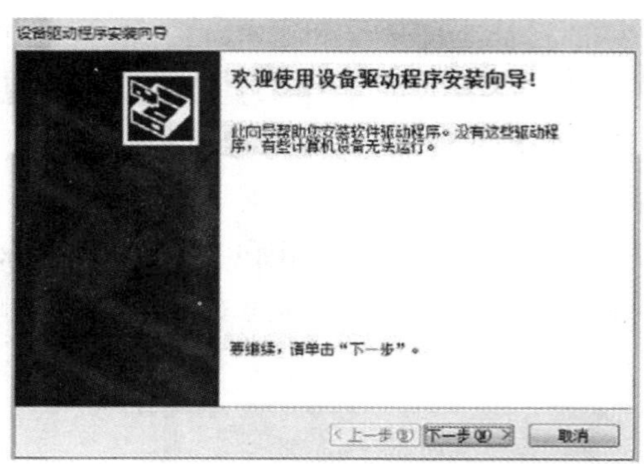

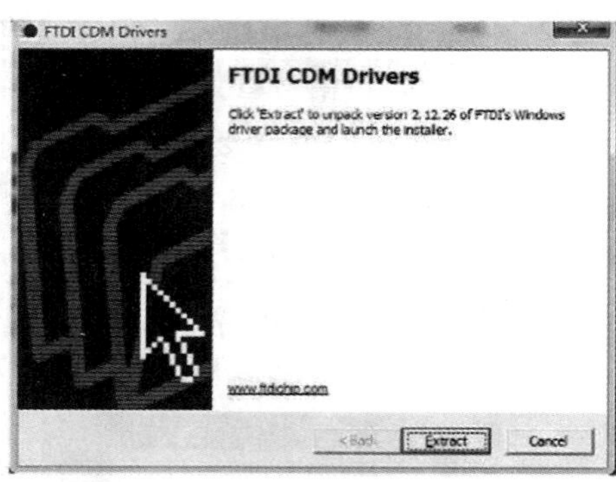

图 2-2-11　U 转串驱动安装界面

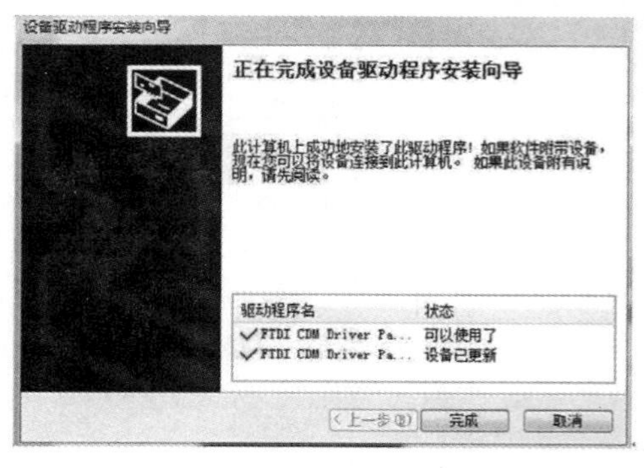

图 2-2-12　U 转串驱动安装完成界面

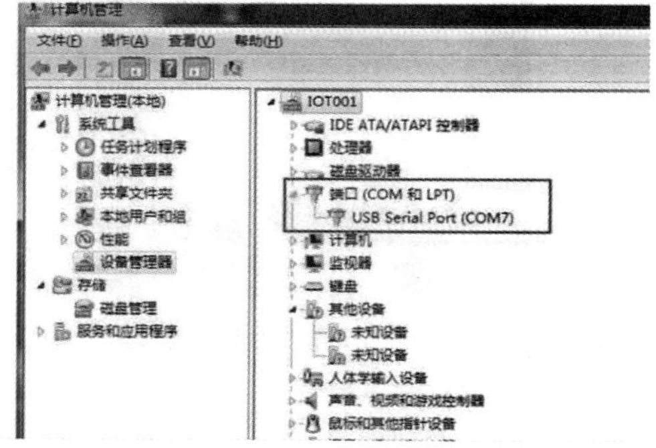

图 2-2-13　安装 U 转串驱动后查看端口

步骤 3　将黑色的 ZigBee 板烧写成"四通道独立采集"功能。连接烧录器、黑色 ZigBee 板和计算机，双击烧录软件快捷图标，打开烧录软件，如图2-2-14所示，烧录文件选择"选择四通道独立采集代码. hex"，把黑色 ZigBee 板烧写成四通道独立采集功能。

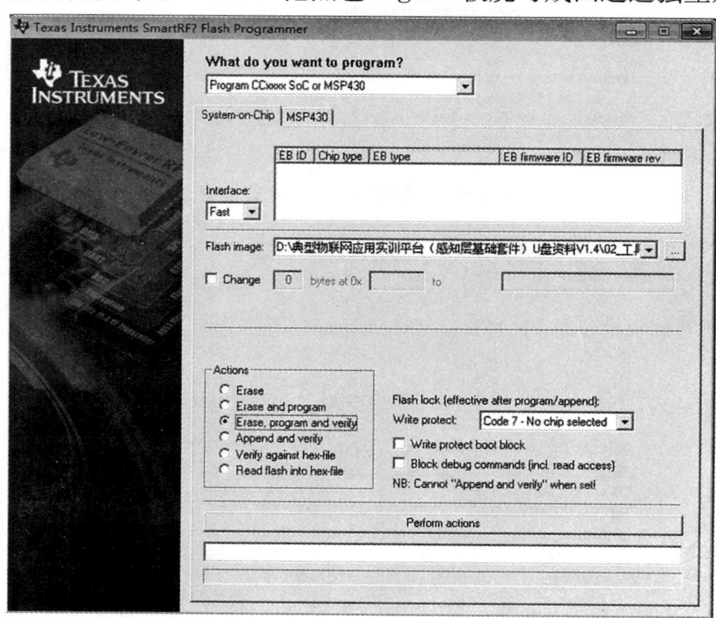

图 2-2-14　烧录文件

步骤 4　连接相关设备，并打开软件。利用两根 U 转串线分别把四通道采集模块、ADAM-4150 数字采集器与计算机相连，连线完成后给黑色 ZigBee 板通电（黑色 ZigBee 板需用配套的电源适配器供电），然后打开感知层基础套件软件，如图 2-2-15 所示。

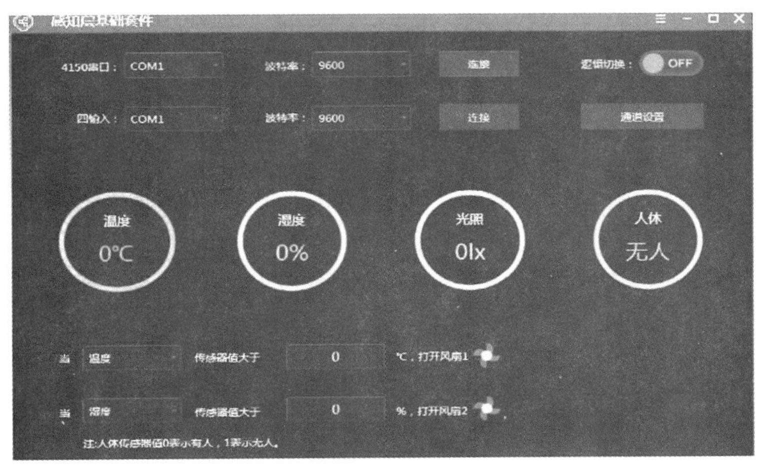

图 2-2-15　感知层主界面

步骤 5　设置通道。根据本模块连线图，人体红外传感器通道设置为 DI1，风扇 1 通道设置为 DO0，风扇 2 通道设置为 DO1；ZigBee 四输入模拟量通道设置中，温度设置为 Value1，湿度设置为 Value2，光照设置为 Value3，如图 2-2-16 所示。

设置完成后，感知层基础套件程序会显示当前环境温度、湿度、光照等数据，如图 2-2-17 所示。

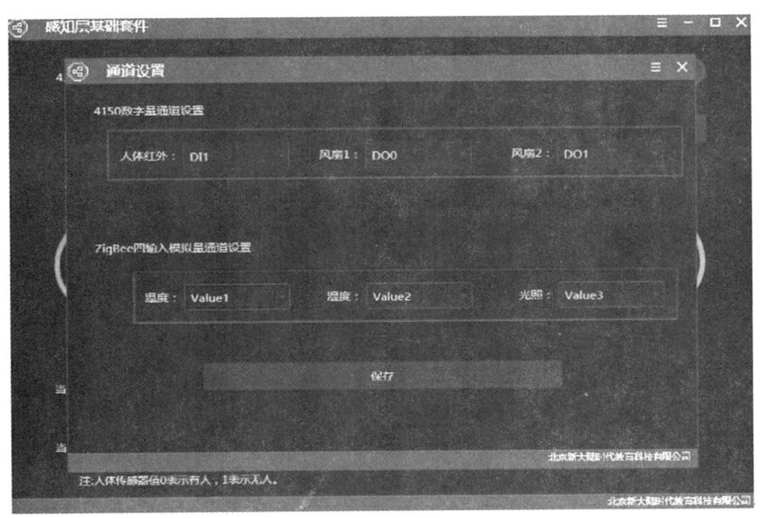

图 2-2-16　通道设置界面

步骤 6　打开和关闭执行器操作。通过切换界面中的逻辑开关，可以手动或自动控制风扇的工作状态。当逻辑切换功能处于 ON 状态时，系统会根据温度湿度等数值是否满足逻辑条件，自动打开/关闭风扇。当逻辑切换功能处于 OFF 状态时，只能手动打开/关闭风扇，如图 2-2-17 所示。

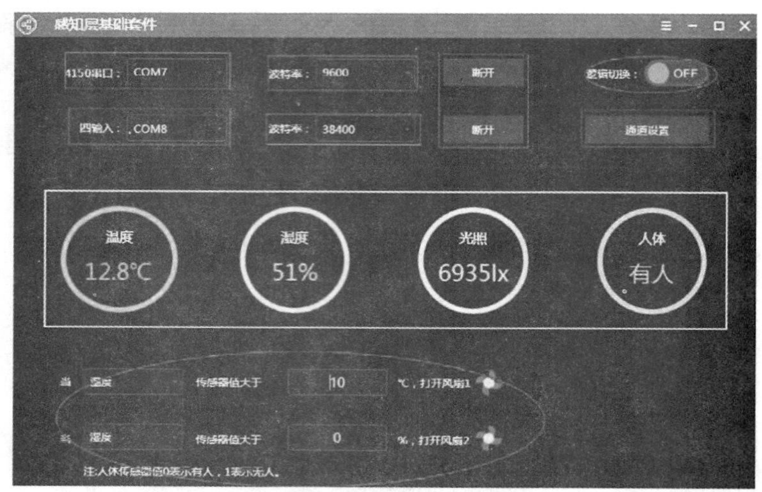

图 2-2-17　感知层基础套件采集数据

任务 4　数字量采集器及四模拟量输入模块与 Android 移动终端直连采集数据

任务描述

通过已连接完成的数字量与模拟量的设备，将其通过串口线连接到移动工控终端的串口实现模拟量数据的采集（包括温湿度，光照），数字量数据的采集（包括人体感应）与控制（过继电器控制两个风扇）。

任务实施

步骤 1　安装移动端感知基础套件 Apk。移动端感知基础套件安装方式有两种：一是将安装文件拷到 U 盘上，将 U 盘插到移动工控终端的 USB 口上，然后在移动工控终端的文件浏览器中，打开 U 盘里面的安装文件，进行安装；二是通过 USB 线将移动工控终端连接到计算机，计算机端通过手机助理（如豌豆夹等），直接进行软件安装。移动工控终端安卓系统安装完软件后，如图 2-2-18 所示。

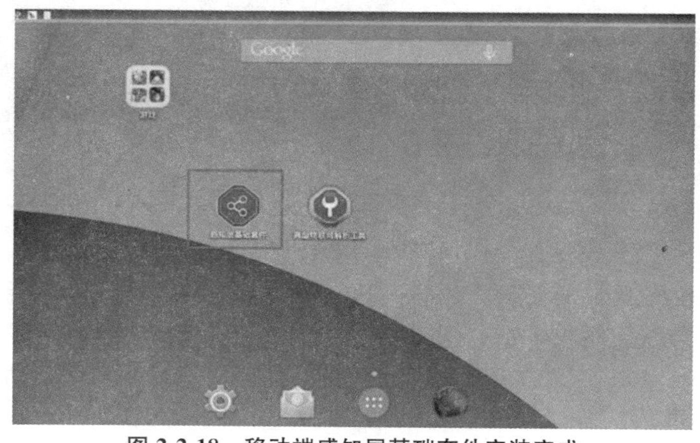

图 2-2-18　移动端感知层基础套件安装完成

步骤 2　Android 移动终端与四输入采集模块及 ADAM-4150 的连接。使用公母直连串口线（见图 2-2-19）将四输入采集模块 ZigBee 板的串口连接到移动工控终端上的 COM 口上；使用 485 转 232 模块将 ADAM-4150 的串口连接到移动工控终端上的 COM 口上，完成硬件连接，如图 2-2-20 所示。

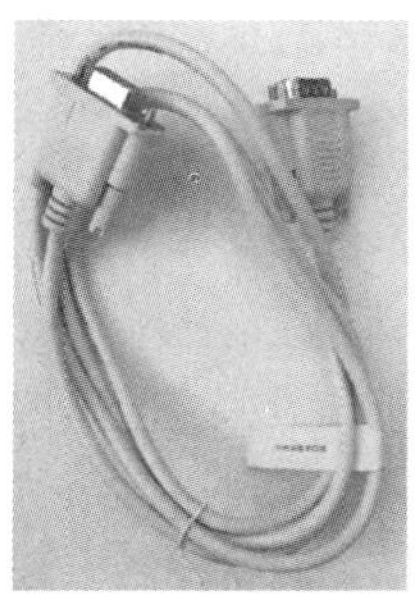

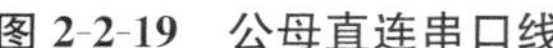

图 2-2-19　公母直连串口线

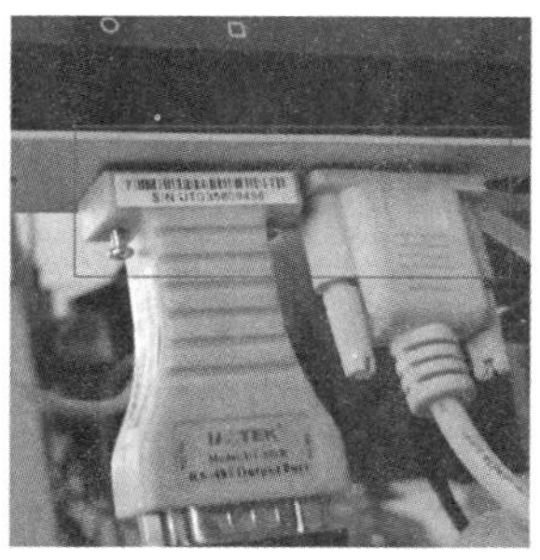

图 2-2-20　串口连接完成

步骤 3　为 Android 移动终端感知层基础套件应用程序设置参数。

（1）打开感知层基础套件应用程序，进入主界面，如图 2-2-21 所示。

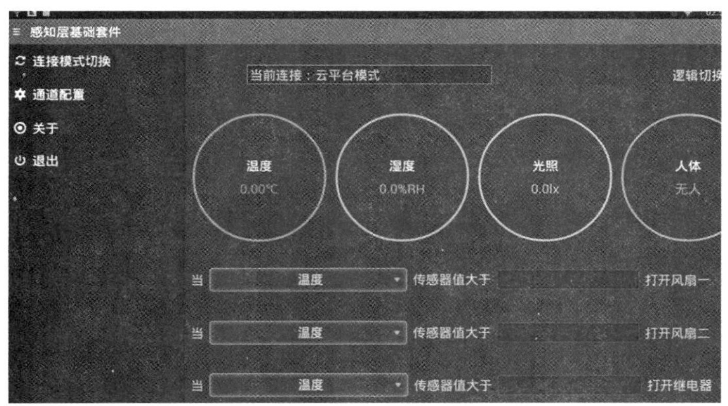

图 2-2-21　感知层基础套件应用程序主界面

（2）进入“连接模式切换”，默认为“云平台模式”需要设置为“平板直接模式”，如图 2-2-22中“1”处所示。

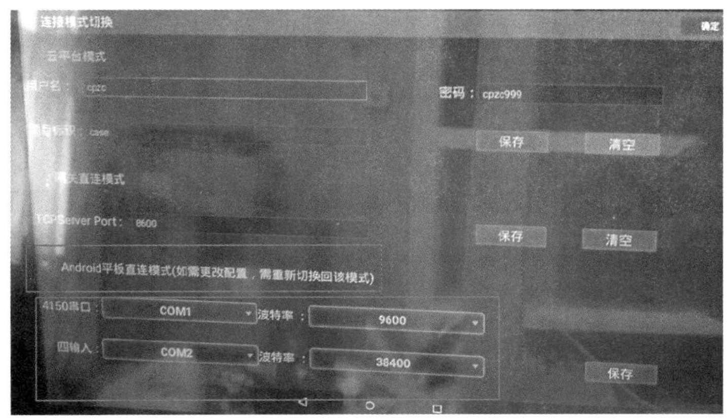

图 2-2-22　设置连接模式、串口号及波特率

（3）设置连接模式，如图 2-2-22 中“2”处所示，根据实际硬件连接情况，设置 4150 模块的串口号、四输入模块的串口号及波特率，4150 模块的波特率为 9 600，四输入模块的波特率为 38 400，点击“保存”。需要注意的是，平板直连模式如更改配置，需要重新切换一下模式。即需要先切换到其他模式，再切回平板直连模式。

（4）通道配置。根据实际硬件连接情况进行各个通道配置，这里将人体红外通道设置为 DI0、风扇 1 通道设置为 DO0，风扇 2 通道设置为 DO1，温度通道设置为 IN2、湿度通道设置为 IN3、光照通道设置为 IN1，如图 2-2-23 所示。

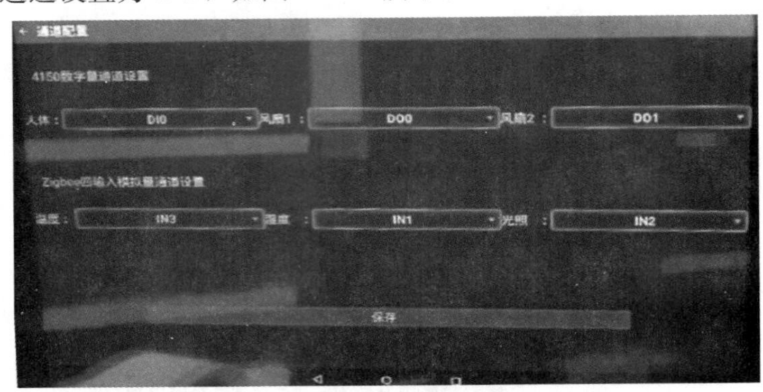

图 2-2-23 设置四输入模块、4150 模块的通道

步骤 4　获取传感器数据。参数设置无误后，各个传感值就可以被得到，如图 2-2-24 所示。如果获取不到传感器的数值或者风扇不受控制，则有可能是因为硬件通道没有对应上，需要进行通道设置。

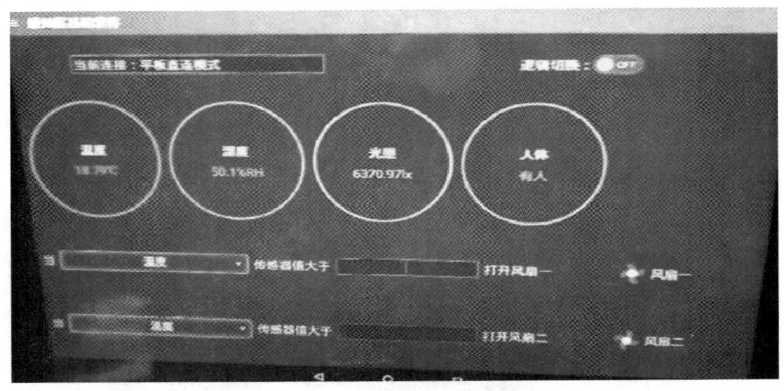

图 2-2-24　成功获取传感器数据

步骤 5　执行器控制。风扇控制方法见“任务 3”的“步骤 6”。

任务 5　通过 ZigBee 无线网络与 PC 直连采集数据

将 ZigBee 黑板烧写成协调器类型；将两个 ZigBee 智能节点盒中的一个烧写成传感器，将另一个烧写成继电器；通过协调器实现接收 ZigBee 光照数据并控制 ZigBee 继电器的开关。线

路连接图：ZigBee 无线网络与 PC 直连模式连接线路如图 2-2-25 所示，设备清单见表 2-2-3。

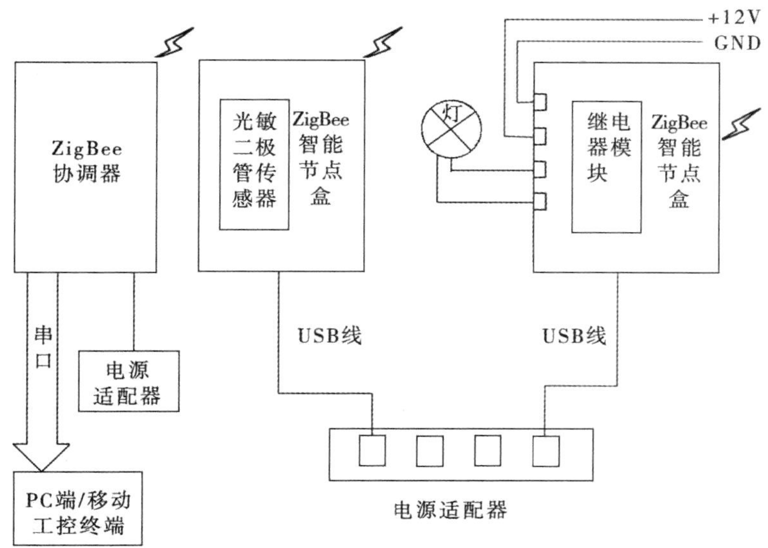

图 2-2-25　连线图

表 2-2-3　设备清单

序号	设备名称	数量及单位
1	ZigBee 协调器	1 块
2	ZigBee 智能节点盒＋光敏传感器	1 块
3	ZigBee 智能节点盒＋继电器模块	1 块
4	灯泡＋灯座	1 组

深入了解 ZigBee 协议

对于智能家居系统而言，最重要的控制协议就是硬件网关和各种智能家居终端设备之间的通讯控制协议，这就需要我们对 ZigBee 协议有一定的了解。同时，ZigBee 协议也是物联网专业的学生必须深入学习的主要协议之一。

一、ZigBee：会跳舞的蜜蜂

对于大部分刚刚接触物联网技术的人来说 ZigBee 协议有些陌生，ZigBee 是一个基于 IEEE802.154 标准（24GHz 频段）的低功耗局域网协议，是一种短距离、低功耗的无线通信技术。它也不是一个新鲜的产物了，早在 2001 年 ZigBee 联盟就成立了。

像“ Bluetooth”一样，“ZigBee”这个名字的来源也非常有趣。“ZigBee”来源于 ZigZag，是一种蜜蜂的肢体语言。当蜜蜂新发现一片花丛后会用特殊「舞蹈」来告知同伴发现的食物种类及位置等信息，是蜜蜂群体间一种简单、高效的传递信息方式，因此 ZigBee 也被称为“蜜蜂协议”。

二、ZigBee 发展历程

2004 年，ZigBee 1.0 诞生，它是 ZigBee 规范的第一个版本。ZigBee 是一个可支持 65 000 个

无线节点的无线传感器网络平台，每一个 ZigBee 网络节点（路由节点，不包括传感器节点）类似移动网络中的一个基站，它们之间可以相互通信。网络节点间的最大距离是 75 m，经扩展后可以达到几百米、上千米。每个 ZigBee 网络节点不仅本身可以与监控对象连接，例如与传感器连接进行数据采集和监控，还可以自动中转别的网络节点传过来的信息。每个 ZigBee 网络节点可以在自己覆盖的范围内和多个不承担网络信息中转任务的节点（传感器节点）进行无线连接。

2004 年底，ZigBee 1.0 标准敲定，2005 年 9 月公布并提供下载。2006 年 11 月进行了标准的修订，推出了 ZigBee 1.1 版，即为 ZigBee2006 版，在功能上相对比较完善。2007 年 10 月，ZigBee 再次完成修订，称为 ZigBee 2007（ZigBee 2007 规范定义了 ZigBee 和 ZigBee Pro 两个特征集）版，新版的标准更关注以下三种应类型的拓展：①家庭自动化；②建筑/商业大楼自动化；③现金抄表基础建设。

从 2003 年 12 月，CHIPCON 推出业界第一款 ZigBee 收发器 CC2420 之后，大半导体厂商先后推出了多款 ZigBee 收发芯片，并且先后有多家厂商推出与 ZigBee 收发芯片匹配的专业处理器。2004 年 12 月，CHIPCON 推出了全球第一个 IEEE 802.15.4/ZigBee 片上系统（SoC）解决方案—CC2430 无线单片机，该款芯片内部集成了一颗增强型的 8051 内核以及性能卓越的 ZigBee 收发器 CC2420，2005 年 12 月，CHIPCON 又推出了内嵌定位引擎的 ZigBee 解决方案 CC243。

也许大家对 CHIPCON 公司不太熟悉，这是因为 2006 年 2 月，德州仪器（Texasnstruments，T）收购了 CHIPCON 公司，以壮大其在射频识别领域的龙头地。之后 T 在发布的 ZigBee 收发器以及无线单片机上进行不断的修订，陆续开发出具有针对性的开发系统。2006 年 10 月，T 将自身的 MSP430 处理器用于对 ZigBee 收发器的控制，并与 2007 年 5 月推出整套 CC 2420 + MSP 430 ZigBee/IEEE 80215.4 Development Kit 开发包。2008 年 2 月，推出第二代 ZigBee/EE802154 收发芯片 CC2520，并于当年 4 月推出了 ZigBee 协处理器 CC2480，6 月推出了放大芯片 CC2591。

2009 年 5 月，T 推出 CC2530，CC2530 是用于 2.4 GHz IEEE 802.15.4、ZigBee 和 RF4CE 应用的一个真正的片上系统（SoC）解决方案。它能够以非常低的总的材料成本建立强大的无线传感器网络节点。CC 2530 结合了领先的 RF 收发器的优良性能，业界标准的增强型 8051 CPU，系统内可编程闪存，8 KB RAM 和许多其他强大的功能。CC 2530 有四种不同的闪存版本：CC 2530 F 32/64/128/256，分别具有 32/64/128/256 KB 的闪存。CC 2530 具有不同的运行模式，使得它尤其适应超低功耗要求的系统。运行模式之间的转换时间短进一步确保了低能源消耗。

除了硬件方面，德州仪器在软件方面的进展也很快，而且是唯一一家免费公开协议栈的公司。2007 年 1 月，德州仪器宣布推出 ZigBee 协议栈—2-Stack，并于 4 月提供了免费下载版本。Z- Stack 符合 ZigBee 规范，支持多种平台，其中包括面向 IEEE 802，15.4/ZigBee 的 CC 2530 片上系统解决方案，目前已为全球众多 ZigBee 开发相对商所广泛采纳。

三、ZigBee 技术的特点

1. 低功耗

在低耗电待机模式下，2 节 5 号干电池可支持 1 个网络节点工作 6 到 24 个月，甚至更长，这是 ZigBee 的突出优势。相比较而言，蓝牙只能工作数周、Wi-Fi 仅可以工作数小时。

2. 低成本

通过大幅简化协议（不到蓝牙的 1/10），降低了对通信控制器的要求，按预测分析，以

8051 的 8 位微控制器测算，全功能节点需要 32 KB 代码，子功能节点少至 4 KB 代码，而且 ZigBee 免协议专利费，每块芯片的价格大约为 2 美元。

3. 低速率

ZigBee 工作在 20～250 kbps 的速率，满足低速率传输数据的应用。

4. 近距离

传输范围一般介于 10～100 m 之间，在增加发射功率后，可以增加到 1～3 km。这指的是相邻节点间的距离。如果通过路由节点的接力，传输距离将可以更远。

5. 短时延

ZigBee 的响应速度较快，一般从睡眠转入工作状态只需 15 ms，节点连接进入网络只需 30 ms，进一步节省了电能。相比较，蓝牙需要 3～10 s、Wi-Fi 需要 3 s。

6. 高容量

ZigBee 可采用星状、片状和网状网络结构，由一个主节点管理若干子节点，最多一个主节点可管理 254 个子节点；同时主节点还可由上一层网络节点管理，最多可组成 65 000 个节点的大网。

7. 高安全

ZigBee 提供了三级安全模式，包括无安全设定、使用访问控制清单防止非法获取数据以及采用高级加密标准（AES128）的对称密码，以灵活确定其安全属性。

8. 免执照频段

使用工业科学医疗（ISM）频段，915MHz（美国）、868MHz（欧洲）、2.4GHz（全球），这三个频段各自信道带宽也不同，分别为 0.6 MHz，2 MHz 和 5 MHz，分别有 1 个，10 个和 16 个信道。

任务实施

步骤 1　将一个 ZigBee 节点盒烧录成 ZigBee 传感器（烧写代码为 sensor. hex），并进行组网参数设置。打开软件，如图 2-2-26 所示，做以下设置：

（1）根据当前计算机设备管理器中显示的相应串口设备号，选择串口号。

（2）设置波特率，继电器的波特率为 9 600，传感器及协调器均为 38 400。

（3）单击连接模组，连接成功后继续设置。

（4）设置 Chancel 及 PAND ID，要求实训中所有传感器、继电器及协调器的 Chancel 及 PAND ID 必须保持一致。

（5）传感器不需要设置序列号。

（6）选择传感器类型，本实验选择的是光照。

（7）单击“设置”，即可完成传感器组网参数设置。

（8）可以单击“读取”，查看设置是否成功，如图 2-2-27 所示。

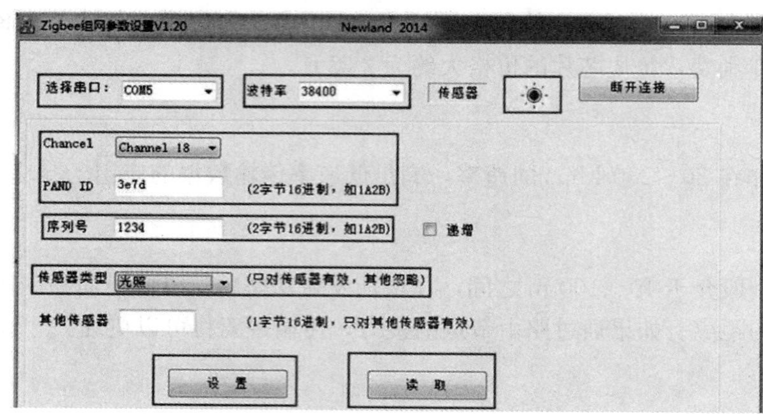

图 2-2-26　传感器组网参数设置

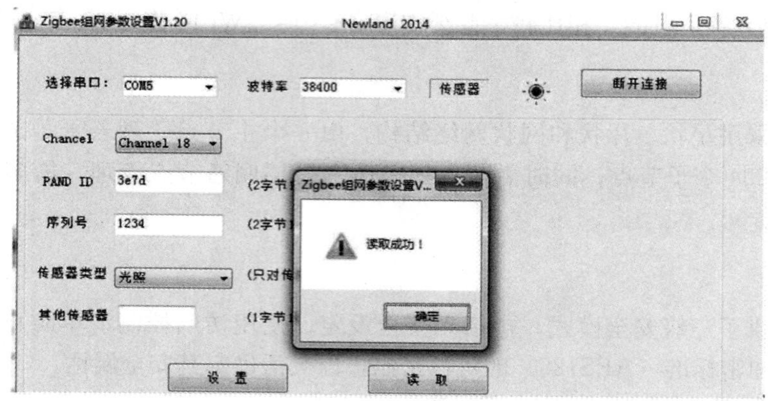

图 2-2-27　传感器设置成功

步骤 2　将另一个 ZigBee 节点盒烧录成继电器（烧写代码为 relay. hex），并进行组网参数设置。打开组网软件，如图 2-2-28 所示，做以下设置：

（1）选择串口、设置波特率，继电器的波特率为 9 600。

（2）设置 Chancel 及 PAND ID。

（3）设置继电器的序列号为 0001。

（4）继电器不需要设置传感器类型。

（5）单击“设置”，即可完成传感器组网参数设置。

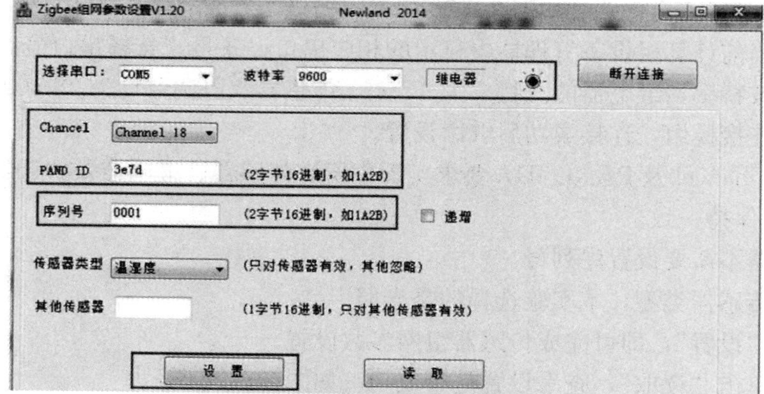

图 2-2-28　继电器组网参数设置

步骤3　将黑色ZigBee板烧写成协调器（烧写代码为collector. hex），并进行组网参数设置。打开组网软件，如图2-2-29所示，作以下设置：

（1）选择串口、设置波特率，协调器的波特率为38 400。

（2）设置Chancel及PAND ID。

（3）协调器不需要设置传感器类型（协议器仅需要设置Chancel及PAND ID）。

（4）单击“设置”，即可完成传感器组网参数设置。

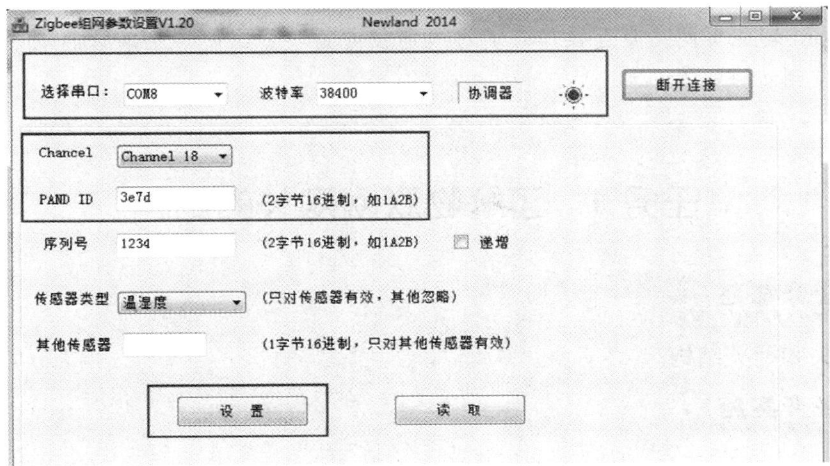

图2-2-29　协调器组网参数设置

步骤4　ZigBee传感值获取及继电器控制。将ZigBee协调器通过串口与PC相连，打开“ZigBeeDemo. exe”程序，如图2-2-30所示；选择相应串口号，点击获取光照值，输入继电器序列号（0001，与组网参数设置一致）控制灯的开/关，如图2-2-31所示。

图2-2-30　测试软件路径

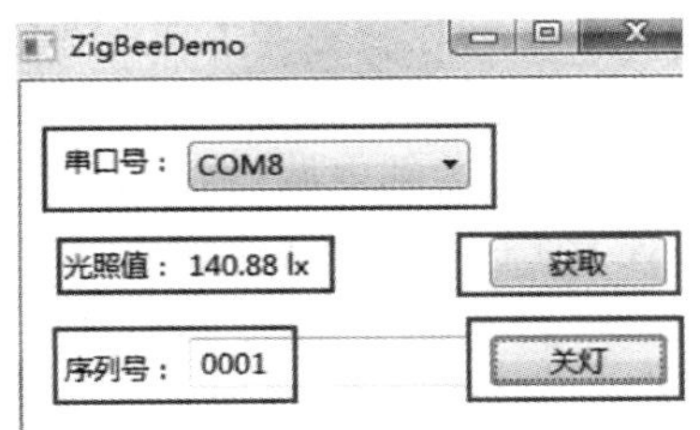

图2-2-31　获取光照值，控制灯

模块三　物联网网关数据采集

本模块主要介绍网关相关程序烧写、配置，ZigBee 的烧写、配置；网关的数据采集与控制；Android 端配置网关直连操作。通过上述任务的学习，使学生掌握物联网数据采集网关的配置与使用方法。

任务 1　了解物联网网关的结构

认识网关和网关结构。

一、认识网关

物联网数据采集网关设备支持 Wi-Fi、RS485、以太网、ZigBee、USB、RFID、蓝牙等通信功能，支持电容触摸屏，使用电源电压为 12 V，如图 2-3-1 所示。

图 2-3-1　网关正面

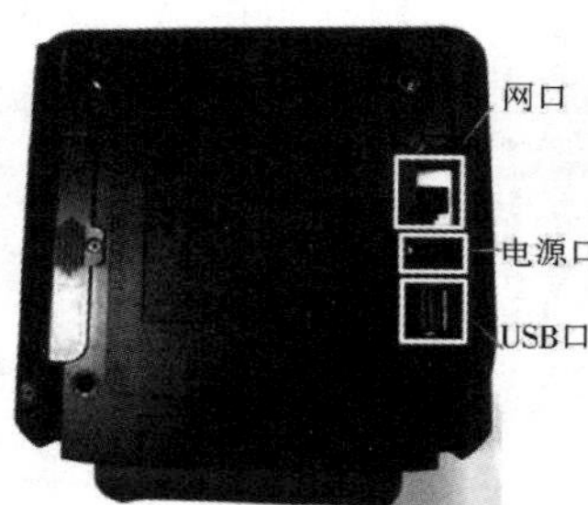

图 2-3-2 网关背面

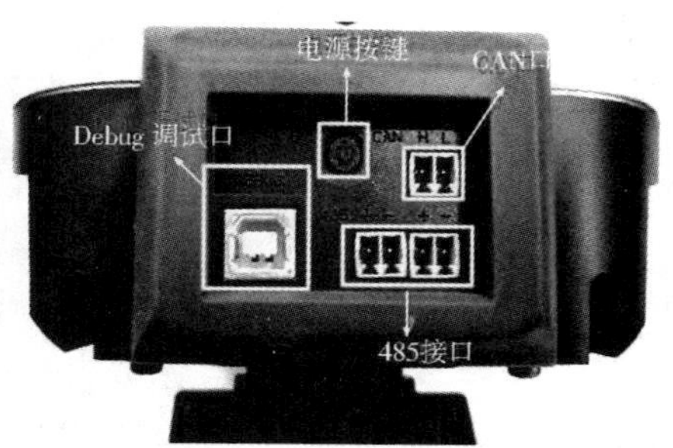

图 2-3-3　网关设备的底部

二、网关的结构

网关设备背面两侧有两个带有螺丝的盖子，内嵌有网口、电源口、USB 口，需要使用配套的工具将其拧开后，方可使用其中的口，如图 2-3-2 所示。

网关设备的底部有 Debug 调试口、485 接口、电源按键、CAN 口，如图 2-3-3 所示。其中调试口可用专门的调试线将网关连接到电脑端进行调试；485 接口通过接线端子及红黑线连接到 ADAM-4150/ADAM-4017＋模块（注意：网关上的 485 接口中“＋”“－”分别对应到 ADAM-4150/ADAM-4017＋模块的“（Y）DATA＋”“（G）DATA-”）从而实现数据采集或控制的目的；电源按键在设备开机中如果界面没有关机提示框，则需要长按 8 s 进行关机，开时需要长按 3 s 进行开机；CAN（控制器局域网总线）遵守 CAN

总线协议，是一种用于实时应用的串行通讯协议总线，能够实现不同元件之间的通信，从而实现一些设备数据通讯及设备控制，主要应用于汽车制造业、大型仪器设备、工业控制等规模及严格性比较高的行业。

任务 2　网关程序烧写

本任务是学习了解物联网数据采集网关的相关程序烧写方法，设备清单见表 2-3-1。

表 2-3-1　设备清单

序号	设备名称	数量及单位
1	网 关	1 台
2	计算机	1 台
3	无线路由器	1 台

网关烧写方法有两种：一是通过 U 盘对网关设备进行固件烧写，固件烧写的程序整合了网关各个功能项的程序，通过 U 盘一次性烧写，将网关所有功能项进行更新；二是通过 SecureCRT 工具对网关设备进行单个程序的烧写，通过单个程序的烧写，将网关涉及到的各个功能项的程序有目的性的进行烧写。

一、通过 U 盘烧写固件

步骤 1　在程序资料中找到网关端的程序（找到“10 _ 固件”文件夹），打开其文件中的“U 盘固件”，找到 education 文件夹，如图 2-3-4 所示，将其拷贝到一个 U 盘上（注意：该 U 盘不能是系统启动盘）；如图 2-3-4 所示。

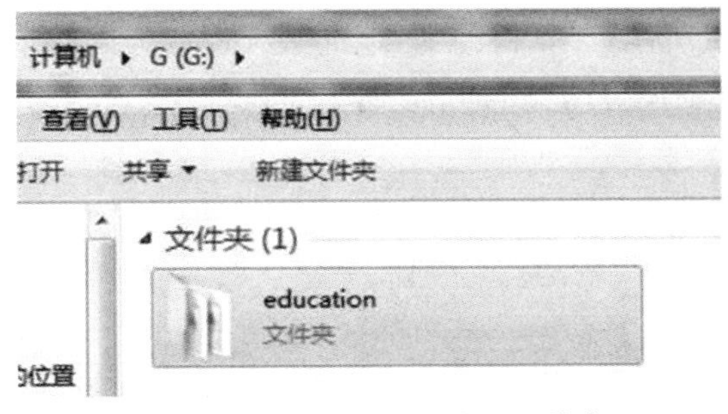

图 2-3-4　U 盘网关烧录文件夹

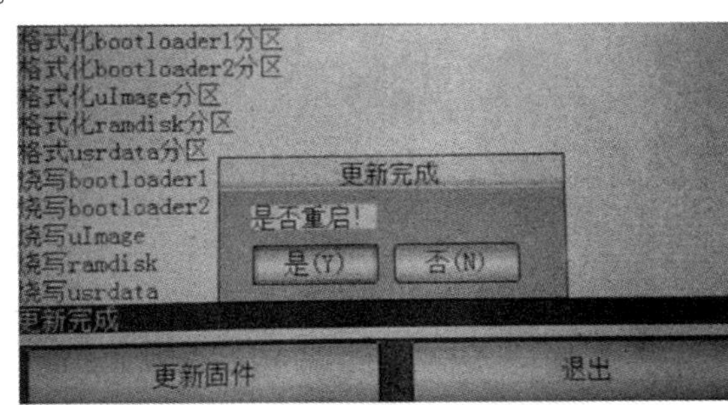

图 2-3-5　固件更新完成

步骤 2　将 U 盘插入到网关设备的 USB 口，进入网关设备的“系统设置→固件更新”，点击更新固件按钮，烧写完成后重启网关设备即可，如图 2-3-5 所示。

二、通过 SecureCRT 工具烧写程序

将网关设备与计算机连接，使得计算机端能够通过 SecureCRT 工具使用 Telnet 协议远

程登录到网关设备，进行网关的烧写。

步骤 1 将网关设备的以太网口与计算机的以太网口通过双绞线直接相连。

步骤 2 进入网关的“以太网配置”界面。首先进入网关设备的配置主界面，然后选择“系统设置”，如图 2-3-6 所示。

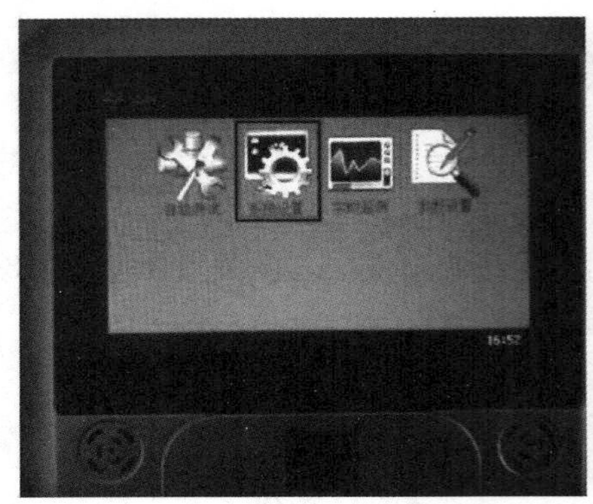

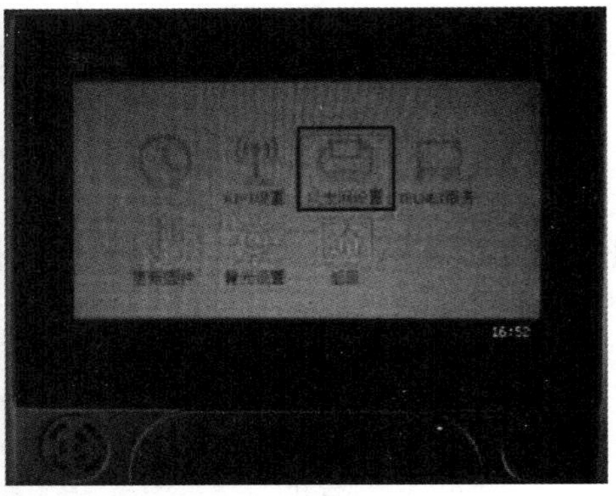

图 2-3-6 进入网关的系统配置界面选择“以太网配置”

步骤 3 在“系统设置”界面，选择“Telnet 服务”，如图 2-3-7 所示，开启网关的“Telnet 服务”，如图 2-3-8 所示。

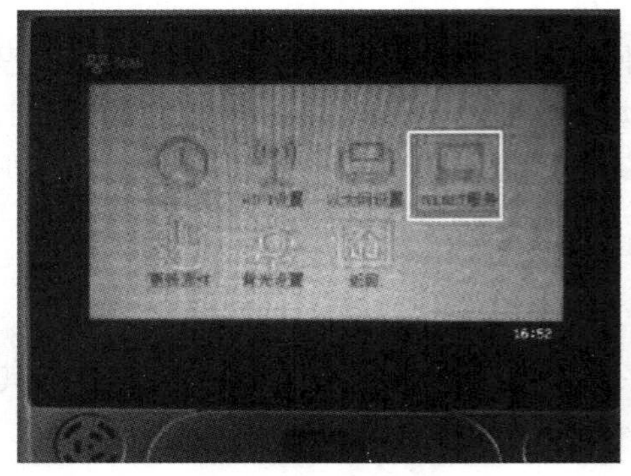

图 2-3-7 选择“Telnet 服务”

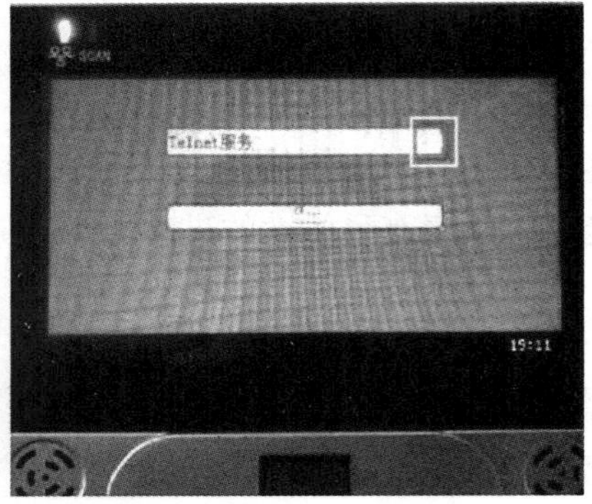

图 2-3-8 开启“Telnet 服务”

步骤 4 设置网关的以太网连接参数。网关设备与计算机的 IP 地址必须设置为同一个网段，不要选择 DHCP（自动获取 IP 地址），分别设置网关的 IP 地址、子网掩码信息，其他信息不需要设置，如图 2-3-9 所示。

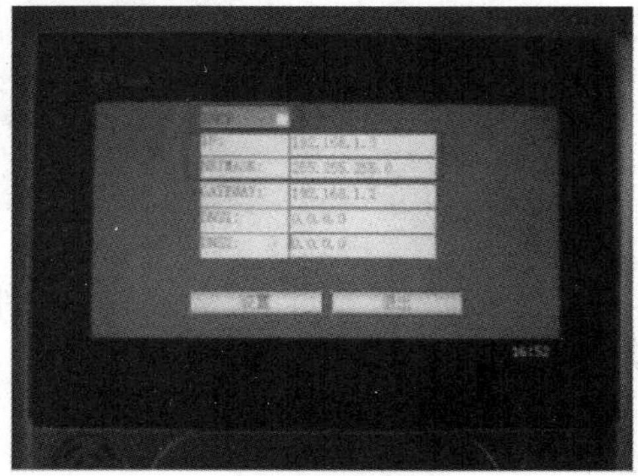

图 2-3-9 设置网关的 IP 地址

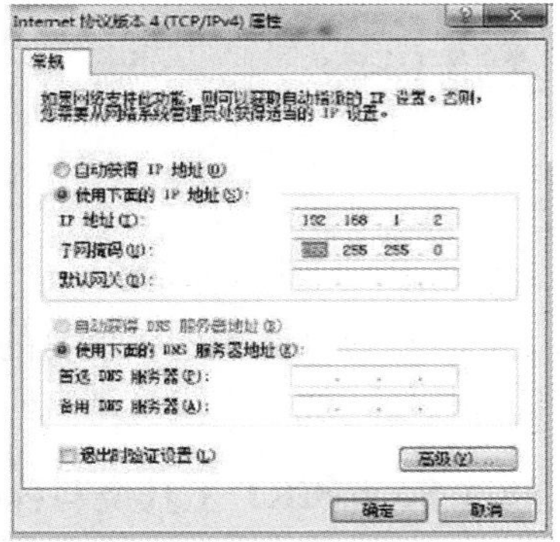

图 2-3-10 设置计算机的 IP 地址

步骤 5　设置计算机的 IP 地址，一定要与网关的 IP 地址同一网段，如图 2-3-10 所示。

步骤 6　打开“网关烧写工具”目录下的 SecureCRT 工具，新建连接。协议选择 Telnet，主机名设置为网关的 IP 地址，端口设置为 23，进行连接，连接成功后，如图 2-3-11 所示。如连接不成功，则需要检查 IP 地址的设置及计算机防火墙的设置（可以关闭防火墙）。

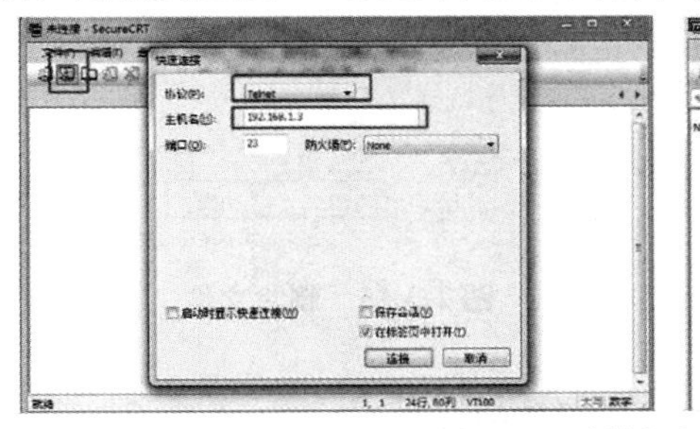

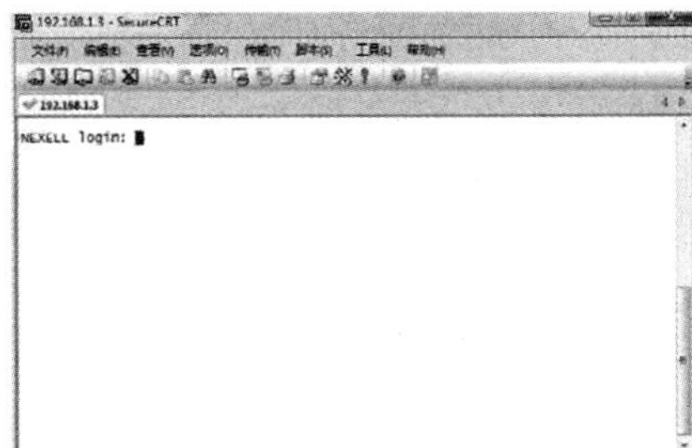

图 2-3-11　计算机与网关连接成功

步骤 7　首先输入用户名（root），回车登录成功后，输入命令：cd /usr/local/lib/cfg/app/App3 切换到 App3 目录，通过 ls 命令可以查看 App3 目录下的文件。网关固件存放在该目录中，如图 2-3-12 所示。

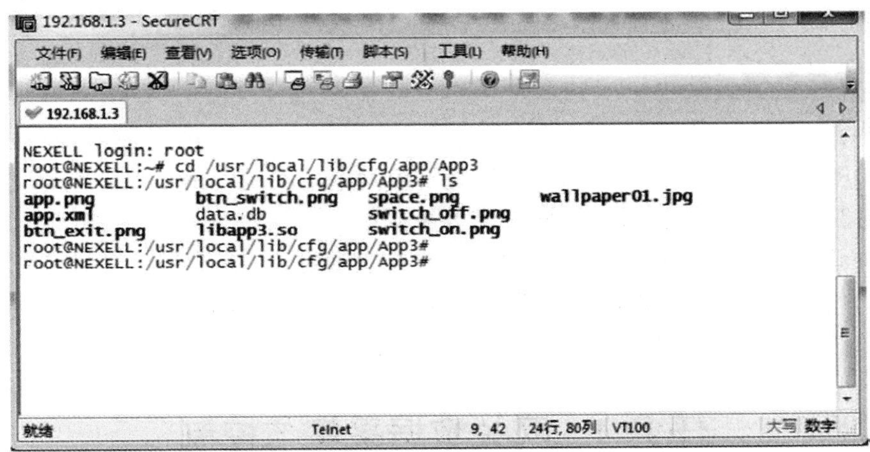

图 2-3-12　切换到网关的 App3 目录

步骤 8　输入“lrz-e”命令，弹出文件选择窗口，选择需要上传到网关的文件（可以多选），点击“添加”按钮，然后点击“确定”按钮进行上传，如图 2-3-13 所示。

图 2-3-13　选择文件进行上传

步骤 9　上传后，可以使用命令“ls”命令查看上传是否成功，如图 2-3-14 所示，如果 App3

目录中已经存在有固件文件，则需要先使用“rm”命令删除后，再次上传如图 2-3-15 所示。

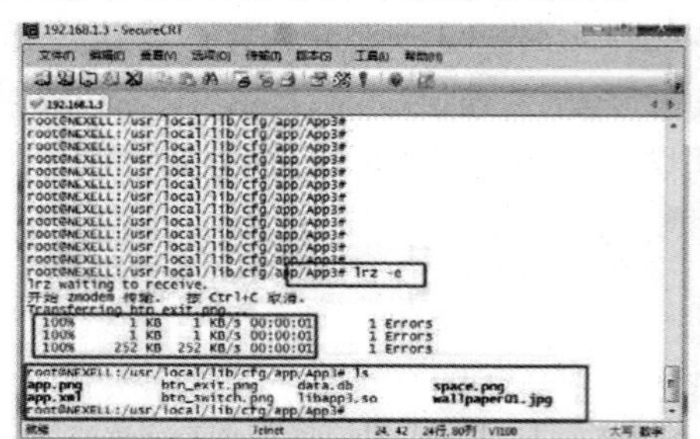

图 2-3-14　上传成功

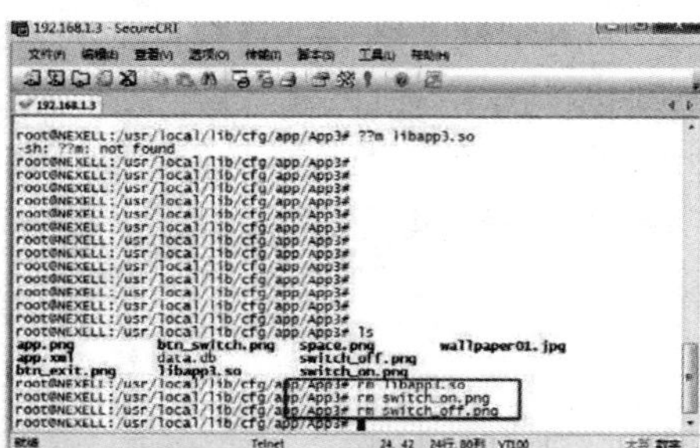

图 2-3-15　删除文件

任务 3　ZigBee 模块烧写

让学生了解 ZigBee 的烧写、配置，并掌握 ZigBee 的烧写、配置。学生能独立组成一个无线传感网络。

参照“模块二任务 5”，完成 ZigBee 的烧写、配置。ZigBee 光照传感器烧写成传感器类型“Sensor Route2. 3hex”，ZigBee 继电器烧写成继电器类型“ relay2. 3hex”，原黑色的 ZigBee 板为四输入模拟量类型的，此时需要重新烧写，将其烧写为传感器类型“Sensor route2. 3hex”，此时其接收的温湿度与光照传感器值通过无线传感网传输到网关的协调器。

将这几块 ZigBee 进行配置，注意其 PAN ID 以及通道（Channel）需要与物联网数据采集网关中的“协调器参数”保持一致。并 ZigBee 继电器的序列号配置为“0001”。

任务 4　网关数据采集与控制

使用网关设备实现数据的采集与控制，设备清单见表 2-3-2。

表 2-3-2　设备清单

序号	设备名称	数量及单位
1	网 关	1 块
2	ZigBee 智能节点盒＋光敏传感器	1 块
3	ZigBee 智能节点盒＋继电器模块	1 块
4	灯泡＋灯座	1 组
5	ADAM-4150 数字量采集器	1 个
6	继电器	2 个
7	人体红外传感器	1 个

网关数据采集与控制设备线路连接如图 2-3-16 所示。

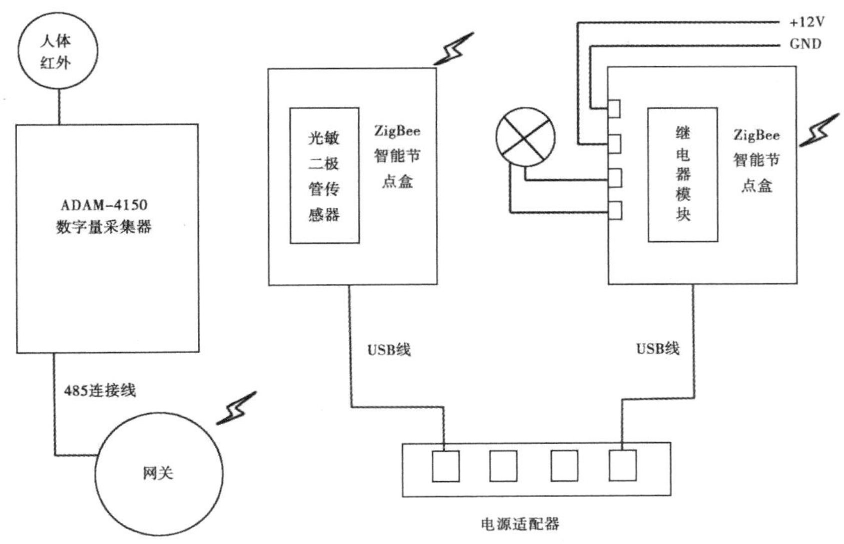

图 2-3-16 网关数据采集与控制实训连接图

通过 485 连接线将 ADAM-4150 连接到网关，网关通过无线连接到 ZigBee 智能节点盒，实现网关对有线数据及无线数据的采集与控制。

步骤 1 使用 485 连接线将 ADAM-4150 连接到网关的 485 接口，实现有线连接。

步骤 2 设置网关的协调器参数，实现网关与 ZigBee 智能节点盒的无线连接。网关的无线传感功能是以网关内嵌的 ZigBee 模块作为协调器，以外部配置的 ZigBee 模块作为节点进行无线组网，无线传感网界面显示的就是 ZigBee 模块所采集的传感值以及 ZigBee 模块的继电器的控制开关。首先在网关配置主界面，选择"参数设置"，如图 2-3-17 所示；然后选择"协调器参数"，如图 2-3-18 所示；进入网关协调器参数设置界面，输入 Pand ID 与 Chanel ID，如图2-3-19所示。

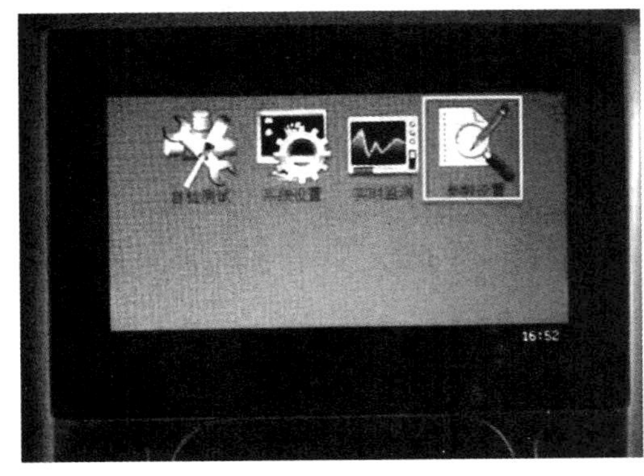

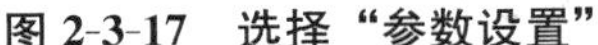
图 2-3-17 选择"参数设置"

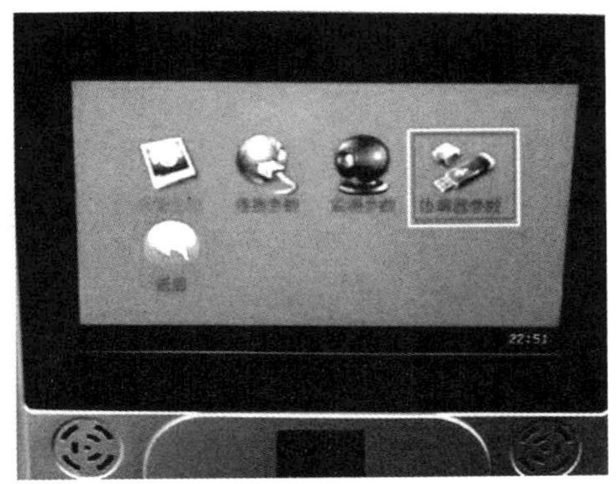

图 2-3-18 选择"协调器参数"

这里的 Pand ID 与 Chanel ID 一定要与 ZigBee 智能节点盒在组网参数配置时的数值保持一致。要注意的是 Pand ID 在 ZigBee 智能节点盒在组网参数配置时使用的是十六进制，在网关协调器的 Pand ID 设置时使用的是十进制，需要进行进制转换。如 ZigBee 智能节点盒在组网参数配置时设置的 Pand ID 为 3e7d（十六进制），经过进制转换后的十进制数值为 15997，则网关协调器的 Pand ID 就应设置为 15997。

图 2-3-19　设置协调器参数

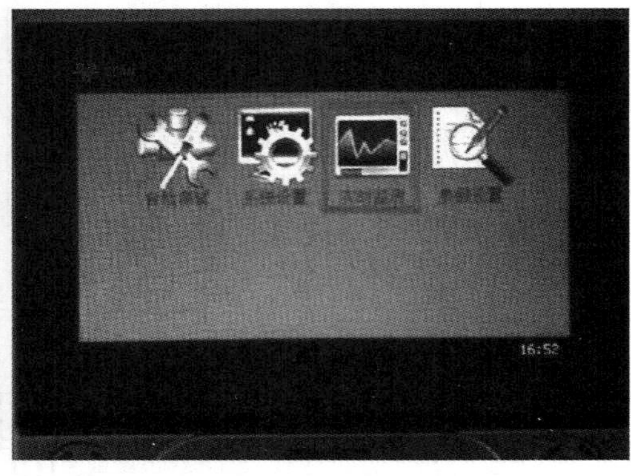

图 2-3-20　选择“实时监测”

步骤 3　采集数据与控制。在网关主界面选择“实时监控”，如图 2-3-20 所示。就可以查看到有线数据如图 2-3-21 所示，点击“切换”按钮，可以到切换到无线数据界面，如图 2-3-22所示。

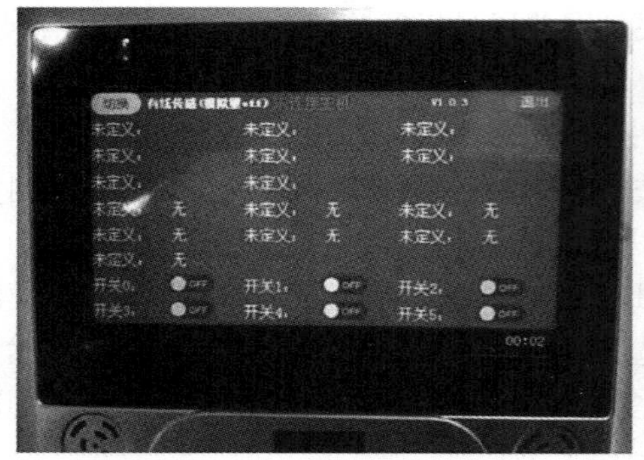

图 2-3-21　有线传感实时监测界面

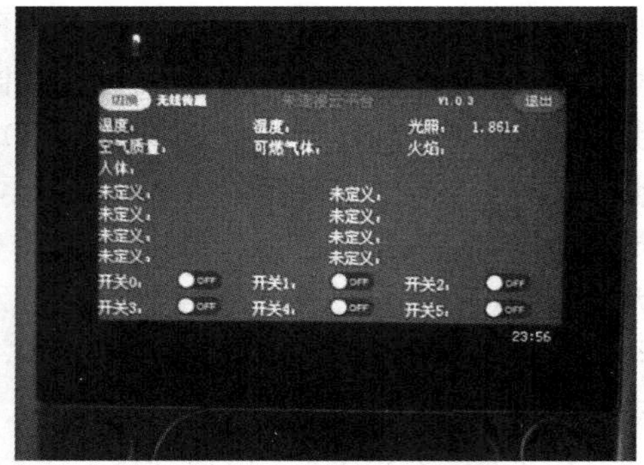

图 2-3-22　无线传感实时监测界面

任务 5　Android 移动终端与网关直连数据采集及控制

将 Android 移动终端、网关配置到同一个无线局域网中，把传感器数值与继电器控制通过网关传输到 Android 移动终端，实现网关与 Android 移动终端同时监测数据和数据控制。

步骤 1　配置无线路由器，创建无线局域网。

（1）使用双绞线将计算机连接到无线路由器的任意一个 LAN 口，如图 2-3-23 所示。

图 2-3-23　计算机连接到无线路由器

（2）登录到无线路由器的配置页面，设置无线路由器的参数。将计算机的 IP 地址设置为无线路由器的默认配置地址的相同网段中，如图 2-3-24 所示；在计算机网页浏览器中访问无线路由器的默认配置地址（一般为 192.168.1.1），登录到无线路由器的配置页面，如图 2-3-25 所示，点击“路由模式”进行路由器参数配置，如图 2-3-26 所示，启用 DHCP，实现自动分配 IP 地址；设置 Wi-Fi 名称、Wi-Fi 是否加密。

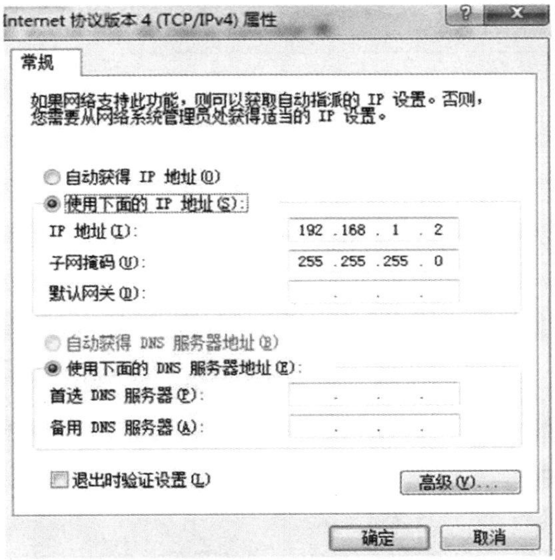

图 2-3-24　设置计算机 IP 地址

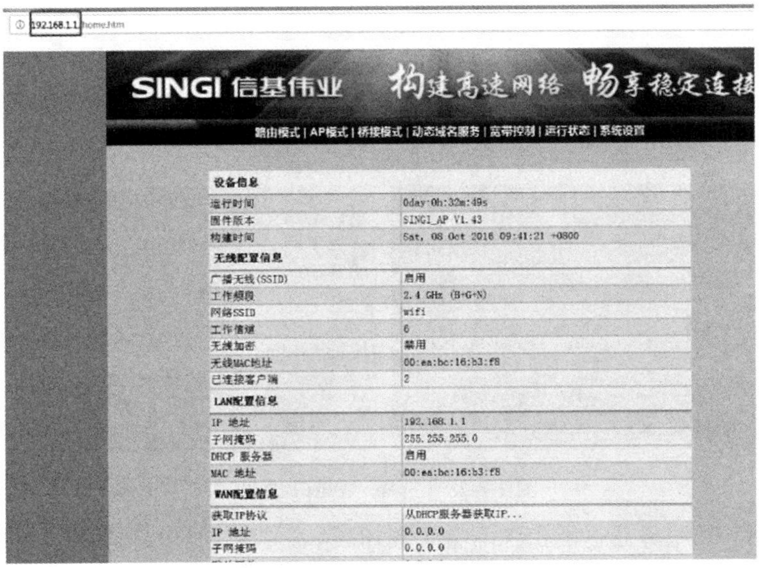

图 2-3-25　路由器配置页面

SINGI 信基伟业 构建高速网络 畅享稳定连接

路由模式 | AP模式 | 桥接模式 | 动态域名服务 | 宽带控制 | 运行状态 | 系统设置

WAN设置

上网方式 动态IP

MAC地址 000000000000

克隆MAC地址 恢复出厂MAC

LAN设置

IP地址 192.168.1.1

子网掩码 255.255.255.0

DHCP 启用

DHCP 客户端范围 192.168.1.10 - 192.168.1.200

无线设置

禁用无线

无线名称(SSID) wifi

频段 2.4 GHz (B+G+N)

信道 自动

广播无线(SSID) 启用

无线加密 禁用

保存 取消

图 2-3-26　配置路由器参数

步骤 2　连接到无线局域网。将 Android 移动终端连接到无线局域网，如图 2-3-27 所示。

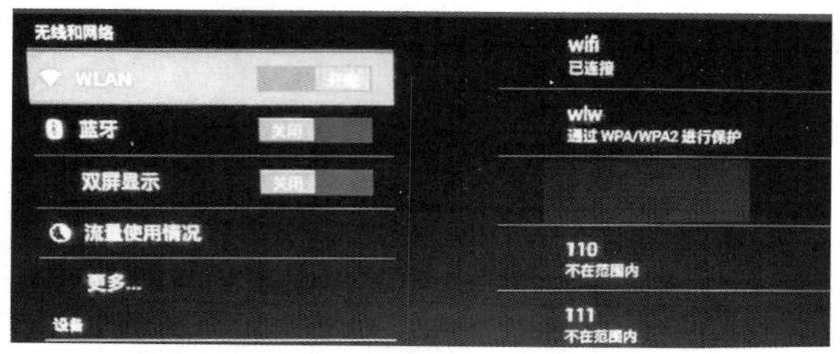

图 2-3-27　Android 移动终端连接到无线局域网

步骤 3　将网关连接到无线局域网。

（1）在网关主界面，选择“系统设置”后，进入“Wi-Fi 设置”界面；进入 Wi-Fi 设置界面，开启 Wi-Fi 服务，如图 2-3-28 所示。

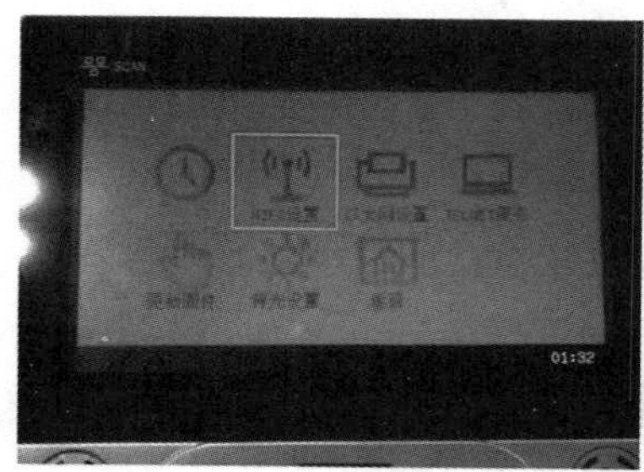
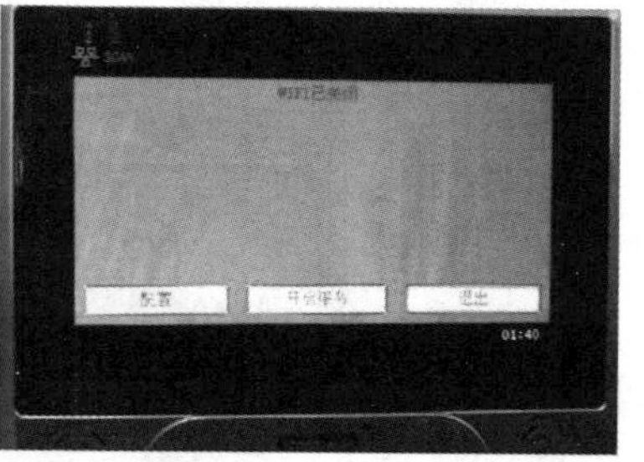

图 2-3-28　选择“Wi-Fi 设置”

（2）开启 Wi-Fi 服务后，点击“配置”按钮后，选择“创建新连接”，选择所配置的无线局域网，如图 2-3-29 所示。

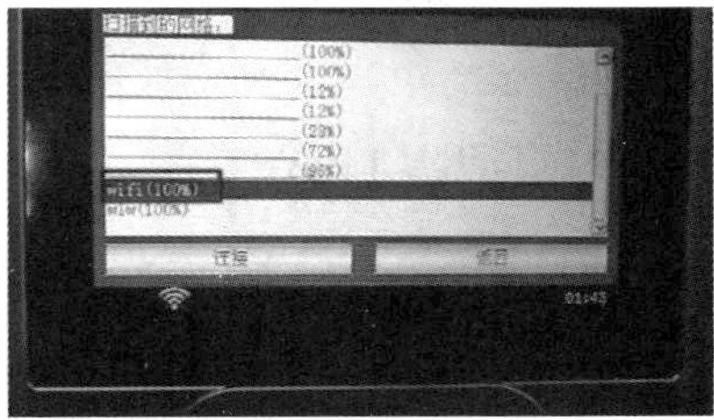

图 2-3-29　网关连接到无线局域网中

步骤 4　配置网关连接参数。在网关主界面中选择“参数设置”后，选择“连接参数”，将网关的主 IP 设置为 Android 移动终端的 IP 地址；主端口为 8 600，不能修改，备用 IP 及端口不需要设置，如图2-3-30所示。

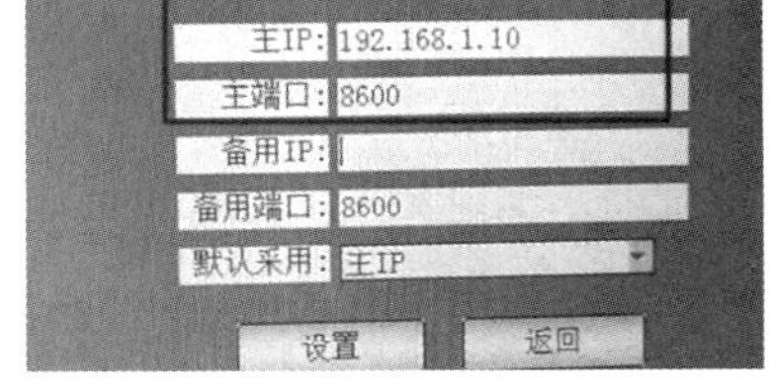

图 2-3-30　网关“连接参数”设置

步骤 5　配置连接模式。配置 Android 移动终端的感知层基础套件软件的连接模式，如图 2-3-31 所示，实现数据监测与数据控制，如图 2-3-32 所示。

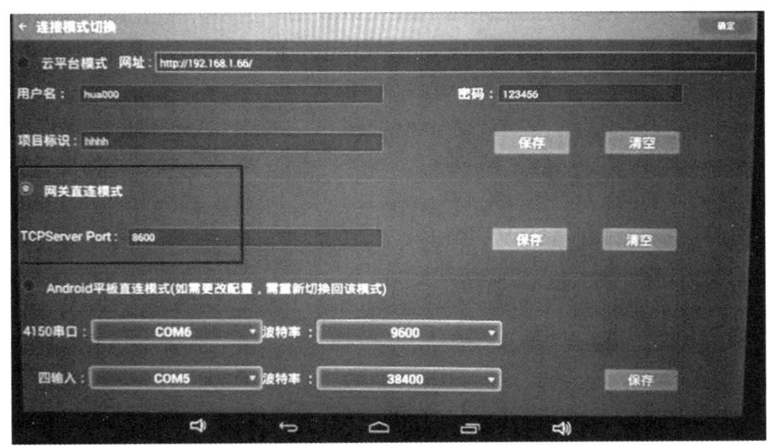

图 2-3-31　Android 移动终端连接模式选择网关直连模式

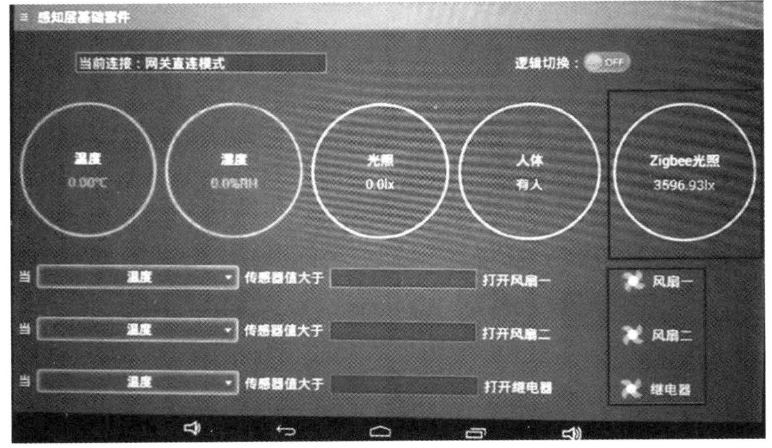

图 2-3-32　Android 移动终端数据监测与数据控制

模块四　物联网云服务平台

所谓物联网云服务平台是指通过 WEB 服务器、数据库服务器将各种物联网设备的操作移植到网络中，人们可以通过访问云平台（网络）对物联网设备进行数据监测与控制。本模块主要介绍云服务平台的搭建、用户管理、网关管理、传感器与执行器的添加，掌握云服务平台的相关知识。

任务 1　云服务平台搭建

本任务主要介绍 IIS WEB 服务器的安装配置、SQL Server2008 数据库安装配置、搭建云服务平台等相关知识。

一、关闭 Windows 7 防火墙

步骤 1　进入“控制面版”→“ Window 防火墙”界面，在左侧列表选择“打开或关闭 Windows 防火墙”，如图 2-4-1 所示。

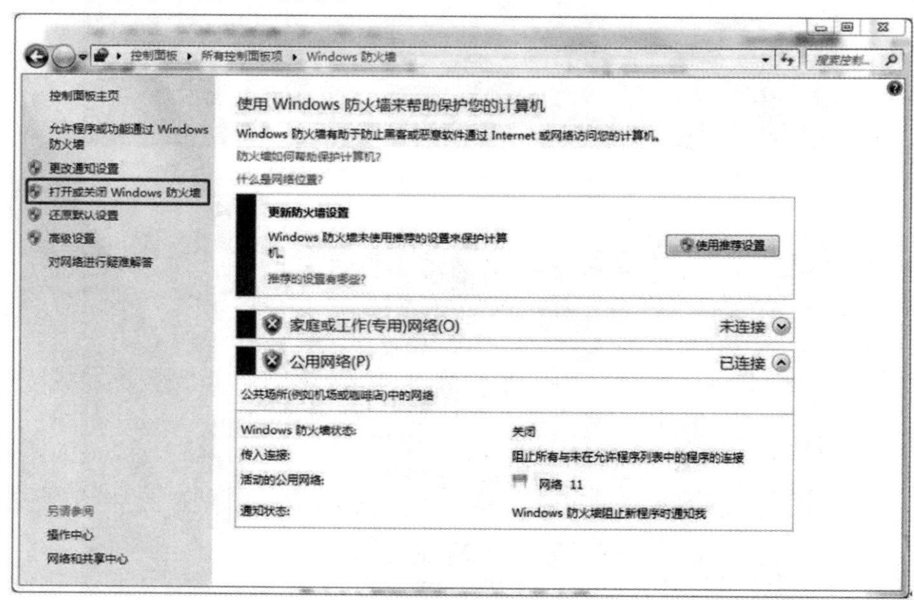

图 2-4-1　控制面版 Window 防火墙

步骤 2　将“关闭 Windows 防火墙”全选上，按确定，然后关掉“控制面版”如图 2-4-2所示。

图 2-4-2　关闭防火墙

二、安装 Internet 信息服务（IIS）管理器

步骤 1　打开“控制面版”→“程序和功能”，点击左侧列表的“打开或关闭 Windows”功能，如图 2-4-3 所示。

图 2-4-3　控制面版——程序和功能

步骤 2　在打开的界面中，将“Internet Information Services 可承载的 Web 核心”选上，将“Internet 信息服务”里面所有能选的的全部选上，直到“Internet 信息服务”前的框出现的是“√”。如图 2-4-4 所示，点击“确定”进行安装，安装完成后关掉控制面版。

图 2-4-4　Windows 功能

三、安装 Microsoft. NET Framework 4

步骤 1　点击. Net 安装包“doNetFx40_Full_x86_x64. exe”安装. Net，安装程序打开后，将“我已阅读并接受许可条款”选上，如图 2-4-5 所示。

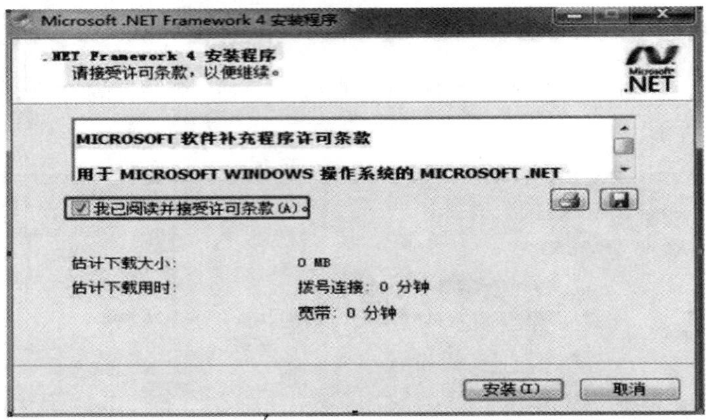

图 2-4-5　Microsoft. Net Framework 4 安装程序

步骤 2　点击“安装”，开始安装，并显示安装进度界面，安装完毕后点击“完成”，结束安装，如图 2-4-6 所示。

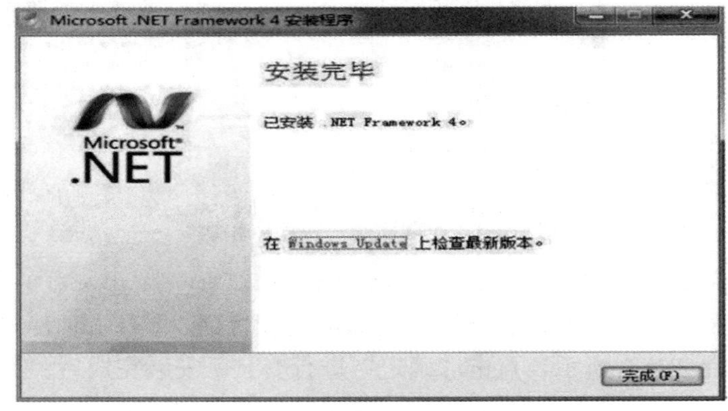

图 2-4-6　Microsoft. Net Framework 4 安装完毕

四、安装并配置软件 SQL Server2008 R2

步骤 1　点击安装包里的 setup，开始 SQL Server2008 的安装，如图 2-4-7 所示。

x86	2012/2/24 8:47	文件夹	
autorun	2008/7/4 6:18	安装信息	1 KB
MediaInfo	2008/8/1 17:20	XML 文档	1 KB
Microsoft.VC80.CRT.manifest	2008/7/1 8:36	MANIFEST 文件	1 KB
msvcr80.dll	2008/7/1 8:49	应用程序扩展	621 KB
Readme	2008/7/7 11:15	360seURL	15 KB
setup	2008/7/10 10:49	应用程序	105 KB
setup.rll	2008/7/10 10:49	应用程序扩展	19 KB

图 2-4-7　点击 setup

步骤 2　出现提示兼容性问题时，选择“运行程序”，如图 2-4-8 所示。

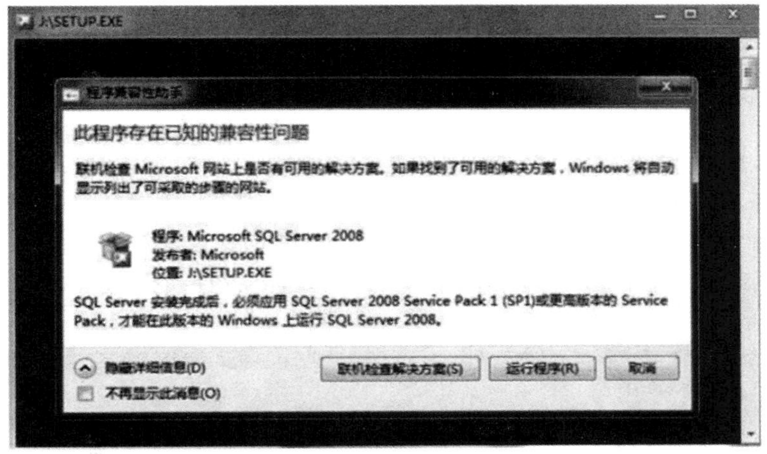

图 2-4-8　兼容性问题

步骤 3　进入 SQL Server 安装中心后选择左侧列表的“安装”，在右侧列表中选择“全新 SQL Server 独立安装或向现有安装添加功能”，再次出现兼容性问题提示时选择“运行程序”。选择“运行程序”后进入“安装程序支持规则”界面，安装程序将自动检测安装环境基本支持情况，当所有检测都通过完成后，点击“确定”进行下一步安装，如图 2-4-9 所示。

图 2-4-9　安装程序支持规则

步骤 4　进入“产品密钥”界面，选择输入产品密钥，输入产品密钥后单击“下一步”。进入“许可条款”界面，选中“我接受许可条款”，单击“下一步”安装，如图 2-4-10 所示。

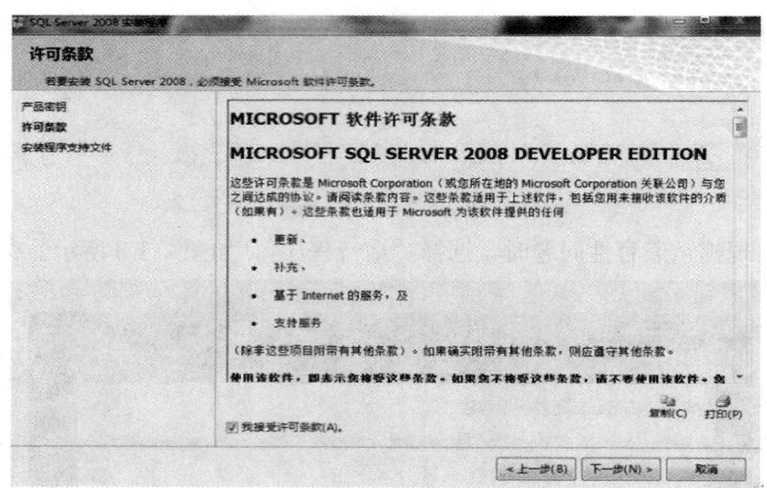

图 2-4-10　许可条款

步骤 5　点击“下一步”进入“安装程序支持文件”界面，检测并安装支持 SQL Server2008 安装所需要的组件，如图 2-4-11 所示。

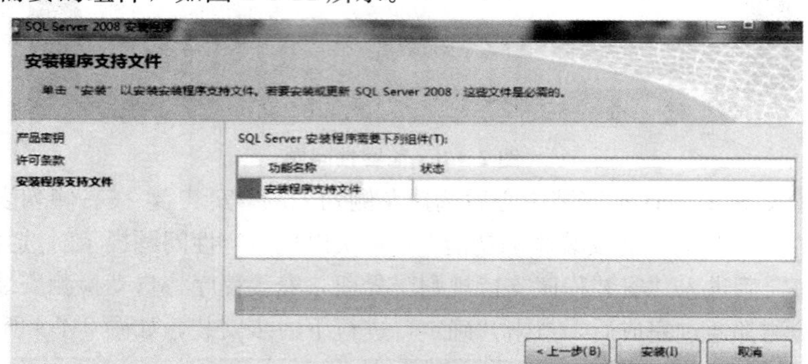

图 2-4-11　安装程序支持文件

步骤 6　点击“安装”，当检测都通过之后才能继续下一步安装，如果有出现未通过错误，需要更正所有失败后才能继续安装。然后点击“下一步”进入“安装类型”界面，默认选择“执行 SQL Server 2008 的全新安装”，如图 2-4-12 所示。

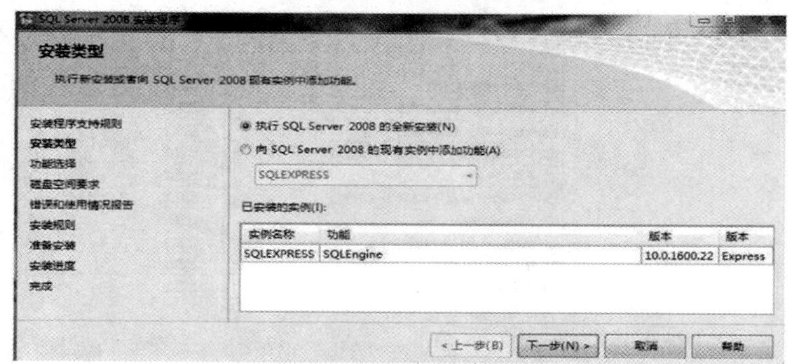

图 2-4-12　安装类型

步骤 7　点进“下一步”进入“功能选择”界面，点击“全选”，“共享功能目录”保持默认，如图 2-4-13 所示。点击“下一步”进入“实例配置”界面，选择“默认实例”。

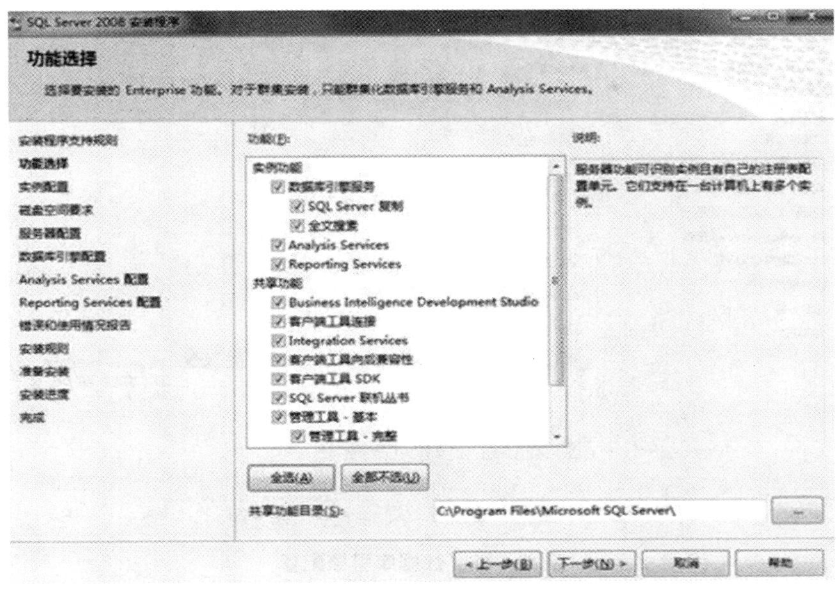

图 2-4-13　功能选择

步骤 8　点击“下一步”进入“磁盘空间要求”界面，会显示磁盘使用情况。点击“下一步”进入“服务器配置”界面，选择“对所有 SQL Server 服务使用相同的账户”，输入此 PC 的用户名和密码才能通过检测，如图 2-4-14 所示。

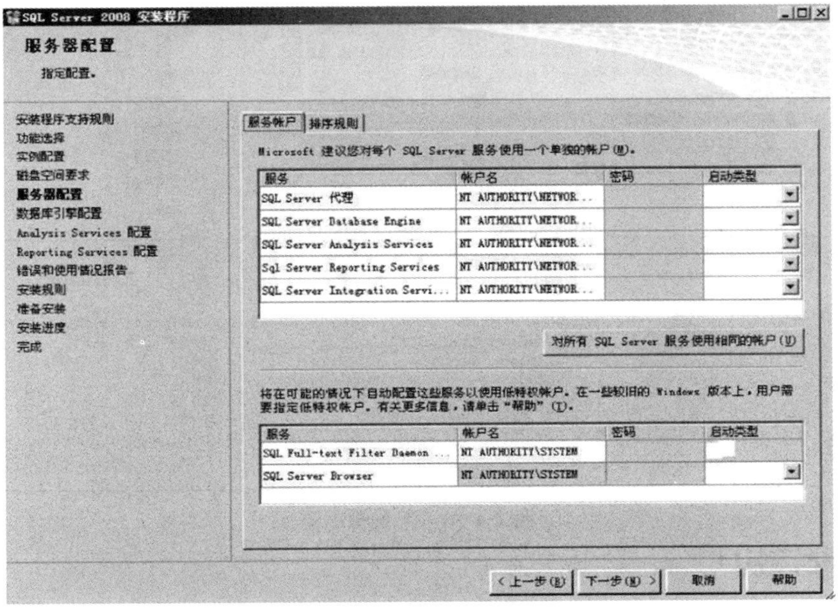

图 2-4-14　服务器配置

步骤 9　点击“下一步”进入“数据库引擎配置”界面，“身份验证模式”选择“混合模式（SQL Server 身份验证和 Windows 身份验证）”，并在“输入密码”和“确认密码”里输入“123456”，点击“添加当前用户”到 SQL Server 管理员列表，如图 2-4-15 所示。

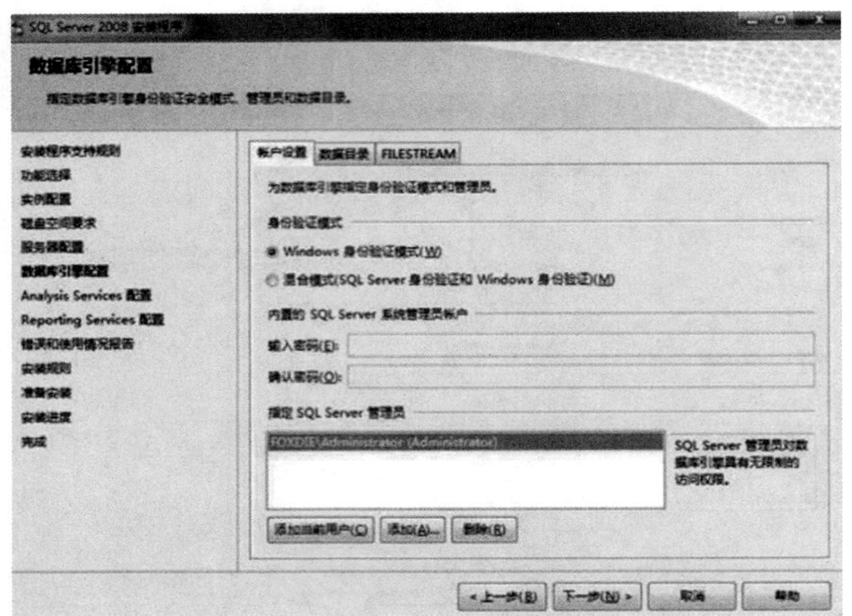

图 2-4-15　数据库引擎配置

步骤 10　按照系统默认设置，依次单击“下一步”，安装过程可能持续 10～30 min。安装结束后需要对其数据库进行配置，单击“开始—配置工具—配置管理器”，完成配置。如图 2-4-16 所示。

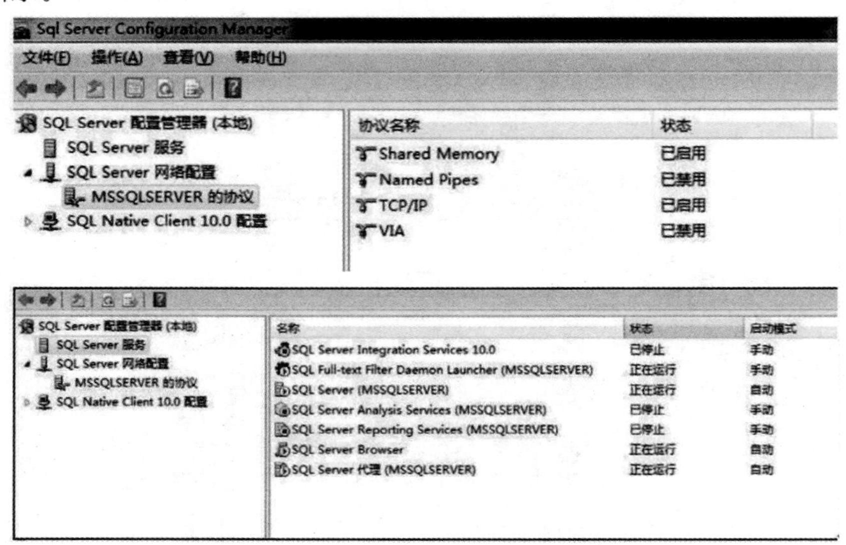

图 2-4-16　配置管理器

五、搭建云平台

步骤 1　打开 IIS WEB 服务器，如图 2-4-17 所示，在左边菜单“网站”处右键选择“添加网站”。

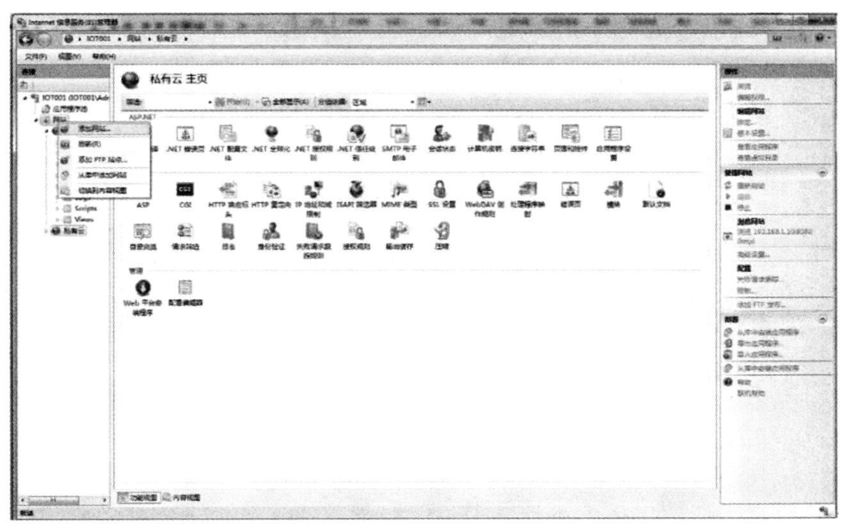

图 2-4-17　IIS 主界面添加网站

步骤 2　设置网站属性，如图 2-4-18 所示。在图 2-4-18 中：

标记“1”处输入网络名称（任意）；

标记“2”处选择应用程序池为 ASP. NET v4. 0（固定）；

标记“3”处选择网站文件所在的物理路径（例如：网站的物理路径是“D：\典型物联网实训套件（智慧农业）U 盘资料 V1. 4\典型物联网实训套件（智慧农业）U 盘资料\03 _ 软件安装包\02 _ 服务器\02 _ 云服务平台\INewCloud _ v2. 3. 6\INewCloud”）；

标记“4”处选择服务器（本机）的 IP 地址；

标记“5”处使用默认的 80 端口。

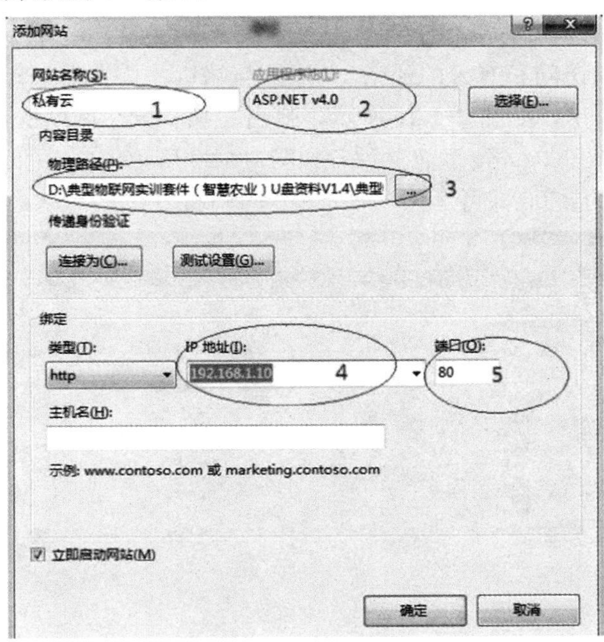

图 2-4-18　设置网站属性

单击“确定”按钮，完成网站的添加，如图 2-4-19 所示。

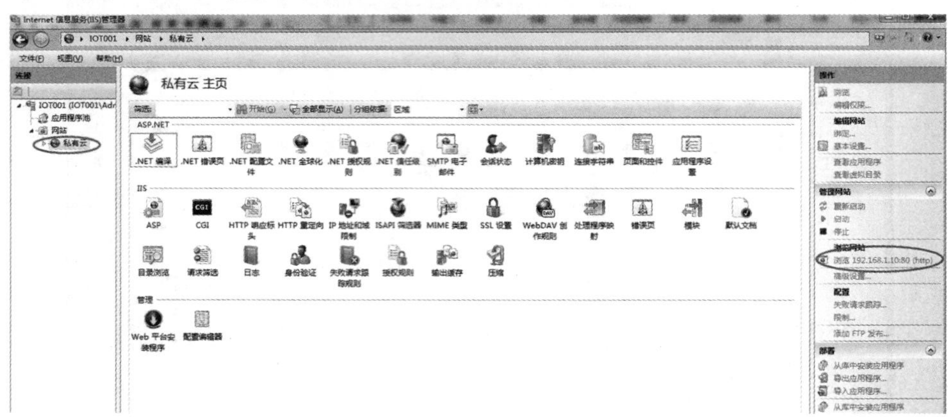

图 2-4-19　完成网站的添加

选择图 2-4-19 右侧“浏览网站”，即可打开网站。如出现如图 2-4-20 所示的错误时，重启计算机，重新访问私有云即可。

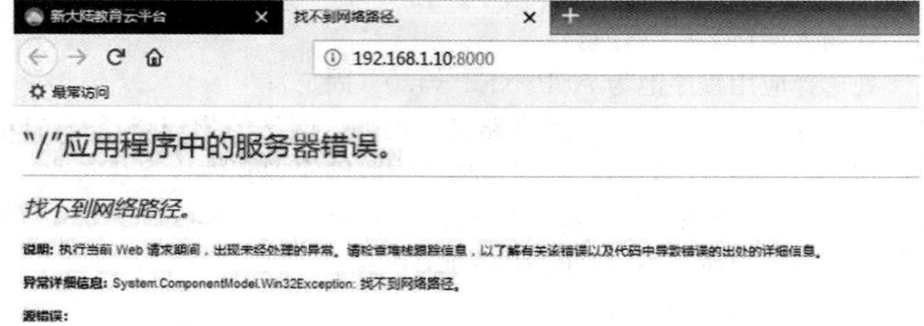

图 2-4-20　打开私有云主页

步骤 3　设置网关访问私有云的通信 IP 地址与端口，首先在 IIS 管理器中右键“私有云”，选择“浏览”菜单，如图 2-4-21 所示；弹出“私有云”网站的目录，如图 2-4-22 所示，在该目录中打开 web. config 配置文件，如图 2-4-23 所示，这里的 IP 地址为服务器的 IP 地址，端口使用默认的 8600 即可。

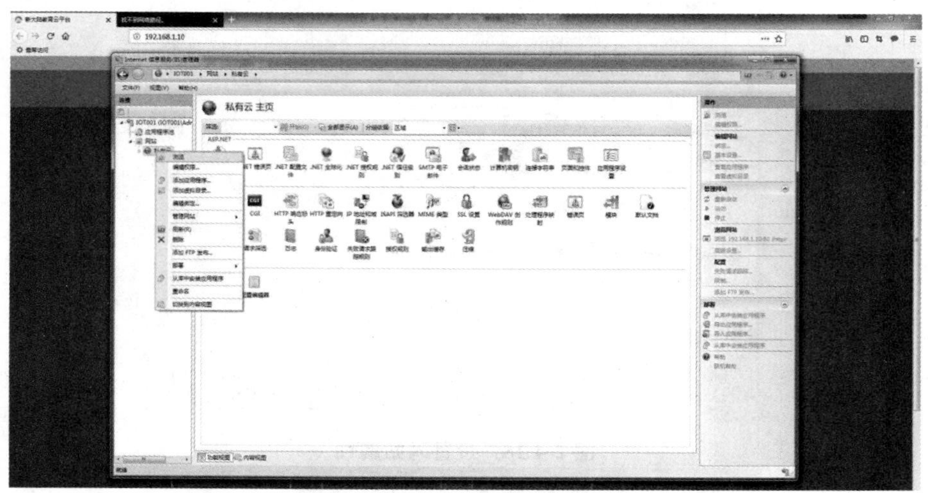

图 2-4-21　打开网站主目录

图 2-4-22　打开网站的配置文件

Web.config - 记事本

文件(F) 编辑(E) 格式(O) 查看(V) 帮助(H)

```
<?xml version="1.0" encoding="utf-8"?>
<!--
  有关如何配置 ASP.NET 应用程序的详细信息，请访问
  http://go.microsoft.com/fwlink/?LinkId=301879
  -->
<configuration>

  <appSettings>
    <add key="webpages:Version" value="3.0.0.0" />
    <add key="webpages:Enabled" value="false" />
    <add key="ClientValidationEnabled" value="true" />
    <add key="UnobtrusiveJavaScriptEnabled" value="true" />
    <add key="DbName" value="NewlandCloud" />
    <!--最大允许输错账户次数，超过该次数，用户将被锁定-->
    <add key="MaxErrorPasswordCount" value="10" />
    <!--管理员角色名称-->
    <add key="AdminRoleName" value="管理员" />
    <!--普通人员角色-->
    <add key="NormalRoleName" value="普通人员 " />
    <!--网关通信ip地址与端口  下方ＩＰ为服务器地址-->
    <add key="SocketIp" value="192.168.1.10" />
    <!--新大陆网关的端口    该端口是网关访问端口与网关设置保持一致，与ＷＥＢ服务器的端口无关-->
    <add key="SocketPort" value="8600" />
```

图 2-4-23　私有云的配置文件

六、附加私有云所需数据库文件

步骤 1　登录 SQL Server Management Studio，如图 2-4-24 所示，这里的“服务器名称”选择服务器的 IP 地址（一般为本机的 IP 地址）；身份验证选择 Windows 登录即可。

图 2-4-24　登录 SQL Server Management Studio

步骤 2 登录后，右键“数据库”，选择“附加”，如图 2-4-25 所示，打开“附加数据库”窗口，如图 2-4-26 所示；单击“添加”按钮，然后弹出“定位数据库文件”对话框，如图 2-4-27 所示；选中数据库文件后，如图 2-4-28 所示，单击“确定”，完成数据库文件（INewlandCloud. mdf）的附加。

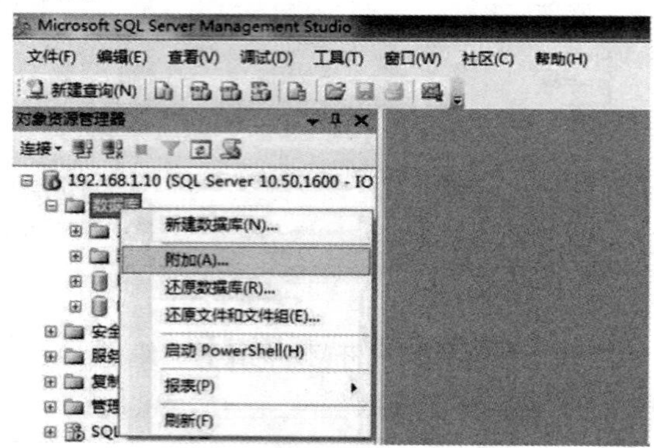

图 2-4-25 附加数据库

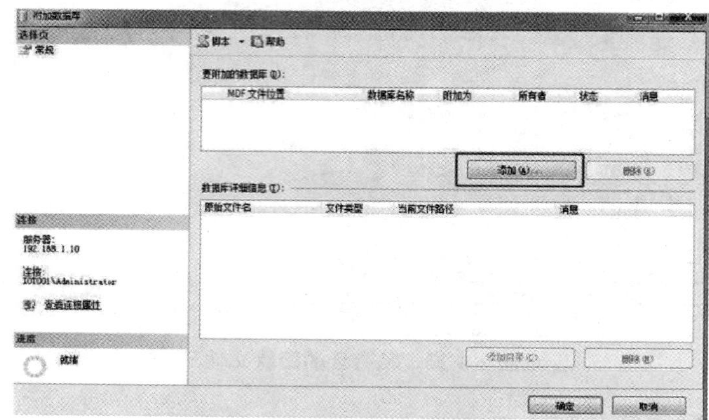

图 2-4-26 添加数据库文件

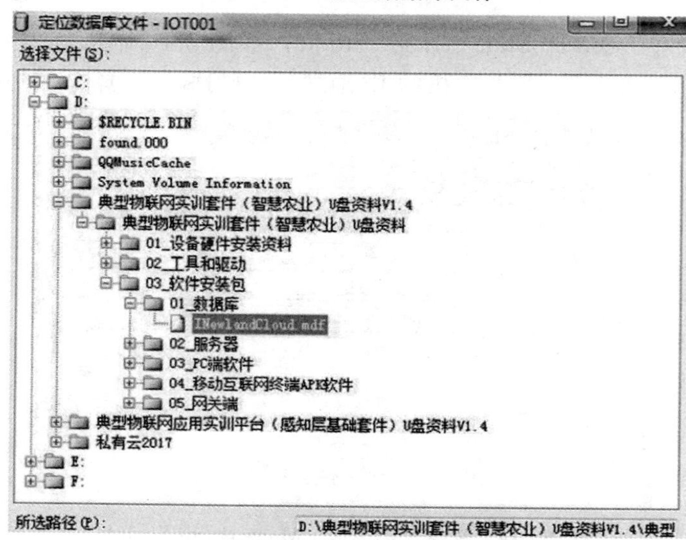

图 2-4-27 定位数据库文件

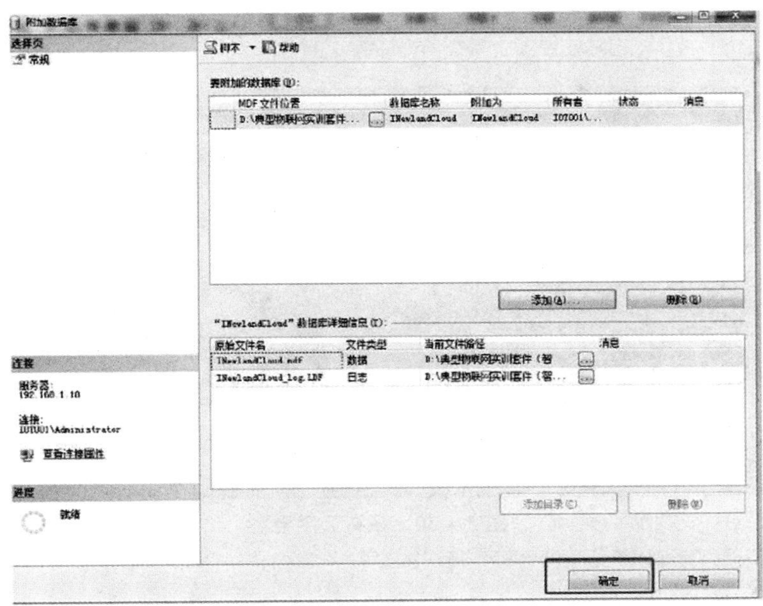

图 2-4-28 完成数据库的附加

步骤 3 刷新数据库。完成数据库的附加后，数据库并不会显示到数据列表中，需要右键“数据库”，选择刷新，如图 2-4-29 所示即可。

图 2-4-29 刷新数据库

任务 2 用户管理

本任务要求学生了解用户管理，并掌握用户注册、用户登录、用户信息查看、用户退出。

步骤 1 访问私有云平台，如图 2-4-30 所示，单击“注册”；弹出注册新用户界面，如图2-4-31所示，按表单要求输入相关信息，单击“免费注册”完成新用户的注册。

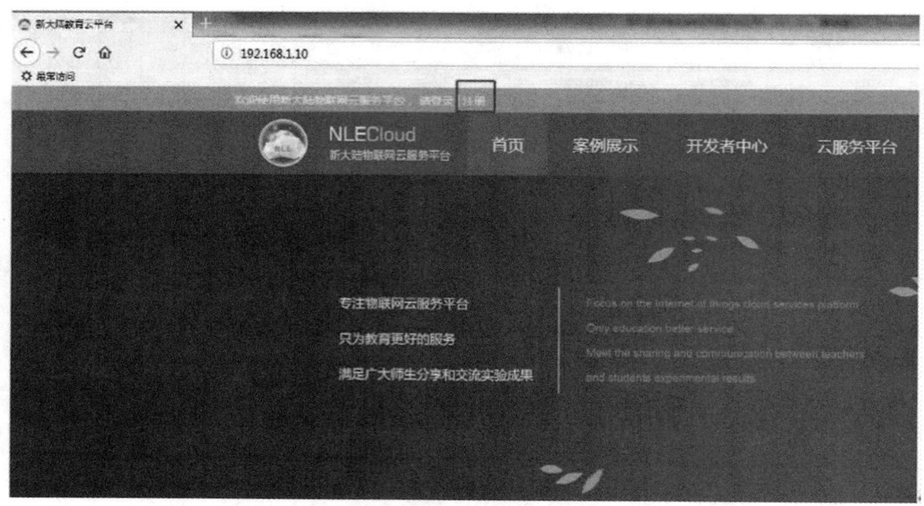

图 2-4-30　私有云平台

图 2-4-31　注册新用户

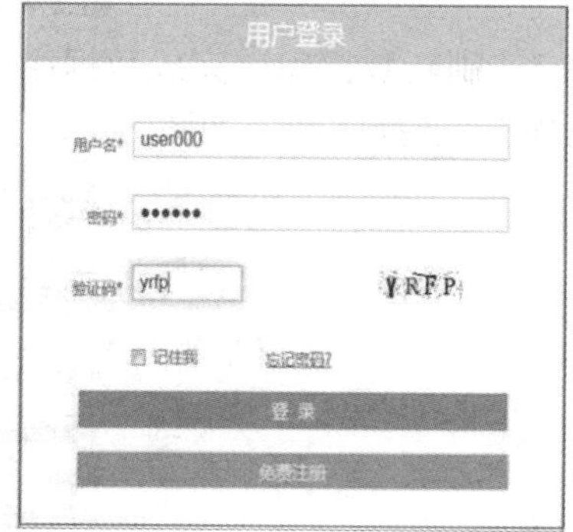

图 2-4-32　登录私有云

步骤 2　使用新注册的用户登录到私有云平台，如图 2-4-32 所示，登录成功后，进入“网关管理”页面，如图 2-4-33 所示。

图 2-4-33　网关管理页面

任务 3　网 关 管 理

对网关进行新增、删除、添加网关设备等操作。

步骤 1　新增网关。在图 2-4-33 中单击“新增”按钮，进入“添加网关”页面，如图 2-4-34 所示。网关类型选择“新大陆网关”；网关名称可任意输入；网络标识是指网关的序列号；轮询时间使用默认的 5 s 即可，单击“提交”按钮完成网关的添加，如图 2-4-35 所示。

图 2-4-34　添加网关

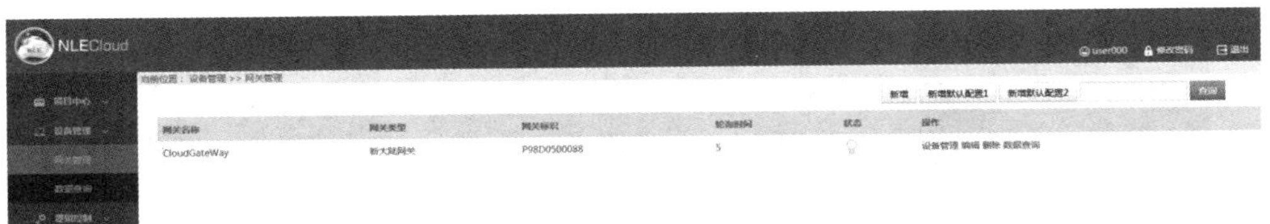

图 2-4-35　网关添加完成

网关添加完成后，网关进入实时监控界面，刷新云平台网页后，网关上线，状态灯点亮，如图图 2-4-36 所示。

图 2-4-36　网关上线

步骤 2　网关编辑。在网关管理中选择一条已存在的网关，点击“编辑”，如图 2-4-37 所示，可进行网关编辑修改界面，如图 2-4-38 所示。

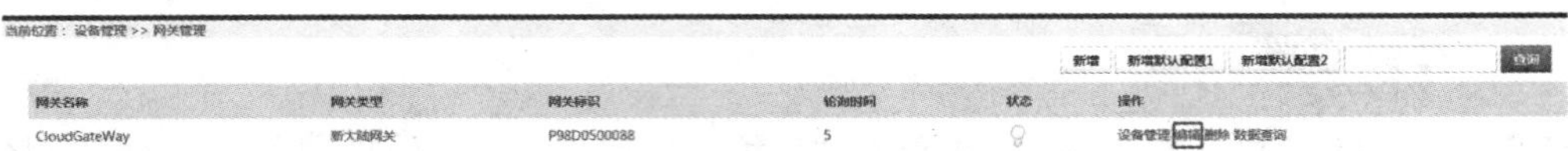

图 2-4-37 选择编辑网关

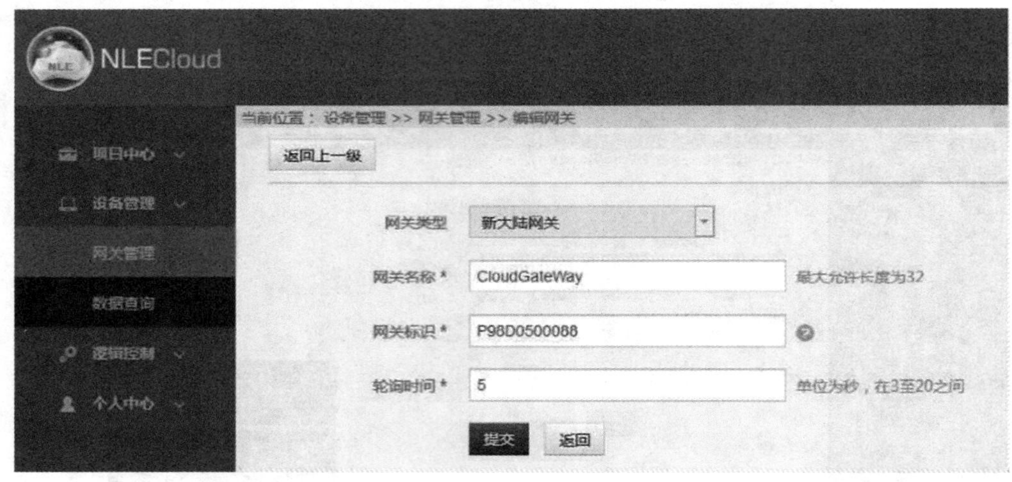

图 2-4-38 网关编辑界面

步骤 3 网关删除。网关管理中选择一条已经存在的网关，点击“删除”，可进行网关删除操作（如果此网关下还有传感器与控制器或网关在线时均不能删除，需网关离线、删除全部传感器和控制器后，才能删除网关），如图 2-4-39 所示。

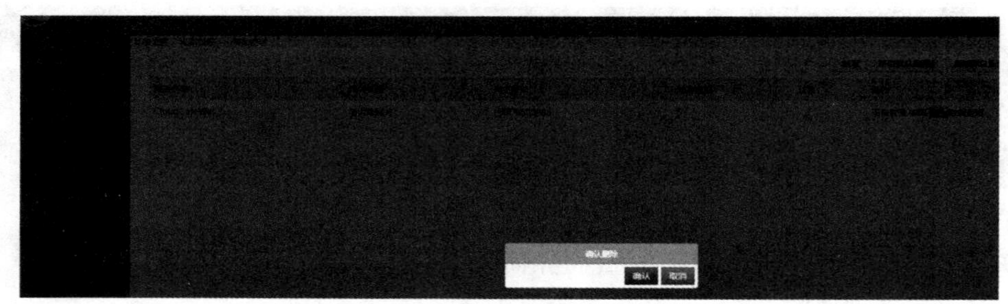

图 2-4-39 删除网关

任务 4 传感器添加

掌握如何添加传感器，并了解 ZigBee 通信协议。

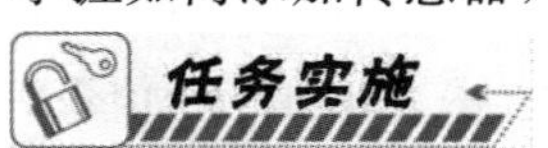

步骤 1 进入传感器添加界面。传感器的添加是在已有的网关下，添加该网关的传感器，进入“网关管理”，选择要添加传感器的网关，点击选择“设备管理”界面，如图 2-4-40所示，进入添加传感器界面，如图 2-4-41 所示。点击⊕（注意：此时需要网关离

线，退出网关实时监测界面后刷新云平台网页即可），进入添加传感器界面，如图 2-4-42 所示。

图 2-4-40　选择网关设备管理

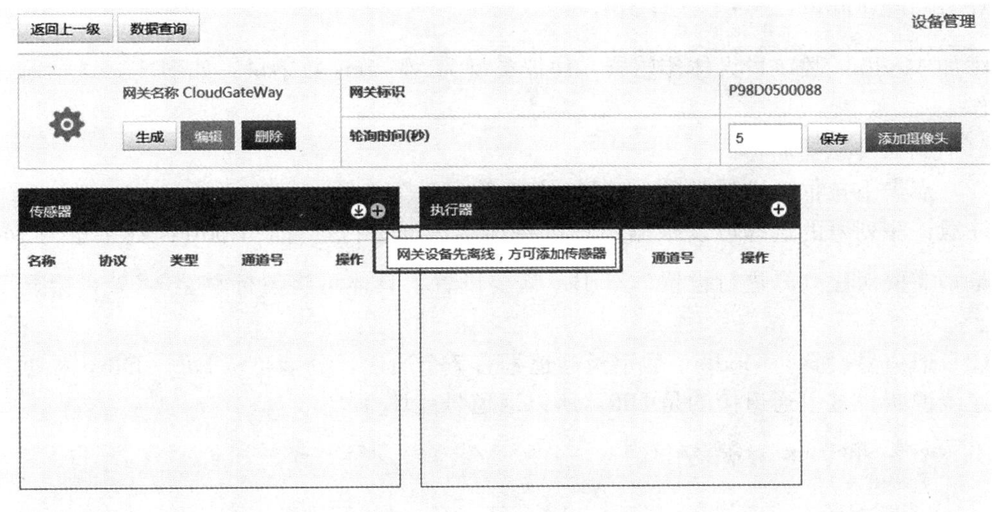

图 2-4-41　进入添加传感器界面

当前位置：设备管理 >> 网关管理 >> 传感器信息

返回上一级　　传感器信息

传感名称 *　　最大允许长度为32，例如：温度传感器

协议类型　Modbus数字量　表示传感器基于哪种协议类型

序列号　0

通道号*　　若输入0表示DI0，只能0-6通道

传感标识　Modbus人体　用于标识出该传感器的类型

数据类型　布尔类型

单位　　例如：℃，建议用英文单位

最大量程　　传感器最大量程，最小量程，请参考传感器说明书

最小量程

精度　　例如：0(表示整形)，1(表示小数点后1位)

提交　返回

图 2-4-42　添加传感器界面

步骤 2 不同协议类型传感器的添加方法及注意事项。传感器按照协议类型可添加 3 种不同协议类型的传感器，协议类型有 Modbus 数字量、Modbus 模拟量、ZigBee。Modbus 数字量的传感器包括有线人体传感器、有线火焰、烟雾传感器等，是属于有线传感器中有 0，1 两种状态的传感器；Modbus 模拟量的传感器包括温度传感器、湿度传感器等，是属于有线传感器中具有数值显示的传感器；ZigBee 是无线传感器。各种协议类型的传感器添加界面如下：

1. 添加 Modbus 数字量人体传感器

添加 Modbus 数字量人体传感器，协议类型为 Modbus 数字量，如图 2-4-43 所示完成以下操作。

(1) 输入传感器名称。

(2) 点击下拉框，选择类型为“Modbus 数字量”。

注意：序列号的选择可以根据用户设备连接情况进行选择，Modbus 数字量与 Modbus 模拟量不需要对序列号进行设置。ZigBee 需要设置，具体可将鼠标移至 ? 处，会显示说明文字。

(3) 通道号设置。Modbus 数字量通道号有 7 个通道，分别是从 DI0～DI6，根据具体的配置连线说明，这里通道接的是 DI0，所以通道号就填 0。

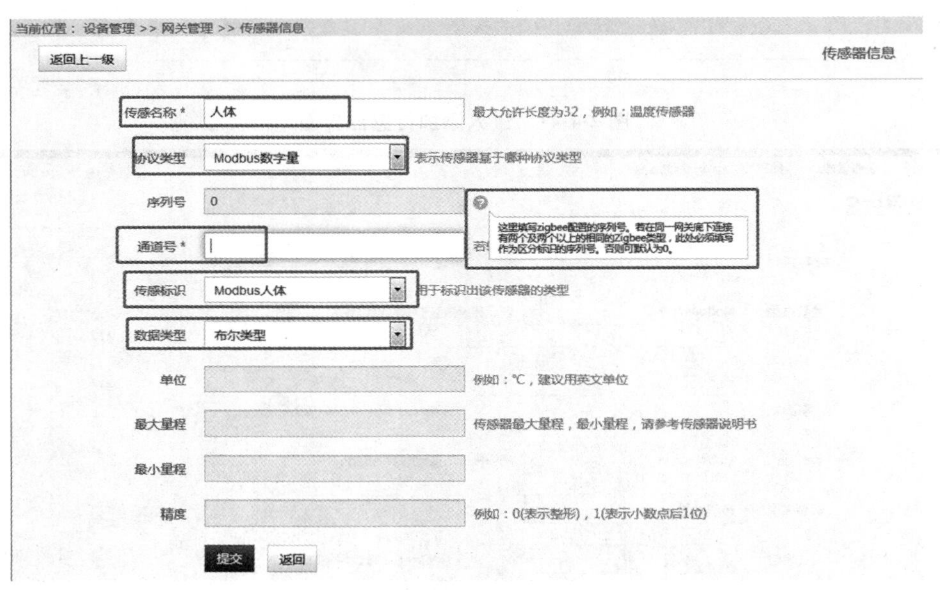

图 2-4-43　Modbus 数字量人体传感器的添加界面

(4) 传感器标识。注意事项：在设置传感标识时，传感标识一定要设置正确，传感标识设置错误的话，那么 PC 端、安卓端案例获取到的值也是错误的，因为案例通过云服务平台获取的值是根据传感标识来获取的。点击下拉框，选择“Modbus 人体”。

(5) 数据类型。数据类型分为数值型和布尔类型，数值型也就是说有数值、数字显示出来，布尔类型是只有 2 种状态，即 0 或 1，true 或 false，这里因为人体只有触发时显示有或者无，只有这两种状态，所以这里选择布尔类型。

（6）其他。单位、最大量程、最小量程和精度项在Modbus数字量协议中没有涉及到，不需要设置，配置完成后点击“提交”按钮，即添加人体传感器步骤完成，如图2-4-44所示。

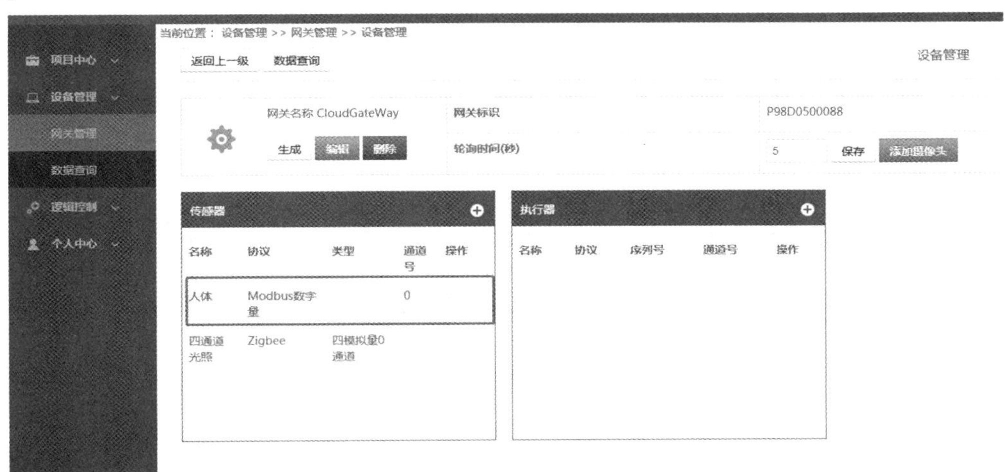

图2-4-44　Modbus数字量人体传感器的添加完成

2. 协议类型为ZigBee的传感器添加（本例中添加ZigBee四通道和ZigBee光照）

（1）添加ZigBee四通道传感器，在图2-4-45添加传感器页面中，依次输入传感器名称、协议类型选择ZigBee、序列号（本例中不需要更改，默认0即可；但在同一网关下连接有两个及两个以上相同的ZigBee类型时，此处序列号需要区分，如0，1，2，…但如果是继电器序列号必须是0001）等。

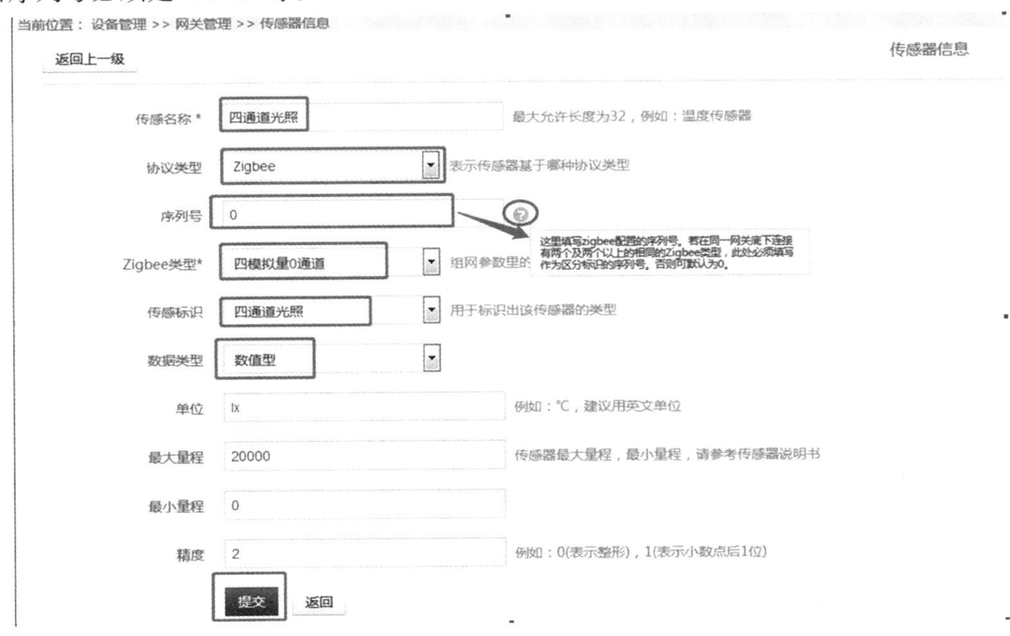

图2-4-45　四通道光照传感器的添加

ZigBee类型：添加ZigBee四通道模拟量时注意，类型下拉框中有四模拟量0通道～四模拟量 3 通道，总共 4 个通道。温度、湿度等都是采集四模拟量的值，换句话说比如我们把光照的线接到 IN1 上，那么我们对应设置的时候就应该选择四模拟量 0 通道，而序列号填写要根据配置时的序列号。

传感器标识：选择四通道光照；数据类型：选择数值型；设置完成后点提交。

（2）添加四通道温度传感器，具体操作过程和前面类似，如图 2-4-46 所示。

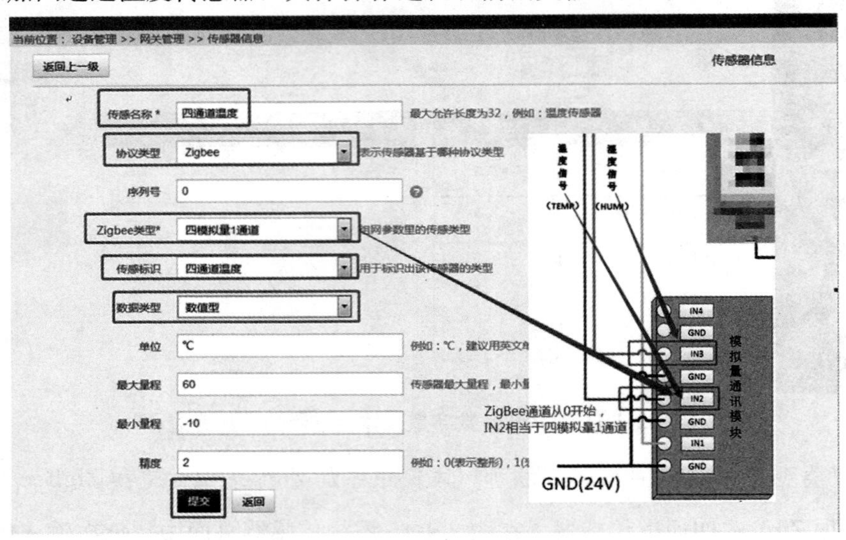

图 2-4-46　添加四通道温度传感器

（3）添加四通道湿度传感器，如图 2-4-47 所示。

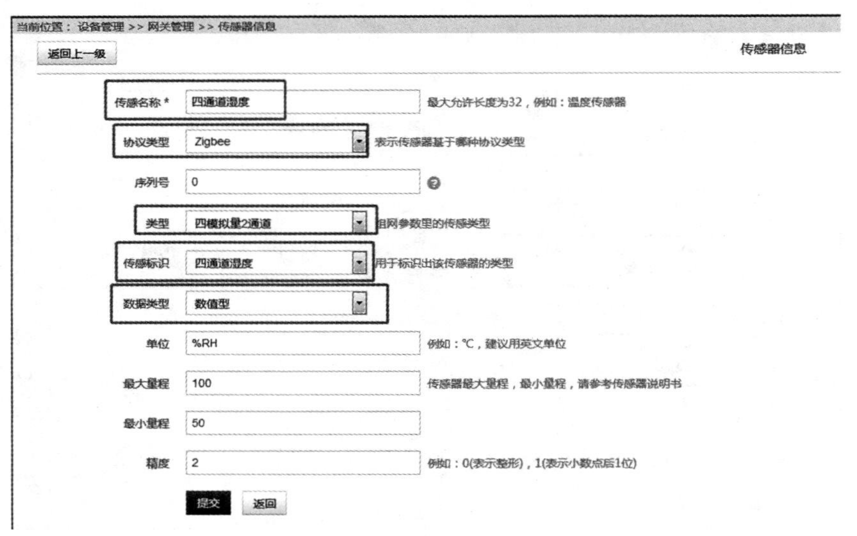

图 2-4-47　添加四通道湿度传感器

（4）添加 ZigBee 光照传感器，如图 2-4-48 所示。配置下发到网关，如图 2-4-49 所示。

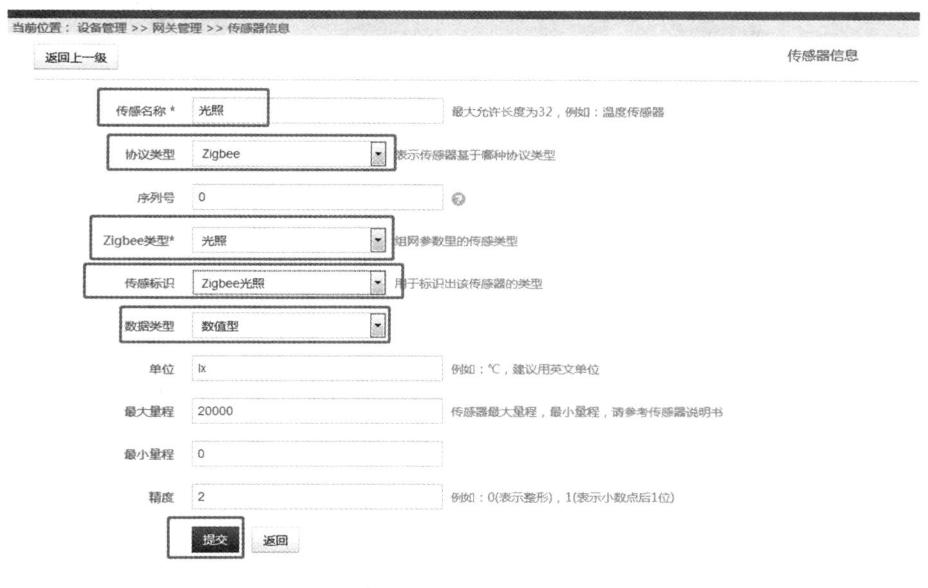

图 2-4-48　添加 ZigBee 光照传感器

图 2-4-49　配置下发

任务 5　执行器添加

让学生学会执行器的添加、删除、编辑。

执行器添加，是在已有网关下，添加该网关下的执行器，故进入“网关管理”，选择所要添加执行器的网关，点击选择“设备管理”，如图 2-4-50 所示，进入“设备管理”界面，如图 2-4-51 所示。

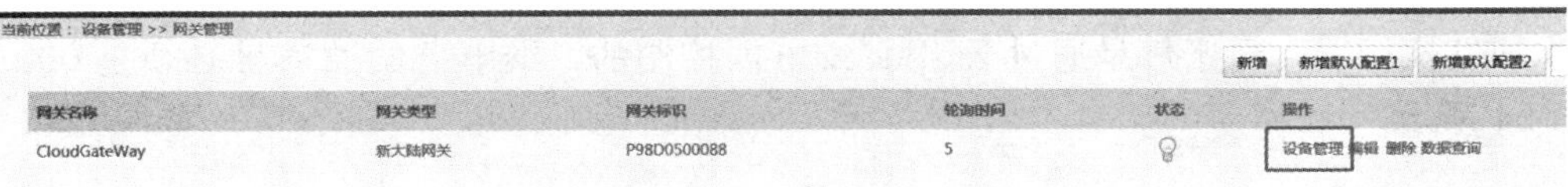

图 2-4-50　选择设备管理

图 2-4-51　进入“设备管理”界面

如图 2-4-51 所示，点击⊕进入执行器添加界面（如提示网关需要离线，此时需退出网关实时监测界面后刷新云平台网页即可），如图 2-4-52 所示，输入执行器名称：风扇执行器 1，选择协议类型，通道号选择和连线图对应，然后点击提交。

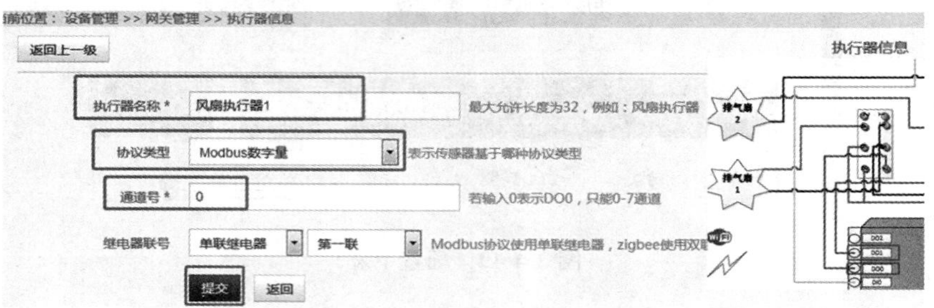

图 2-4-52　执行器 1 添加界面

用相同的方法添加风扇执行器 2，如图 2-4-53 所示。

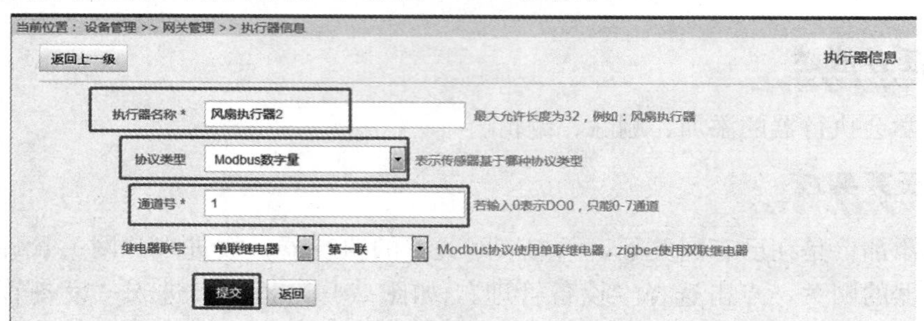

图 2-4-53　添加执行器 2

添加灯执行器，由于灯是通过 ZigBee 继电器控制的，继电器的通道号必须是 0001，如图 2-4-54 所示。

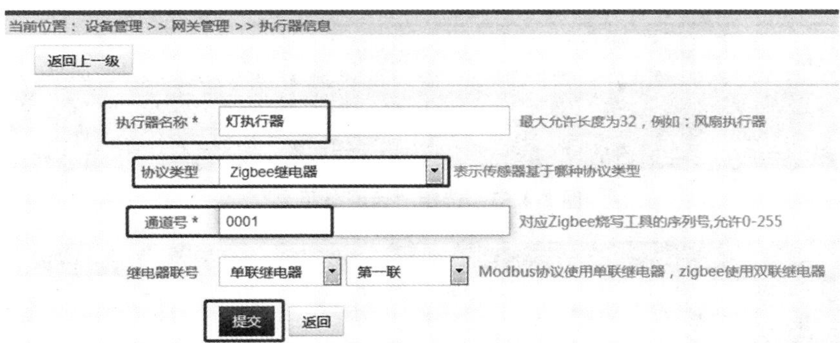

图 2-4-54　灯执行器的添加界面

添加执行器完成后，界面如图 2-4-55 所示。

图 2-4-55　完成执行器的添加

执行器的编辑、删除如图 2-4-56 所示。

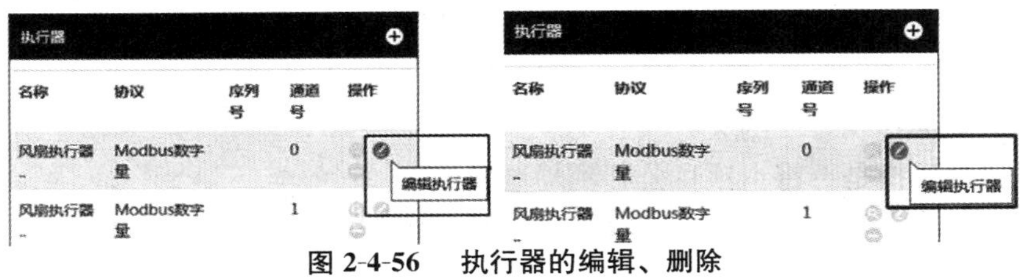

图 2-4-56　执行器的编辑、删除

任务 6　云平台端综合案例演示

通过云平台端综合案例演示，让学生能够独立操作云平台端综合案例，掌握云平台连接模式的配置，了解云平台基本概念。

步骤 1　在云平台中“添加项目”。在云平台首页选择“云服务平台”，如图 2-4-57 所示，选择“项目中心”下的“项目管理”，然后选择“新增项目”。

图 2-4-57　选择“云服务平台”

图 2-4-58　选择“新增项目”

打开“新增项目”页面，如图 2-4-59 所示。

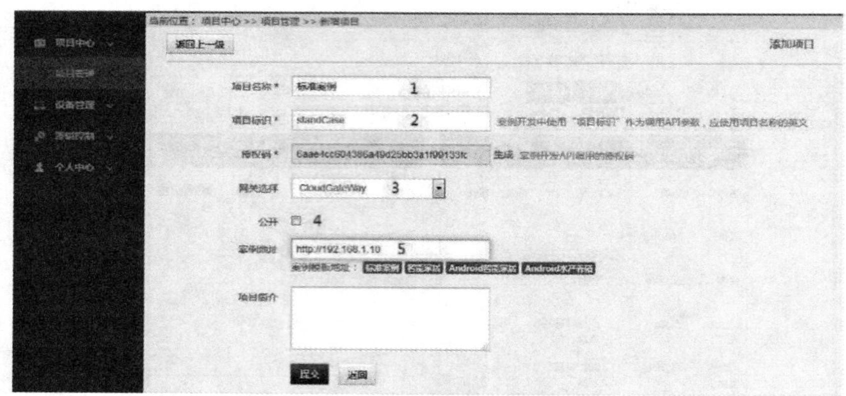

图 2-4-59“新增项目”页面

标记“1“处输入项目的名称，可随意输入；

标记“2“处输入项目的标识（使用字母，不能用汉字），作为“标注案例”用户登录中的项目标识；

标记“3“处选择私有云网关；

标记“4“处选择是否将本项目公开到局域网中；

标记“5“处输入云平台 IP 地址及端口号（80 为默认端口号，可以省略）。

完成后，单击“提交”，完成新增项目，如图 2-5-60 所示。

图 2-4-60 完成项目添加

此时需进入网关实时监控，刷新网页，网关灯点亮 CloudGateWay 。

步骤 2　创建“标准案例”网站。这里需要标准案例的 web 文件 StandardCase_V1.1.0 （StandardCase _ V1. 1. 0 文件夹）。首先打开 IIS ，网站右键选择添加网站，如图 2-4-61 所示，进入添加网站设置界面，如图 2-4-62 所示。这里的物理路径为 StandardCase_V1.1.0 文件夹所在路径（注意：图中标注处端口不能与私有云端口冲突）。设置完成后点击确定，完成“标准案例”网站的添加。

图 2-4-61　添加网站

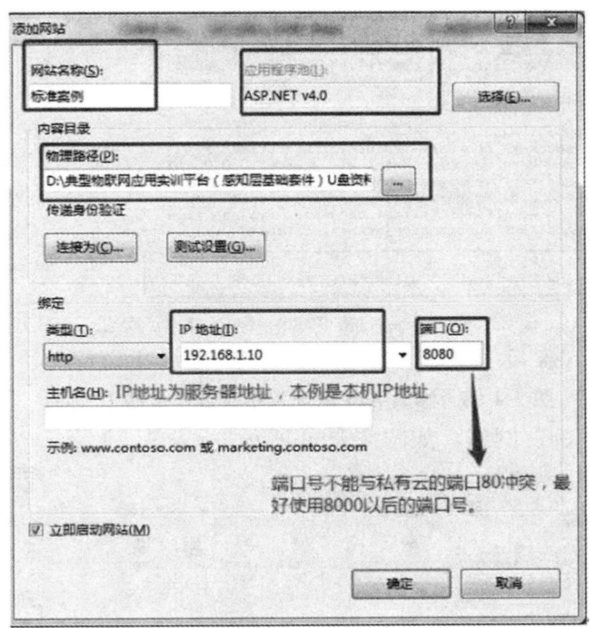

图 2-4-62　网站设置界面

右键标准案例，选择浏览，如图 2-4-63 所示。

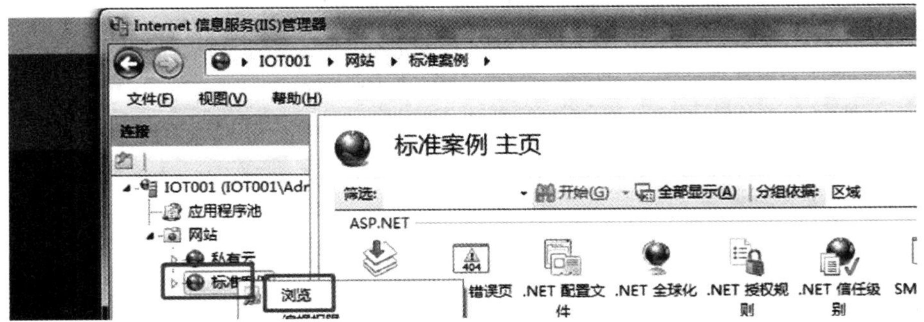

图 2-4-63　浏览“标准案例”文件目录

进入文件目录后，选择 Web. config 文件进入，如图 2-4-64 所示。

图 2-4-64 文件目录中的 Web. config 文件

修改 Web. config 文件中的 AIP 地址为私有云服务器的 IP 地址，如图 2-4-65 所示。

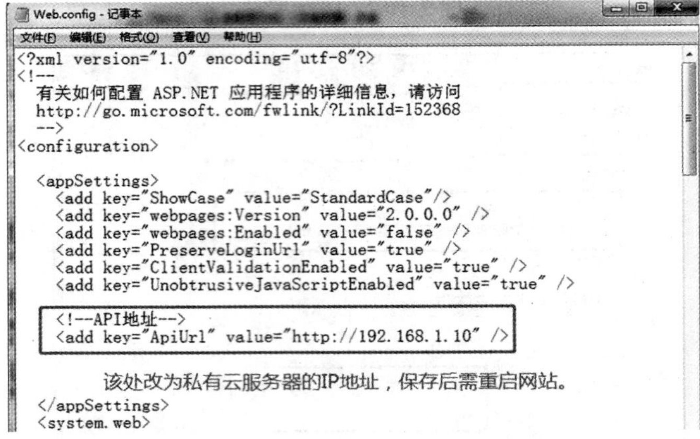

图 2-4-65 修改 API 地址为私有云服务器 IP 地址

重新启动“标准案例”网站，如图 2-4-66 所示。

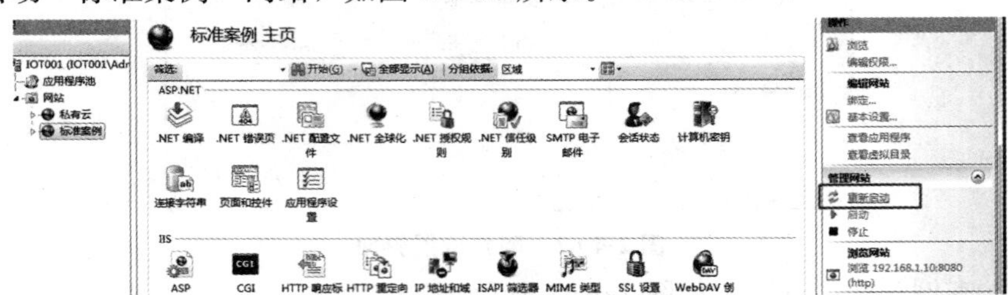

图 2-4-66 重新启动“标准案例”网站

点击右侧浏览网站处，打开“标准案例”主页，如图 2-4-67 所示。

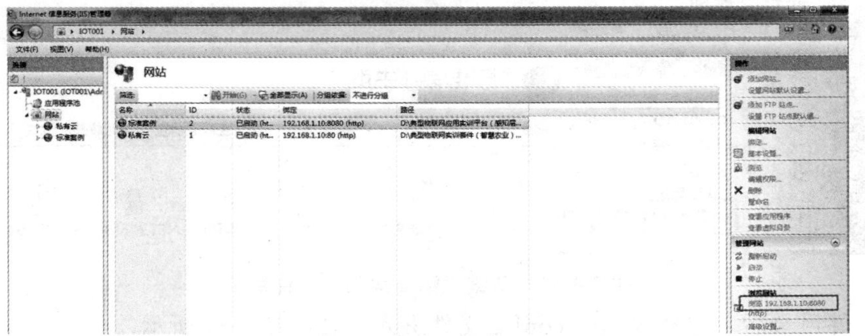

图 2-4-67 浏览标注案例

进入“标准案例”网站用户登录界面，如图 2-4-68 所示。

图 2-4-68 标准案例登录界面

登录后进入实施监控界面，如图 2-4-69 所示。

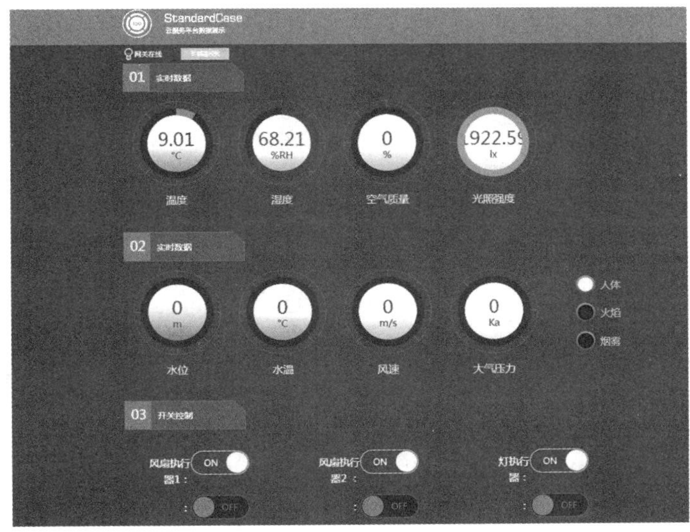

图 2-4-69 标准案例的实时数据监控界面

任务 7 Android 移动终端综合案例演示

通过对移动工控终端、网关、云平台的配置，使网关显示的数据信息传输到移动工控终端。

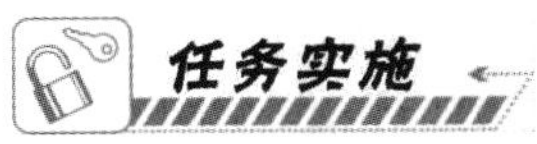

步骤 1 把移动工控终端连接到无线路由上。

步骤 2 移动工控终端、网关、云平台、传感设备进行配置。

点击左侧的“连接模式切换”，进入连接模式切换界面，对云平台模式下的用户名、密码、项目标识进行设置，需设置成当前在云平台上面所建立的网关跟项目的信息以及云平台上面的登录信息。云平台上配置，当前的网关（网关需在线）、云平台登录的用户、建立的项目，如图 2-4-70 所示。

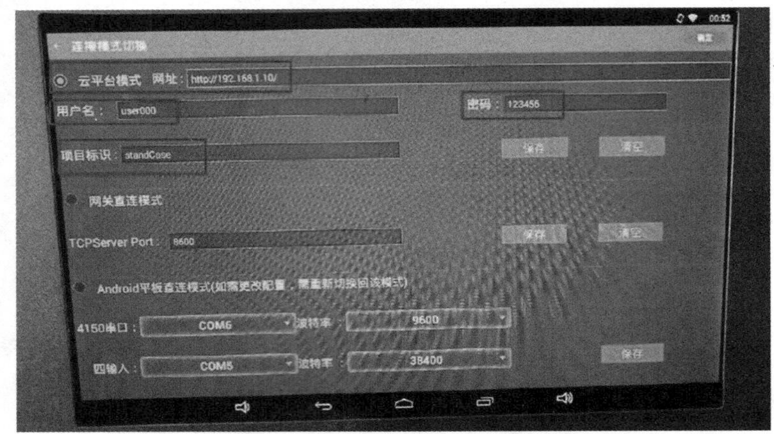

图 2-4-70　云平台用户名等参数设置

点击左侧的通道配置，进入通道配置界面，如图 2-4-71 所示。

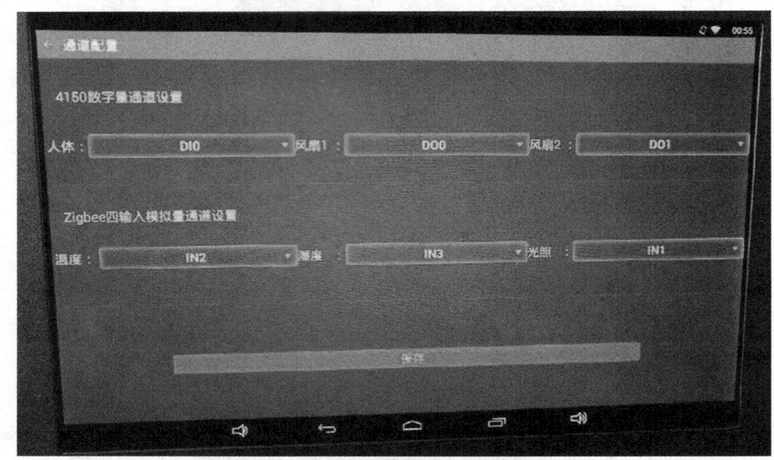

图 2-4-71　通道配置界面

步骤 3　打开感知层基础套件应用程序，进入主界面。配置完成后，可从界面中看到温度、湿度、光照、ZigBee 光照、人体的值，如图 2-4-72 所示。

图 2-4-72　云平台模式下移动工控终端显示实时监测数值

项目三

典型智慧农业系统安装调试与应用

项目概述

在农业生产过程中，农作物的生长与自然界的多种因素息息相关，其中包括大气温度、大气湿度、土壤的温度湿度、光照强度条件、CO_2 浓度、水分及其养分等等。传统农业作业过程中，对这些影响农作物生长的参数进行管理，主要依靠人的感知能力，存在着极大的不准确性，农业生产也就成为一种粗放式管理，达不到精细化管理的要求。

智能农业产品通过实时采集温室内温度、土壤温度、CO_2 浓度、湿度信号以及光照、叶面湿度、露点温度等环境参数，自动开启或者关闭指定设备。可以根据用户需求，随时进行处理，为设施农业综合生态信息自动检测、对环境进行自动控制和智能化管理提供科学依据。通过模块采集温度传感器等信号，经由无线信号收发模块传输数据、实现对大棚温湿度的远程控制。本项目以樱桃种植和水产养殖等智慧农业典型设备为基础，实现智能农业的常见场景作为教学典型，通过学习实训，逐步掌握智慧农业系统的安装调试及应用方法。

模块一　智慧农业设备安装

本模块主要介绍智慧农业设备、认识智慧农业设备的布局图与接线图、掌握智慧农业设备的安装，通过上面的学习，使学生进一步熟练物联网设备安装。

任务 1　认识智慧农业设备

任务描述

认识模拟量采集器、二氧化碳传感器、温湿度传感器、光敏二极管传感器、继电器、ZigBee 智能节点盒、土壤水分传感器、液位变送器、水温传感器、大气压力传感器、风速传感器、电子雾化器、风扇、模拟环境容器等智慧农业设备，了解其功能及电气规格，设备清单见表 3-1-1。

表 3-1-1　设备清单

序号	设备名称及型号	数量及单位
1	移动实训台	1 个
2	物联网数据采集网关	1 个
3	移动工控终端	1 个
4	模拟量采集器 4017	1 个
5	二氧化碳传感器	1 个
6	温湿度传感器（ZigBee）	1 个
7	光敏二极管传感器（ZigBee）	1 个
8	ZigBee 智能节点盒	5 个
9	土壤水分传感器	1 个
10	液位变送器	1 个
11	水温传感器	1 个
12	大气压力传感器	1 个
13	风速传感器	1 个
14	电子雾化器	1 个
15	风扇	2 个
16	模拟环境容器	1 个
17	RS-232 到 RS-485 的无源转换器	1 个

任务实施

1. 模拟量采集器（ADAM-4017）

用于采集模拟信号如大气压力、二氧化碳，连接两根 RS-485 通信线（DATA +，DATA −），供电为 24V（供电端子：VS 接 24V+，BGND 接 24V−），输入端子共 8 对，可以连接模拟量类型的传感器。如图 3-1-1 所示。

图 3-1-1 数字量采集器

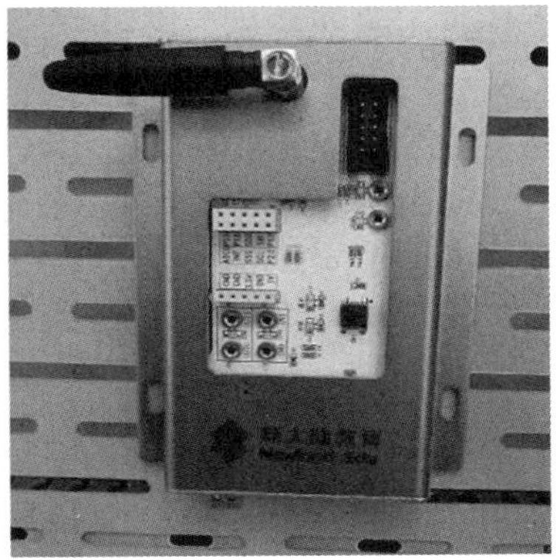

图 3-1-2 ZigBee 智能节点盒

2. ZigBee 智能节点盒

典型智慧农业设备中包含五个 ZigBee 智能节点盒，如图 3-1-2 所示。可直接通过背面的磁铁吸附在工位上。ZigBee 智能节点盒有两种供电方式，一种外部电源供电，通过一拖四，5V 2. 1A 电源适配器，通过 USB 转接；另一种通过内部电池供电，当未接外部连接线的时候，将开关按钮拨到“ON”位置，则由内部电池供电。如图 3-1-3 所示，左边为 485 接口，中间为 USB 接口，右边为开关按钮。当使用 UBS 口连接 PC 端时，如果开关按钮拨到“OFF”位置，则此时绿色灯亮，为通信模式，可进行 ZigBee 设置等；如果开关按钮拨到“ON”位置，则此时红色灯亮，可为内部电池充电。

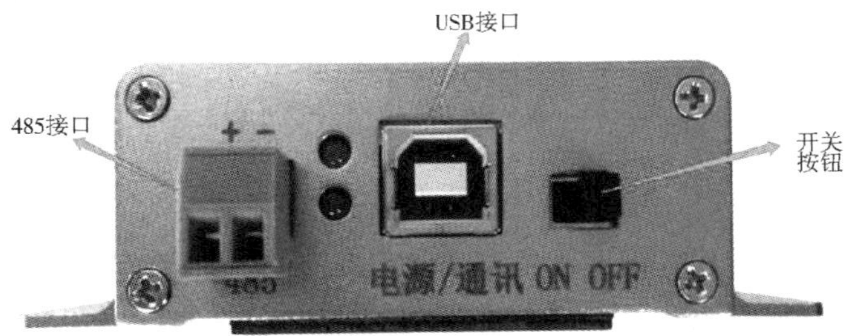

图 3-1-3 ZigBee 智能节点盒的接口

3. 大气压力传感器

大气压力传感器具有高精度、高灵敏度特点。可应用于空气压力，海拔高度的测量，测量范围为 0～5 000 PPM（百万分率），供电直流 24V。引出的三根线红色为正，黑色为负，蓝色信号输出。如图 3-1-4 所示。

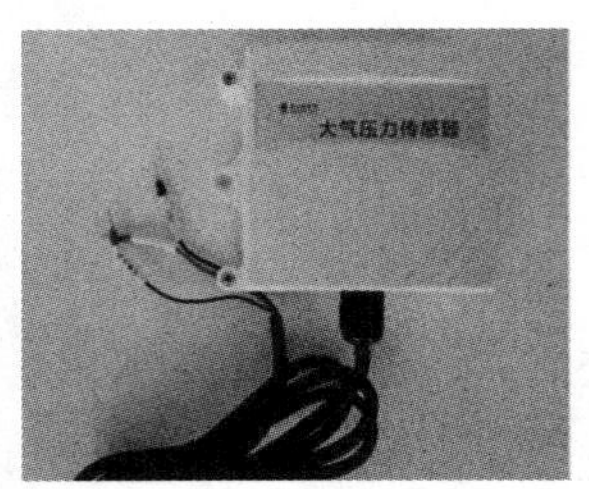

图 3-1-4　大气压力传感器

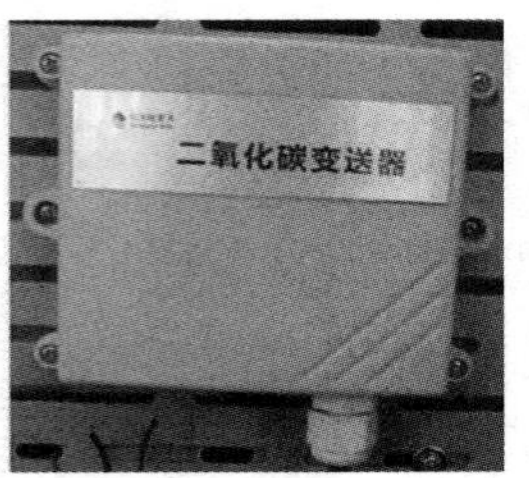

图 3-1-5　二氧化碳变送器

4. 二氧化碳变送器

二氧化碳变送器用于工业环境的二氧化碳测量，如温室、水果储存、安全报警、家禽饲养和停车场等。可用于恶劣环境的二氧化碳测量。测量范围：0～5 000 PPM，供电直流24V。引出的三根线红色为正，黑色为负，蓝色信号输出。如图 3-1-5 所示。

5. 土壤水分传感器

土壤水分传感器又称土壤湿度传感器，由不锈钢探针和防水探头构成，可长期埋设于土壤和堤坝内使用，对表层和深层土壤进行墒情的定点监测和在线测量。与数据采集器配合使用，可作为水分定点监测或移动测量的工具（即农田墒情检测仪）。注：传感器一般采用PVC 外壳加环氧树脂封装。如图 3-1-6 所示。

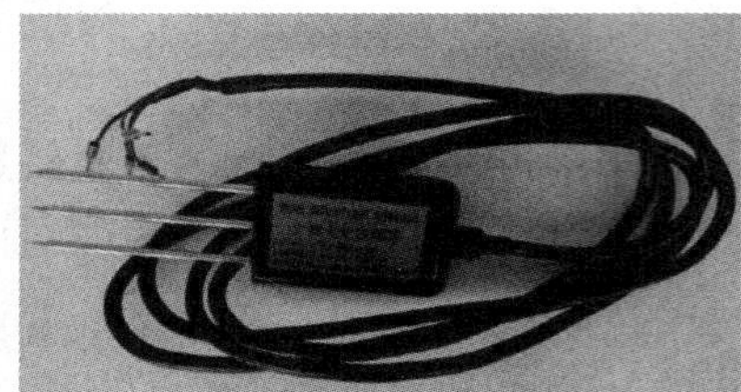

图 3-1-6　土壤水分传感器

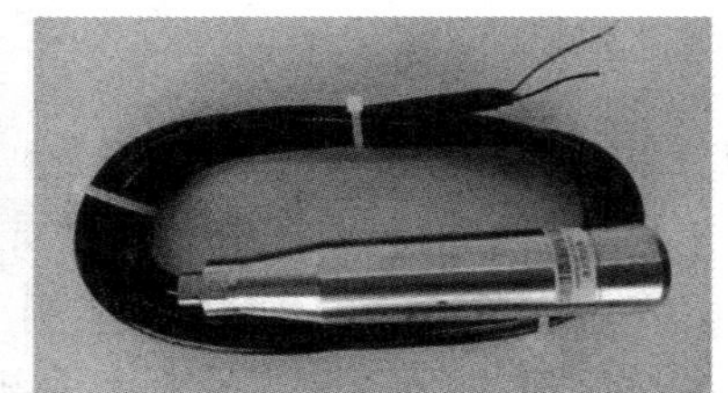

图 3-1-7　液体变送器

6. 液位变送器

液位变送器即液位传感器是基于所测液体静压与该液体的高度成比例的原理，采用压力敏感传感器，将静压转换为电信号，再经过温度补偿和线性修正，转化成标准电信号（一般为4～20 mA/1～5 VDC，量程为 0～1 m/线 1. 5 m）。如图 3-1-7 所示。

7. 水温传感器

水温传感器是指能感受水的温度并转换成可用输出信号的传感器，严格地讲水温传感器分为两大类，无论是哪种它的内部结构均为热敏电阻，它的阻值是在 275～6 500 Ω 之间。而且是温度越低阻值越高，温度越高阻值越低。如图 3-1-8 所示。

8. 风速传感器

风速传感器是可连续监测地点的风速、风量（风量＝风速×横截面积）大小，能够对所处地点的风速风量进行实时显示，是矿井通风安全参数测量的重要仪表。其传感器组件由风速传感器、风向传感器、传感器支架组成。如图 3-1-9 所示。

图 3-1-8　水温传感器

图 3-1-9　风速传感器

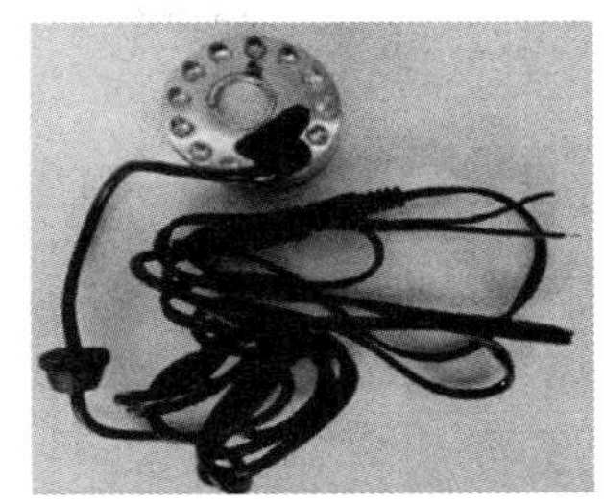

图 3-1-10　电子雾化器

9. 电子雾化器

电子雾化器是将试液雾化，因此要求雾化器喷雾稳定、雾滴细小、均匀和雾化效率高。如图 3-1-10 所示。

任务 2　智慧农业设备布局图与接线图

认识智慧农业布局图与连线图，理解电路原理。

一、认识智慧农业设备布局图

认识智慧农业设备的布局图，如图 3-1-11 所示，并按布局图在移动实训台上安装。

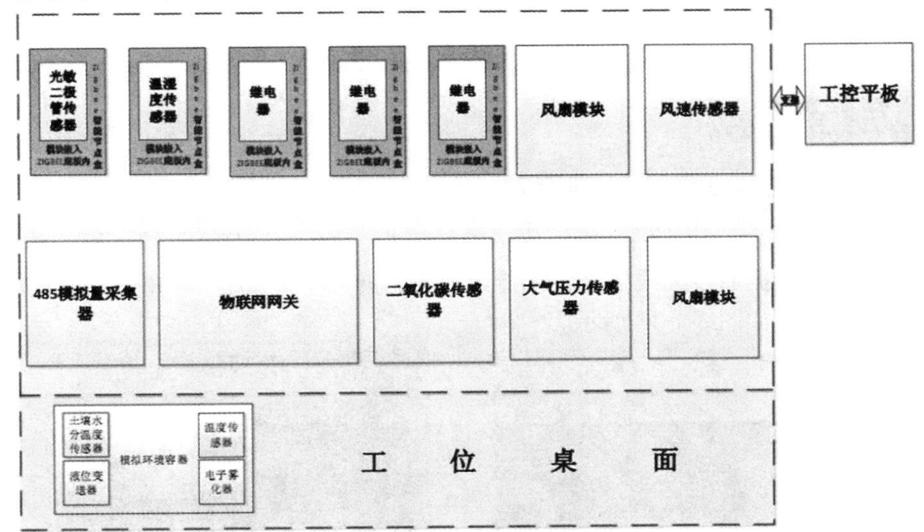

图 3-1-11　智慧农业实训台布局图

二、认识智慧农业设备接线图

智慧农业接线原理图如图 3-1-12 所示。熟读熟记该图，理解其原理和线路连接方法。

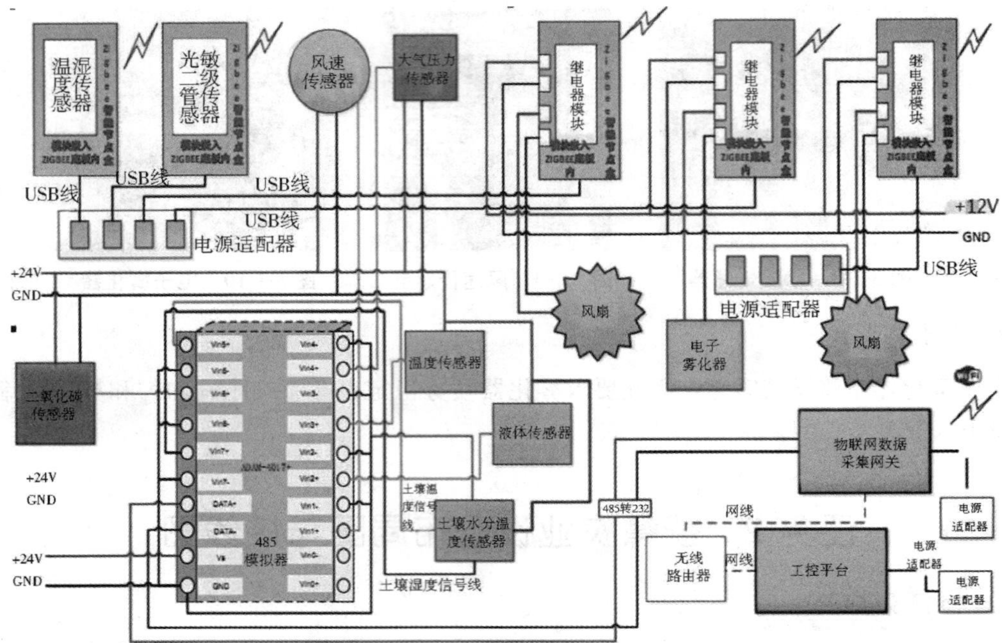

图 3-1-12　移动实训台的接线图

任务 3　智慧农业设备安装

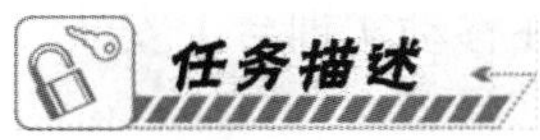

认识并安装智慧农业相关设备，学习智慧农业相关设备的安装方法。

一、ZigBee 智能节点盒+传感器模块

ZigBee 智能节点盒连接光敏二极管传感器转接板，构成 ZigBee 光敏二极管传感器，可接收光照变化，将数据通过无线信号直接传给网关（网关中集成有 ZigBee 协调器）。ZigBee 光敏二极管传感器，如图 3-1-13 所示。

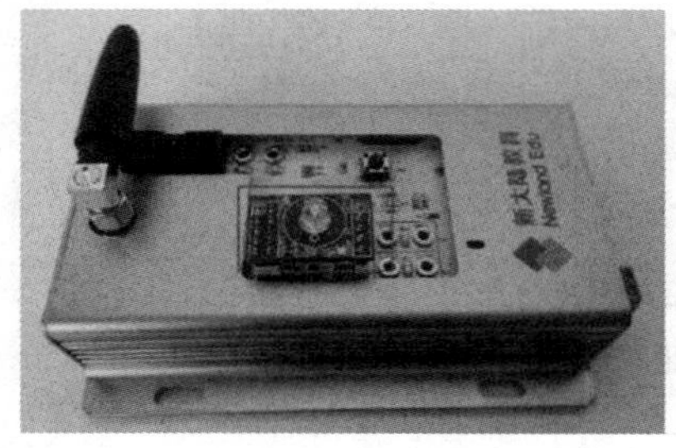

图 3-1-13　ZigBee 光敏二极管传感器

图 3-1-14　ZigBee 温湿度传感器

ZigBee 智能节点盒连接温湿度传感器转接板，构成 ZigBee 温湿度传感器可检测空气中的温度量和湿度量变化，将数据通过无线信号直接传给网关。ZigBee 温湿度传感器，如图

3-1-14所示。

二、ZigBee 智能节点盒＋继电器器模块

先将 ZigBee 智能节点盒吸附在移动实训台上，再插入继电器转接板（见图 3-1-15），并将继电器模块插入转接板，如图 3-1-16 所示。接线：从下往上数第 1 个接口接电源正极（＋12V），第 2 口接电源负极，第 3 个口接风扇、电子雾化器正极，第 4 个口接风扇、电子雾化器负极，如图 3-1-17 所示。

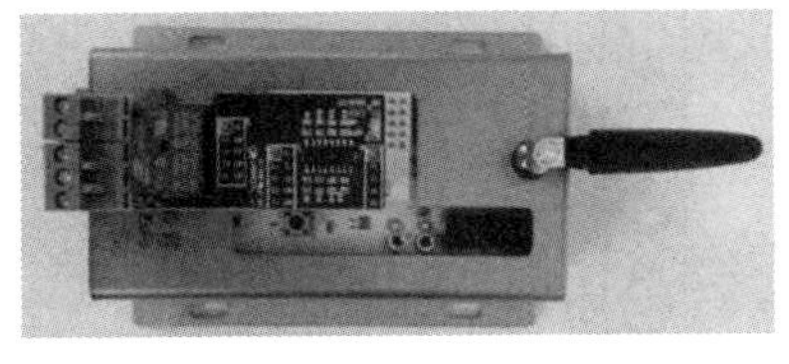

图 3-1-15　继电器转接板

图 3-1-16　ZigBee 继电器模块

图 3-1-17　继电器转模块接板

三、风扇的接线

直接将风扇吸附在移动实训台上，用黄色、黑色两根导线一端分别插入风扇上的＋、一端子，另一端黄色线接继电器模块的 NO 端，黑色线接 COM 端。继电器模块的 IN 接12V＋，COM 接 12V－。接线如图 3-1-18 所示。注意：此实训中风扇供电是 12V。

图 3-1-18　风扇接线图

四、电子雾化器的接线

电子雾化器放到模拟环境容器里面，雾化器上引出的两根导线接到 ZigBee 继电器模块上，导线的正极接继电器模块的 NO 端，负极接 COM 端。继电器的 IN 接 24V＋，COM 接 24V－。接线如图 3-1-19 所示。

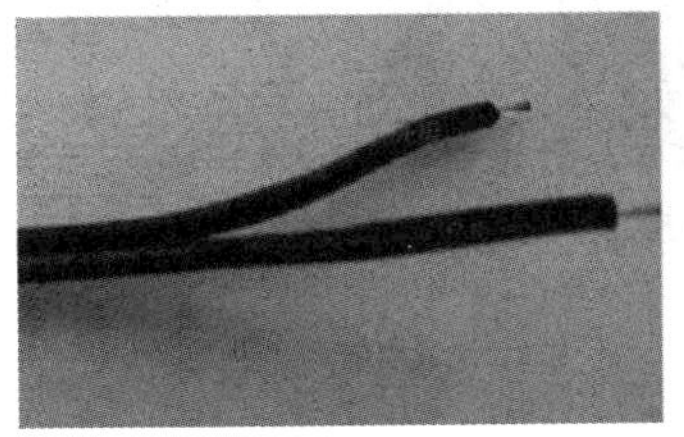

图 3-1-19　电子雾化器接线图

五、模拟量采集器的接线

ADAM-4017 模拟量采集器接线图，如图 3-1-20 所示。其中 Vin0～Vin8 为信号输入端

口；(B) GND 为－24V 接地端口；(R) ＋VS 为＋24V 供电端口；DATA＋，DATA－接485 转 232 模块的 DATA＋，DATA－。如图 3-1-20 所示。

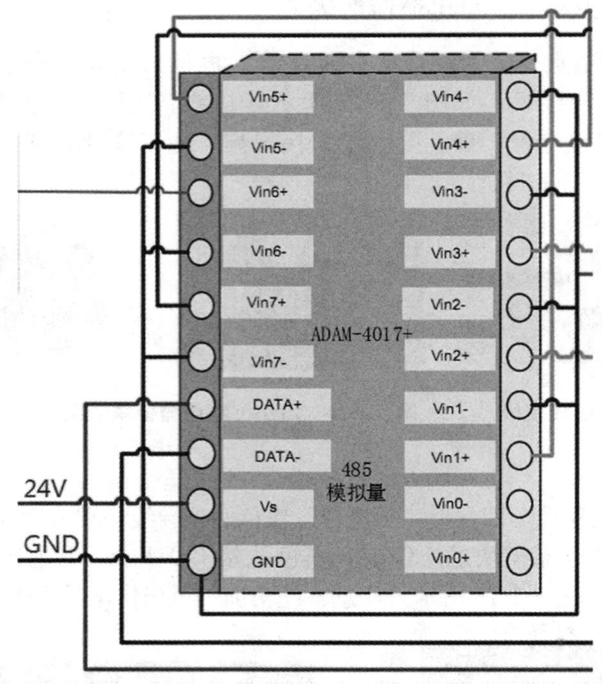

图 3-1-20 模拟量采集器的接线

六、水温传感器的安装与接线

打开水温传感器的端盖，用红色线接在 24V＋端子上，黑色线接 24V－端子上，两根导线从里面端口引出，引出的红色线接＋24V，黑色线接模拟采集量的 Vin3＋，即黑色线为信号线。如图 3-1-21 所示。

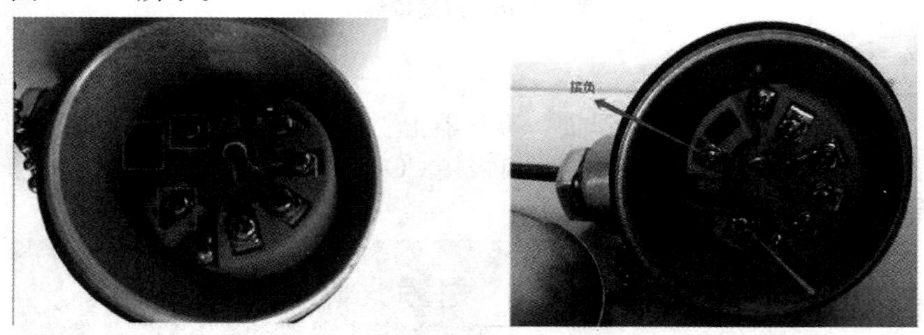

图 3-1-21　水温传感器接线图

七、土壤水分传感器的接线

土壤水分传感器即土壤温湿度传感器，有 4 根不同颜色的引出线，分别为红色、黑色、棕色、蓝色。其中红色线、黑色线接 24V＋，24V－。棕色线、蓝色线为信号线，分为接模拟采集量的 Vin5＋，Vin7＋。

模块二　智慧农业设备配置

本模块主要介绍智慧农业设备配置与组网、无线路由器配置、网关的烧写与配置。通过上面内容学习，使学生进一步掌握物联网网关数据的采集配置方法。

任务1　智慧农业设备配置与组网

掌握 SmartRF Flash Programmer（SmartRI 闪存编程器）的安装，并利用其对 ZigBee 模块进行烧写（智慧农业使用到了 5 个 ZigBee 智能节点盒，其中三个烧写成继电器，两个烧写成传感器），烧写完成后要对 ZigBee 模块进行组网。本任务所需设备见表 3-2-1。

表 3-2-1　实验设备清单

序号	设　备	数量及单位
1	ZigBee 智能节点盒	5 个
2	ZigBee 模块	5 块
3	仿真器（烧写器）	1 块
4	PC 机	1 台

任务实施

一、烧写工具 SmarRF Flash Programmer 的安装、运行

找到 SmarRF Flash Programmer 烧写工具软件的安装程序 Setup_SmartRFProgr_1.12.7.exe，双击进行安装，如图 3-2-1 所示。

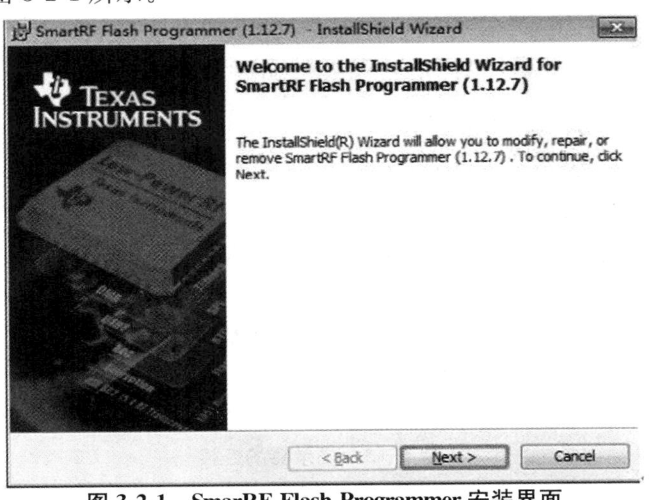

图 3-2-1　SmarRF Flash Programmer 安装界面

安装过程中，点击 Next 下一步，直到安装完成生成图标，双击图标运行 SmarRF Flash Programmer 软件，运行界面如图图 3-2-2 所示。

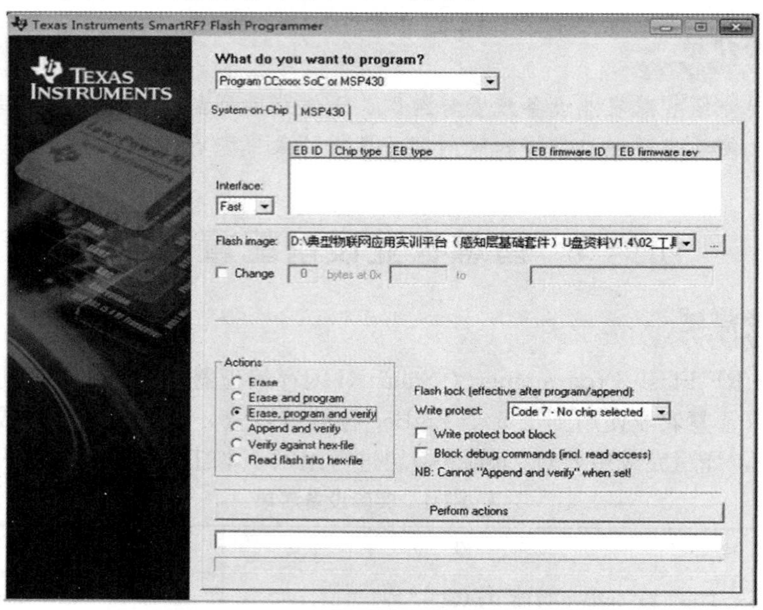

图 3-2-2　SmarRF Flash Programmer 运行界面

二、ZigBee 智能节点盒的烧写

（1）烧录器如图 3-2-3 所示，将下载线连接到 ZigBee 节点盒（需供电，用专用电源 5V/2.1A），注意方向一致（△和▽对应），另一端连接到计算机的 USB 端。

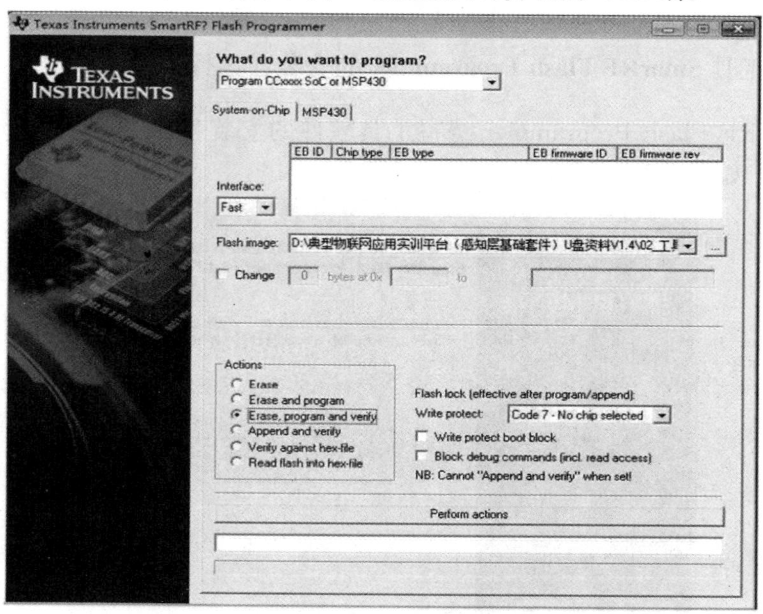

图 3-2-3　烧录器的连接

（2）打开运行 SmarRF Flash Programmer 软件，按烧录器的复位键找到 ZigBee 模块的连接成功的设备提示（如果没有出现，则需要检查连接线和 ZigBee 模块方向是否接错），选择烧录文件（文件格式为 . hex）。如图 3-2-4 所示，图中此处为选择烧录文件的路径，点击右边的选择路径。

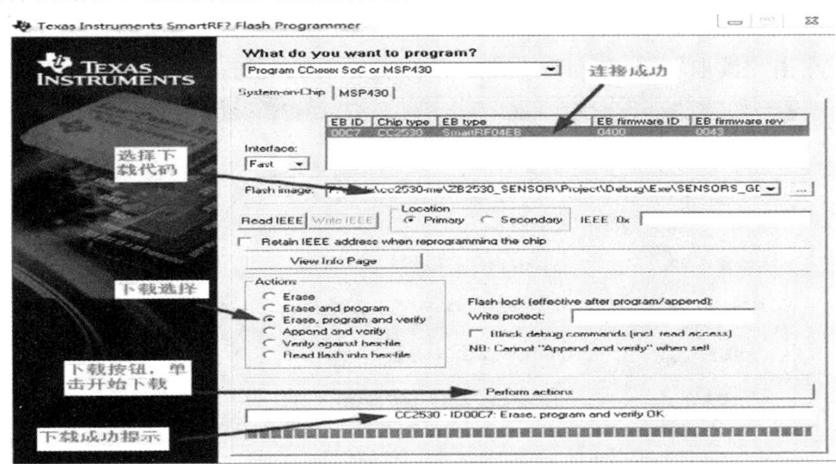

图 3-2-4　烧写软件界面

（3）如图 3-2-4 所示，在下载选择里选择“Erase，program and verify”，点击“Perform actions”（下载按钮）开始下载，下载过程中有进度条显示，下载成功后出现如图 3-2-4 所示的下载成功提示。注意：ZigBee 光敏二极管传感器的烧写代码为“\02_工具和驱动\01. ZigBee 烧写代码及工具\烧写代码\ZigBee 组网\ Sensor Route2. 3. hex”；ZigBee 继电器的烧写代码为“\02_工具和驱动\01. ZigBee 烧写代码及工具\烧写代码\ZigBee 组网\ relay2. 3. hex”。

注：五个 ZigBee 智能节点盒，其中三个烧写成继电器，另外两个烧写成传感器。

三、ZigBee 的配置

（1）通过 USB 线连接 PC 端与 ZigBee 智能节点盒接口，如图 3-2-5 所示。将 ZigBee 智能点盒开关按钮拨到“OFF”位置，此时绿色灯亮，为通讯模式。此时需要安装“USB 转串口驱动”，驱动文件在配套资料“\ 02 工具和驱动 11. USB 转串口驱动 \ USB 驱动 \ x86（计算机操作系统 32 位）”。驱动安装完成后可查看生成的串口号，右击“计算机”→”管理”→“设备管理器”→“端口”，则在后续连接中需选择此串口，如图 3-2-6 所示，在“选择串口”的时候选择相对应的串口。

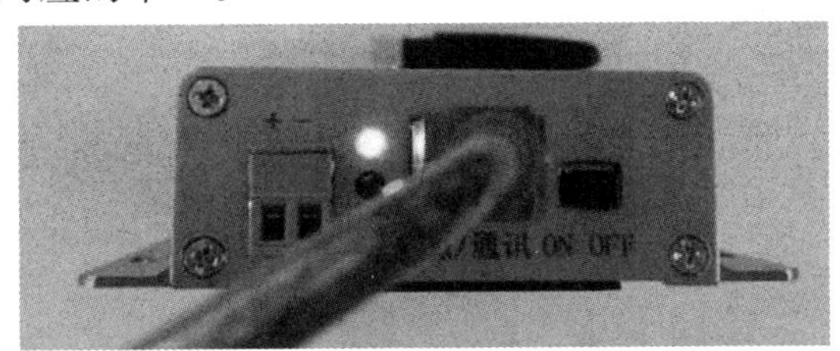

图 3-2-5　ZigBee 智能节点盒配置连线

（2）将 ZigBee 智能节点盒上电，使用公母串口线将 ZigBee 连接到 PC 上，打开 PC 端上的“\ 02 工具和驱动 \ 01. ZigBee 烧写代码及工具 \ ZigBee 组网参数设置 v1. 2. exe”进行 ZigBee 配置，界面如图 3-2-6 所示。

（3）选择好 ZigBee 节点盒连接到 PC 端的串口，选择好波特率（其中烧成传感器类型的 ZigBee 节点盒，波特率是 38 400；烧成继电器类型的 ZigBee 节点盒，波特率是 9600），点击“连接模组”，连接模组成功后，配置工具会显示 ZigBee 节点盒的类型，且有连接成功的提示 ，点击“读取”可显示该 ZigBee 节点盒原有的配置。

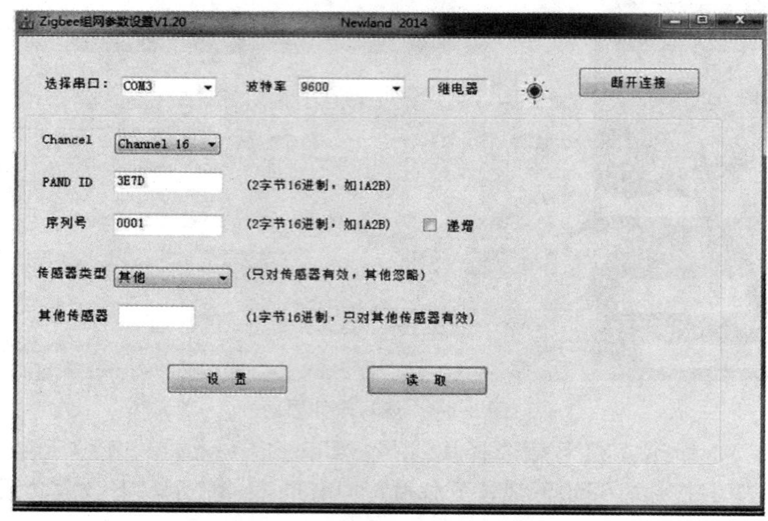

图 3-2-6 ZigBee 组网参数设置

（4）配置 ZigBee 节点盒参数时使其组网成功，则必须把传感器和继电器的 PAND ID 以及通道（Channel）设置成同样的参数才可以组网；传感器除了设置 Channel，PAND ID 号外，要根据所要配置的传感类型进行传感类型选择；继电器除了设置 Channel，PADID 号外，还要根据所应用的软件程序中要求设置序列号，本次实验中，必须将继电器的序列号设置为“0001”。

1）继电器（波特率 9 600，序列号 0001），如图 3-2-7 所示。

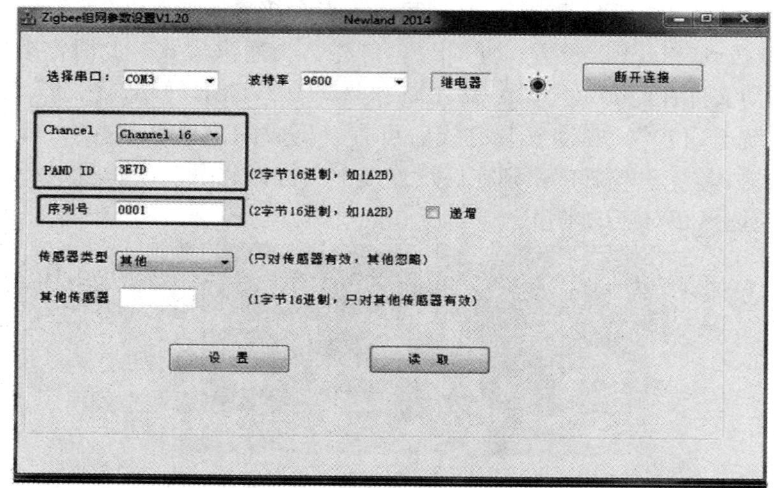

图 3-2-7 设置继电器 PAND ID 以及通道的参数

2）光照传感器（波特率 38 400，传感器类型“光照”），如图 3-2-8 所示。

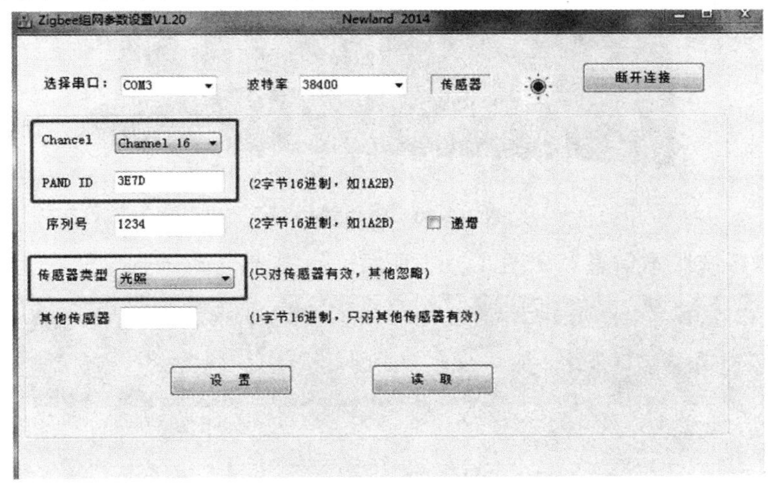

图 3-2-8　设置光照传感器 PAND ID 以及通道

3）温湿度传感器（波特率 38 400，传感器类型“温湿度”），如图 3-2-9 所示。

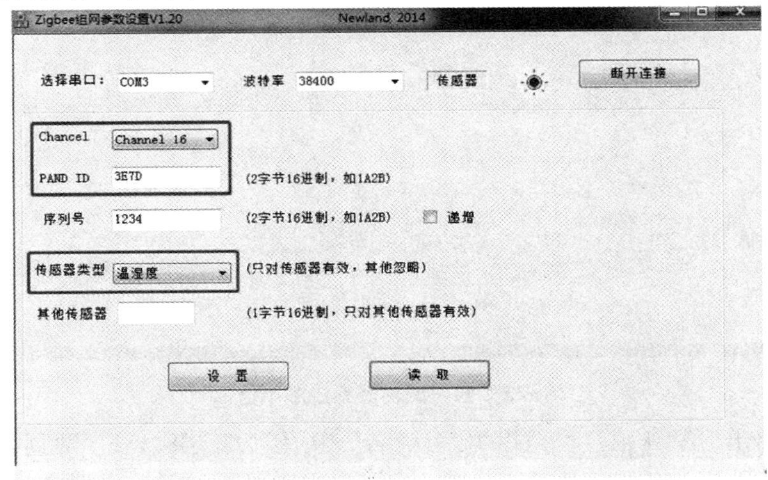

图 3-2-9　设置温湿度传感器 PAND ID 以及通道

任务 2　无线路由器配置

本任务主要认识路由器的外观，能够登陆路由器页面，进行路由器常用功能设置，在使用过程中逐步加深对其功能的理解。

一、路由器基本信息

（1）路由器外观，如图 3-2-10 所示。

图 3-2-10　路由器外观

（2）路由器系统版本信息，如图 3-2-11 所示。

图 3-2-11　路由器系统版本信

（3）路由器出厂默认信息。路由器默认出厂 IP 为 192.168.1.1，网页登录的用户名：admin，密码：admin，如果信息被改动导致登录失败，可通过对路由器进行恢复出厂设置操作，使其恢复最原始配置。

二、路由器网络配置

路由器网络设置需进入到路由器的网页配置界面进行相应配置，步骤如下：

步骤 1　使用一根网线将电脑连接到路由器的 LAN 口上，电脑端打开 IE 浏览器或谷歌浏览器，输入路由器的链接地址（如：http：//192.168.1.1/），进入到登录界面，输入用户名：admin，密码：admin，进行登录，成功登录后进入路由器的配置主界面，如图 3-2-11 所示。

步骤 2　路由模式配置。路由模式配置界面包括 WAN 设置、LAN 设置、无线设置 3 个项，如图 3-2-12 所示。

图 3-2-12　路由模式

1. LAN 设置

LAN 口设置主要是设置路由器硬件上方 LAN 口的配置信息，配置完 LAN 口，路由器将构建小型的局域网，外部设备接入，将以路由器的 IP 作为网关，“LAN 口设置”需要进行 IP 地址、子网掩码设置，其他项为默认配置，其中“IP 地址”将成为接入设备连入该局域网的网关地址，如图 3-2-13 所示。

图 3-2-13　路由器 LAN 设置

2. 无线设置

无线设置主要是为路由器设置一个 Wi-Fi，便于其他设备使用 Wi-Fi 方式连入局域网，无线设置需要配置无线名称及加密方式，操作如下：无线设置，进行无线名称（SSID）及无线密码设置，“无线名称（SSID）”可根据个人需求取名，“无线加密”选择“WPA/WPA2”，“无线密码”根据个人需求进行设置，其他置为默认配置，不用改动，如图 3-2-14 所示。

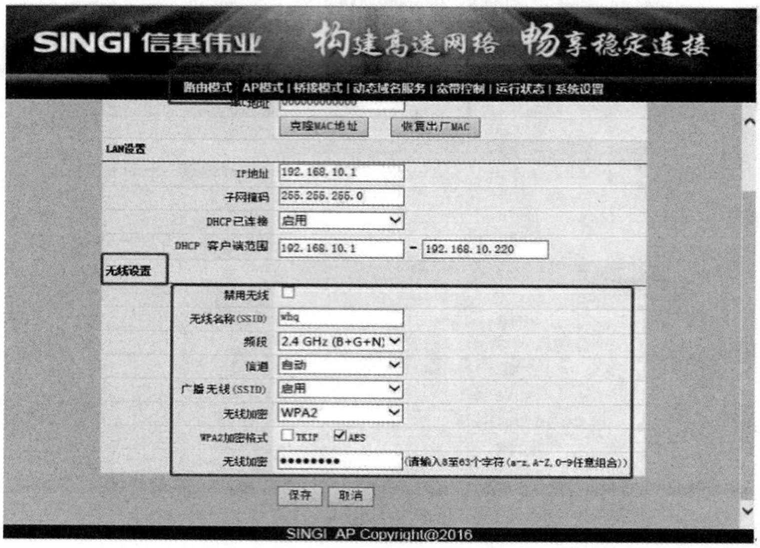

图 3-2-14　路由器无线设置

3. 恢复出厂设置

路由器恢复出厂设置的方式有两种，一种是通过网页配置中进行恢复，另一种是通过路由器硬件上带有的重置按键进行恢复，操作如下：

（1）通过网页配置进行恢复，登录路由器，进行“系统设置”点击“恢复出厂值”，即可进行路由器出厂恢复，如图 3-2-15 所示。

图 3-2-15　路由器恢复出厂设置

（2）长按路由器的重置按键 Reset（10 s 左右），直到所有的灯都亮再灭，使其复原。

任务 3　网关程序烧写与配置

网关开始是没有任何操作界面的，就像计算机如果不装入操作系统和相应的软件就是裸机，本任务通过给网关烧写相应应用程序，实现网关开机后相应的功能。该任务是让学生了解网关的数据采集、网关相关程序烧写及网关的配置。

一、通过 SecureCRT 工具烧写程序

网关设备与计算机连接，使得计算机端能够通过 SecureCRT 工具使用 Telnet 协议远程登录到网关设备。步骤如下：

步骤 1　将网关设备的以太网口与计算机的以太网口通过双绞线直接相连。

步骤 2　进入网关的“以太网配置”界面。首先进入网关设备的配置主界面，然后选择“系统设置”，如图 3-2-16 所示。

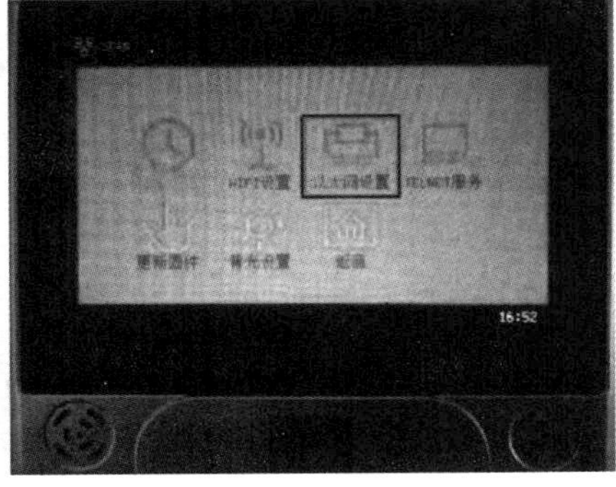

图 3-2-16　进入网关的系统配置界面选择“以太网配置”

步骤 3　设置网关的以太网连接参数。网关设备与计算机的 IP 地址必须设置为同一个网段，不要选择 DHCP（自动获取 IP 地址），分别设置网关的 IP 地址、子网掩码信息，其他信息不需要设置，如图 3-2-17 所示。

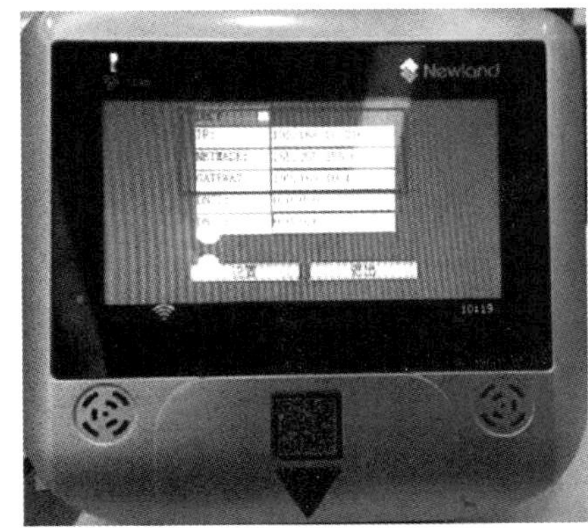

图 3-2-17　设置网关的 IP 地址

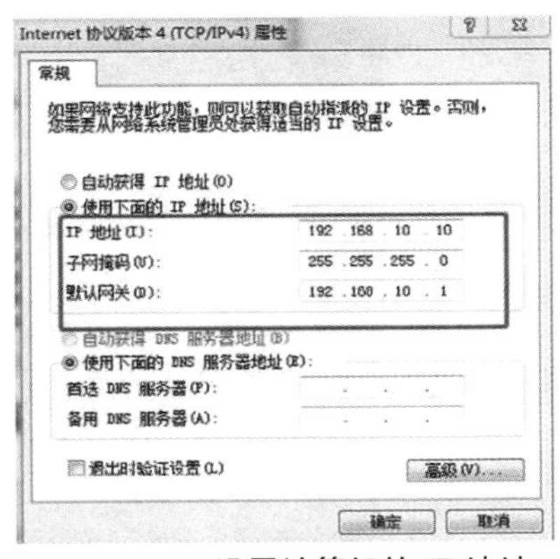

图 3-2-18　设置计算机的 IP 地址

步骤 4 设置计算机的 IP 地址，一定要与网关的 IP 地址同一网段，如图 3-2-18 所示。

步骤 5 打开"\02_工具和驱动\05. 网关烧写工具\ SecureCRT 文件夹\ SecureCRT. exe"，新建连接。协议选择 Telnet，主机名设置为网关的 IP 地址，端口设置为 23，进行连接，连接成功后，如图 3-2-19 所示。如连接不成功，则需要检查 IP 地址的设置及计算机防火墙的设置（可以关闭防火墙）。

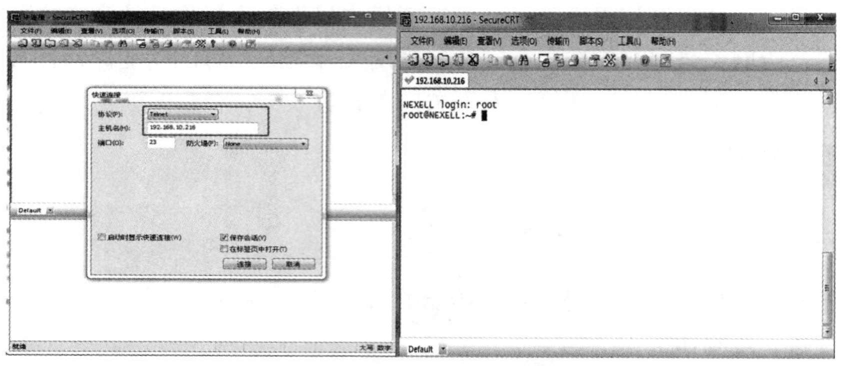

图 3-2-19 计算机与网关连接成功

步骤 6 首先输入用户名（root），回车登录成功后，输入命令：cd /usr/local/lib/cfg/app/App3 切换到 App3 目录，通过 ls 命令可以查看 App3 目录下的文件。网关固件存放在该目录中，如图 3-2-20 所示。

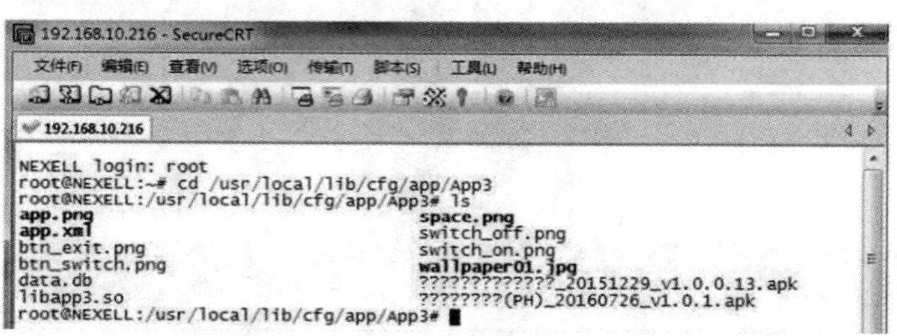

图 3-2-20 切换到网关的 App3 目录

步骤 7 输入"lrz—e"命令，弹出文件选择窗口，选择需要上传到网关的文件（可以多选），点击"添加"按钮，然后点击"确定"按钮进行上传，如图 3-2-21 所示。

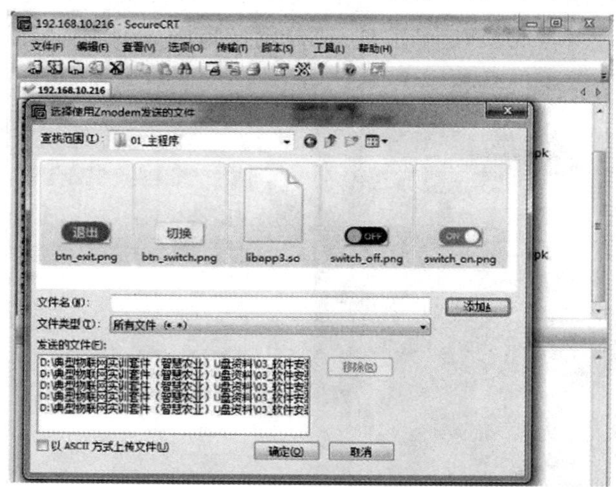

图 3-2-21 选择文件进行上传

步骤 8 上传成功，可以使用命令“ls”命令查看上传是否成功，如图 3-2-22 所示，如果 App3 目录中已经存在有固件文件，则需要先使用“rm”命令删除后，再次上传如图 3-2-23 所示。

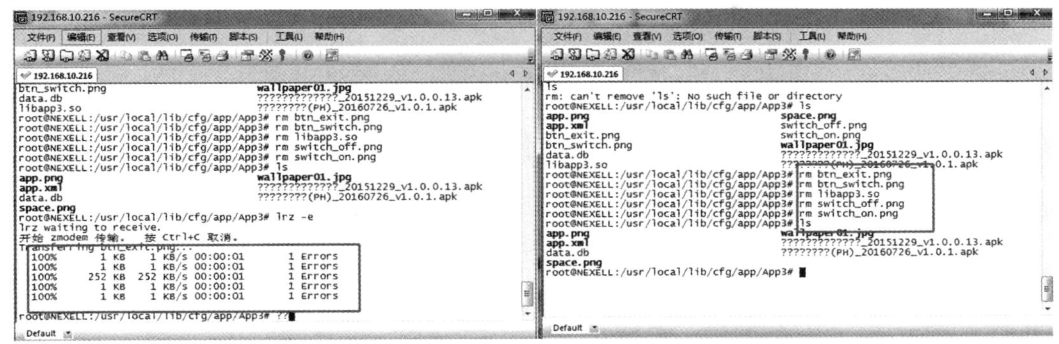

图 3-2-22　上传成功　　　　**图 3-2-23 删除文件**

程序烧写完成后，网关需要重启，程序才能生效。

本模块需要通过 SecurecRT 进行烧写的包含以下内容：

01 主程序（为网关的主要程序）

可通过 SecureCRT 工具将该目录最底层文件夹（最新版本号标记的文件夹）下的所有文 \ usr \ local \ lib \ cfg \ app \ App3 目录下面。

02 系统设置（为按网关界面的 F1 键出现的系统设置程序）

可通过 SecureCRT 工具将该目录最底层文件夹（最新版本号标记的文件夹）下的所有文 \ usr \ local \ lib \ cfg \ app \ App4 目录下面。

03 界面项配置（为网关界面的每个传感器名称配置文件）

可通过 SecureCRT 工具将该目录最底层文件夹（最新版本号标记的文件夹）下的所有文 \ usr \ local \ lib \ cfg \ app \ App4 目录下面。

04 配置连接公网

可通过 SecureCRT 工具将目录下的所文件上传到/etc 下面。

二、网关配置使用

网关设备包含了 4 大功能模块：自检测试、系统设置、实时监测、参数设置。

1. 自检测试

自检测试主要用于设备出厂前的产线测试，包含了网关设备所有硬件功能点的测试项，用户在网关使用过程中，也可利用其中的一些功能项自检测试进行设备硬件好坏的验证。

2. 系统设置

系统设置包含了时间设置、Wi-Fi 设置、以太网设置、Telnet 服务设置、更新固件等操作。

步骤 1 Wi-Fi 设置。点击进入可进行 Wi-Fi 选择、设置，默认情况下，Wi-Fi 是关闭的，可通过中间的按键，进行开启与关闭 Wi-Fi 服务，如图 3-2-24 所示。

图 3-2-24　Wi-Fi 设置

Wi-Fi 开启之后，可通过图 3-2-24 配置”按键进入，进行“创建新连接”，选择需要连接的 Wi-Fi，输入 Wi-Fi 密码进行连接，此无线名称与密码和前面设置的路由器名称与密码一致，如图 3-2-25 所示。

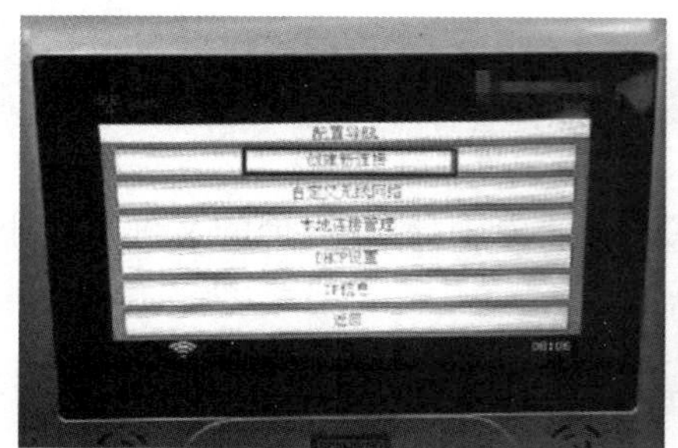

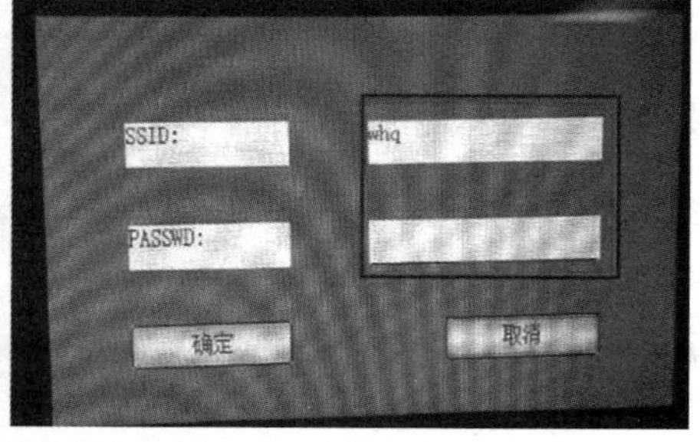

图 3-2-25　设置网关 Wi-Fi

步骤 2 以太网设置。当使用有线网络时，需要选择以太网设置，进行静态 IP 或 DHCP 获取方式设置，以太网与 Wi-Fi 不可同时使用，避免互相干扰，以太网设置界面如图 3-2-26 所示。

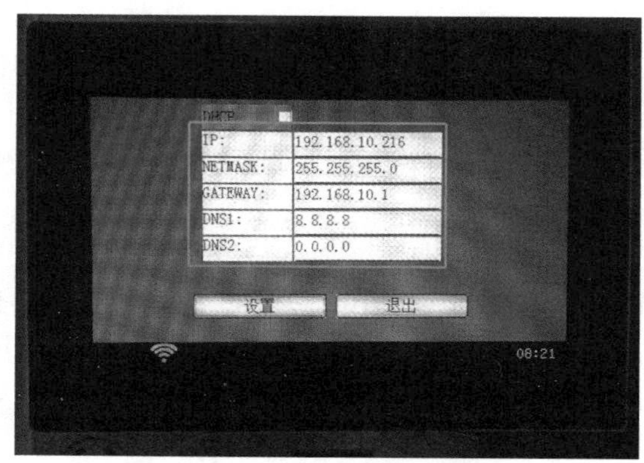

图 3-2-26　网关以太网设置

步骤 3 开启网关 Telnet 服务。服务 Telnet 服务默认情况下是开启的，用于电脑端

Telnet 方式连接网关，如果关闭，则无法访问网关设备，Telnet 服务界面如图 3-2-27 所示。

图 3-2-27　开启 Telnet 服务

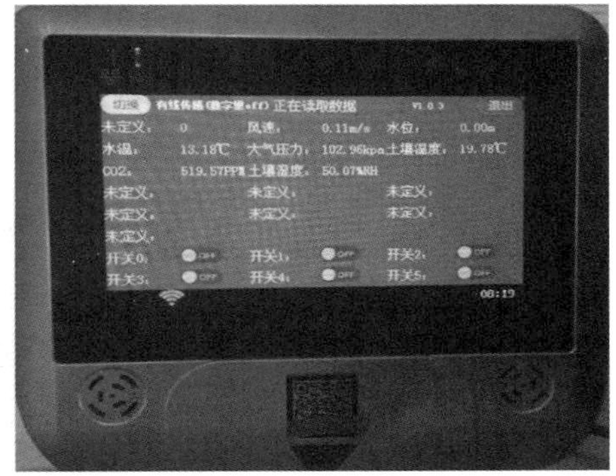

图 3-2-28　实时监测界面

3. 实时监测

“实时监测”界面包含了无线传感与有线传感数值显示及继电器开关控制的按键，是网关设备查看传感数值最重要的功能项，当网关设备与云平台连接时，需保持网关设备当前处在“实时监测”界面，云平台上网关才会是“在线”状态，也只有在该界面中，网关会将采集的所有数据传输给云平台，“实时监测”界面如图 3-2-28 所示。

在“实时监测”界面中，可通过左上角的切换按键进行有线与无线界面的切换，可通过右上角的退出按键，退出实时监测界面，返回到首界面。

4. 参数设置

“参数设置”包含了设备参数、连接参数、监测参数、协调器参数、返回等功能。

（1）设备参数。它包含了网关的序列号，序列号是作为网关的唯一标识，所有网关设备出厂的序列号都是不一样的，序列号作为云平台添加网关设备的网关标识，用于云平台识别指定网关设备的身份号。如图 3-2-29 所示。

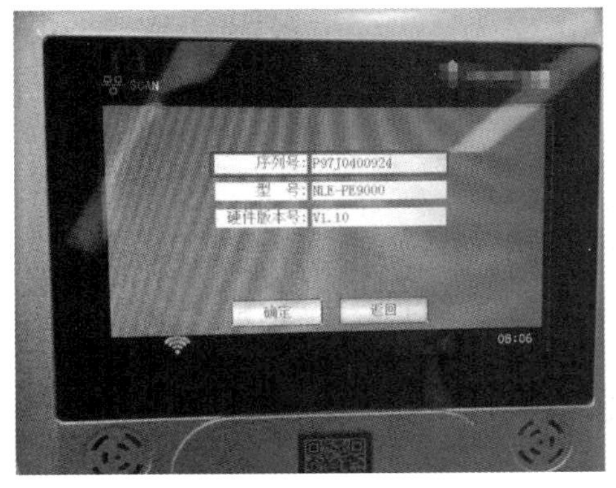

图 3-2-29　设备参数界面

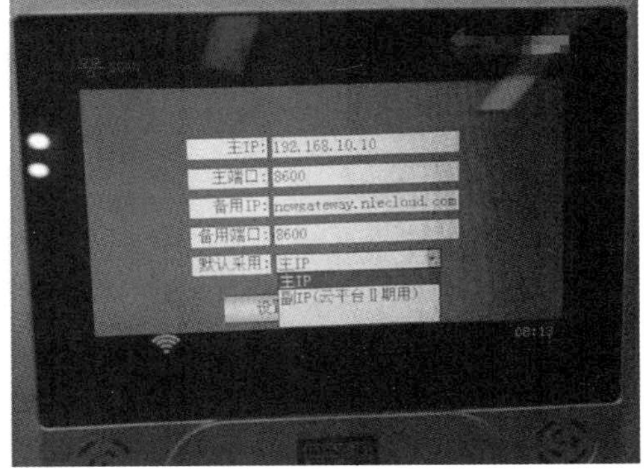

图 3-2-30　连接参数设置界面

（2）连接参数。连接参数用于设置网关连接云平台的通讯 IP 及端口，在“连接参数”界面中包含了主 IP 及主端口、备用 IP 及备用端口，当网关需要连接云平台上，需要在主或备中选择一处进行填写，填写云平台给定的 IP 及端口，填写完成后，点击“设置”，在“默认采用”中选择所填写的位置，那一处的配置才生效，如图 3-2-30 所示。

（3）“协调器参数“。网关设备内嵌了一块协调器角色的 ZigBee 板，网关设备如需获取到所有传感节点的数据，需跟所有节点进行组网，而组网的话，需要保证网关协调器与所有节点的 Pand ID，Chanel 要一致，而网关协调器参数配置就是对 Pand ID，Chanel 进行配置，如图3-2-31所示。

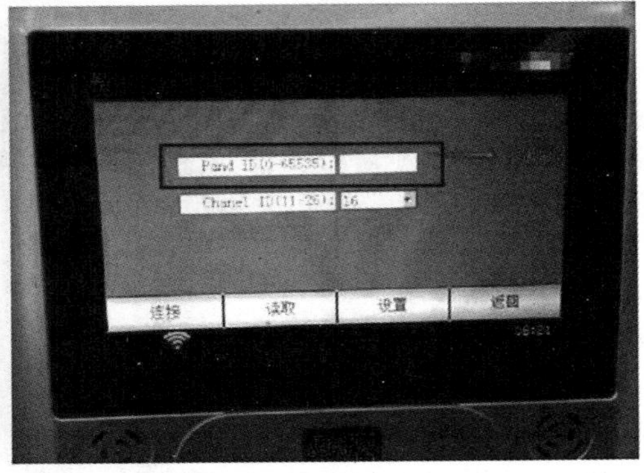

图 3-2-31　协调器参数设置界面

注意：ZigBee 节点在进行 ZigBee 配置时 Pand ID 时是十六进制，但是在网关的协调器参数设置中 Pand ID 需转换成十进制进行输入、设置。

模块三　智慧农业服务器端部署

模块介绍

云平台服务器是智慧农业的核心部分，本模块主要学习智慧农业云服务平台服务器的部署、用户管理、网关管理、传感器与执行器的添加等，使我们能通过云端 WEB 服务器、数据库服务器将各种智慧农业设备的操作移植到网络中，进而可以通过访问云平台对智慧农业设备进行数据监测与控制。

任务 1　基础软件安装与配置

任务描述

智慧农业物联网服务器搭建需要相关软件的支持。在 Windows 7 操作系统下，应先安装 Internet 信息服务（IIS）管理器和数据库管理系统，并对系统防火墙进行设置，为云平台的部署提供条件。实训设备软件清单见表 3-3-1。

表 3-3-1　设备清单

序号	设备名称及型号	数量及单位
1	移动实训台	1 个
2	PC 服务器	1 台
3	. NET Framework 4. 5	安装软件
4	SQL Server2008 R2	安装软件

一、关闭 Windows 7 防火墙

（1）进入“控制面版”→“ Window 防火墙”界面，在左侧列表选择“打开或关闭 Windows 防火墙”，如图 3-3-1 所示。

图 3-3-1　控制面版 Window 防火墙

（2）将“关闭 Windows 防火墙”全选上，按确定，然后关掉“控制面版”如图 3-3-2 所示。

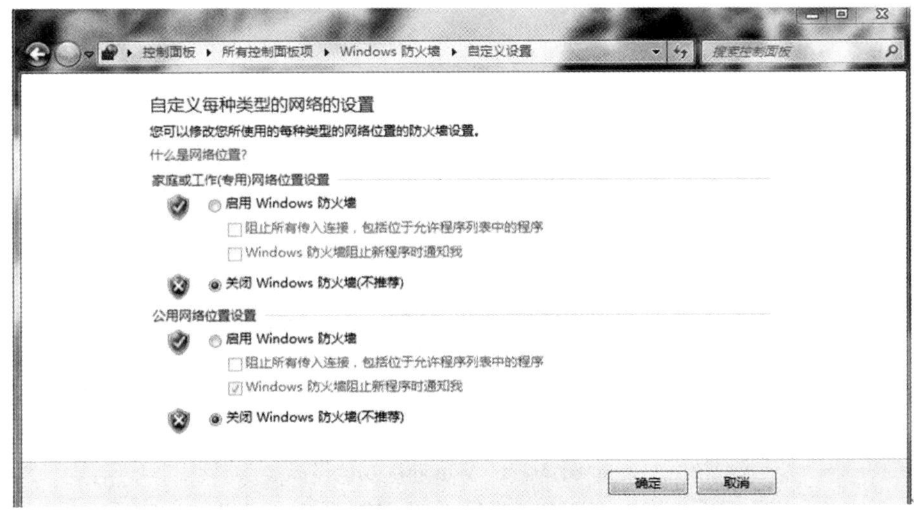

图 3-3-2　关闭防火墙

二、安装 Internet 信息服务（IIS）管理器

（1）打开“控制面版”→“程序和功能”，点击左侧列表的“打开或关闭 Windows”功能，如图 3-3-3 所示。

图 3-3-3　控制面版→程序和功能

（2）在打开的界面中，将“Internet Information Services 可承载的 Web 核心”选上，将“Internet 信息服务”里面所有能选的的全部选上，直到“Internet 信息服务”前的框出现的全是“√”，如图 3-3-4 所示。

图 3-3-4　Windows 功能

（3）点击“确定”进行安装，安装完成后关闭控制面版。

三、安装 Microsoft. NET Framework 4

（1）点击. Net Framework 安装包“doNetFx40_Full_x86_x64. exe”安装 . Net Framework，安装程序打开后，将“我已阅读并接受许可条款”选上，如图 3-3-5 所示。

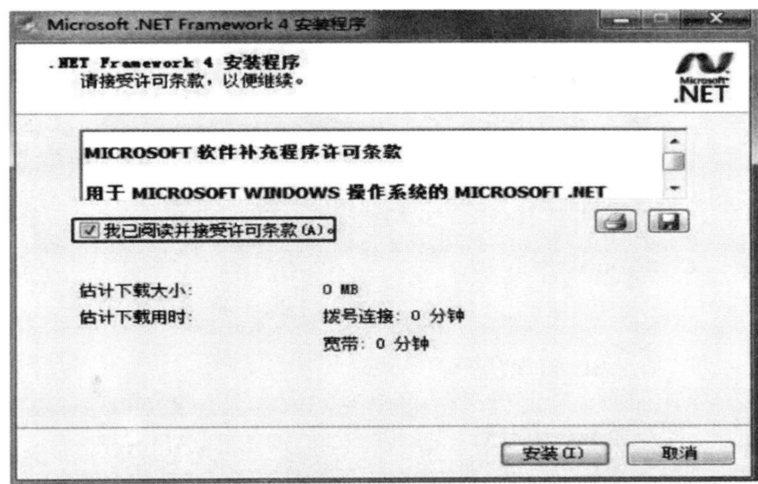

图 3-3-5　Microsoft．Net Framework 4 安装程序

（3）点击“安装”开始安装，并显示安装进度界面，安装完毕后点击“完成”结束安装，如图 3-3-6 所示。

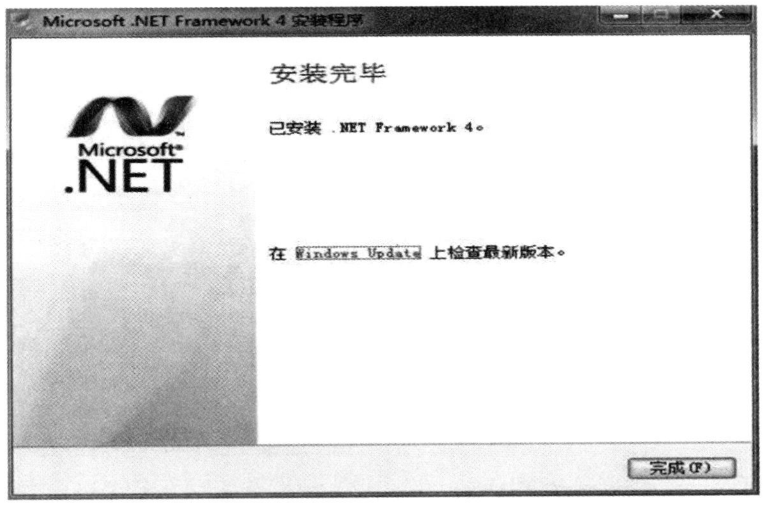

图 3-3-6　安装完毕

四、安装配置 SQL Server 2008 R2

（1）点击安装包里的 setup，开始 SQL Server2008 的安装。如图 3-3-7 所示。

ia64	2012/2/24 8:44	文件夹	
x64	2012/2/24 8:45	文件夹	
x86	2012/2/24 8:47	文件夹	
autorun	2008/7/4 6:18	安装信息	1 KB
MediaInfo	2008/8/1 17:20	XML 文档	1 KB
Microsoft.VC80.CRT.manifest	2008/7/1 8:36	MANIFEST 文件	1 KB
msvcr80.dll	2008/7/1 8:49	应用程序扩展	621 KB
Readme	2008/7/7 11:15	360seURL	15 KB
setup	2008/7/10 10:49	应用程序	105 KB
setup.rll	2008/7/10 10:49	应用程序扩展	19 KB

图 3-3-7　点击 setup

（2）出现提示兼容性问题时，选择“运行程序”。如图 3-3-8 所示。

图 3-3-8　兼容性问题

（3）进入 SQL Server 安装中心后选择左侧列表的“安装”，在右侧列表中选择“全新 SQL Server 独立安装或向现有安装添加功能”，再次出现兼容性问题提示时选择“运行程序”。选择“运行程序”后进入“安装程序支持规则”界面，安装程序将自动检测安装环境基本支持情况，当所有检测都通过完成后，点击“确定”进行下一步安装，如何 3-3-9 所示。

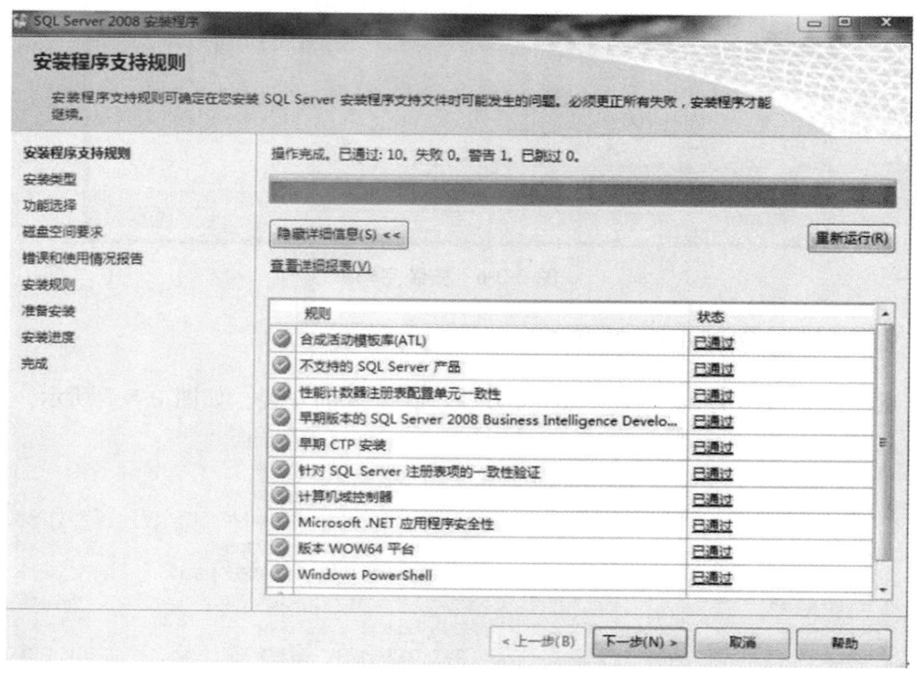

图 3-3-9　安装程序支持规则

(4) 进入“产品密钥”界面，选择输入产品密钥，输入产品密钥后单击“下一步”。进入“许可条款”界面，选中“我接受许可条款”，单击“下一步”安装，如图 3-3-10 所示。

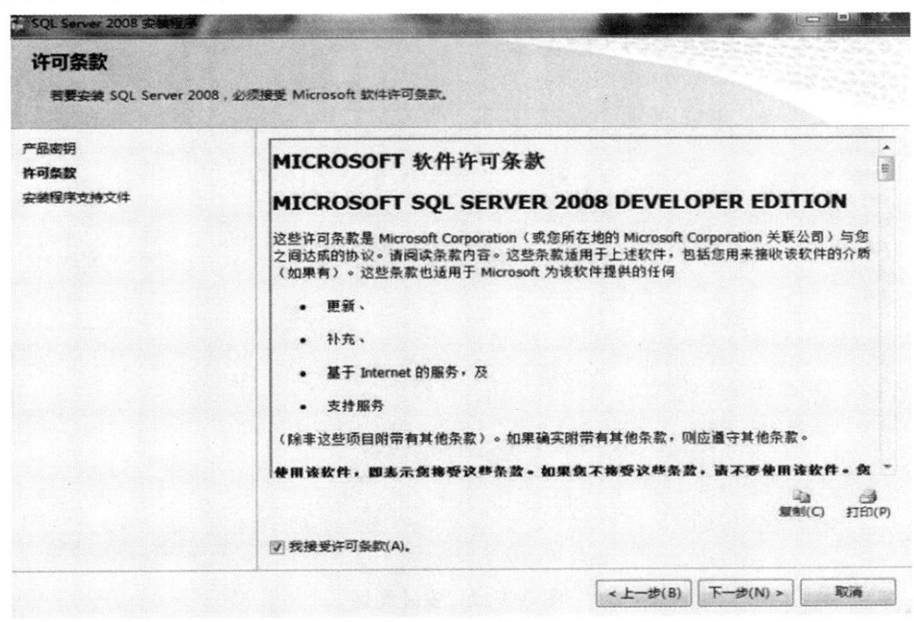

图 3-3-10　许可条款

(5) 点击“下一步”进入“安装程序支持文件”界面，检测并安装支持 SQL Server2008 安装所需要的组件，如图 3-3-11 所示。

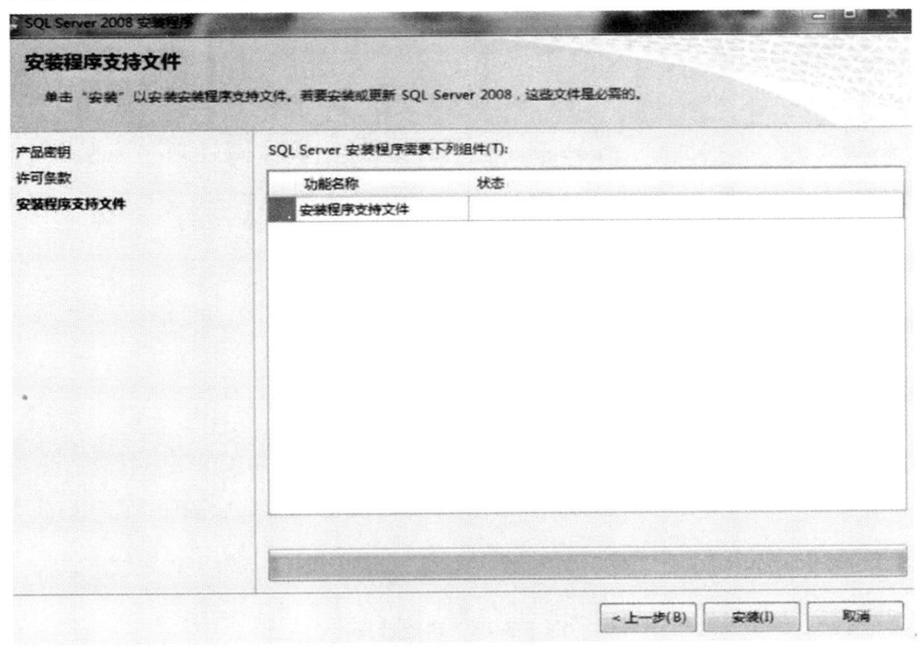

图 3-3-11　安装程序支持文件

(6) 点击“安装”，当检测都通过之后才能继续下一步安装，如果有出现未通过错误，需要更正所有失败后才能继续安装。然后点击“下一步”进入“安装类型”界面，默认选择

“执行 SQL Server 2008 的全新安装”，如图 3-3-12 所示。

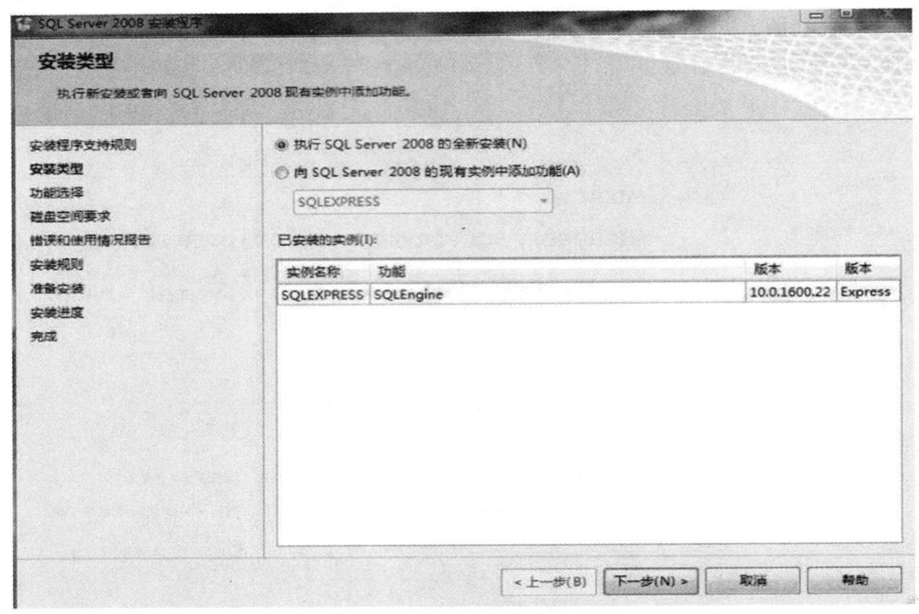

图 3-3-12　安装类型

（7）点进“下一步”进入“功能选择”界面，点击“全选”，“共享功能目录”保持默认，如图3-3-13 所示。点击“下一步”进入“实例配置”界面，选择“默认实例”。

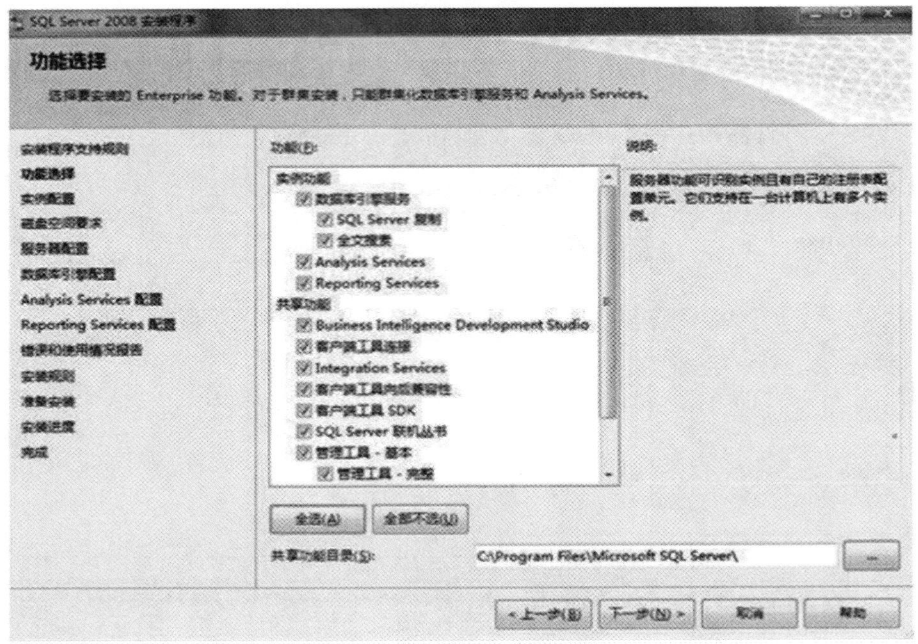

图 3-3-13　功能选择

（8）点击“下一步”进入“磁盘空间要求”界面，会显示磁盘使用情况。点击“下一步”进入“服务器配置”界面，选择“对所有 SQL Server 服务使用相同的账户”，输入此 PC 的用户名和密码才能通过检测，如图 3-3-14 所示。

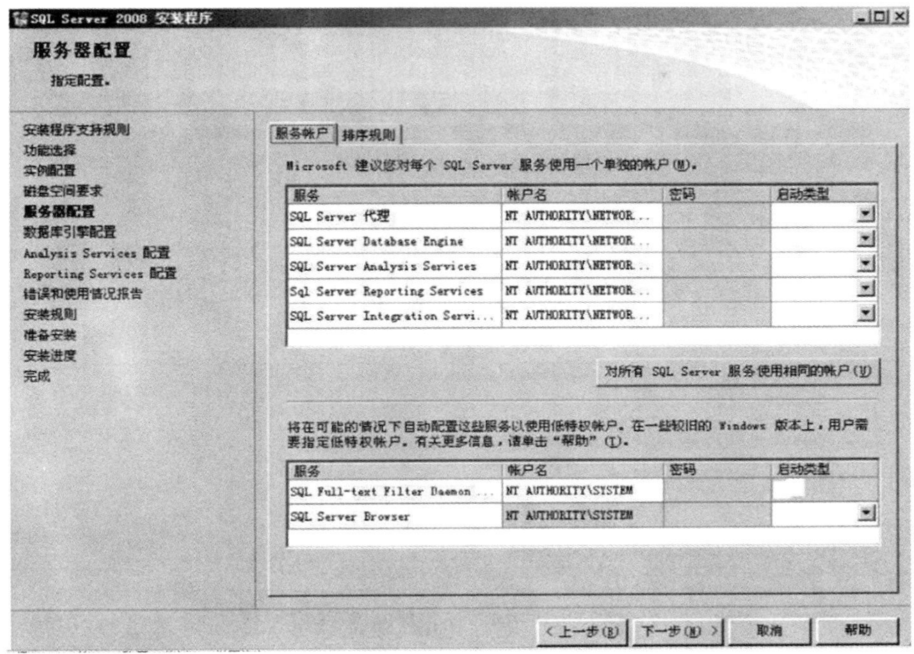

图 3-3-14　服务器配置

（9）点击“下一步”进入“数据库引擎配置”界面，“身份验证模式”选择“混合模式（SQL Server 身份验证和 Windows 身份验证）”，并在“输入密码”和“确认密码”里输入“123456”，点击“添加当前用户”到 SQL Server 管理员列表，如图 3-3-15 所示。

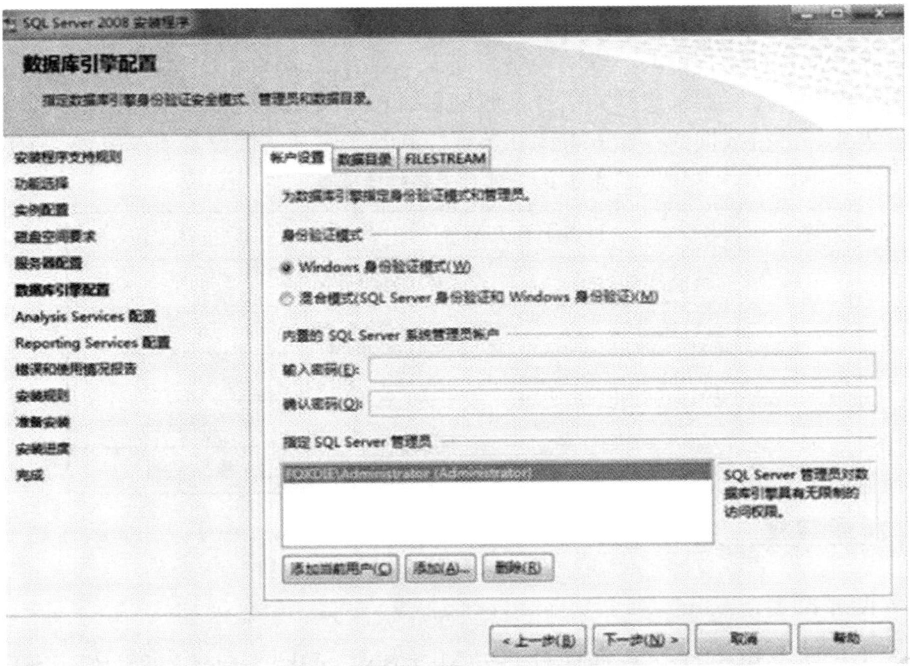

图 3-3-15　数据库引擎配置

（10）按照系统默认设置，依次单击“下一步”，安装过程可能持续 10～30 min。安装结束后需要对其数据库进行配置，单击“开始”→“配置工具”→“配置管理器”，完成配置。如图 3-3-16 所示。

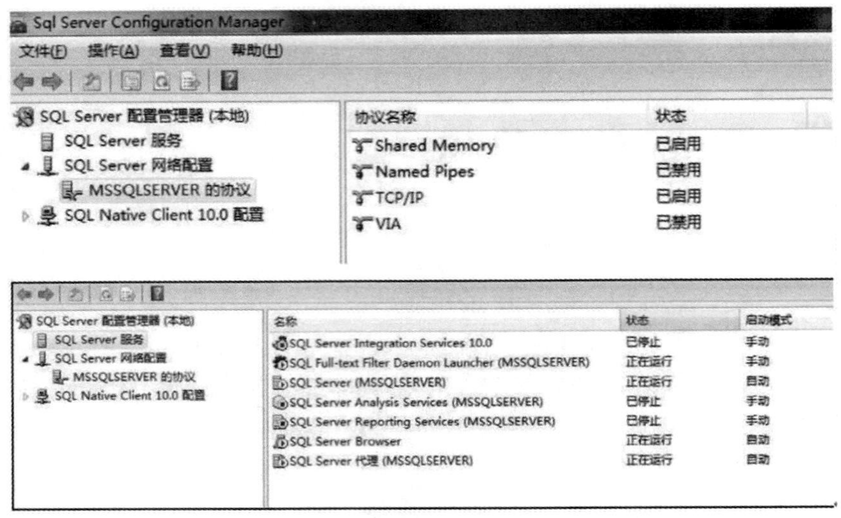

图 3-3-16　配置管理器

任务 2　智慧农业云平台部署

云平台是物联网体系的重要部分，它支持对采集的大数据存储、计算，以便于后期开放应用服务、解决方案和各场景下的 APP。本任务主要实现智慧农业云平台的搭建与配置，以实现智慧农业项目中各种传感器采集到的信号，通过无线和有线方式进行数据的传输，最终由云平台进行数据集成，进行数据的存储、查询和远程控制等操作，实训设备清单见表 3-2-1。

表 3-2-1　实训设备软件清单

序号	设备名称及型号	数量及单位
1	移动实训台	1 个
2	PC 服务器	
3	Windows 7 操作系统	
4	. NET Framework 4. 5	安装软件
5	SQL Server2008 R2	安装软件

一、数据库部署

(1) 进入开始菜单，打开数据库软件“Microsoft SQL Server 2008 R2—SQL Server Management Studio”。“服务器名称”可以填写本机 IP，选择好“服务器名称”后，用 SQL Server 身份进行连接，登录名为“sa”，密码“123456”，单击“连接”登录。如图 3-3-17、

图 3-3-18 所示。

图 3-3-17　SQL Server 登录

图 3-3-18　登录后窗口

（2）选择“数据库”，右击选择“附加”，如图 3-3-19 所示。

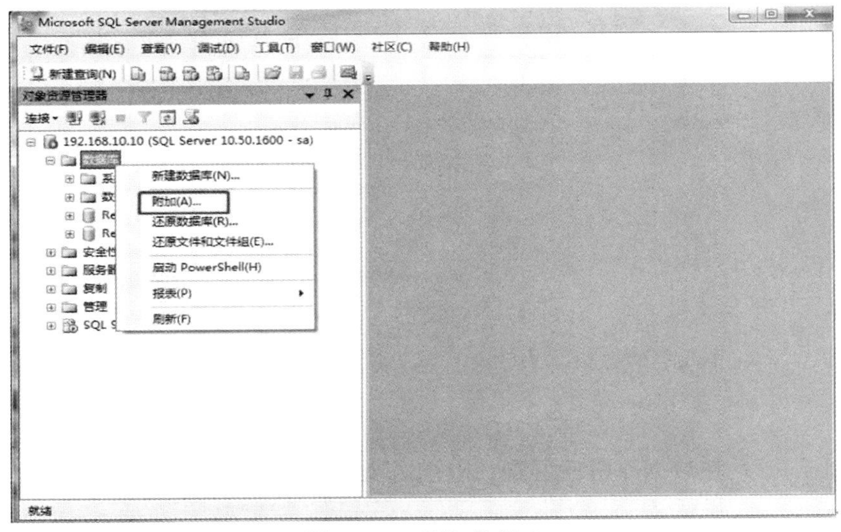

图 3-3-19　附加数据库

（3）进入“附加数据库”界面，点击“添加”，选择“典型物联网实训套件（智慧农业）U盘资料”→“03 软件安装包”→“01 数据库”文件夹中的文件，单击“确定”，完成数据库添加。如图 3-3-20、图 3-3-21 所示。

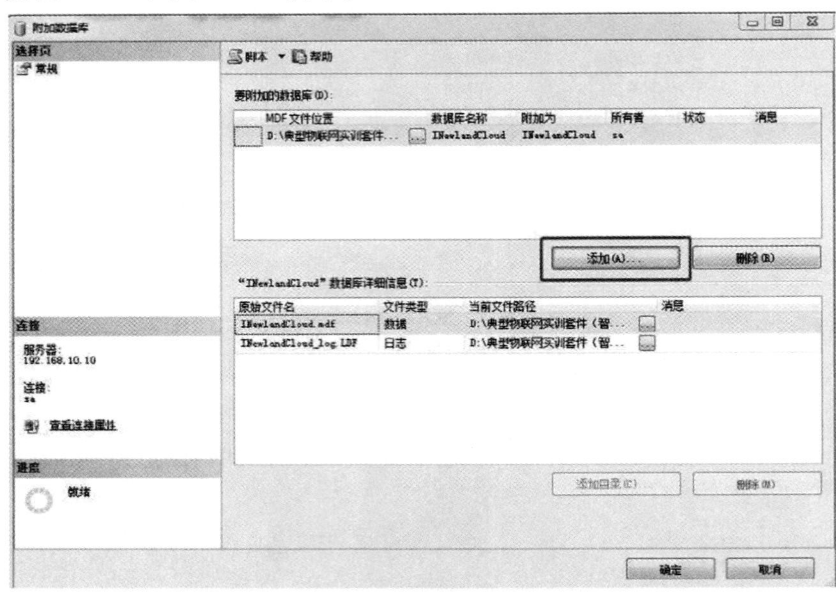

图 3-3-20　添加数据库文件

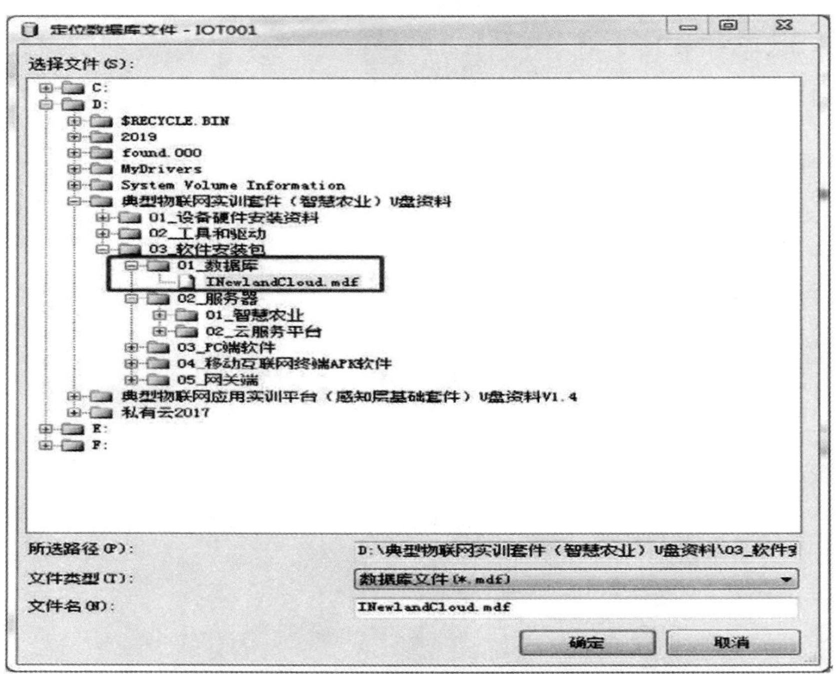

图 3-3-21　添加数据库文件

（4）附加成功后，在数据库中就可看到附加成功的数据库，数据库部署完成，如图 3-3-22 所示。

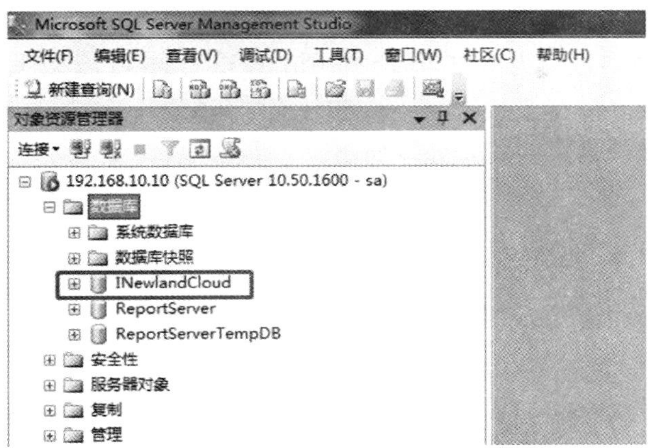

图 3-3-22　数据库部署完成

二、IIS 网站部署

（1）通过“控制面板”→“管理工具”，找到“Internet 信息服务（IIS）管理器”，双击打开，如图 3-3-23 所示。

图 3-3-23　Internet 信息服务（IIS）管理器

（2）选中“网站”，右击后选择“添加网址”，出现添加网站对话框，如图 3-3-24 所示。

图 3-3-24　添加网站

(3) 填写网站名称、应用程序池、物理路径以及端口。其中应用程序池选择“ASP. NET v4. 0”；端口填写为不与当前已使用端口重复的端口。物理路径选择“典型物联网实训套件（智慧农业）U 盘资料”→“03 软件安装包”→“02 服务器”→“02 云服务平台”下的 NewCloud 文件夹，如图 3-3-25 所示。

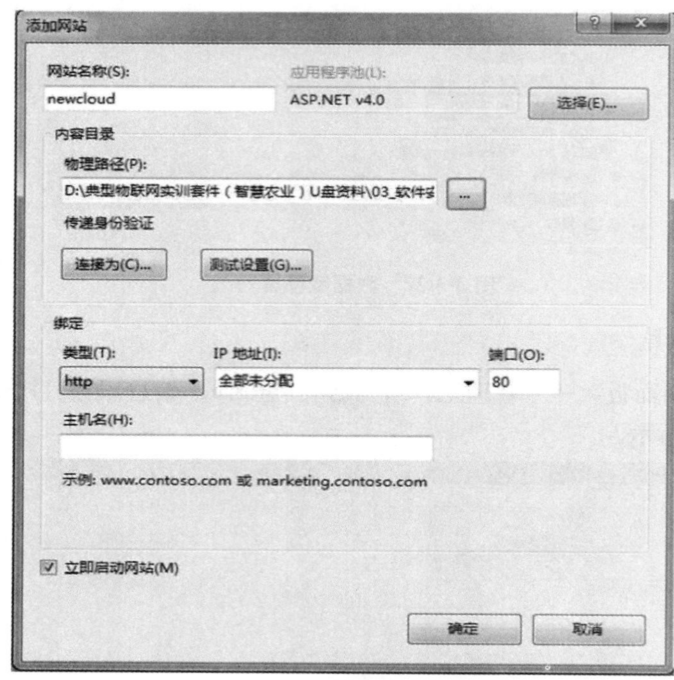

图 3-3-25　填写网站信息

(4) 添加完成后，在网站上生成了添加的网站，如图 3-3-26 所示。

图 3-3-26　成功添加 newcloud 网站

（5）选中新增加的网站，右击，选择浏览，显示网站文件的内容，如图 3-3-27、图 3-3-28 所示。

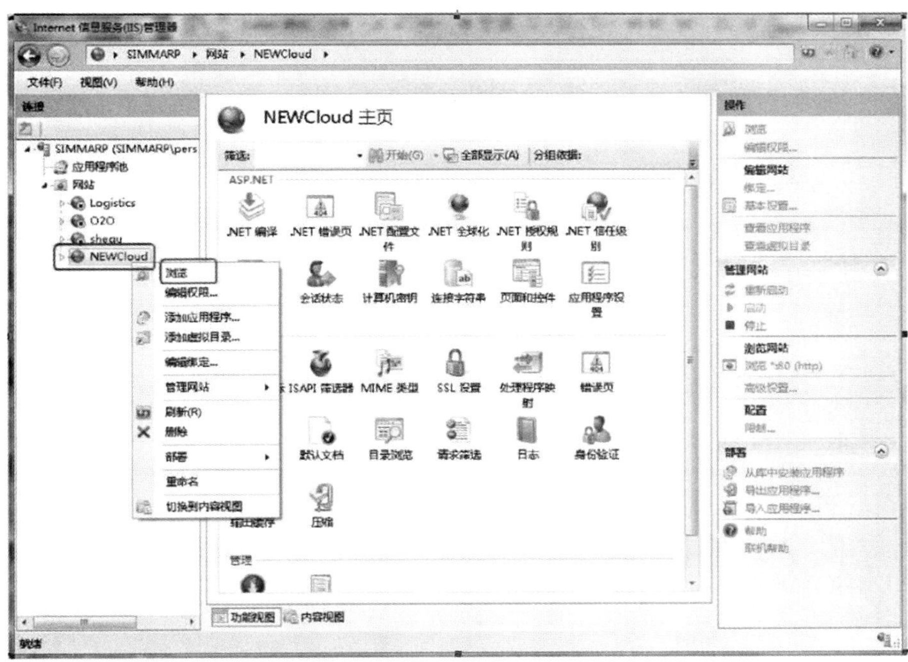

图 3-3-27　浏览网站文件

图 3-3-28　浏览网站文件

（6）双击打开“相关说明 . txt”文件，可看到需要配置的项，如图 3-3-29 所示。

（7）按照“相关说明”，对“bin/Config/NewlandCloud. cfg. xml”的数据库连接部分进行配置，对服务端数据库 IP、数据库文件、数据库登录名、密码进行配置，如图 3-3-30、图 3-3-31 所示。

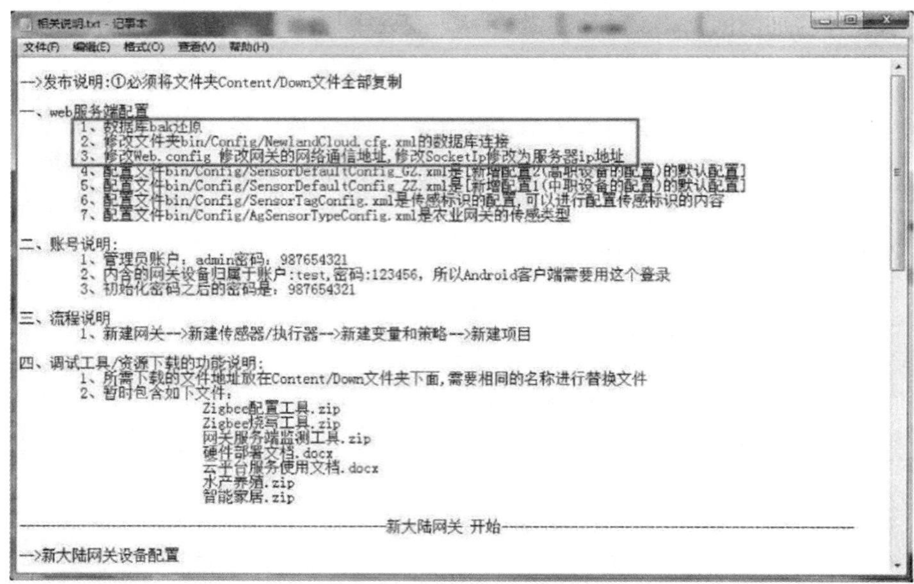

相关说明.txt - 记事本

文件(F) 编辑(E) 格式(O) 查看(V) 帮助(H)

```
-->发布说明:①必须将文件夹Content/Down文件全部复制

一、web服务端配置
    1、数据库bak还原
    2、修改文件夹bin/Config/NewlandCloud.cfg.xml的数据库连接
    3、修改Web.config 修改网关的网络通信地址,修改SocketIp修改为服务器ip地址
    4、配置文件bin/Config/SensorDefaultConfig_GZ.xml是[新增配置2(高职设备的配置)的默认配置]
    5、配置文件bin/Config/SensorDefaultConfig_ZZ.xml是[新增配置1(中职设备的配置)的默认配置]
    6、配置文件bin/Config/SensorTagConfig.xml是传感标识的配置,可以进行配置传感标识的内容
    7、配置文件bin/Config/AgSensorTypeConfig.xml是农业网关的传感类型

二、账号说明:
    1、管理员账户: admin密码: 987654321
    2、内含的网关设备归属于账户:test,密码:123456, 所以Android客户端需要用这个登录
    3、初始化密码之后的密码是: 987654321

三、流程说明
    1、新建网关-->新建传感器/执行器-->新建变量和策略-->新建项目

四、调试工具/资源下载的功能说明:
    1、所需下载的文件地址放在Content/Down文件夹下面,需要相同的名称进行替换文件
    2、暂时包含如下文件:
                    Zigbee配置工具.zip
                    Zigbee烧写工具.zip
                    网关服务端监测工具.zip
                    硬件部署文档.docx
                    云平台服务使用文档.docx
                    水产养殖.zip
                    智能家居.zip

------------------------------------------新大陆网关 开始------------------------------------------

-->新大陆网关设备配置
```

图 3-3-29 配置说明文件

图 3-3-30 数据库连接配置

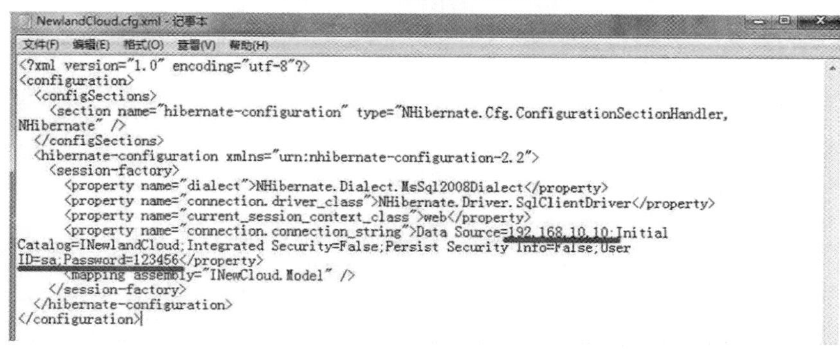

NewlandCloud.cfg.xml - 记事本

文件(F) 编辑(E) 格式(O) 查看(V) 帮助(H)

```
<?xml version="1.0" encoding="utf-8"?>
<configuration>
  <configSections>
    <section name="hibernate-configuration" type="NHibernate.Cfg.ConfigurationSectionHandler,
NHibernate" />
  </configSections>
  <hibernate-configuration xmlns="urn:nhibernate-configuration-2.2">
    <session-factory>
      <property name="dialect">NHibernate.Dialect.MsSql2008Dialect</property>
      <property name="connection.driver_class">NHibernate.Driver.SqlClientDriver</property>
      <property name="current_session_context_class">web</property>
      <property name="connection.connection_string">Data Source=192.168.10.10;Initial
Catalog=INewlandCloud;Integrated Security=False;Persist Security Info=False;User
ID=sa;Password=123456</property>
      <mapping assembly="INewCloud.Model" />
    </session-factory>
  </hibernate-configuration>
</configuration>
```

图 3-3-31 数据库连接配置

（8）按照“相关说明”中的要求对 web. config 的文件进行配置修改，如图 3-3-32 所示。

```
<?xml version="1.0" encoding="utf-8"?>
<!--
  有关如何配置 ASP.NET 应用程序的详细信息，请访问
  http://go.microsoft.com/fwlink/?LinkId=301879
  -->
<configuration>

  <appSettings>
    <add key="webpages:Version" value="3.0.0.0" />
    <add key="webpages:Enabled" value="false" />
    <add key="ClientValidationEnabled" value="true" />
    <add key="UnobtrusiveJavaScriptEnabled" value="true" />
    <add key="DbName" value="NewlandCloud" />
    <!--最大允许输错账户次数，超过该次数，用户将被锁定-->
    <add key="MaxErrorPasswordCount" value="10" />
    <!--管理员角色名称-->
    <add key="AdminRoleName" value="管理员" />
    <!--普通人员角色-->
    <add key="NormalRoleName" value="普通人员 " />
    <!--网关通信ip地址与端口-->
    <add key="SocketIp" value="192.168.10.216" />
    <!--新大陆网关的端口-->
    <add key="SocketPort" value="8600" />
    <!--农业网关的端口-->
    <add key="AgSocketPort" value="1883" />
    <!--家居网关的端口-->
    <add key="HouseholdSocketPort" value="8700" />
    <!--禁用删除以及编辑的项目案例-->
    <add key="DisableUpdateProject" value="SmartHomeCase,StandardCase" />
    <!--执行器超时时间(ms)-->
    <add key="ActuatorTimeout" value="19500" />
  </appSettings>
  <system.web>
    <compilation targetFramework="4.5" />
    <httpRuntime targetFramework="4.5" />
```

图 3-3-32　修改配置文件

(9) 配置完成后，选中添加的网站，在 IIS 右边点击“浏览 *：80 (http)”，出现云平台网页时，配置完成。如图 3-3-33、图 3-3-34 所示。

图 3-3-33　浏览网站

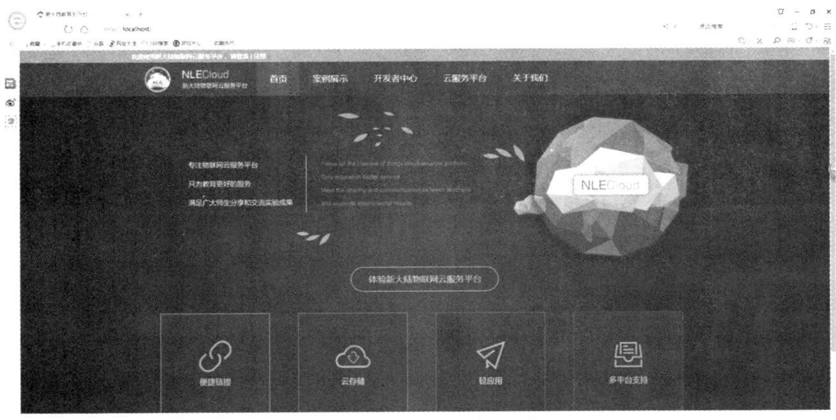

图 3-3-34　云平台网站

三、云平台用户管理

（1）打开浏览器，输入物联网云服务平台的链接网址（如 http：//localhost/），进入物联网云服务平台首界面。单击“注册”，出现“用户注册”对话框，填写用户信息，填写完整后，单击“免费注册”。如图 3-3-35 所示。

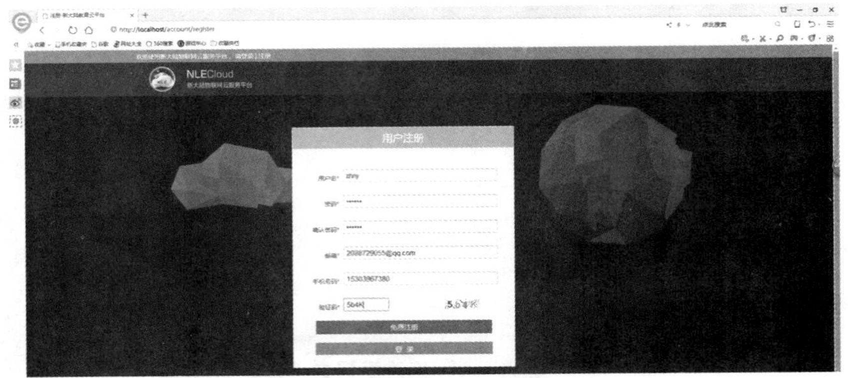

图 3-3-35　用户注册

（2）注册成功后，自动跳转到登录界面。输入刚注册的用户名、密码，点击“登录”，登录云平台，如图 3-3-36 所示。

图 3-3-36　登录云平台

四、云平台设备管理

（1）点击“网关管理”，进入网关管理界面，如图 3-3-37 所示。

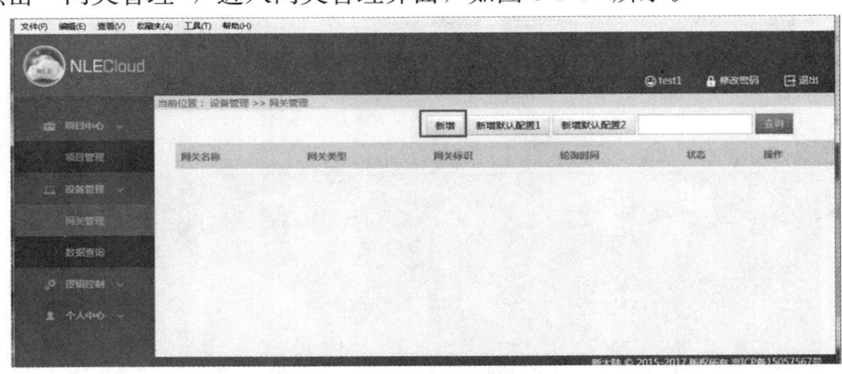

图 3-3-37　网关管理界面

（2）新增网关。点击“新增”按钮，进入网关新增界面，填写网关信息，其中“网关标识”填写为网关设备的序列号，可通过网关“参数设置—设备参数—序列号”查看。信息填写完成后，单击“提交”按钮，网关添加完成。如图 3-3-38、图 3-3-39 所示。

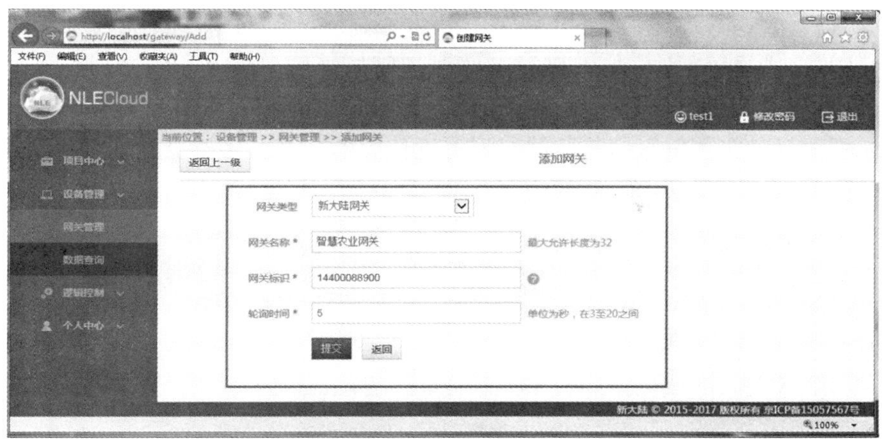

图 3-3-38　新增网关

图 3-3-39　新增网关

（3）添加设备。点击“设备管理”，进入设备管理界面。如图 3-3-40、图 3-3-41 所示。

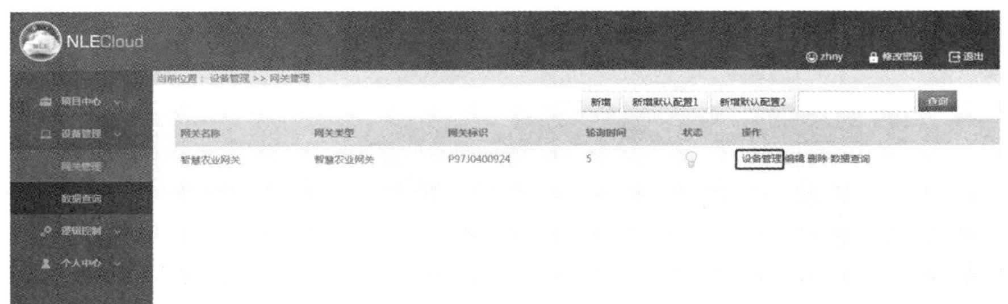

图 3-3-40　设备管理界面

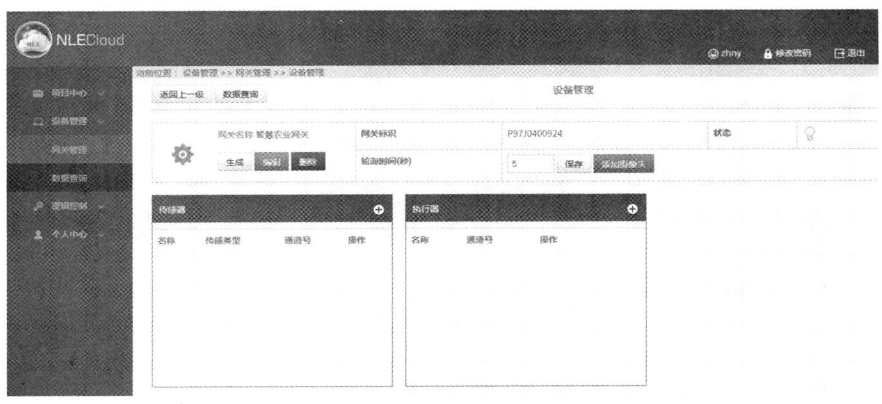

图 3-3-41　设备管理界面

（4）添加传感器。点击传感器框格右上角的⊕进行传感器添加，在智慧农业项目中用到的传感器包括 Modbus 模拟量采集器上面所接的传感器及 ZigBee 传感器，其中 Modbus 模拟量传感器有土壤水分（Vin7）、大气压力（Vin4）、风速（Vin1）、CO_2（Vin6）、水位（Vin3）、水温（Vin2），ZigBee 传感器有温湿度传感器、光照传感器。在云平台上面添加完成之后，如图3-3-42～图 3-3-51 所示。

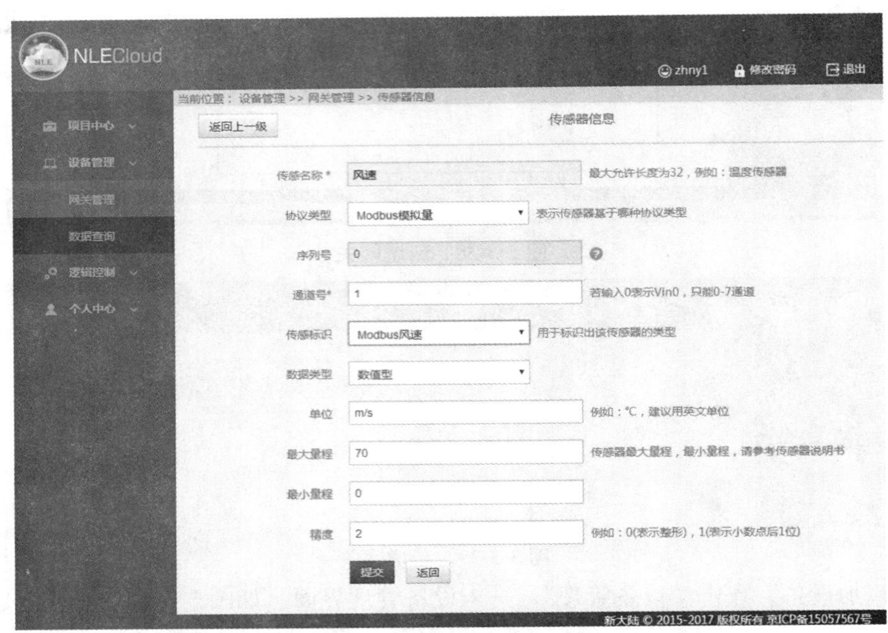

图 3-3-42　添加风速传感器

图 3-3-43　添加水位传感器

图 3-3-44　添加水温传感器

图 3-3-45　添加大气压力传感器

图 3-3-46　添加土壤温度传感器

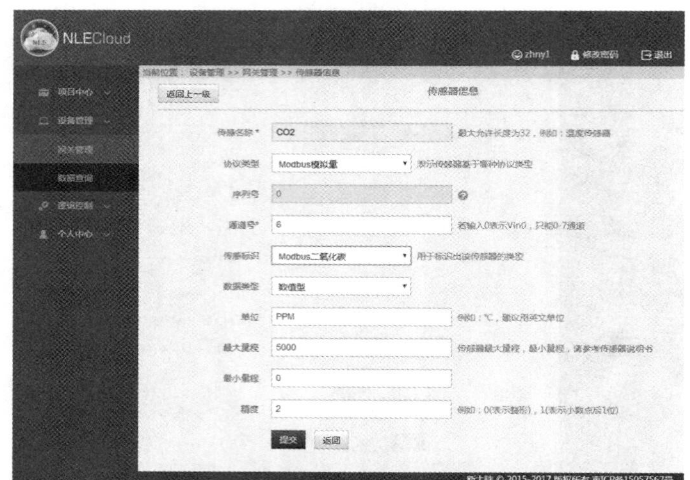

图 3-3-47　添加 CO_2 传感器

图 3-3-48　添加土壤水分传感器

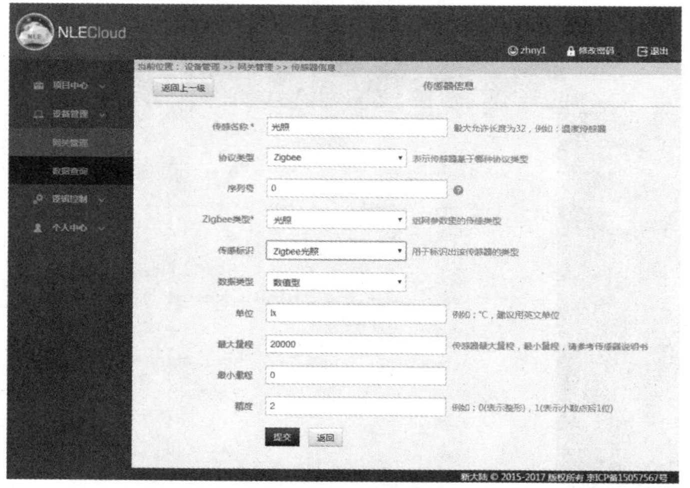

图 3-3-49　添加 ZigBee 光照传感器

图 3-3-50　添加 ZigBee 湿度传感器

图 3-3-51　添加 ZigBee 温度传感器

全部添加完成后，如图 3-3-52 所示。

图 3-3-52　添加 ZigBee 温度传感器

(5) 添加执行器。点击执行器框格右上角的进行执行器添加，在智慧农业项目中用到 3 个执行器，风扇 1、风扇 2 和雾化器，如图 3-3-53～图 3-3-55 所示。

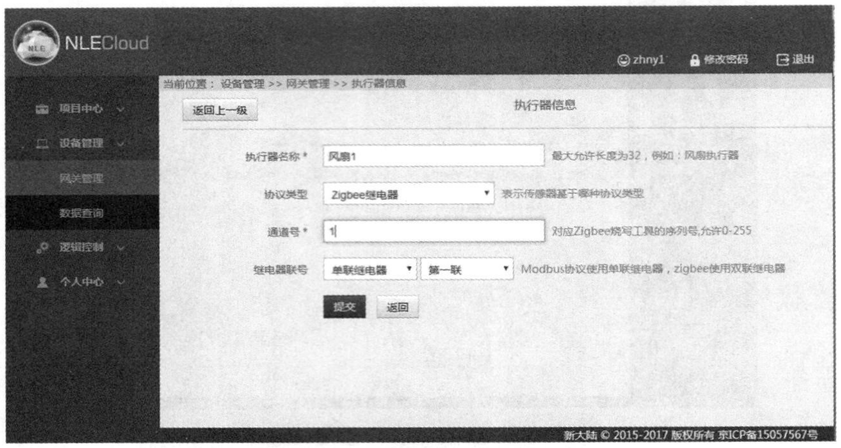

图 3-3-53　添加执行器风扇 1

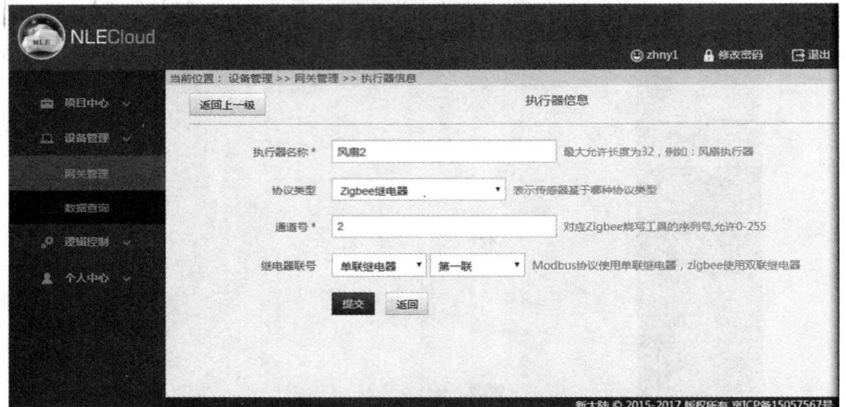

图 3-3-54　添加执行器风扇 2

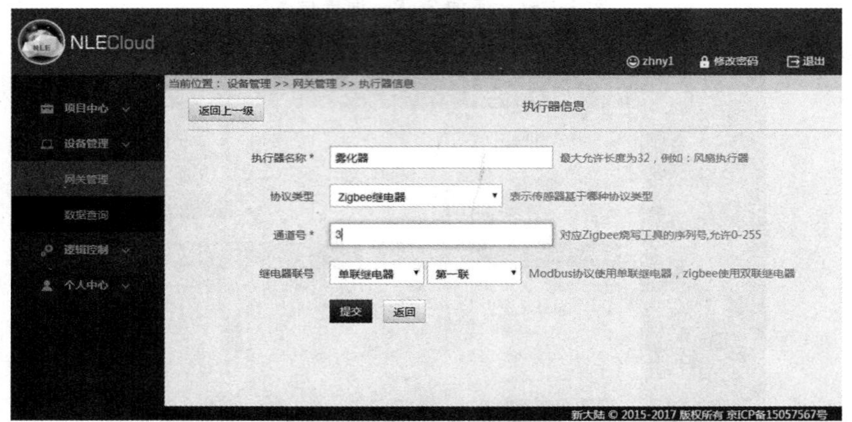

图 3-3-55　添加执行器雾化器

全部添加完成后，如图 3-3-56 所示。

图 3-3-56　添加执行器完毕

五、云平台项目管理

（1）点击“项目中心”→“项目管理”，进入项目管理界面，如图 3-3-57 所示。

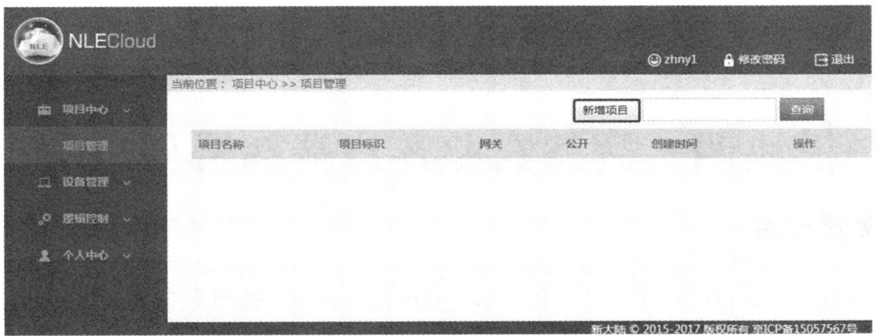

图 3-3-57　项目管理界面

（2）点击“新增项目”，进入新增项目界面，如图 3-3-58 所示。

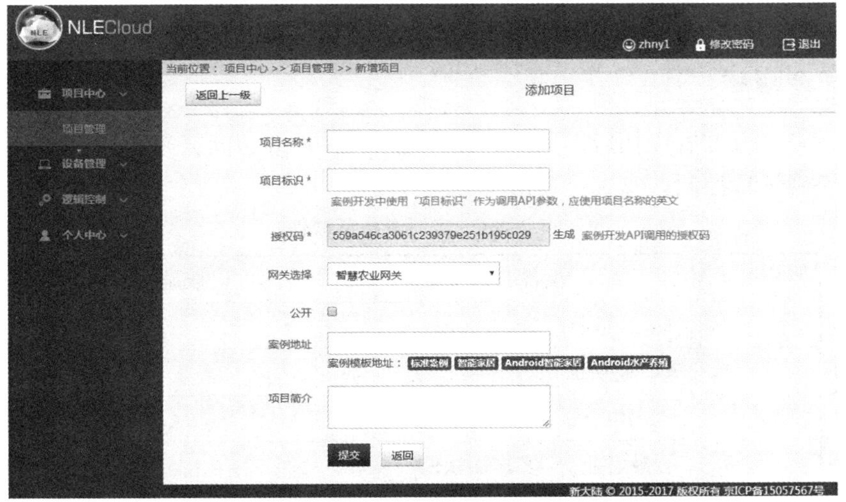

图 3-3-58　添加项目管理

（3）填写项目信息。其中“项目标识”作为调用 API 参数，在后面的配置中还会用到。具体内容如图 3-3-59，填写完成后单击“提交”按钮，项目添加完成。

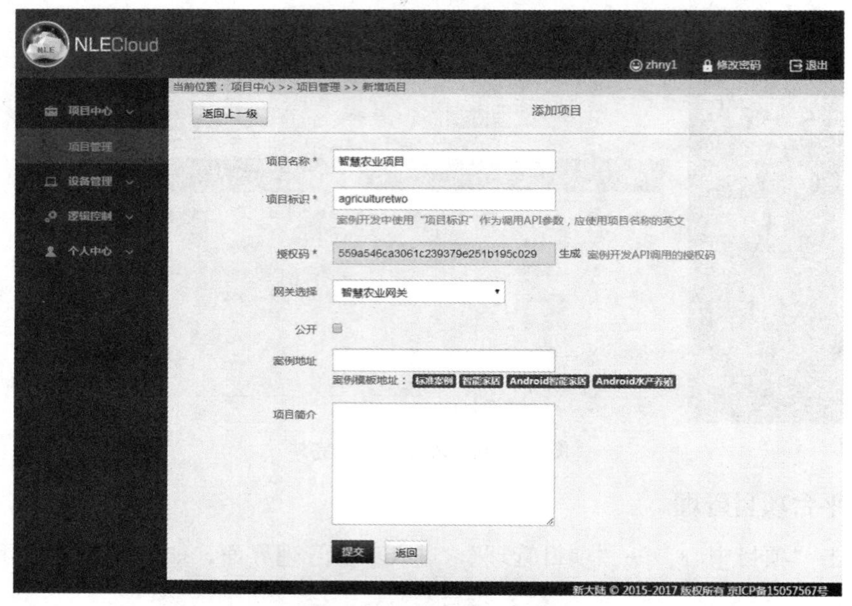

图 3-3-59　添加项目内容

模块四　智慧农业客户端部署与应用

本模块对智慧农业客户端（PC 客户端、Android 客户端和查询系统 WEB 端）进行配置，并能够利用客户端访问云平台服务器实现远程查询与控制功能。

任务 1　PC 客户端配置与应用

智慧农业云平台部署成功后，用户可以通过 PC 客户端访问云平台，查询传感器数据并控制执行器实现远程控制，实训设备清单见表 3-4-1。

表 3-4-1　实训设备及软件

序号	设备名称及型号	数量及单位
1	移动实训台	1 套
2	PC 服务器	1 台
3	PC 客户机	1 台
4	智慧农业 PC 客户端软件	

一、PC客户端软件安装

（1）应首先在客户机上正确安装 Windows 7 操作系统，然后进行下列操作：①关闭 Windows 7 防火墙；②安装 Microsoft. NET Framework 4.5。

（2）智慧农业 PC 客户端软件安装。找到“智慧农业 V3.0.0.exe”文件，双击进行安装，如图 3-4-1 所示。

（3）点击“下一步”，在出现的对话框中选择“典型”安装模式，如图 3-4-2 所示。然后，单击“下一步”开始程序安装，整个安装过程需要几分钟。

（4）单击“完成”按钮完成程序安装，如图 3-4-3 所示。桌面生成智慧农业图标。

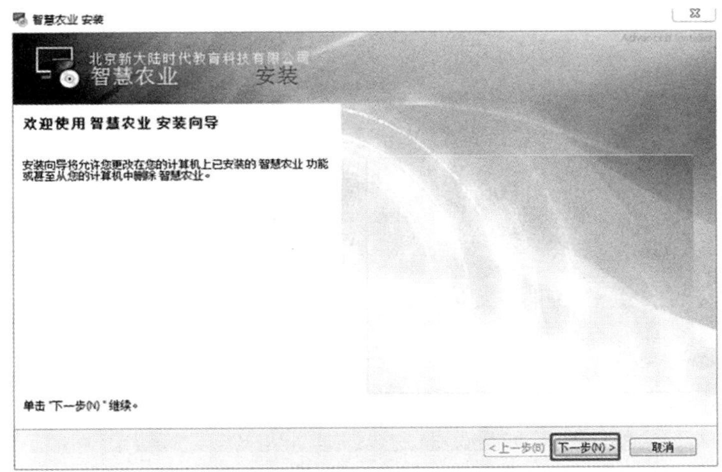

图 3-4-1　智慧农业客户端安装

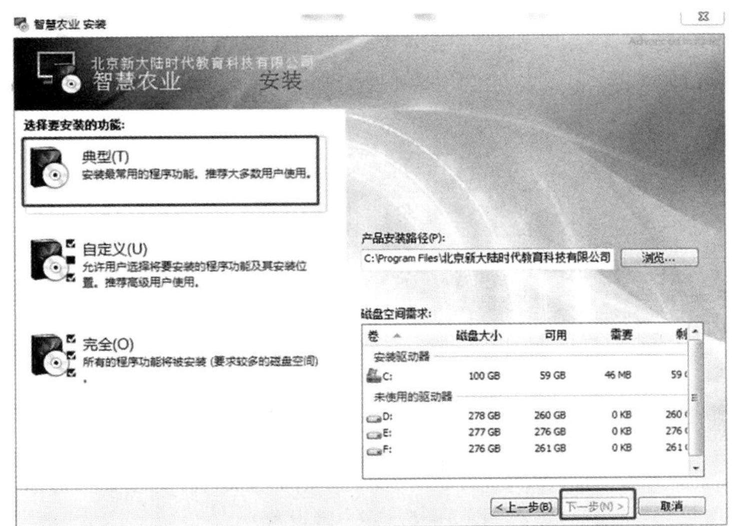

图 3-4-2　安装过程

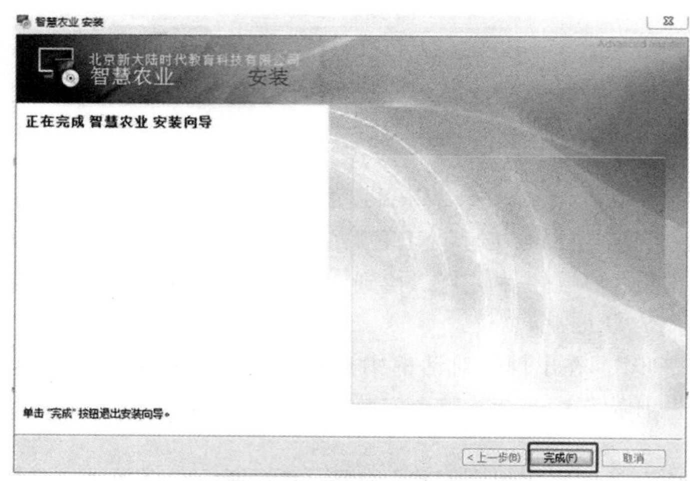

图 3-4-3 完成安装任务

二、智慧农业客户端登录

(1) 打开 PC 端智慧农业应用程序，进入登录界面，如图 3-4-4 所示。

图 3-4-4 智慧农业登录界面

(2) 点击图 3-4-5 中“设置”按钮，进行服务器地址、端口及项目标识设置，其中服务器地址与端口填写的是所连接的云平台的地址与端口，项目标识是当前所使用的用户在云平台上面所添加的项目的项目标识，如图 3-4-5 所示。

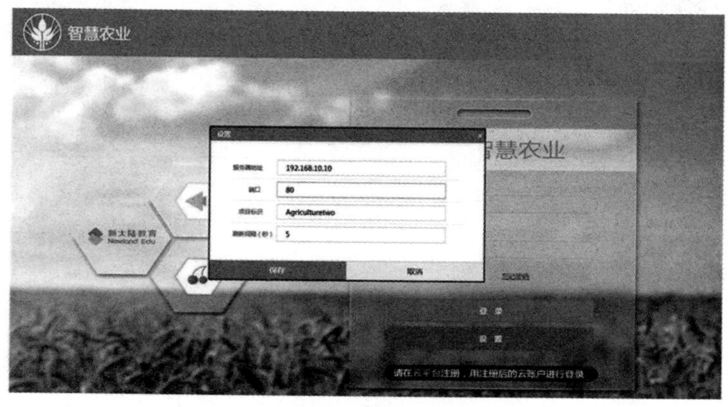

图 3-4-5 客户端设置

(3) 在登录界面填写账户名及密码，且该账户是云平台上添加了“设置”界面中项目标识的账户，如图 3-4-6 所示。

图 3-4-6　登录客户端

（4）点击“登录”，进入智慧农业客户端主程序，如图 3-4-7 所示。

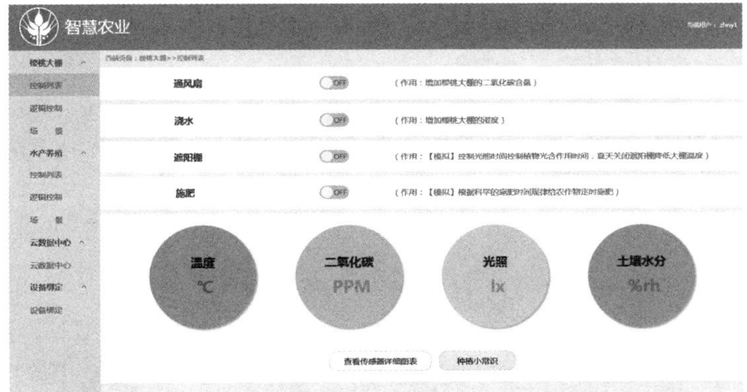

图 3-4-7　智慧农业客户端主界面

三、智慧农业设备绑定

（1）登录智慧农业，进入主界面，单击“设备绑定”。如图 3-4-8 所示

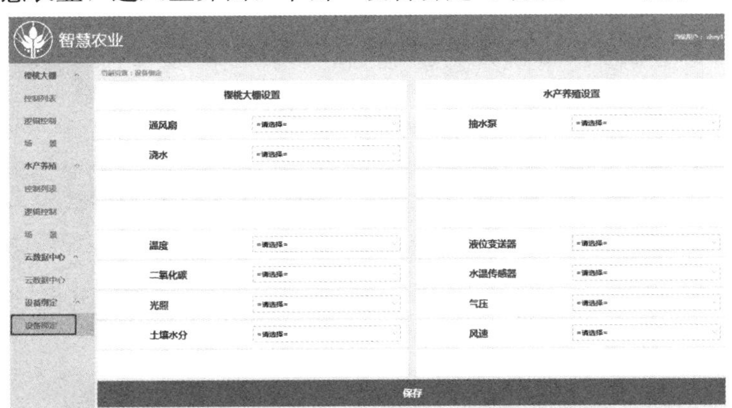

图 3-4-8　设备绑定

（2）进行各传感器和开关设备的绑定，其中通风扇 1 绑定风扇 1，浇水绑定雾化器，抽水泵绑定风扇 2，最后单击“保存”，设备绑定成功。如图 3-4-9 所示。

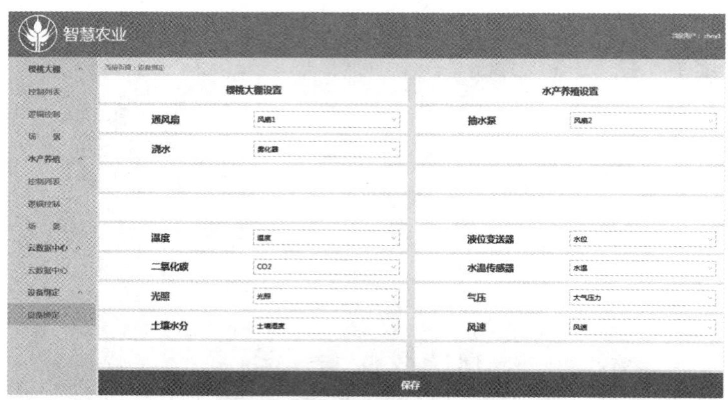

图 3-4-9　设备绑定设置

四、樱桃大棚

（1）单击“樱桃大棚”→“控制列表”，进入“控制列表”界面，可获取到温度、二氧化碳、光照、土壤水分传感数值，如图 3-4-10 所示。

图 3-4-10　控制列表

（2）对通风扇、浇水、遮阳棚、施肥进行开关操作，这几个开关操作在“场景”界面中都有相应的模拟动画。通风扇与风扇 1 绑定，浇水与雾化器绑定，能够控制实际硬件中的风扇 1 与雾化器，如图 3-4-11、图 3-4-12 所示。“浇水”“遮阳棚”“施肥”三个开关均与通风扇操作相似。

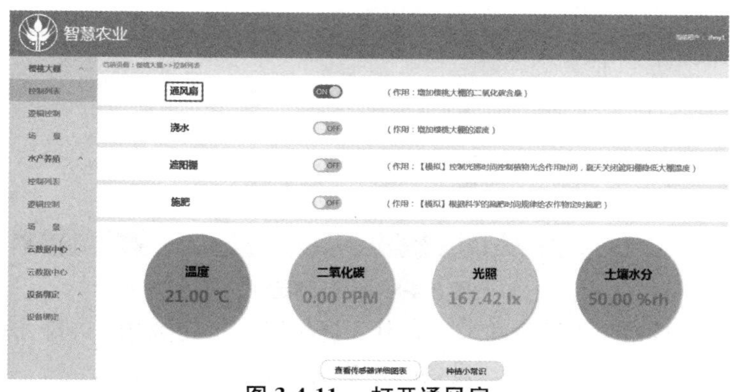

图 3-4-11　打开通风扇

图 3-4-12　通风扇工作

（3）点击“查看传感器详细图表”，进入樱桃大棚传感器详细图标界面，如图 3-4-13 所示。

图 3-4-13　查看传感器详细图表

（4）选择传感器和相应的查询时间段，可在右侧显示出传感器波形变化折线图。如图 3-4-14所示。

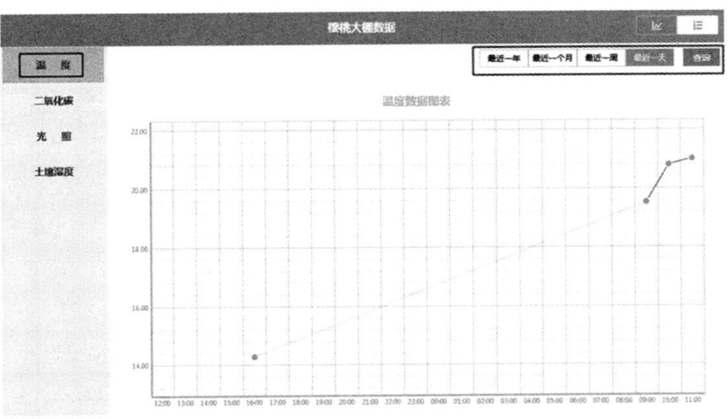

图 3-4-14　传感器详图

（5）逻辑控制。点击“樱桃大棚”→“逻辑控制”，进入“逻辑控制”界面，如图 3-4-15 所示。

图 3-4-15　设置逻辑控制

（6）单击“新增策略控制”，可进行策略添加。如添加一个温度控制，传感器变量从云平台上获取变量，触发执行器从云平台选择执行器。高阀值是当传感值超过设置的高阀值时，触发所绑定的执行器，低阀值是当传感值低于设置的低阀值时，触发所绑定的执行器。新增完策略后，系统会将策略同步到云平台上。如图 3-4-16、图 3-4-17 所示。

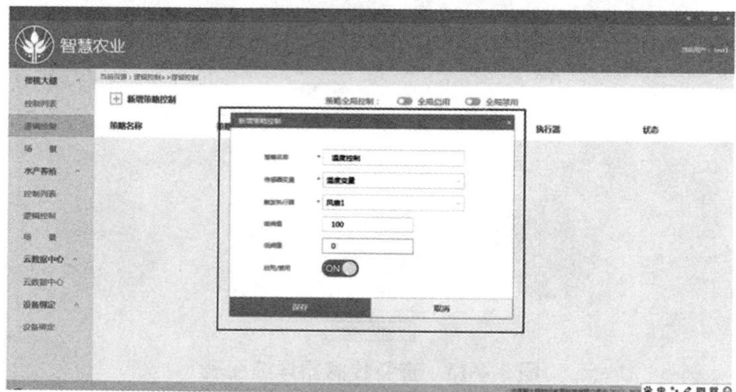

图 3-4-16　设置逻辑控制

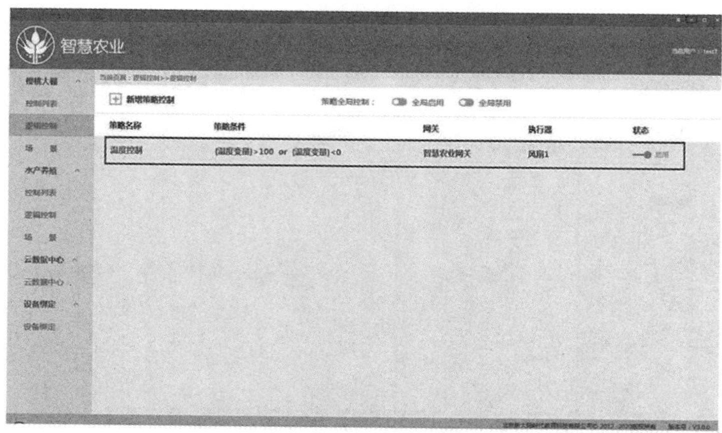

图 3-4-17　设置逻辑控制

五、水产养殖

（1）点击“水产养殖”→“控制列表”，进入“控制列表”界面，在此界面中可获取液位、水温、气压、风速传感的数值。但要获取到传感数值，则事先需要对设备进行绑定。如图 3-4-18 所示。

图 3-4-18　控制列表界面

（2）对抽水泵、增氧棒进行开关操作。开关操作在“场景”界面中都有相应的模拟动画。抽水泵工作模拟如图 3-4-19、图 3-4-20 所示。增氧棒工作模拟与此相似。

图 3-4-19　打开抽水泵开关

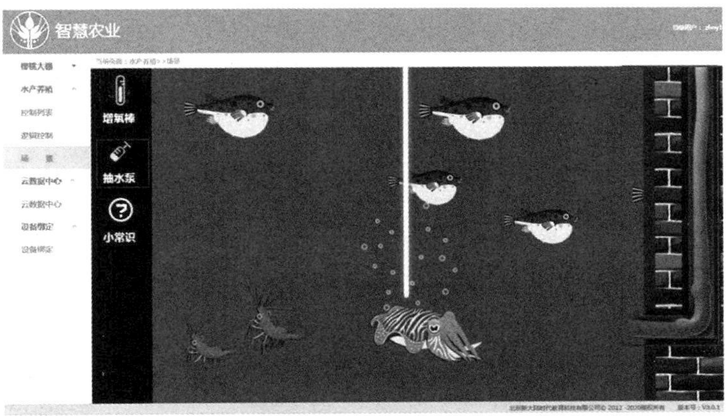

图 3-4-20　抽水泵模拟动画

（3）水产养殖中“查看传感器详细图表”“逻辑控制”功能使用与设置和“樱桃大棚”项目相似，可参照进行。

六、云数据中心

点击“云数据中心”，进入云数据中心界面，选择传感器及查询的时间段，进行传感数值波形及历史数据查询，如图 3-4-21、图 3-4-22 所示。

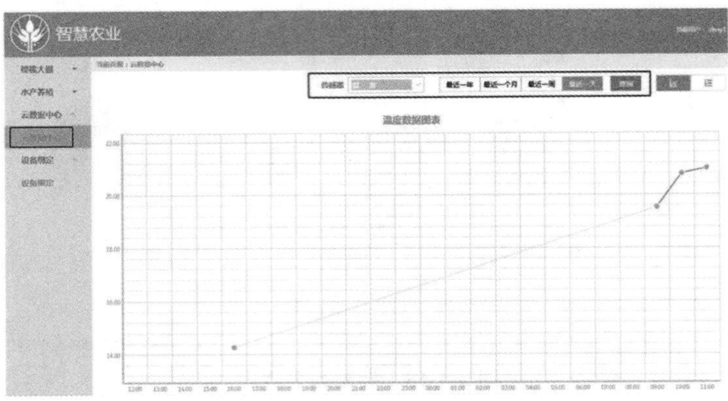

图 3-4-21　温度传感器波型

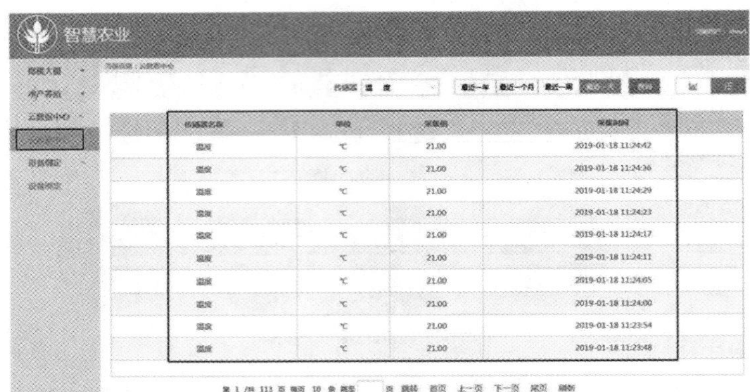

图 3-4-22　查询历史数据

任务 2　Android 客户端配置与应用

智慧农业 Android 客户端建立成功后，用户可以通过 Android 客户端访问云平台，查询传感器数据并控制执行器实现远程控制。在实际应用中，安装 Android 客户端的相关软件，并进行相应设置后才能实现相应功能。

一、安装安卓客户端

移动工控终端上软件安装有两种方式：

（1）将软件拷到 U 盘上，将 U 盘插到移动工控终端的 USB 口上，然后打开移动工控终端的 ES 文件浏览器找到 U 盘，找到 U 盘里面的安装软件，点击进行安装，如图 3-4-23 所示。

图 3-4-23　安卓界面

（2）移动工控终端连接网络，能够访问外网，通过 USB 线将移动工控终端连接到移动工控终端上，电脑端安装有手机助理（如豌豆荚），移动工控终端成功连接到手机助理后，直接通过手机助理进行软件安装，可将程序安装到所连接的移动工控终端安卓系统上。移动工控终端安卓系统安装完软件后，在界面中生成了典型物联网（智慧农业）图标如图 3-4-23 所示。

二、Android 客户端部署

1. 登录界面

（1）打开安卓端智慧农业应用程序，进入登录界面，如图 3-4-24 所示。

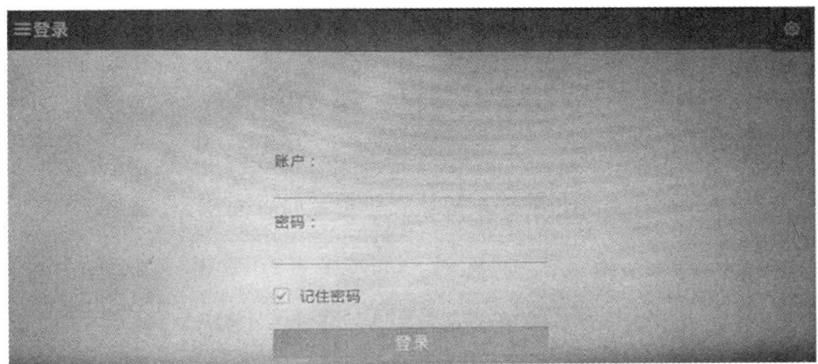

图 3-4-24　Android 登录界面

（2）点击右上角“设置”按钮，进行服务器地址、端口及项目标识设置，其中服务器地址与端口填写的是所连接的云平台的地址与端口，项目标识是当前所使用的用户在云平台上面所添加的项目的项目标识，如图 3-4-25 所示。

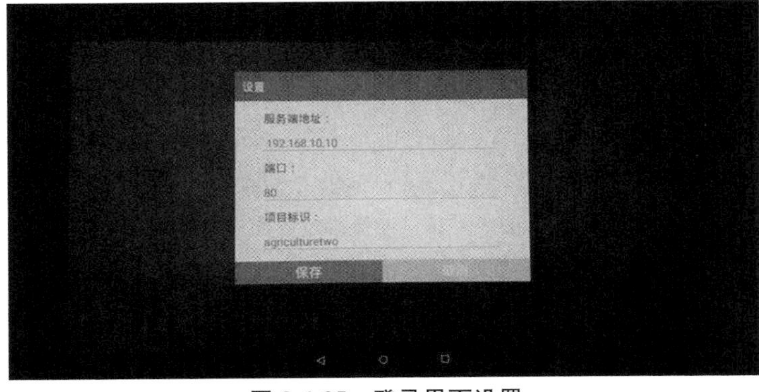

图 3-4-25　登录界面设置

（3）填写账户名及密码，且该账户是云平台上添加了“设置”界面中项目标识的账户，如图 3-4-26 所示。

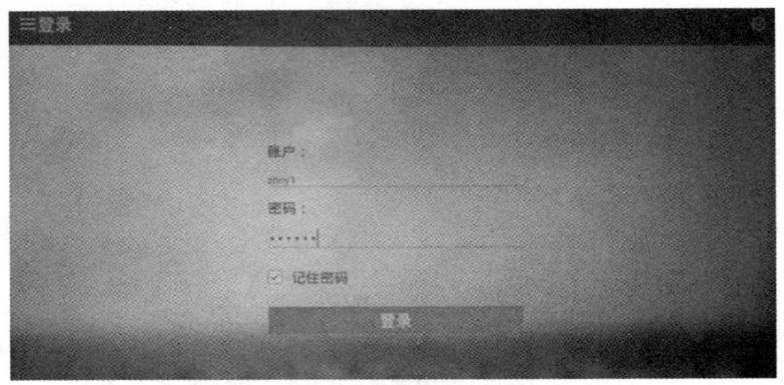

图 3-4-26　登录账户及密码设置

（4）点击“登录”，进入智慧农业主程序，如图 3-4-27 所示。

图 3-4-27　智慧农业主程序界面

2. 设备绑定

（1）登录智慧农业，进入主界面，往右滑动界面，左侧出现菜单列表，查找到“设备绑定”，如图 3-4-28 所示。

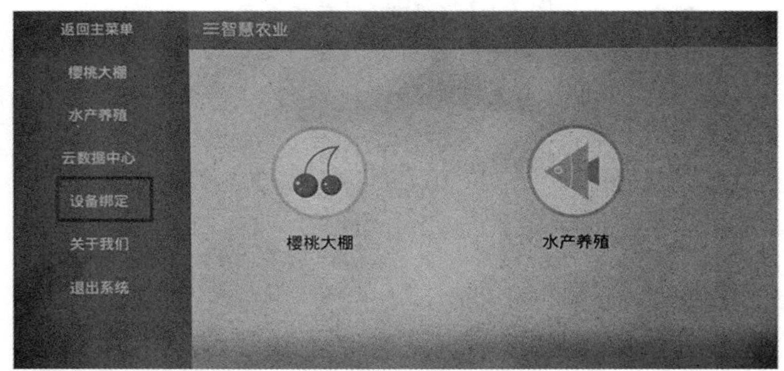

图 3-4-28　设备绑定界面

（2）点击“设备绑定”，进入设备绑定界面，进行各个传感器及开关设备的绑定，其中通风扇绑定风扇 1，浇水绑定雾化器，抽水泵绑定风扇 2，如图 3-4-29 所示。

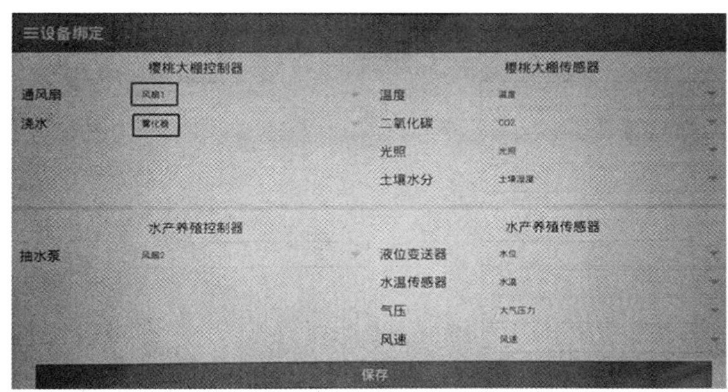

图 3-4-29　绑定风扇、抽水泵

3. 樱桃大棚

（1）控制列表。在主界面点击“樱桃大棚”→“控制列表”，或者通过向右滑动界面，在左侧菜单列表中选择，进入“控制列表”界面，可获取到温度、二氧化碳、光照、土壤水分传感数值，要获取到传感数值，则事先需要对设备进行绑定。

（2）场景。对通风扇、浇水、遮阳棚、施肥进行开关操作，这几个开关操作在“场景”界面中都有相应的模拟动画；另外通风扇与风扇 1 绑定，浇水与雾化器绑定，能够控制实际硬件中的风扇 1 与雾化器。点击“通风扇”，如图 3-4-30 所示。风扇场景，如图 3-4-31 所示。

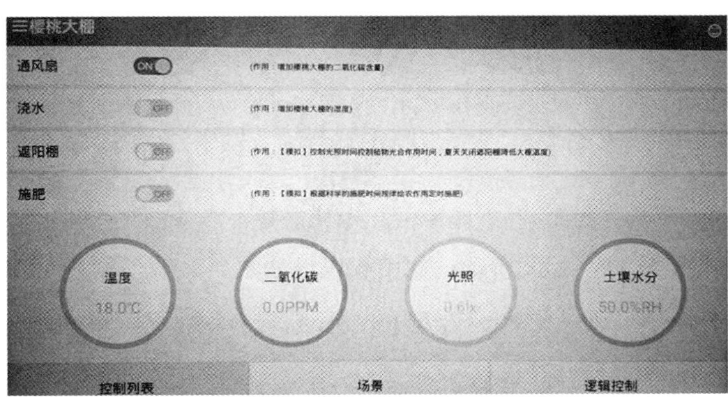

图 3-4-30　点击通风扇开关

图 3-4-31　风扇场景

点击“浇水”，如图 3-4-32 所示。浇水场景如图 3-4-33 所示。

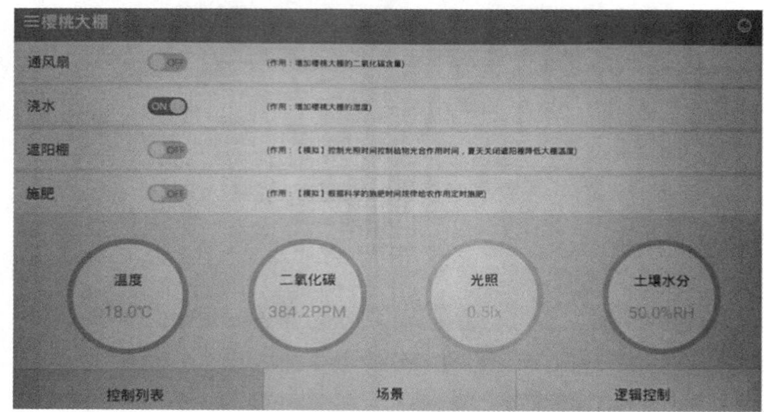

图 3-4-32　点击浇水开关

图 3-4-33　浇水场景

点击“遮阳棚”，如图 3-4-34 所示。遮阳棚场景如图 3-4-35 所示。

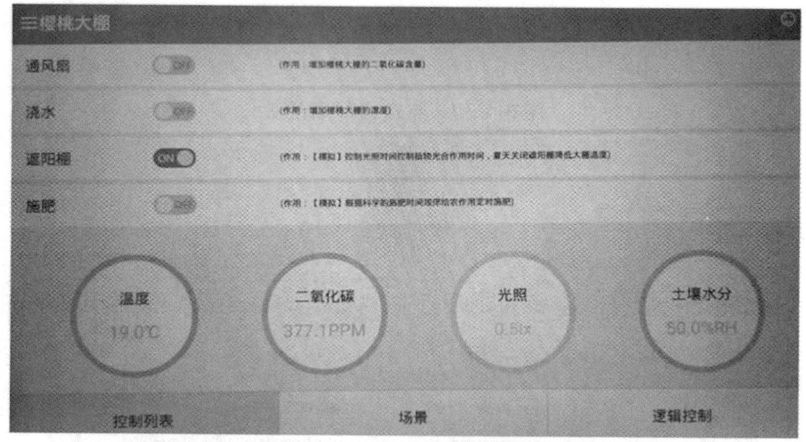

图 3-4-34　点击遮阳棚开关

图 3-4-35　遮阳棚场景

点击“施肥”，如图 3-4-36 所示。施肥场景如图 3-4-37 所示。

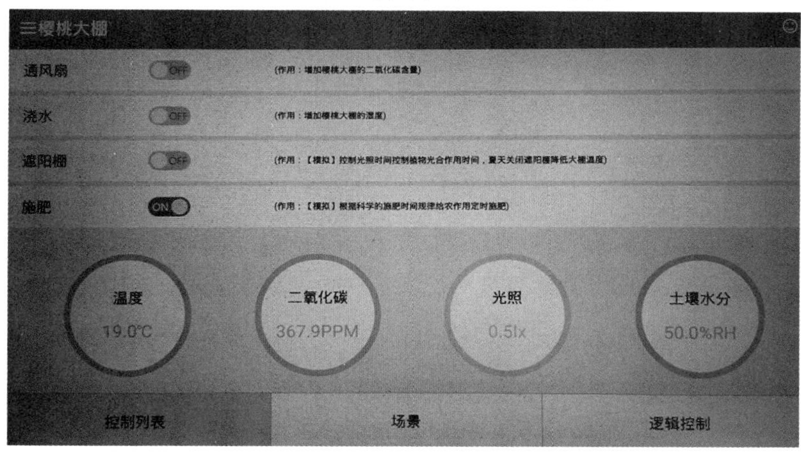

图 3-4-36　点击施肥按钮

图 3-4-37　施肥场景

选择一个传感器，可点击进入该传感器的数据列表与数据图表查看相应传感值（比如选择点击温度传感器），如图 3-4-38 所示，选择温度。

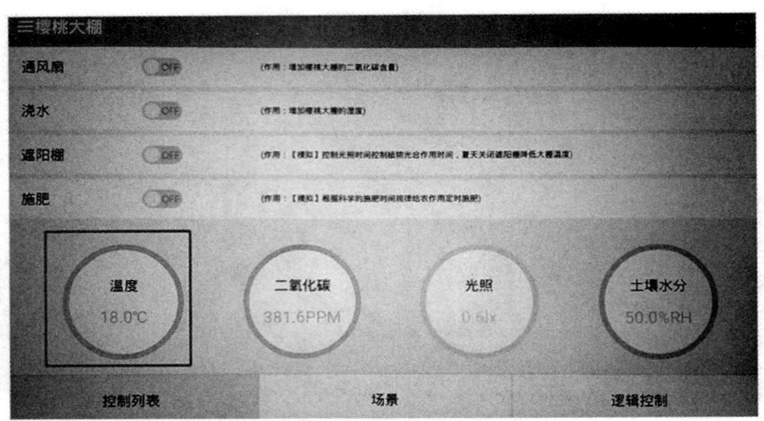

图 3-4-38　选择温度传感器

数据列表如图 3-4-39 所示。

< 温度

数据列表		数据图表	
传感器名称	数据类型	传感值	录入时间
温度	数值型	26.00	2016-07-18 09:22:49
温度	数值型	26.00	2016-07-18 09:22:39
温度	数值型	26.00	2016-07-18 09:22:29
温度	数值型	26.00	2016-07-18 09:22:18
温度	数值型	26.00	2016-07-18 09:22:08
温度	数值型	26.00	2016-07-18 09:21:57
温度	数值型	26.00	2016-07-18 09:21:47

图 3-4-39　温度数据列表

数据图表如图 3-4-40 所示。

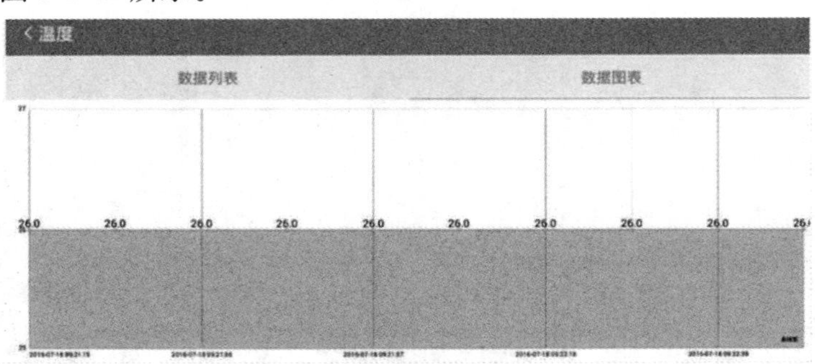

图 3-4-40　温度数据图表

点击右上角，可查看“种植小常识”。

4. 逻辑控制

点击“樱桃大棚”→“逻辑控制”，进入“逻辑控制”界面，如图 3-4-41 所示。

图 3-4-41　逻辑控制界面

点击“新增策略控制”，可进行策略添加，如添加一个温度控制，传感器变量从云平台上获取变量，触发执行器由云平台上所具有的执行器进行选择，高阀值是当前传感值超过设置的高阀值时触发所绑定的执行器，低阀值是当前传感值低于设置的低阀值时触发所绑定的执行器，新增完策略后，会将策略同步到云平台上，同样的，云平台上增加了新策略，也会同步到智慧农业逻辑控制界面中，如图 3-4-42、图 3-4-43 所示。

图 3-4-42　新增逻辑策略

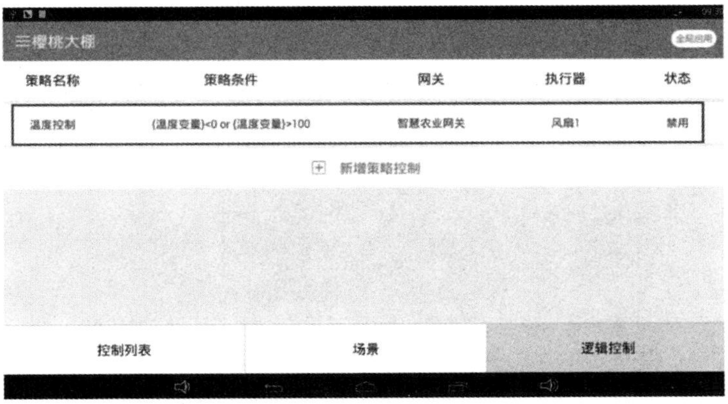

图 3-4-43　查看新增策略

策略启用与禁用操作：可以通过选择一条策略，向左滑动，可对单条策略进行启用与禁用操作，也可通过右上角的，对所有策略进行全局启用或禁用操作，如图 3-4-44 所示。

图 3-4-44　策略启用与禁用

5. 水产养殖

（1）在主界面点击“水产养殖”→“控制列表”，或者通过向右滑动界面，在左侧菜单列表中选择，进入“控制列表”界面，可获取到水位、水温、大气压力、风速传感数值，要获取到传感数值，则事先需要对设备进行绑定，如图 3-4-45 所示。

图 3-4-45　水产养殖—控制列表

（2）对抽水泵、增氧机进行开关操作，这几个开关操作在“场景”界面中都有相应的模拟动画；另外抽水泵与风扇 2 绑定，能够控制实际硬件中的风扇 2，点击“抽水泵”，如图 3-4-46 所示。场景中抽水泵抽水，如图 3-4-47 所示。

图 3-4-46　点击抽水泵开关

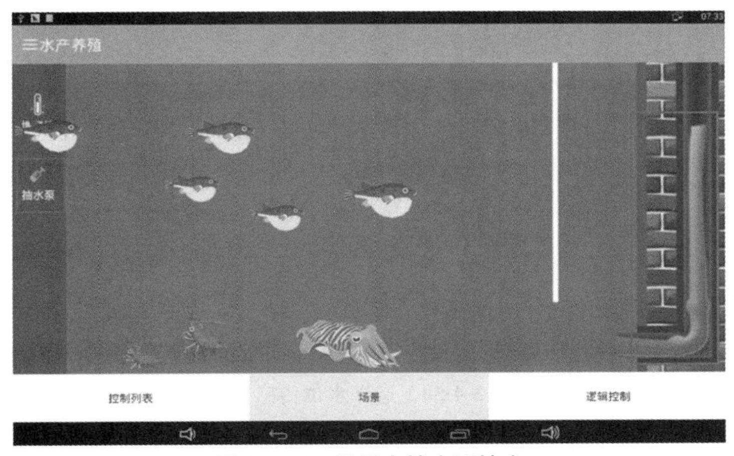

图 3-4-47　场景中抽水泵抽水

点击增氧机开关，如图 3-4-48 所示。场景中增氧机工作，如图 3-4-49 所示。

图 3-4-48　点击增氧机开关

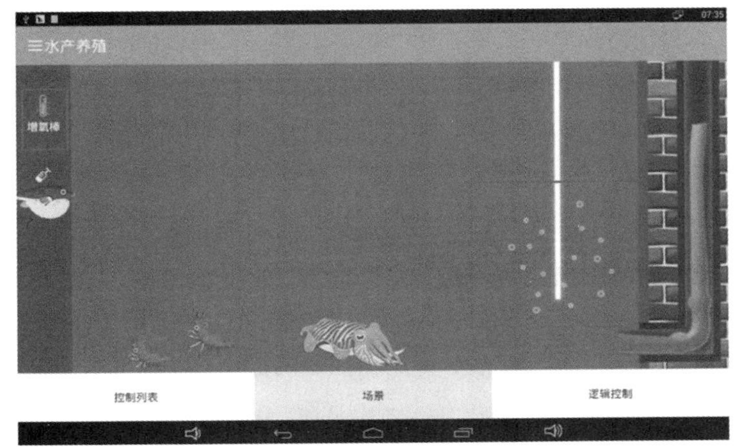

图 3-4-49　场景中增氧棒工作

（3）选择一个传感器，可点击进入该传感器的数据列表与数据图表查看相应传感值（比如选择点击水位传感器），如图 3-4-50 所示。

图 3-4-50　选择水位传感器

数据列表，如图 3-4-51 所示。

< 水位

数据列表　数据图表

传感器名称	数据类型	传感值	录入时间
水位	数值型	0.02	2016-07-18 11:41:27
水位	数值型	0.02	2016-07-18 11:41:15
水位	数值型	0.02	2016-07-18 11:41:05
水位	数值型	0.02	2016-07-18 11:40:55
水位	数值型	0.02	2016-07-18 11:40:43
水位	数值型	0.02	2016-07-18 11:40:32
水位	数值型	0.02	2016-07-18 11:40:20

图 3-4-51　数据列表

数据图表，如图 3-4-52 所示。

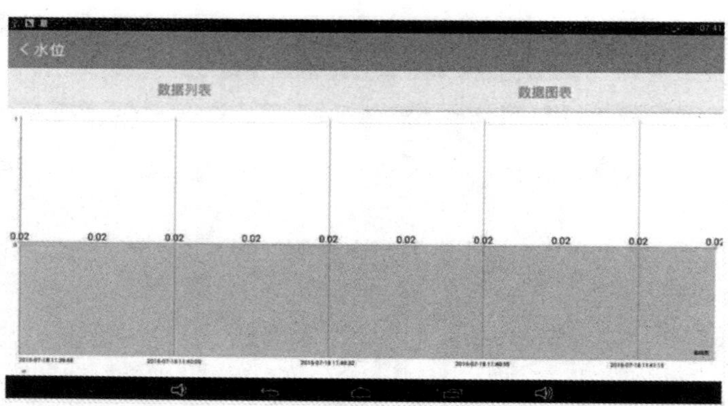

图 3-4-52　数据图表

点击右上角，可查看“水产小常识”，逻辑控制的操作参考樱花大棚。

6. 云数据中心

(1) 主界面点击“云数据”，或者主界面向右滑动后出现左侧菜单列表选择“云数据中心”，进入云数据中心界面，选择传感器及查询的时间段，进行传感数值波形及历史数据查询，如图 3-4-53 所示。

图 3-4-53　云数据中心

（2）云数据中心可查看所选择的传感器的数据信息，在传感器的下拉框中选择传感器，如图 3-4-54 所示。

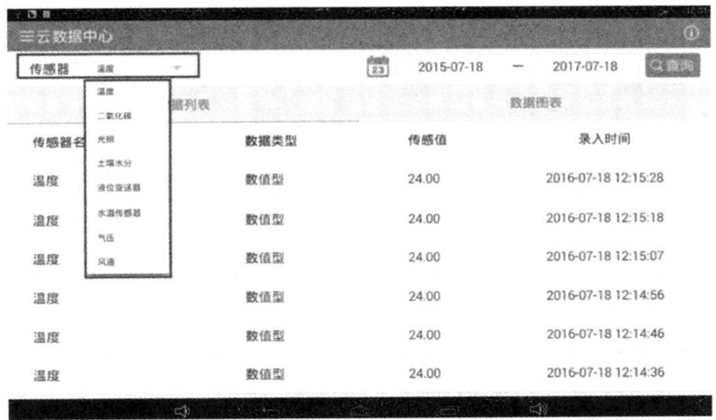

图 3-4-54　传感器数据信息

（3）云数据中心可根据所选择的时间查看传感器的数据信息，点击可进行时间的设置，如图 3-4-55 所示。

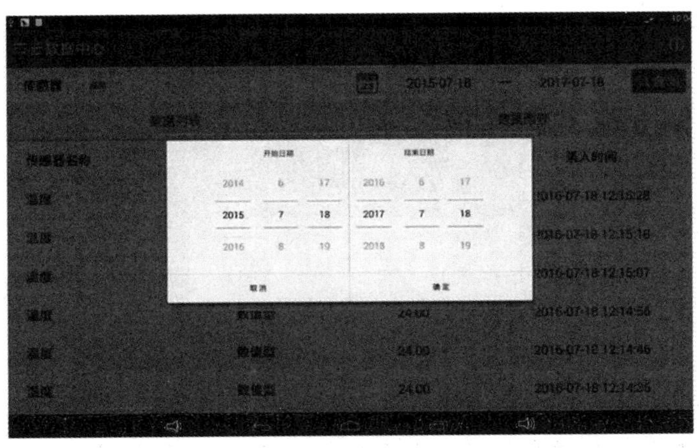

图 3-4-55　时间的设置

（4）可切换“数据列表”与“数据图表”，可查看传感器的数据及波形情况，数据列表如图 3-4-56 所示，数据图表如图 3-4-57 所示。

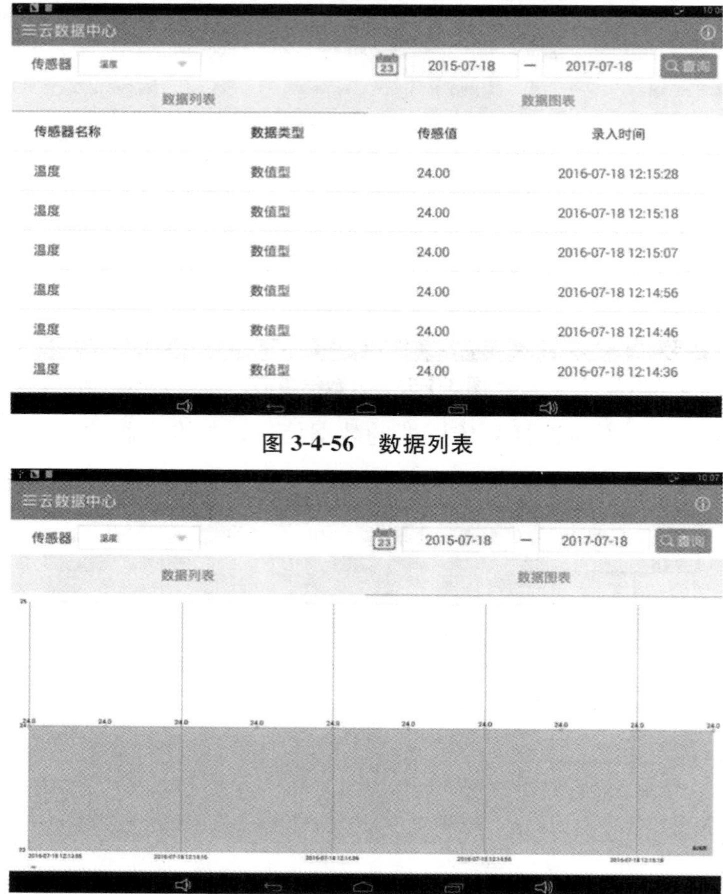

图 3-4-56　数据列表

图 3-4-57　数据图表

7. 退出系统

在主界面向右滑动，出现左侧菜单列表，选择“退出系统”可退出程序，如图 3-4-58 所示。

图 3-4-58　退出系统

任务 3　智慧农业查询系统 WEB 端配置与应用

智慧农业查询系统用于进行各种传感数据的历史数据的查看，查询系统所查询到的数据是从云平台上获取而来。为部署查询系统，需要添加查询网站并进行配置，该网站与云平台共享数据库，通过在云平台上所建的项目、用户名及密码实现数据查询。

实训所需设备及软件见表 3-4-2。

表 3-4-2　实训设备及软件

序号	设备名称及型号	数量及单位
1	移动实训台	1 套
2	PC 服务器（Windows 7）	1 台
3	Internet 信息服务（IIS）管理器	
4	农业查询系统网站文件	

一、IIS 网站部署

（1）通过“控制面板”→“管理工具”，找到“Internet 信息服务（IIS）管理器”，打开后如图 3-4-59 所示。

图 3-4-59　Internet 信息服务（IIS）管理器

（2）选中“网站”，右击选择“添加网站”，如图 3-4-60、图 3-4-61 所示。

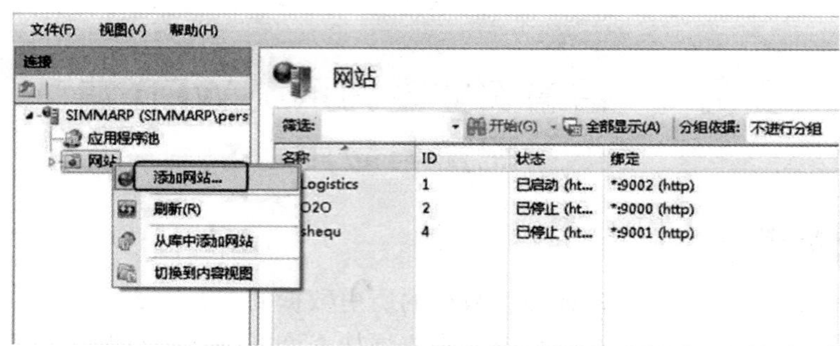

图 3-4-60　添加网站 1

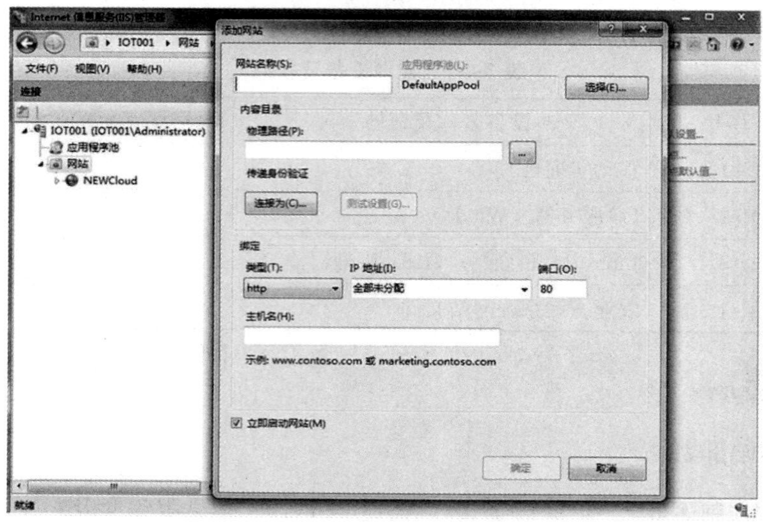

图 3-4-61　添加网站 2

（3）填写添加网站信息。其中端口应填写为不与当前已使用端口重复。物理路径选择“典型物联网实训套件(智慧农业)U 盘资料\03_软件安装包\02_服务器\01_智慧农业\智慧农业_v3.0.1”所在文件夹。内容填写完成后如图 3-4-62 所示。

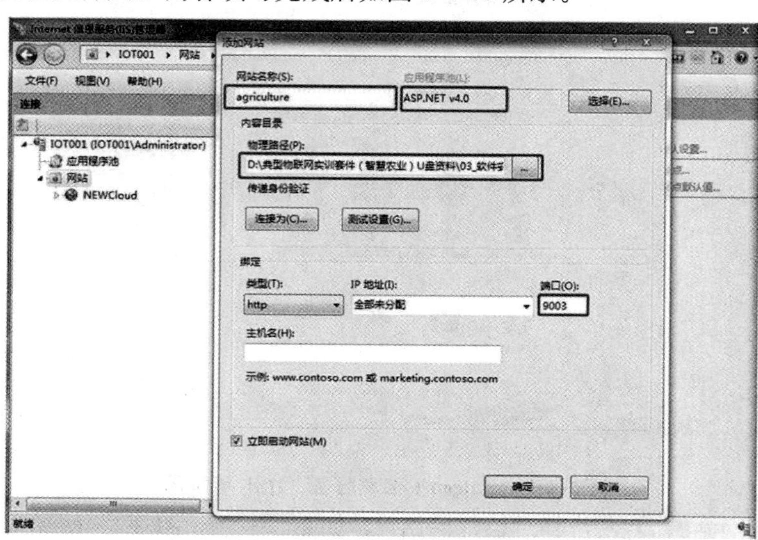

图 3-4-62　填写网站信息

（4）添加完成后，在网站上生成了新添加的网站，如图 3-4-63 所示。

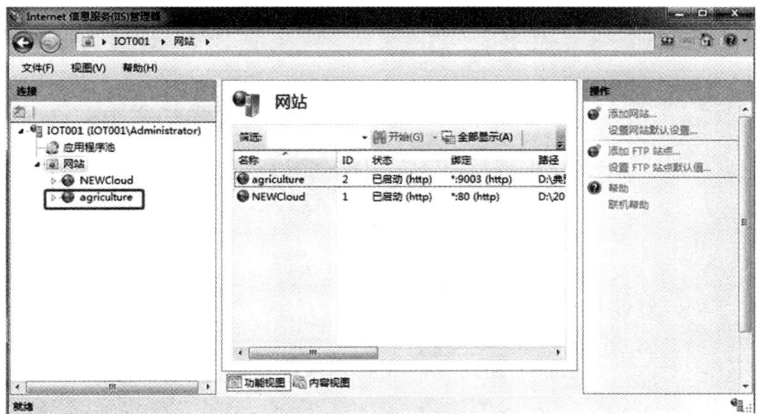

图 3-4-63　添加网站

（5）选中新增加的网站，右击选择“浏览”，查看网站服务文件的内容，如图 3-4-64 所示。

图 3-4-64　浏览网站文件

（6）打开“Web. config”文件，进行云服务地址和端口配置。如图 3-4-65 所示。

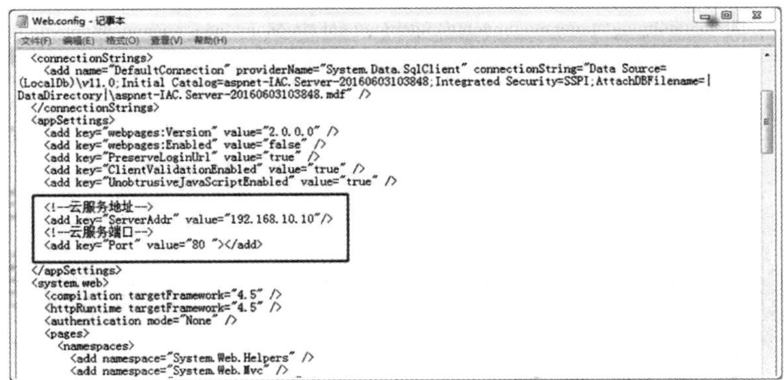

```
<connectionStrings>
  <add name="DefaultConnection" providerName="System.Data.SqlClient" connectionString="Data Source=
(LocalDb)\v11.0;Initial Catalog=aspnet-IAC.Server-20160603103848;Integrated Security=SSPI;AttachDBFilename=|
DataDirectory|\aspnet-IAC.Server-20160603103848.mdf" />
 </connectionStrings>
 <appSettings>
  <add key="webpages:Version" value="2.0.0.0" />
  <add key="webpages:Enabled" value="false" />
  <add key="PreserveLoginUrl" value="true" />
  <add key="ClientValidationEnabled" value="true" />
  <add key="UnobtrusiveJavaScriptEnabled" value="true" />

  <!--云服务地址-->
  <add key="ServerAddr" value="192.168.10.10"/>
  <!--云服务端口-->
  <add key="Port" value="80 "></add>
 </appSettings>
 <system.web>
  <compilation targetFramework="4.5" />
  <httpRuntime targetFramework="4.5" />
  <authentication mode="None" />
  <pages>
   <namespaces>
    <add namespace="System.Web.Helpers" />
    <add namespace="System.Web.Mvc" />
```

图 3-4-65　修改配置文件

（7）配置完成后，选中添加的网站，在 IIS 右边单击“浏览 *：9003（http）”，当出现智慧农业查询系统网页时，配置完成。如图 3-4-66、图 3-4-67 所示。

图 3-4-66 浏览网站

图 3-4-67 智慧农业查询主页

二、智慧农业查询系统应用

(1) 打开 IE 浏览器，输入智慧农业查询系统的链接地址，进入“智慧农业—农业生产追溯查询系统”。

(2)“项目标识”填写云平台上所建的项目，用户名及密码是云平台上所填项目标识的用户信息。填写后单击“登录”，进入查询主界面。如图 3-4-68、图 3-4-69 所示。

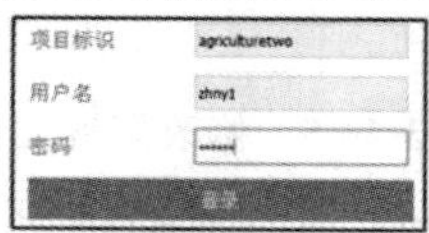

图 3-4-68 填写用户信息

图 3-4-69　数据查询界面

（3）选择需要查询的传感器，选择查询的起止时间，点击“查找”，可查找满足条件的传感数值，如图 3-4-70 所示。

序号	名称	单位	数值	时间
1	土壤温度	℃	19.78	2019-1-17 16:53:26
2	土壤温度	℃	19.77	2019-1-17 16:53:26
3	土壤温度	℃	19.78	2019-1-17 16:53:25
4	土壤温度	℃	19.78	2019-1-17 16:53:24
5	土壤温度	℃	19.77	2019-1-17 16:53:24
6	土壤温度	℃	19.78	2019-1-17 16:53:23
7	土壤温度	℃	19.78	2019-1-17 16:53:14
8	土壤温度	℃	19.77	2019-1-17 16:53:14
9	土壤温度	℃	19.78	2019-1-17 16:53:13
10	土壤温度	℃	19.78	2019-1-17 16:53:12

图 3-4-70　历史数据查询

项目四

智能家居系统安装调试与应用

智能家居（smart home，home automation）是以住宅为平台，利用综合布线技术、网络通信技术、安全防范技术、自动控制技术、音视频技术将家居生活有关的设施集成，构建高效的住宅设施与家庭日程事务的管理系统，提升家居安全性、便利性、舒适性、艺术性，并实现环保节能的居住环境。

本项目选取典型智能家居设备，通过安装组网连接云平台，实现智能家居的典型场景控制。项目集成了智能家居中常见的各种典型传感器、动作执行器、智能网关等设备，通过线路连接、设备安装配置组网、场景应用等实操训练，熟悉传感数据采集技术与控制技术，掌握智能家居设备安装、配置、组网、调试、应用的方法。

模块一　智能家居设备安装

本模块主要包含有认识智能家居、智能家居的控制方式和智能家居的通信技术等内容。通过本模块的学习，要求了解智能家居的基本概念、发展历史现状与趋势、智能家居的通信与控制技术等知识。

任务 1　认识智能家居

本任务主要了解智能家的基本概念、发展历史及现状、设计原则等知识。

一、智能家居概念

智能家居是通过物联网技术将家中的各种设备（如窗户、门锁、窗帘、音视频设备、空调、冰箱、数字影院系统、水电气三表数据采集、安防监控、情景模式、远程控制）遥控控制以及编程定时控制等多种功能和手段的新型家居技术。

智能家居系统构架如图 4-1-1 所示。

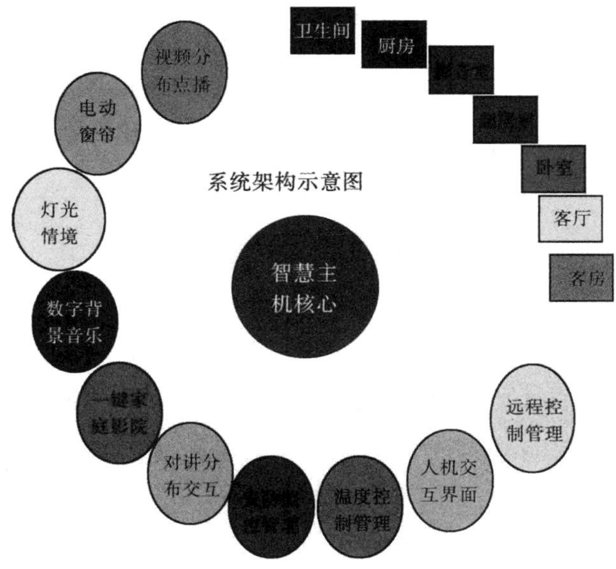

图 4-1-1　智能家居系统构架图

智能家居是一个集成性的系统环境，而不是单独一个或一类智能设备的简单组合。它可以通过智能主机将家里的灯光、音响、电视、空调、门窗、安防监控设备等所有的声、光、电等等设备连接在一起，并根据用户的生活习惯和实际需求设置成相应的情景模式，无论任何时间、地点，都可以通过移动终端（手机、平板等）、个人电脑来操控、了解家里的一切。

智能家居是在互联网影响之下物联化的体现。智能家居通过物联网技术将家中的各种设备（如音视频设备、照明系统、窗帘控制、空调控制、安防系统、数字影院系统、影音服务器、影柜系统、网络家电等）连接到一起，提供家电控制、照明控制、电话远程控制、室内外遥控、防盗报警、环境监测、冷暖控制、红外转发以及可编程定时控制等多种功能和手段。与普通家居相比，智能家居不仅具有传统的居住功能，兼备建筑、网络通信、信息家电、设备自动化，提供全方位的信息交互功能，甚至为各种能源费用节约资金。智能家居是一个以住宅为平台，兼备建筑、网络通信、信息家电、设备自动化，集系统、结构服务、管理为一体的高效、舒适、安全、便利、环保的居住环境。

二、智能家居发展历史、现状与趋势

（一）智能家居的发展史

第一阶段（1999—2004 年）：孵化期概念研发阶段

这一阶段的产品功能以灯控为主，功能单一，利用语音拨号实现远程的控制。主要为以下三点：

（1）电力线载波 PLC 技术智能家居控特系统出现（以天津端朗为代表，索博、金田）。

（2）AP-BUS 总线省能家控钊系统出现（以深圳汇创为代表，普利特、科瑞）。

（3）基于 433MHz 频段的无线 RF 智能家居控制系统出现（以广州 GKB 为代表，松本、百通、普创、鼎）。

第二阶段（2005—2009 年）：出壳期推广阶段

（1）电力线载波技术稳步发展（首美、紫、爾朗、力合）。

（2）总线技术稳步发展（普利特、麦驰、安明斯、光速达、河东）。

（3）采用无线技术 433MHz 的企业煤发式增长（波创、松本智能、聚辉、GKB、飞扬无限、鼎固、星航、创肿、开创）。

第三阶段（2009—2013 年）：成长期分化阶段

在此阶段已经逐渐发展平稳，电力线或波技术为代表的智能家居产品逐步退出市场主流；总线技术为代表的智能家产品遂步增多，但企业规模和技术发展及市场应用已经开始遇到瓶颈，无线 ZigBee、Z-Wave 技术为代表的智能家居产品并始解化出壳，给未来发展带来想象的空间。Wi-Fi \ Bluetooth 技术为代表的微智能品开始崭露头角，如 Wi-Fi 插座、Wi-Fi 红外转发控制器、蓝牙灯等，如图 4-1-2 所示。

图 4-1-2　典型尤线通信技术标识

第四阶段（2014—2017）：成长期考验阶段

产品稳定、价格亲民、实用、易用是智能家居是市场的主旋律。

（1）微智能会百花齐放，产品走向市场说了算，值得期待。

（2）总线产品定位高端，产品向工建、酒店应用方向发展。

（3）ZigBee技术为代表的智能家居产品会成为市场主流。

（二）智能家居的发展现状与趋势

目前，智能家居作为一个新生产业，尚处于一个导入期与成长期的临界点，市场消费观念还未形成，但随着智能家居市场推广普及的进一步落实，培育起消费者的使用习惯，家居市场的消费潜力必然是巨大的，产业前景光明。正因为如此，国内外优秀的智能家居企业愈来愈重视对行业市场的研究，特别是对企业发展环境和客户需求趋势的深入研究，一大批优秀的智能家居品牌迅速崛起，逐渐成为智能家居产业中的翘楚。

2018年是智能家居市场发展快速增长的一年。据权威机构统计，2018年全球智能家居市场规模预计达到710亿美元。高热度的市场，也表明传统家居已无法满足年轻人对生活品质的需求，智能家居成为居家生活的必备产品。可以预计智能家居有如下五大发展趋势。

1. 可穿戴式智能设备

随着智能家居的火热发展，人们在熟悉了可穿戴设备对于睡眠习惯和身体各项指标的监测后，愈发期待可穿戴设备与智能家居的互动。一方面，在终端控制、语音控制智能家居产品之后，人们希望能够研制出控制智能家居产品的可穿戴设备；另一方面，人们也希望现有的可穿戴设备能够与智能家居产品形成互动，以便在忙碌的生活中养成健康的生活习惯，如智能手环与智能体脂称之间数据的互通等。

2. 传感器成为智能家居工作重心

2019年将是中国传感器爆发的一年，依靠着政府的推动和支持，我国传感器企业将逐步解决规模小、研发能力弱、规模效益差等问题，避免外资企业一家独大的局面。在创新和发展中国传感器企业的同时，也是对中国智能家居行业的跨越式发展，让中国的智能家居能够与美国等发达国家在国际上并驾齐驱。

3. AIOT成下一个风口

AIOT就是“AI（人工智能）”“IOT（物联网）”，指的是人工智能技术与物联网在实际应用中的落地融合。从“AIOT”的发展路径来看，其将经历单机智能、互联智能到主动智能的三大阶段。作为AIOT人机交互最重要的落地场景的智能家居，目前就处于互联智能的阶段，“一个大脑（云或者中控）＋多个终端（感知器）”的模式成为必然。当用户对着智能音箱说出离家模式时，灯光、窗户和空调将自动关闭。这就是一个典型的通过云端大脑，配合多个感知器的互联智能的场景落地。

4. 万物互联操作系统投入使用

手机有手机的操作系统，电脑有电脑的操作系统，而万物之间却没有一套操作系统。

2019年智能家居的一大趋势，就是打造一套万物互联的操作系统，把不同的设备、硬件软件、资源进行整合，统一管理。这套系统的架构是柔性的，能够承载无数的智能化设备，支持全产业链的规模化应用。它能够贯通物联网产业的上下游，如物联网软硬件开发、物联网业务运营、物联网数据挖掘等，让智能家居、城市运行更加安全可靠，也让智慧城市的落地变得切实可行。有了这套系统，建立一个物联网系统就像写一个 word 文档一样简单，接入一个物联网将像接一个鼠标一样轻松。

5. 出租公寓、写字楼、宾馆酒店及办公所将配智能家居

出租公寓、写字楼、宾馆酒店及办公所配套的智能设施，将给使用者带来前所未有的便利和良好的体验。所有房屋设施智能化，将是未来趋势。

三、智能家居设计原则

衡量一个住宅智能化系统的成功与否，不仅仅取决于智能化系统的多少、系统的先进性、集成度、安全性，还要求系统的设计和配置是否经济合理、系统能否成功运行、系统的使用管理和维护是否方便、系统或产品的技术是否成熟适用等。为了实现上述目标，智能家居系统设计时要遵循以下原则。

1. 实用性

对智能家居产品来说智能家居系统是整个智能家居产品的连接核心，它可以通过网络化综合智能控制和管理，实现灯光控制、窗帘控制、煤气阀控制等等。让您在下班回家开门时，可以借助门磁或红外传感器，智能家居系统可以实现自动打开过道灯，开启家中的照明灯具和窗帘等。智能家居最基本的目标是为人们提供一个舒适、安全、方便和高效的生活环境。对智能家居产品来说，最重要的是以实用为核心，摒弃掉那些华而不实，只能充作摆设的功能，产品以实用性、易用性和人性化为主。

2. 可靠性

整个建筑的各个智能化子系统应能二十四小时运转，系统的安全性、可靠性和容错能力必须予以高度重视。对各个子系统，以电源、系统备份等方面采取相应的容错措施，保证系统正常安全使用、质量、性能良好，具备应付各种复杂环境变化的能力。

3. 标准性

智能家居系统方案的设计应依照国际和国家有关标准进行，确保系统的扩充性和扩展性，在系统传输上采用标准的 TCP/IP 协议网络技术，保证不同产商之间系统可以兼容与互联。系统的前端设备是多功能的、开放的、可以扩展的设备。如系统主机、终端与模块采用标准化接口设计，为家居智能系统外部厂商提供集成的平台，而且其功能可以扩展，当需要增加功能时，不必再开挖管网，简单可靠、方便节约。设计选用的系统和产品能够使本系统与未来不断发展的第三方受控设备进行互连互通。

4. 方便性

布线安装是否简单直接关系到成本、可扩展性、可维护性的问题，一定要选择布线

简单的系统，施工时可与小区宽带一起布线，简单、容易；设备方面容易学习掌握、操作和维护简便。

5. 数据安全性

在智能家居的逐步扩展中，会有越来越多的设备连入系统，不可避免地会产生更多的运行数据，如空调的温度和时钟数据，室内窗户的开关状态数据，煤气电表数据、监控视频数据等。这些数据与个人家庭的隐私形成前所未有的关联程度，如果导致数据保护不慎，不但会导致个人习惯等极其隐私的数据泄漏，在关系家庭安全的数据，如窗户状态等数据泄漏会直接危害家庭安全。同时，智能家居系统并不是孤立于世界的，还要对进入系统的数据进行审查，防止恶意破坏家庭系统，甚至破坏联网的家电和设备。尤其在当今大数据时代，一定要防止家庭大数据的安全性。

任务 2　智能家居的控制方式

本任务主要学习了解智能家居的两种控制方式，即本地控制和远程控制。

一、本地控制

本地控制是指在受控家居附近，通过智能开关、无线遥控器、控制屏、平板电脑以及家用电器本身的操作按键等，对家居进行的各种操作控制。

1. 智能开关控制

智能开关控制是指利用智能面板、智能插座对家庭照明的灯具或电器进行控制，与传统方式不同的是，用户可以在家中的多个地点，用多种手段对家电进行控制，包括用一个按键组合控制多个家电，即“情景控制”。

2. 无线遥控器控制

无线遥控器可以对家电进行简单模式控制，也可以与红外转发器及控制主机配合，将家中原有的各种红外遥控器的功能存储在智能家居的红外转发器中，实现一只无线遥控器控制所有空调、电视、DVD、功放、有线电视机顶盒等红外线遥控电器。

3. 主机控制

智能主机是整个智能家居系统的核心，它通过互联网、移动网络和室内无线网（Wi-Fi、ZigBee 等），对输入的信号进行分析处理后，形成新的输出信号（即各种操作指令），再通过室内无线网发出，完成灯光控制、电器控制、场景设置、安防监控等操作。在紧急情况下还可以通过室外互联网、移动网络向远端用户手机或 PC 发送家里的安防报警信息。

4. 电脑和平板控制

使用电脑或者平板下载安装相应厂商提供的智能家居主机专用软件后，就可以在电脑端或平板上完成所有操作。

二、远程控制

远程控制一般是指在远离住宅的地方，利用互联网，通过手机或电脑对家居进的控制操作。使用前，用户的智能手机需要先下载安装相应的 APP 软件，再通过 APP 连接到厂商提供的对外开放的云平台访问自家的智能主机，进而而实现手机端的控制。

任务 3　智能家居通信控制技术

本任务主要学习了解智能家居的通信网络构架。

目前实现智能家居系统的通信网络构架总体上分为“有线”和“无线”两大类，如图 4-1-3 所示。

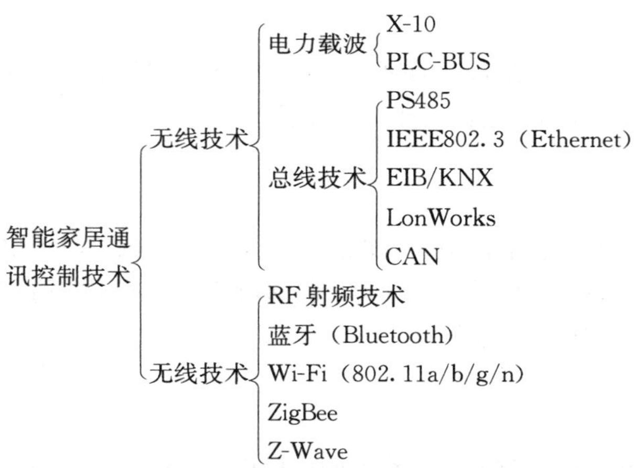

图 4-1-3　智能家居通信控制技术分类

一、有线技术

（一）电力载波

电力载波技术起源于美国，主要代表技术为 X-10 和 PLC-Bus 两种。

X-10 通信协议，以家庭内的电力线缆为通信载体，用于家庭安全监控、电器控制等家庭自动化系统。其缺点在于许多设备间进行单向通信，没有反馈机制，通信效率很低。

PLC-Bu 协议，起源于荷兰，是一种高稳定性及性价比较高的双向电力线缆通信总线技术。而其他的电力线控制技术在系统功能、可靠和成本上均无法与之比拟。PLC-Bu 主要由三部分组成，即发射器、接收器和系统配套设备。该系统对弱电布线的唯一要求是每个开关盒里都必须有零线和火线。

（二）总线技术

现场总线是现代控制技术、计算机技术和通信技术相结合的产物。现场总线技术是近十年中蓬勃发展起来的新生事物。在实际工程应用中体现出其强大的生命力，控制网必将沿着现场总线方向发展，现场总线技术也必将是控制网技术的核心。每个现场控制单元具有数字处理和双向高速通信的能力，分散控制，网络规模大且具有高质量的稳定性。目前世界上现场总线的标准多达 200 种，有很多应用于建筑物的总线技术，它们中大多数是某个具体应用的解决方案。国际上具有代表性的现场总线技术与产品有 FF 总线、PROFI 总线、LON 总线、BACnet、CAN 总线、INTER 总线和 CCLink 总线等。

以双绞线为基础的家居控制总线主要有 CEBus 总线、LonWorks 总线、APBus 总线、RS-485 总线、KNX 总线等。就总线本身而言，这几种总线的拓扑结构基本是相同的。下面分别叙述几种代表性的总线技术的持点。

1. RS-485 总线

RS-485 总线使用差分电压传输方式。一般采用总线型网络结构，总线节点数有限，使用标准 485 收发器时，单条通道的最大节点数为 32 个，传输距离较近（约 1. 2 km），传输速率低（300 bps～9. 6 kbps），传输可靠性较差，对于单个节点，电路成本较低，设计容易，实现方便，维护费用较低。

从严格意义上讲，RS-485 并不是一个完整的总线技术标准，仅仅定义为物理层和链路层的通信标准，许多厂商采用其技术全新定义了自己的总线技术标准，比较有代表性的美国 Honeywell 的 C-Bus 总线技术。另外，在 RS-485 技术基础上应用较多的是 MODB-US 标准。

2. CEBus 总线

CEBus（ Consumer Electronics Bus）是美国电子工业协会（EA）为消费电子产品制定的一种通信产品和操作性的标准，是家用电器之间通信所使用的五种类型的介质（电力线、无线频率、红外、双线和同轴电缆）中信号的传输标准。信号传输速率和系统容量分别是 10 kbps 和 4G。

3. LonWorks 总线

Lon Works 协议是美国 Echelon 公司开发并与 Motorola 和东芝公司共同倡导的现场总线技术，它支持多种物理介质，适用于双绞线、电力线、光缆、射频、红外线等，并可在同一网络中混合使用。LonWorks 协议支持多种拓扑结构，可以选用任意形式的网络拓扑结构，组网方式灵活。

LonWorks 的通信最高速率为 1. 25 M/s（有效距离为 130 m），最远通信距离为 2 700 m

（双绞线，通信速率 78 kb/s），节点总数可达 32 000 个。LonWorks 的特点使之非常适合建筑的楼自动化系统。

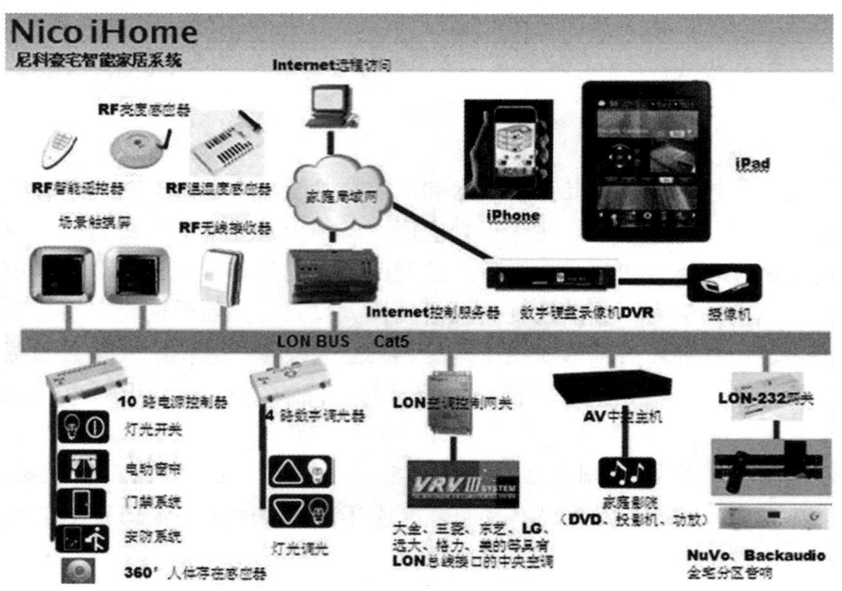

图 4-1-4　采用 LonWorks 技术的 Nco 智能家居系统

4. APBus 总线

APBus 总线是目前唯一拥有中国自主知识产权的总线技术。它是一种针对家庭的全分布式的智能控制网络技术，这点与 LonWorks 技术相似。APBus 总线具有双向通信能力以及互操作性和互换性，其控制部件都可以编程。信号传输速率和系统容量则与 CEBus 一样，分别是 10 kbps 和 4 G。

5. CAN 总线

CAN 总线（ControllerAreaNetwork），是一种支持分布式控制和实时控制的对等式现场总线网络。其网络特性使用差分电压传输方式，总线节点数有限，使用标准 CAN 收发器时，单条通道的最大节点数为 110 个，它的传输速率范围是 5 kbps 至 1 Mbps，传输介质可以是双纹线或光等，任意两个节点之间的传输距离可达 10 km。对于单个节点，电路成本高于 RS-485，传输可性较高，界定故障节点十分方便，维护费用较低。在目前已有的几种现场总线方式中，具有较高的性能价格比。

6. KNX 总线

KNX 总线是目前世界上唯一的适用于家居和楼宇自动化控制领域的开放式国际标准。KNX 总线的传输介质除了双绞线、同轴电缆外，还支持使用无线电来传输 KNX 信号。无线信号传输频宽为 866 MHz（短波设备），最大发射能量 25 mW，传输速率 16 384 kbit/s，也可以打包成 IP 信号传输。通过这种方式，LAN 网络和互联网也可以用来发送 KNX 信号。应用 KNX/IP 接口实现远程控制的示例如图 4-1-5 所示。

图 4-1-5　应用 KNX/IP 接口实现远程控制

智能家居的几种有线技术的参数对比，见表 4-1-1。

表 4-1-1　智能家居有线技术参数比较表

	X-10PLC-BUS	RS-485	IEEE802.3（Ethernet）	EIB，KNX	LonWorks	CAN-BUS
起源年代	1976	1983	1980	1999	1990	1970—1990
传输线（介质）	电力线	两芯双绞线	8 芯双绞线	专用线缆	双绞线、同轴电缆、光纤、无线	专用电缆
传输距离（米）	X-10：200 PLC：2000	1 200	100	1 000	2 700	10 k
网络结构	总线型、星型	总线型	星型	总线型、星型	总线型、星型、自由拓补等多种结构	总线型
传输速度（bps）	100～200	300～9.6 k	10M～1000M	9.6k	300～1.25M	9.6 k
协议规范	行业级	无	国际级 TCP/IP	国家级	国际级 LONTALK	行业级或私有
典型应用领域	智能家居	工业自动化	互联网	智能建筑	工业自动化	各行各业

三、无线控制技术

无线控制技术可以将家庭内部的各种电气设备和电气子系统通过无线电连接在起，采用统一的通信协议，对内可实现资源共享，对外可通过网关与外部网络进行信交互，无线控制技术主要包括 RFID、蓝牙、Wi-Fi、ZigBee、Z-Wave 等几种。

1. 射频识别技术（RFID）

射频识别技术是一种近距离、低复杂度、低功耗、低速率、低成本的无线通讯技术，通过高频的无线频率（315 MHz，433.92 MHz，868 MHz，915 MHz 等）点对点，实灯光、窗帘、家电等的遥控功能。这种技术的优点是部分产品无需重新布线，不会破坏原有家居的美观，安装设置也都比较方便，主要应用于实现对某些特定电器的控制。

RF 无线射频技术在智能家居应用特点包括以下几点：①RF 无线射频技术的显著优势是无线信号的穿透性强；②成本低，并发容易；③安装简单，方便使用；④功耗低；⑤延时短。

RF 在智能家居领域目前存在的同题主要包括以下几点。

(1) 不同于 ZigBee 和 Wi-Fi 技术中所采用的加密功能，433 MHz 网络中一般采用数据透明传输协议，因此其网络安全可靠性也是较差的。

(2) 数据传输速率只有 9 600 bps，远近小于 WF 和 ZigBee 的数据速率，由于通信速率低，数据碰撞现像高，在碰撞时会导致控制失败或反馈数据失效的现像。

(3) 基于 ASK，FSK 调制方式限制使 RF 抗干扰能力差，容易受干扰。

(4) 无双向反馈功能，用户无法查看到现场设备的状态。

(5) 由于 RF 只有一个频点，所有设备都用一个频点更加容易导致同频干扰。

2. 蓝牙（Bluetooth）技术

蓝牙（Bluetooth）技术是一种支持设备短距离通信（一般 10 m 内））的无线电技术，能在包括移动电话、PDA、无线耳机、笔记本电脑设备等之间进行无线信息交换。利用蓝牙技术，能够有效地简化移动通信终端设备之间的通信，也能够简化设备与 Internet 之间的通信，从而使数据传输变得更加迅速高效，蓝牙采用分散式网络结构以及快跳频和短包技术，支持点对点及点对多点通信，信号工作在 24GHz 频段。

蓝牙技术在智能家居中的应用特点包括功耗低、应用范围广、即时技术（它不要求固定的基础设施，且易于安装和设置）、距离近（不隔墙最大距离约为 30 m）、节点少（只能一对多进行管理，并且一对多不能超过 10 个设备，目前一个设备只能管理 8 个节点）。

3. Wi-Fi 技术

Wi-Fi 技术标准也就是 EEE 802. 1 无线局域网标准。目前 EEE 802. 11 的主流版本是 802. 119 和 802. 11n，运行在 2. 4 GHz 频段，带宽可达 54 Mbps，802. 11 n 的带宽最高可达 300 Mbps。Wi-Fi 通常用于将个人电脑、手持设备（如 PAD、手机 ）等终端，以无线方式互相连接。

Wi-Fi 无线技术，应用在智能家居领域目前存在的问题主要有功耗高、对路由器要求高（普通家用路由器的连接设备数量一般都小于 20 个，一旦节点过多会导致设备不断的重复连接将信号弱的设备挤掉线）、组网能力差、通信距离短等。

4. ZigBee 技术

ZigBee 技术标准就是 IEEE802. 15. 4 个人局域网标准（PAN），是 ZigBee 联盟发起的开放式无线标准。它是一种近距离、低复杂度、低功耗、低速率、低成本的双向无线通讯技术，主要用于距离短、功耗低且传输速率不高的各种电子设备之间进行数据传输。

ZigBee 技术工作在 2. 4 GHz 频段，传输速率最高 250 kbps，典型传输距离为 5～100 m。该技术的特点主要有低功耗（节点电池的工作时间可以长达六个月到两年）、低速率（250 kbp/s）、低成本（使用免费的 ISM 频段 2. 4 GHz）、通信抗干扰能力强（使用直序扩频技术 DSSS ）、保密性强（64 位出厂编号、支持 128 位 AES 加密）、高可靠性节（节点模块之间可以自动动态组网，支持网状拓扑结构）。

由于 ZigBee 具备的这些技术优势，使该技术广泛应用于物联网产业链中的 M2M 行业，如智能电网、智能交通、智能家居、金融、移动 POS 终端、供应链自动化、工业自动化、智能建筑、消防、公共安全、环境保护、气象、数字化医疗、遥感勘测、农业、林业、水务、煤矿、石化等领域。在智能家居系统各种技术中占比高达21%，仅次于RS-485有线控制技术。

5. Z-Wave技术

Z-Wave技术是一种新兴的基于射频的、低成本、低功耗、高可靠的短距离无线通信技术。Z-Wave工作在908.42 MHz（美国标准））或868.42 MHz（欧洲标准），采用数字FSk调方式，数据传输速率为9.6 kbps，典型传输距离为5～100 m。

Z-Wave是目前最低功耗和最低成本的无线技术，目前Z-Wave第五代芯片模组的休眠待命电流只有1 μA。该技术专门针对窄带应用，并采用了创新的软件解决方案以取代成本较高的硬件，有效控制了成本。

Z-Wave技术，在一个智能家居应用系统中，能够实现最大232个节点接入，而一般家庭的设备数量不会超过30个。

6. 各种无线技术的对比

根据上述的介绍，可以得知，ZigBee技术无论在设备的兼容和扩展、安全性、双向反馈、覆盖范围、节点数量、自组网功能、功耗等方面较其他技术更具优势，因此，ZigBee应用领域更广泛，在智能家居中具有更多应用价值。

智能家居无线技术比较，见表4-1-2。

表4-1-2　智能家居无线技术参数比较

	RF射频	Bluetooth 蓝牙	Wi-Fi (IEEE802.11a/b/9n)	ZigBee (IEEE802.15.4)	Z-Wave
起源年代	1894	1998	1997	2001	2005
工作频率/hz	315M、433M等	2.4G	2.4G	2.4G	908.45M 868.42M
调制方式	模拟-数字 GFSK	数字DSSS、π/4-DQPSK、8DPSK	数字DSSS/OFDM等	数字DPSK/QP等	数字FSKOBF-SK/GFSK
典型发功率	5mW	2.5mW	终端36mW　AP 320mW	1mW	1mW
典型传输距离	50～100m	10m	50～300m	5～100m	5～100m
网络结构	点到点	微网和分布式网络	蜂窝	动态自由组网	动态自由组网
通信速率/bps	1.2k～19.2k	1M	1M～600M	250k	9.6k
网络容量	取决于协议	8，可扩充至8+255	50，取决于AP性能	255，可扩充至65000	232
协议规范	VES-128	蓝牙技术联盟	IEEE802.11	IEEE802.15.4	Z-Wave联盟
安全加密		密钥，采用四个线性反馈移位寄存器	WEP，WPA等	循环冗余校验(CRC)，AES-128的加密算法	无加密
典型应用	遥控、门铃	鼠标、耳机、手机、电脑等	无线局域网	物联网所有领域	智能家居、消费电子

模块二　智能家居系统设计规范与产品

本模块是围绕智能家居“设计”这一关键字进行知识点的阐述。首先理解智能家居系统的各个子系统设计规范和功能要求，其次认识智能家居各个子系统相关的产品及部署方法，引导学生一步一步深入了解智能家居系统。随后介绍使用CAD软件查看智能家居设计图。

任务1　智能家居电气设计规范及要求

本任务主要介绍我国住宅建筑电气设计规范，学习智能家居电气设计的基本要求，了解智能家居电气设计的相关产品。

任务实施

一、智能家居系统的电气设计规范

我国的行业标准JGJ242-2011《住宅建筑电气设计规范》自2012年4月1日起实施。下面简要介绍有关条文，供家庭照明系统设计时参考。

（1）住宅建筑电气照明的设计应符合国家现行标准GB50034-2013《建筑照明设计标准》、JG162008《民用建筑电气设计规范》的有关规定。

（2）住宅建筑常用设备电气装置的设计应符合现行行业标准JG116-2008《民用建筑电气设计规范》的有关规定。

（3）住宅建筑电源布线系统的设计应符合国家现行有关标准的规定。住宅建筑配电线路的直敷布线、金属线槽布线、矿物绝缘电缆布线、电缆桥架布线、封闭式母线布线的设计应符合现行行业标准JGJ16-2008《民用建筑电气设计规范》的有关规定。

（4）电源布线系统宜考虑电磁兼容性和对其他弱电系统的影响。

（5）住宅建筑应采用高效率、低耗能、性能先进、耐用可靠的电气装置，并应优先选择采用绿色环保材料制造的电气装置。

（6）每套住宅内同一面墙上的暗装电源插座和各类信息插座宜统一安装高度。

（7）住宅建筑的照明应选用节能光源、节能附件，灯具应选用绿色环保材料。

二、智能家居电气设计的基本要求

（1）集中控制和多点操作。在任何一个地方的终端均可以控制不同地方的灯，或者是在不同地方的终端可以控制同一盏灯。

（2）灯光明暗能调节。允许对灯光进行不同亮度的调节，保护视力。

（3）定时控制。通过对照明部件进行策略设置，可以对灯光实现定时开关。例如每天早起时灯光缓缓开启到一个合适的亮度。

（4）情景设置。可以通过预设好的情景模式，实现一个按键控制一组灯光，或者实现灯光与其他家电的组合控制，具体的情景模式有回家模式、离家模式等。

（5）与安防联动。可以设定为当有外人闯入，或是烟雾探测器感应到火灾时，让家中的报警灯不停闪烁（可以将报警灯放置在阳台等比较醒目的地方）。

三、智能家居电气设计的相关产品

智能家居电气控制方面包含产品很多，其中常见的有：智能开关面板、调光面板、情景面板、RGB 控制盒（RGB 灯带）、智能插座、ZigBee 红外转发器、窗帘控制盒智能门锁等。这些产品大多数是基于 ZigBee 协议连接到智能家居网关上来实现用户的控制的。

图 4-2-1 所示为智能家居电气系统中灯光控制系统。图中所有的灯控开关都使用 ZigBee 无线信号和 ZigBee 智能家居主机（即网关）连接，灯控开关和灯具之间则采用标准化的供电线缆相连。下面针对各种开关设备的特点和部署方式进行详细介绍。

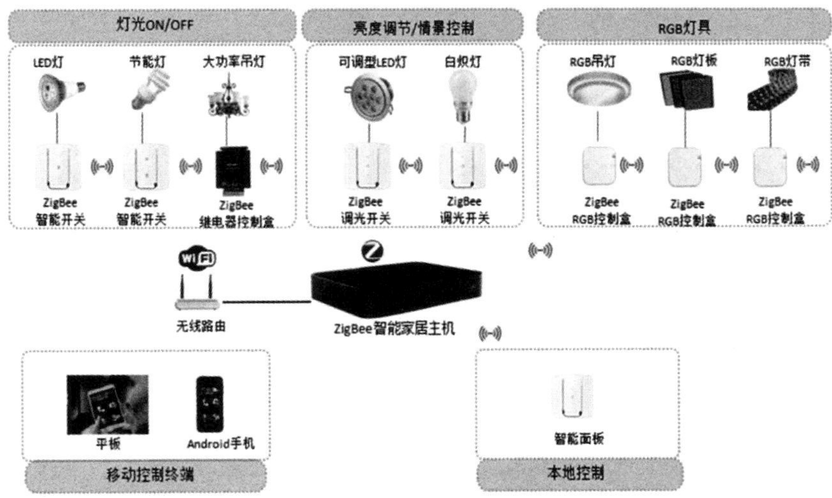

图 4-2-1　灯光控制系统

1. 智能开关面板

ZigBee 智能开关如图 4-2-2 所示，此产品按照 86 型开关标准设计，用户只要更换墙面上的普通开关，即可享受极具科技感的触控体验。

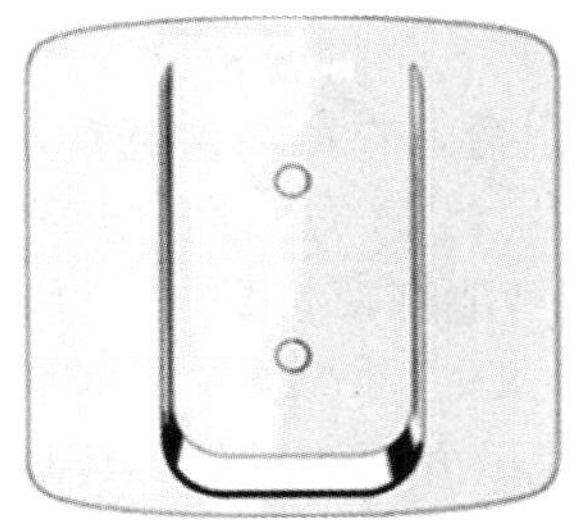

白金系列—智能 2 路开关

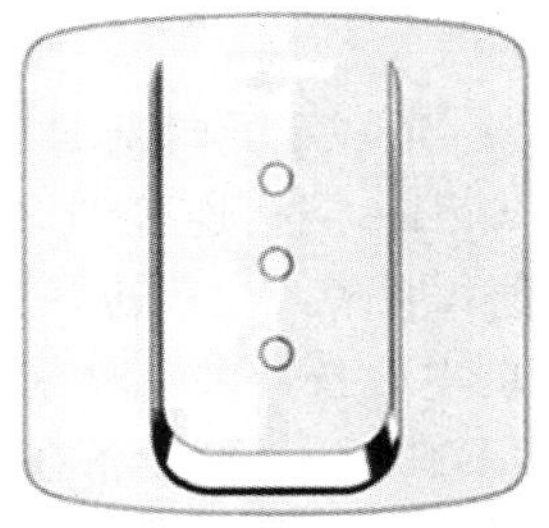

白金系列—智能 3 路开关

图 4-2-2　智能开关

另外，开关配合 ZigBee 主机一起使用，用户可以通过手机或者平板电脑对开关进行遥控，开关具有实时反馈状态，家中用电一目了然。

常见的智能开关包含一路、二路和三路开关三种，本书配套的实训台采用了一个二路开关，顾名思义，即一个开关可以控制两路灯具，开关的物理尺寸和普通家用 86 型开关面板一致。开关自身带有的 ZigBee 通讯模块，工作在 2.4GHz 无线信号频率上，采用 ZigBee HA 协议自主入网技术，支持 ZigBee 自组网，支持 AES-128 位密钥动态加密。智能开关既可以使用手动触摸的方式进行灯具的开/关控制，也可以接收智能家居主机的控制信号实现自动开/关灯。

2. 情景控制面板

ZigBee 智能控制面板是在 ZigBee 协议基础上开发由零火线供电的控制面板，如图 4-2-3 所示。情景面板可以设置多种情景模式，如离家模式、在家模式、娱乐模式等等。可安装于床头、走道两头、上下楼梯处、入户门处，配合相应的主机用户可以使用手机远程控制它，进而达到一键进入某种情景目的。

本书配套的实训台采用的情景控制面板的物理尺寸和普通家用 86 型开关面板一致，产品的工作频率、通信协议、加密方式等参数均和智能开关一致。该情景面板也支持手动触摸和远程控制两种操作方式。

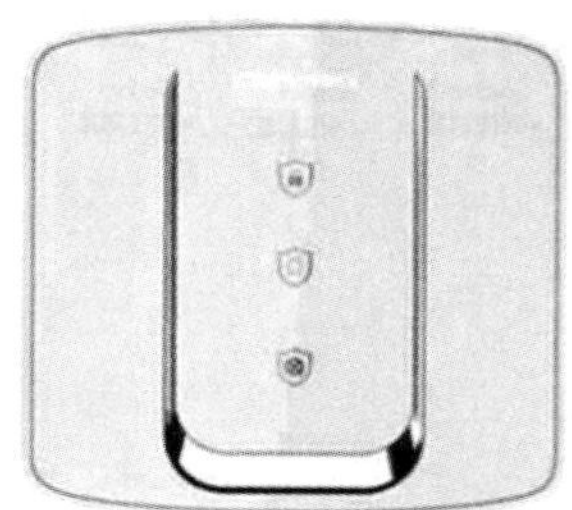

图 4-2-3　智能情景面板

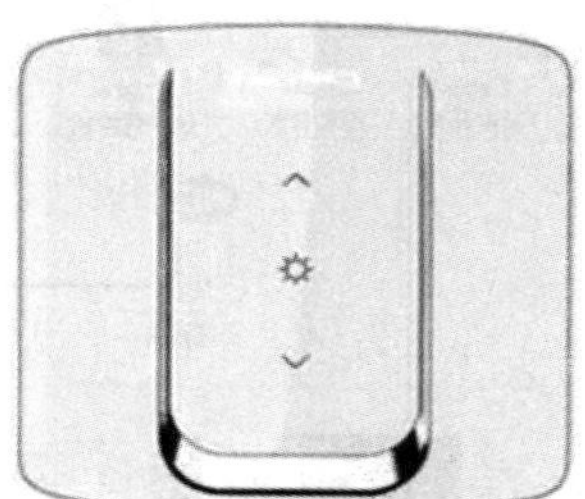

图 4-2-4　智能调光面板

3. 智能调光面板

ZigBee 智能调光面板，如图 4-2-4 所示。此产品按照 86 型开关标准设计，主要用于连接可调光 LED 灯具，实现室内灯光的无级调光，可实现 0～100% 亮度调节。智能调光面板的技术参数和上述的智能开关等设备一致。

4. RGB 控制盒（LED 灯带控制盒）

RGB 控制盒是一款 ZigBee 可调光 RGB 控制盒，它可与普通的 RGB 灯带或平板灯连接，把灯控信号通过 ZigBee 网格连接到 ZigBee 主机中。通过智能手机上的 APP 软件就可以轻松调节灯光的颜色和明暗，让普通灯道变成智能灯，如图 4-2-5 所示。

RGB 控制盒属于弱电设备，供电电压范围在 DC 12～24 V，本书配套的实训台采用的 RGB 控制盒型号为 RLB04CZB。该设备在无线通讯方面的工作参数与上述智能开关等设备保持一致。

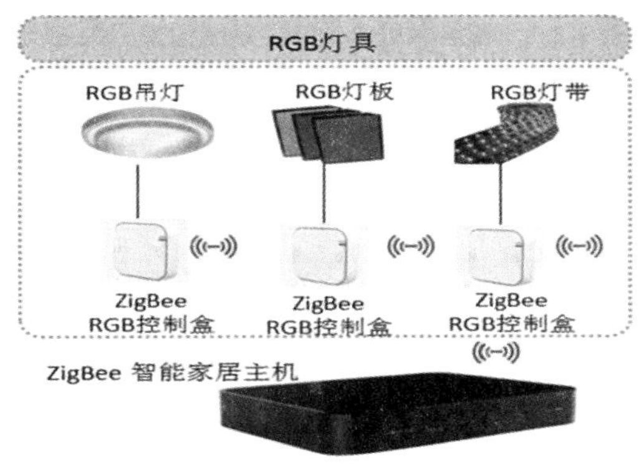

图 4-2-5　RGB 控制盒与 RGB 灯具

5. 智能家居中的灯控系统的部署

图 4-2-6 所示为某住宅一楼的平面图，对其部署智能家居灯控设备时，可以将关注点落在客厅玄关区、餐厅厨房区、卧室、卫生间、楼梯等位置上。

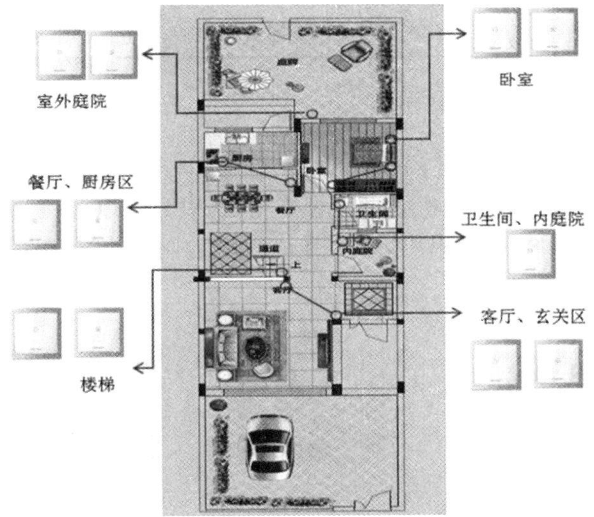

图 4-2-6　某住宅一楼灯控系统部署

图 4-2-6 所示主要说明智能开关和情景面板的部署，对于家居中的客厅和餐厅位置，还可以部署 RGB 彩色灯带，利用 RGB 控制盒实现彩灯的变色效果，如图 4-2-7 所示。

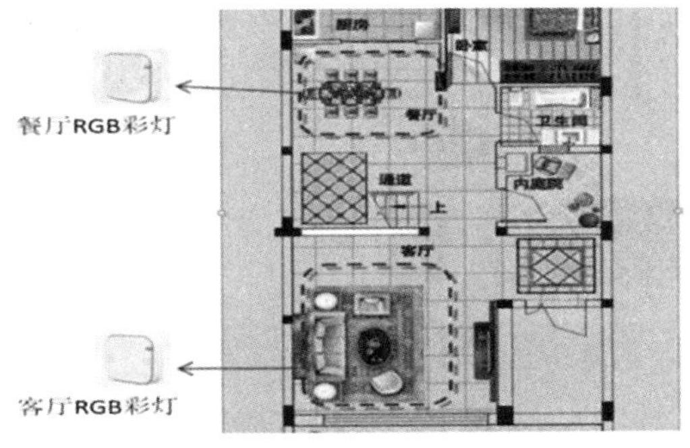

图 4-2-7　某住宅一楼 RGB 彩灯的部署

表 4-2-1　智能家居中的灯控系统的部署关注点

关注位置	主要设计设备	主要设计需求
客　厅 玄关区	智能开关＋智能情景面板	客厅区和玄关区的的照明智能控制 整个住宅出入口场景控制
餐　厅 厨房区	智能开关	餐厅、厨房照明智能控制
卧　室	智能开关＋智能情景面板	照明控制，以及床头用情景面板双控制控制
卫生间 内庭院	智能开关	照明控制
楼　梯	智能开关＋智能情景面板	楼梯区照明智能控制 楼梯区的照明双控控制（在一楼控制其他楼层照明）
室外庭院	智能开关＋情景面板	室外照明 整宅的回家模式或离家模式控制
客　厅 餐　厅	RGB 控制盒＋开关电源＋RGB 灯带	在客厅、餐厅安装 RGB 可调彩灯带，可在会客、聚餐或是家庭活动时产生更加绚丽的色彩灯光。

6. 智能窗帘控制盒（多功能控制盒）

智能窗帘控制盒是一款多功能 ZigBee 设备，它可以与普通窗市电机连接，把控制信号通过 ZigBee 网络链接到 ZigBee 主机中，用智能主机 APP 可以轻松调节窗帘的开启和关闭，让普通窗帘迅速变成可遥控的智能窗帘。另外该智能控制盒也适用于控制大型电器的开关，如图 4-2-8 所示。

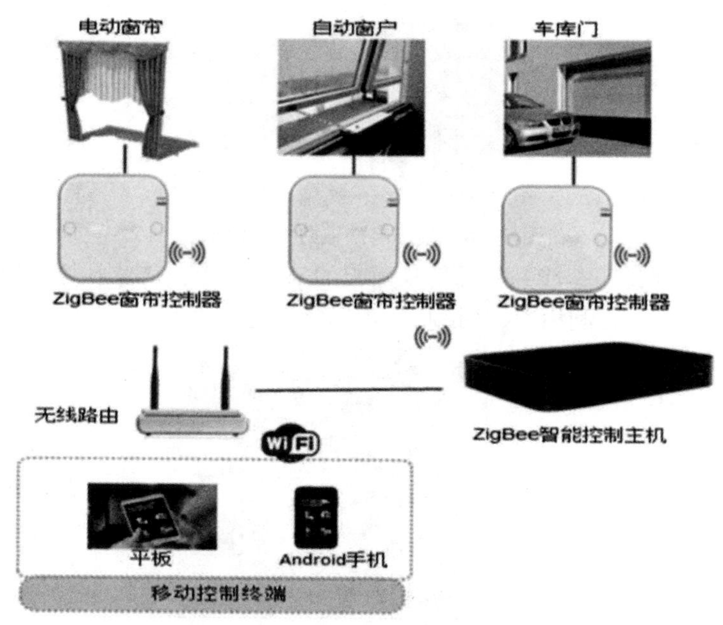

图 4-2-8　窗帘控制

窗帘控制盒属于弱电强电兼容设备，本身支持三种工作模式选择（强电电机模式、弱电电机模式、继电器模式)。窗帘控制盒上带有跳线开关，可以手动设置三种模式的切换。本书配套的实训台采用的 RGB 控制盒设备，在无线通讯方面的工作参数与上述智能开关等设备保持一致。

7. 窗帘电机

窗帘控制盒向电机传递信号，实现电机的正转、反转或停止操作，从而使窗帘打开、关闭或停止。窗帘电机一般有三根电源线，分别为正转相线、反转相线和零线。该设备属于通用电气部件，使用 220V 交流电供电，如图 4-2-9 所示。

图 4-2-9　窗帘电机

8. 智能家居中的窗帘控制系统的部署

图 4-2-10 所示为某住宅一楼的平面图，智能窗帘控制盒的部署主要分布在表 4-2-2 所示的几个位置上。

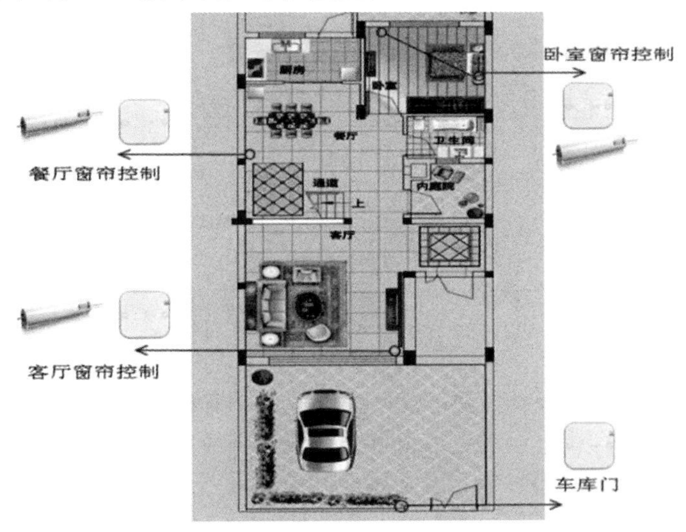

图 4-2-10　某住宅一楼窗帘控制盒的部署

表 4-2-2　智能家居中的窗帘控制系统的部署关注点

关注位置	主要设计设备	主要设计需求
餐厅、客厅、卧室	多功能控制盒＋窗帘开合帘电机	餐厅、客厅、卧室的窗帘自动控制和情景控制
车库门	多功能控制盒（强电模式）	通过手机对车库门进行远程控制

9. ZigBee 红外转发器

ZigBee 红外转发器是一款对红外家电设备（如：空调、电视，机顶盒，投影机等）进行无线操作的智能控制器。通过普通红外家电的红外对码学习，红外转发器就可以通过 ZigBee 信号转发学习过的红外码，用户可利用手机或平板电脑上的 APP 软件来轻松控制红外家电，设备也可以配合智能家居情景模式操作，执行一键开启/关闭家庭影院模式。如图4-2-11所示。

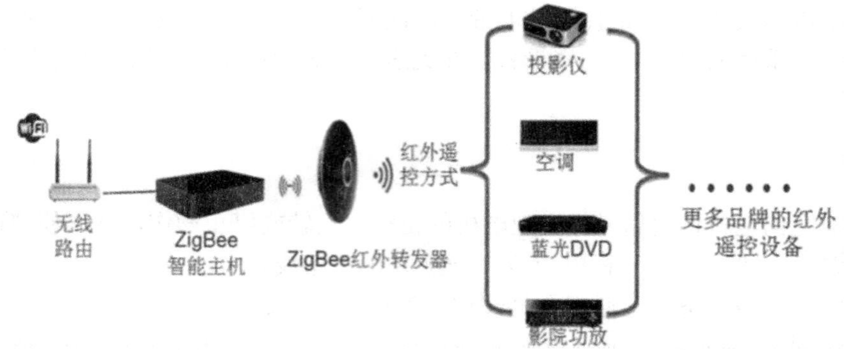

图 4-2-11　ZigBee 红外转发器

ZigBee 红外转发器的安装十分简便，可以采用吸顶安装方式，也可以采用倒挂安装或是直接平置在桌面。其红外发射角度为 360°，全方位覆盖，可以实现高灵敏、高准确控制，如图 4-2-12 所示。

图 4-2-12　ZigBee 红外转发器的安装位置

本书配套的实训台采用的 ZigBee 红外转发器其红外射频信号工作在 38kHz 频率上，其在 ZigBee 无线通讯方面的工作参数与上述智能开关等设备保持一致。

任务 2　智能家居安防系统设计规范

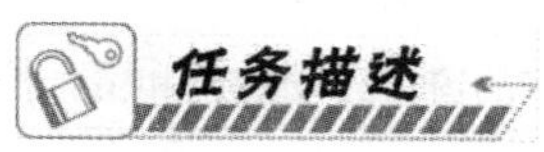

本任务主要学习智能家居安防系统的功能和设计规范；了解智能家居安防系统的相关产品。

一、智能家居安防系统的功能

家居安防系统主要通过智能主机与各种探测没备配合，实现对各个防区报警信号及时收集与处理。通过本地声光报器、电话或短信报警，向用户预设的电话或短信号码、手机 APP 等发送报警信息，直到用户接警系统撤防为止，用户根据报警情况，可以及时通过网络提像头观察现场，以确认有紧急事件发生。

智能家居安防系统主要有以下几项功能：

（1）远程实时监控功能。用户可以使用安装在电脑或智能手机上的监控客户端软件，通过互联网远程查看家中的监控视频。

（2）远程撤防、远程设防与远程报警功能。

（3）存储图像功能。视频监控系统能够将监控场所的视频保存在本地存储器或网络硬盘上，用户随时可以通过客户端软件回放监控录像。

（4）具备夜视、云台等控制功能。无线摄像头配备了 ICR 红外滤光片，支持夜视监控，同时配备了云台，机身可以在 340°范围内旋转，同时摄像头部分也可以上下移动，仰角度可达 140°，监控范围在一定程度上来说是全景无死角的。

二、智能家居安防系统的设计规范

智能家居安防系统设计主要遵循以下标准及规范：

（1）《智能建筑设计标准》（GB/T50314-2006）。

（2）《住宅设计规范》（GB500962011）。

（3）《建筑智能化系统工程设计标准》（DB32/191-1998）。

（4）《城市住宅建筑综合布线系统工程设计规范》（CECS/119-2000。

（5）《民用建筑电气设计规范》（1G16-2008）。

（6）《住宅建筑电气设计规范》（JG1242-2011）。

（7）《民用闭路监视电视系统工程技术规范》（GB/50198-2011）。

（8）《工业电视系统工程设计规范》（GB50115-2009）。

（9）《火灾自动报警系统设计规范》（GB50116-2013）。

（10）《建筑内部装修设计防火规范》［GB50222-1995（2001 年修订版）］。

（11）《综合布线系统工程设计规范》（GB5031-2007）。

（12）《住宅小区安全防范系统通用技术要求》（GB/T21714-2008）。

（13）《住宅小区安全技术防范系统要求》（DB31294-2010）。

三、智能家居安防系统的相关产品

智能家居安防系统的设备主要包括有：网络摄像头、人体红外传感器、门窗传感器（门磁）、烟雾报警器、智能门锁、单元门口对讲机等。其中，智能门锁、人体红外传感器、门窗传感器和烟雾报警器是基于 ZigBee 协议与智能家居网关相连实现控制的；网络摄像头、单元门口对讲机等设备由于对数据传输率要求较高，则是采用了以太网 IP 数据流的方式，直接连入家中的无线路由器，以满足视频对讲等高带宽的网络应用需求。

图 4-2-13 所示，为某安防系统的产品部署示例。网络摄像头可以安装在庭院、车库、客厅及玄关等处，不同位置上还可以选择不同类型的摄像头，例如车库或大院门口的实时监控可以选用户外枪型摄像机，家中庭院的实时监控也可以选用球机式摄像机，客厅或玄关位置可以选用室内高清摄像机。人体红外传感器可以部署在户外庭院，也可以部署在室内玄关、客厅、卧室等位置。门窗传感器一般部署在面朝户外的门、窗位置，可在主人离家时监控门窗是否被不正常开启。智能门锁与可视对讲机安装在入户大门的位置。烟雾探测器可以安装于家中可能发生火灾的所有客房、客厅、存储区、地下室和阁楼单元。

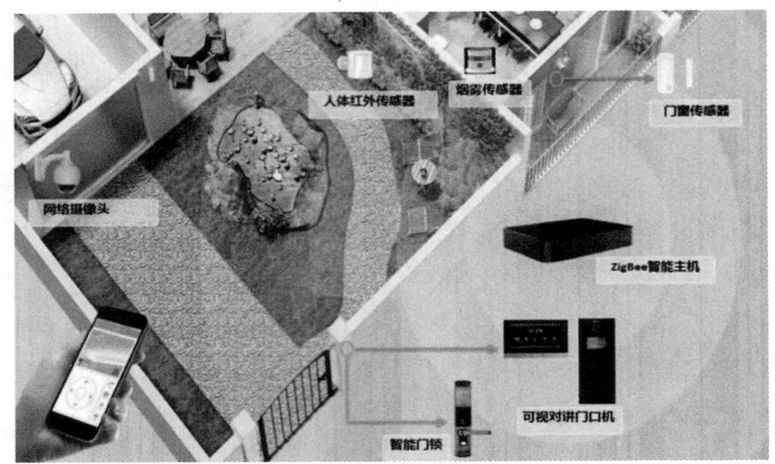

图 4-2-13 安防系统产品部署示例

1. 人体红外传感器

人体红外传感器基于人体红外光谱探测技术，当人体在其探测范围内活动时，通过感应人体释放的红外线来探测人或动物的移动。配合智能主机和 APP，可实现家居安防报警和自定义设备联动功能。

本书配套的实训台采用的人体红外传感器如图 4-2-14 所示。传感器采用 2 节 5 号电池供电，可探测范围为横向 120°，检测距离 7 m。该设备基于 ZigBee 协议与 ZigBee 网关进行连接通讯，在 ZigBee 通讯方面的工作参数与上述智能开关等设备保持一致。

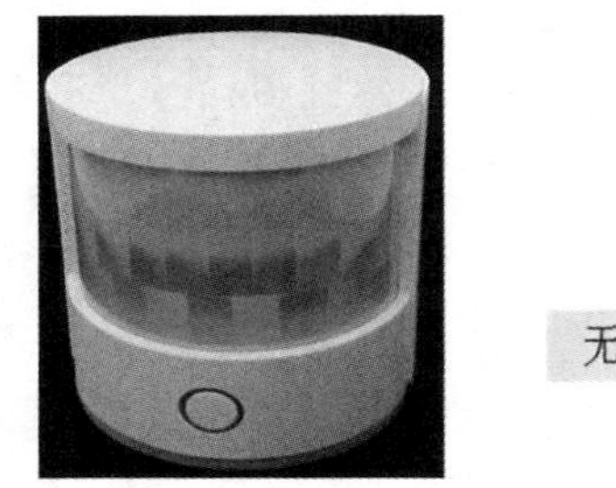

图 4-2-14 人体红外传感器

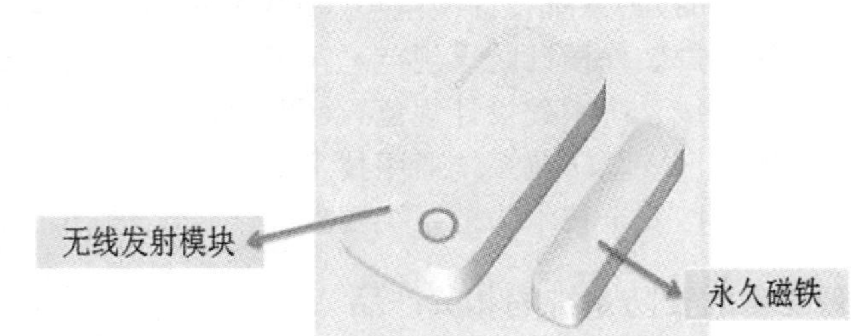

图 4-2-15 门窗传感器

2. 门窗传感器

门窗传感器由无线发射模块和永久磁铁两部分组成，如图 4-2-15 所示。

在无线发射模块中，安装有一个被称为“干簧管”的元件，当磁铁靠近“干簧管”距离约1.5 cm时，与“干簧管”串连的电路即处于断开状态 ，输出高电平；而当磁铁远离“干簧管”时，电路就会处于闭合状态，输出低电平；无线发射模块将高低电平处理成数字信号传递给智能家居主机。

门窗传感器是用来探测门、窗、抽屉等是否被非法打开或移动的。一般盗贼从门窗进入住宅的方法有两种：一是偷到主人的钥匙，把门打开；二是借助工具把门撬开。不论采用何种方法进入，都必须推开住宅门，门与门框必将产生移位，此时，固定在门两侧的传感器与磁体也随之产生了相对远离的位移，无线发射模块也就会立生报警信号。

本书配套的实训台采用的门窗传感器如图 4-2-15 所示。传感器采用 1 颗 CR2032 纽扣电池供电，该设备同样基于 ZigBee 协议与 ZigBee 网关进行连接通讯，在 ZigBee 通讯方面的工作参数与上述智能开关等设备保持一致。

3. 智能光电烟雾报警器

智能光电烟雾报警器，是一种判断空气中烟雾粒子浓度的烟雾探测器。它的理论依据是基于烟雾粒子对光的吸收和散射作用。在烟雾报警器内部，安装有一对红外线发射和红外接收晶体管。无烟环境下，红外接收管几乎接收不到来自发射管的信号；当火灾发生时，会有大量烟雾进入报警器机体内部，由于烟雾对光线的散射作用，会使红外接收管接收到一个较弱的信号，此时烟雾报警器内部的放大电路可以对该信号进行 200～400 倍的放大，同时，触发电路对放大后的电信号进行阈值判别，若超出报警的临界点，则无线发射模块将立刻发出烟雾报警信息，并送至智能家居主机，同时，烟雾报警器内置的声响报警装置出会瞬间发出高达 85dB 的报警铃声。

本书配套的实训台采用的光电烟雾报警器如图 4-2-16 所示。报警器采用 1 颗 CR123A 锂电油供电。该设备基于 ZigBee 协议与 ZigBee 网关进行连接通讯，在 ZigBee 通讯方面的工作参数与上述的智能开关等设备保持一致。

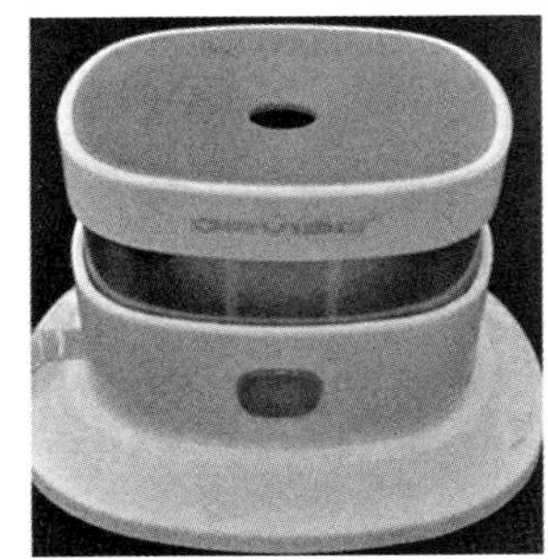

图 4-2-16 智能光电烟雾报警器

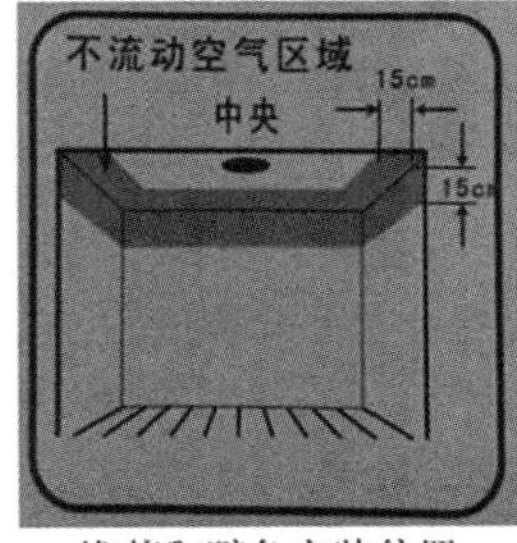

推荐和避免安装位置

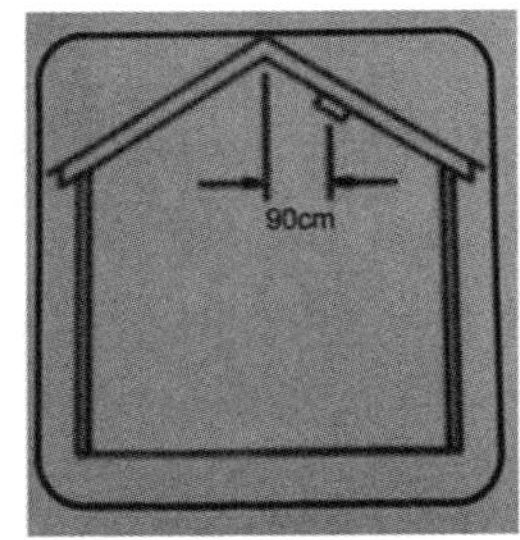

斜顶天花板安装位置

图 4-2-17 烟雾传感器的安装位置

烟雾传感器一般安装在天花板上，且天花板的中央是首选位置，如图 4-2-17（左）所示。为了及时有地检测到烟雾，应与灯具或装饰物保持少 30 cm 的水平距离，大厅如果超过 12 m，应将烟雾传感器安装在大厅的两端，但需要远离墙壁和角落至少 1 cm（天花板与墙壁交界处水平/垂直 15 cm 区域属于不流动空气区，烟雾不易到达，安装是时要避免这一区域）。

倾斜式天花板安装。如果天花板是倾斜的，应将烟雾传感器安装在距顶尖水平方向 90 cm处的天花板上。如图 4-2-17（右）所示。

4. 智能门锁

智能锁是指在用户识别、安全性、管理性方面具有智能化的锁具。智能门锁包括指纹锁、电子密码锁、电子感应锁、联网锁、遥控锁等类型锁具产品。

智能家居中，一般采用的 ZigBee 指纹密码联网智能锁。如图 4-2-18 所示的智能锁，型号为 OR-K9113（国标大锁体），它是一款可通过指纹识别（可注册 100 个指纹）、密码（10 组密码）、感应卡（100 张）以及手机客户端软件开锁的智能国标大锁体门锁。门锁内置的 ZigBee 模块，配合 ZigBee 主机，用户可通过网络来远程开锁，开锁时需输入密码，既智能又安全。

本书配套的实训台未涉及智能锁。OR-K9113 型智能门锁采用 4 节 5 号电池供，可以安装于包括木门、防盗门、铜门在内的多种类型的大门，适用门厚度 40～120 mm，产品采用了超 B 级锁芯，内置天地钩，具有反锁功能。支持指纹、密码、机械钥匙、手机和平板远程开锁等多种开锁方式。

该设备基于 ZigBee 协议与 ZigBee 网关进行连接通讯，在 ZigBee 通讯方面的工作参数与上述的智能开关等设备保持一致。

图 4-2-18　ZigBee 智能门锁

智能门锁的技术类型与选购注意事项

智能门锁涵盖多种锁具类型，不同类型产品的核心技术各有不同，见表 4-2-3，选购注意事项见表 4-2-4。

表 4-2-3　智能门锁的技术类型

产品类型	技术特点
指纹锁	指纹锁的核心技术是生物识别技术。指纹是指手指末端正面皮肤上凸凹不平的纹路，尽管指纹只是人体皮肤的一小部分，但是它蕴涵大量的信息，这些纹路在图案、断点和交点上是各不相同的，在信息处理中将它们称作"特征"，医学上已经证明这些特征对于每个手指都是不同的，而且这些特征具有唯一性和永久性，因此可以把一个人同他的指纹对应起来，通过和预先保存的指纹特征进行比较，就可以验证他的真实身份
电子密码锁	电子密码锁是一种通过输入密码来控制电路或是芯片工作，从而控制机械开关，完成开锁、闭锁任务的电子产品。应用较广的电子密码锁是以芯片为核心，通过编程来实现的
电子感应锁	电子感应锁里面有个线圈，内部电路处于震荡状态，相当于变压器的初级线圈，开锁的门卡里也有一个线圈，相当于变压器的次级线圈，当两个线圈靠近时，耦合产生电流，给门卡供电，同时耦合发送询问信号，门卡应答后，符合条件就开门
遥控锁	利用无线技术和物联网技术，通过网络、蓝牙等无线信号实现门锁与手机或遥控器的链接

表 4-2-4　智能门锁的选购注意事项

注意事项	具体内容
B 级别以上锁芯	锁具安防功能的核心部件是锁芯。B 级或以上级别的锁芯才是安全的，要确保技术性开锁安全时间在 10 min 以上。一般辨识 B 级锁可以看钥匙上是否双面双排子弹槽，超 B 级的钥匙旁边还有一条叶片或曲线
材质选择	选择纯铜锁芯，锁体最好采用 304 不锈钢，面板避免采用塑料，同样以 304 不锈钢为佳
全防式的设计	要兼顾传统机械工艺、现代高科技的指纹识别技术以及现代设计艺术，具有防盗、防暴、防水、防火、防湿、防腐、防温、防震、防磨、防雨防晒等全防式安全防护
日常便捷操作功能	日常生活中常有忘记关门、小孩玩弄门锁、钥匙丢失等各种麻烦，也存在安全隐患，所以智能门锁是否具备自动关门上锁、上抬把手反锁、游离式把手设计、多方式开锁、开门记录查询等功能的也是选购的关注点
完善的售后服务	购买智能锁时，产品的售后安装是一个问题，所以现在智能门锁品牌通常以两种方式解决这个问题，一种是完善品牌的售后安装团队，另一种是简化锁体安装要求，提高智能门锁的通用性

5. 网络摄像头

网络摄像头简称 WEBCAM，英文全称为 Web Camera，是传统摄像机与网络视视技术相结合的新一代产品。网络摄像头除了具备一般传统摄像机所有的图像捕捉功能外，摄像头还内置了数字化压缩编码器和基于 WEB 的操作系统，使得视频数据经压缩加密后，通过局域网、Internet 或无线网络送至终端用户，而远端用户可在 PC 上使用标准的网络浏览器根据网络摄像机的 IP 地址，对网络摄像机进行访问，实时监控目标现场的情况，并可对图像资料实时编辑和存储，同时还可以控制摄像机的云台和镜头，进行全方位地监控。

本书配套实训台采用的网络摄像头型号 TP6C，如图 4-2-19 所示。该设备采用了安霸的处理器，F1.8 光圈的镜头搭配 1/4 英寸的 100 万像素 iBGA CMOS，官方标准配置彩色模式下最低能支持 0.01 Lux 的光度，最大红外距离为 10 m。机器提供高清（1280×720）和流畅（704×480）两种模式分辨率模式。静止日间画面中，流畅模式带宽占用在 30～40 kb/s 左右；清晰模式占用在 60～70 kb/s 左右。两种模式的画面都比较流畅。该设备采用 DC5V 的电源供电，除了支持有线网络连接外，还支持 802.11b/g/n 无线 Wi-Fi 网络连接。

图 4-2-19　网络摄像头

如何选购网络摄像头

(1) 功能够用就行。功能越多价格越高，而有些功能并不见得都会用到。例如假若监控区域较小，那么光学变焦就用不上；如果只是监控家中白天时段的活动，那么红外夜视也就用不上了。

(2) 像素并非越高越好。高像素不一定有高画质，低像素也可以有高画质，像素够用就行，画质选择上多留意一些还原性强的产品，无需过度关注所谓的高像素。

(3) 关注摄像头的图像捕捉能力。质量不好的摄像头会出现视频明显延迟或调格现象，而质量好的摄像头，在捕捉图像时会比较流畅，帧数基本保持在 20 帧/s。

(4) 关注摄像头的体积。一般来说，越小越好，因为越小越不会引起注意。

(5) 优先考虑无线产品。无线摄像头的优势在于减少了布线的麻烦，且摆放位置更加随意。

6. 可视对讲系统

可视对讲系统可以提供访客与住户之间双向可视通话，实现图像、语音双重识别，从而增加安全性和可靠性，同时节省大量的时间，提高效率。可视对讲系统主要有室内机、门口机、管理中心机等组成。室内分机主要有对讲及可视对讲两大类产品，基本功能为对讲（可视对讲）、开锁。

(1) 室内分机。室内分机主要有对讲及可视对讲两大类产品，基本功能为对讲（可视对讲）、开锁。随着产品的不断丰富，许多产品还具备了监控、安防报警及设防撤防、户户通、信息接收、远程电话报警、留影留言提取、家电控制等功能。可视对讲分机有彩色液晶及黑白 CRT 显示器两大类。

室内机在原理设计上有两大类型：一类是带编码的室内分机，其分支器可以做得简单一些，但室内分机成本要高一些；另一类编码由门口机或分支器完成，室内分机做得很简单。

（2）门口机。门口机是楼宇对讲系统的关键设备。门口机显示界面有液晶及数码管两种。门口机除呼叫住户的基本功能外，还需具备呼叫管理中心的功能，红外辅助光源、夜间辅助键盘背光等是门口机必须具备的功能，ID 卡技术及读头成本降低使得感应卡门禁技术被应用在门口机上以实现刷卡开锁功能，许多产品还提供回铃音提示、键音提示、呼叫提示以及各种语音提示等功能。

（3）管理中心机。管理中心机一般具有呼叫、报警接收的基本功能，是小区联网系统的基本设备。使用电脑作为管理中心机极大地扩展了楼宇对讲系统的功能，很多管理机还集成有三表、巡更等系统；配合系统硬件，用电脑来连接的管理中心，可以实现信息发布、小区信息查询、物业服务、呼叫及报警记录查询功能、设防撤防纪录查询功能。

如图 4-2-20 所示，目前主流的可视对讲系统都采用了基于 TCP/IP 网络的数据通信方式，这种联网方式以交换机为中心节点，通过网线把管理中心机的电脑、门口机以及各单的室内机连接在一起。其优点是可提供更高数据带宽、安装更简单、联网数量更大，还可以跨地域或者跨城联网。本书配套实训台未提供可视对讲系统。

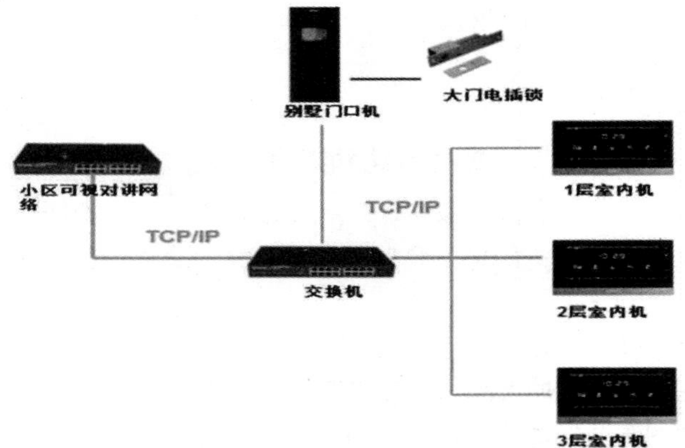

图 4-2-20　基于 TCP/IP 的可视对讲系统

任务 3　智能家居环境监控系统设计规范

本任务主要学习智能家居环境监控系统的功能和设计规范，了解智能家居环境监控系统的相关产品。

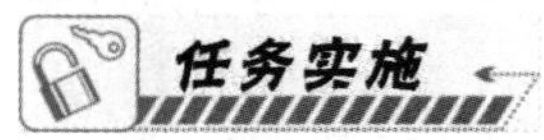

一、智能家居环境监控系统的功能

从目前智能家居的发展趋势来看，智能家居环境监控系统主要包括内温湿度监控、室内空气质量监控、室内防水监控、户外气候监控等。

二、智能家居环境监控系统的设计规范

智能家居环境监控系统设计应遵循以下标准及规范：

（1）《民用建筑工程室内环境污染控制规范》（GB50325-2010）。

（2）《室内空气质量标准》（GB/T18883-2002）。

（3）《外境空气质量标准》（GB3095-2012）。

（4）《住宅设计规范》（GB50096-2011）。

其中《民用建筑工程室内环境污染控制规范》的项目 4 规定民用建筑工程验收时，必进行室内环境污染物浓度检测，其限量应符合表 4-2-1 的规定。

表 4-2-1　民用建筑工程室内环境污染物浓度限量

污染物	Ⅰ类民用建筑工程	Ⅱ类民用建筑工程
氧/（Bq/m^3）	≤ 200	≤ 400
甲醛/（mg/m^3）	≤0. 08	≤ 0. 10
苯/（mg/m^3）	≤0. 09	≤ 0. 09
氨/（mg/m^3）	≤ 0. 20	≤ 0. 20
TVOC/（mg/m^3）	≤ 0. 50	≤ 0. 60

注：表中的测量值，除氧外，均指室内测量值扣除同测定的室外上风向空气测量后的测量值。

《住宅设计规范》GB50096-2011 中也规定住宅室内空气污染物的活度和浓度，应符合表 4-2-2的现定。

表 4-2-2　住宅室内空气污染物限值

污染物名称	活度、浓度限值	污染物名称	活度、浓度限值
氧	≤200 Bq/m^3	氧	≤0. 2 mg/m^3
游离甲醛	≤0. 08 mg/m^3	TVOC	≤0. 5 mg/m^3
苯	≤0. 09 mg/m^3		

根据 PM2. 5 监测网的空气质量标准，24 h 平均值标准值分布见表 4-2-3。

表 4-2-3　PM2. 5 平均值标准值分布

空气质量等级	24h PM2. 5 平均值标准值 $\mu g/m^3$	空气质量等级	24h PM2. 5 平均值标准值 $\mu g/m^3$
优	0 ～ 35	中度污染	115 ～ 150
良	35 ～ 75	重度污染	150 ～ 250
轻度污染	75 ～115	严重污染	大于 250 及以上

三、智能家居环境监控系统的相关产品

智能家居环境监控系统的相关产品包含有：智能温湿度探测器、智能水浸探测器、智能一氧化碳报警器、智能可燃气体探测器等。下面分别介绍这几款产品的技术原理及部署方法。

1. 智能温湿度探测器

由于温度与湿度不管是从物理量本身还是在实际人们的生活中都有着密切的关系，所以温湿度一体的传感器也相应产生。温湿度传感器是指能将温度量和湿度量转换成容易被测量处理的电信号的设备或装置。市场上的温湿度传感器一般是测量温度量和相对湿度量。

对于家庭用户而言，室内环境的温湿度大小直接决定了家居环境的舒适度，如何营造良好的居住环境非常重要，夏天不能让空调太冷，冬天也不能让室温过高或过于干燥，因此温湿度传感器成为智能家居系统不可或缺的组件。温湿度传感器，可以实时监测家中的环境变化，并通过无线通信模块将温湿度信息反馈给智能主机，使智能主机联动其他家电或发出报警提示与控制。在智能家居中，将温湿度传感器放在卧室，实时检测温湿度变化情况，如果偏离舒适区间，则自动联动开启对应家电，比如，联动加湿器自动开启或关闭、联动空调调到合适的温度，以营造更舒适的体息环境。

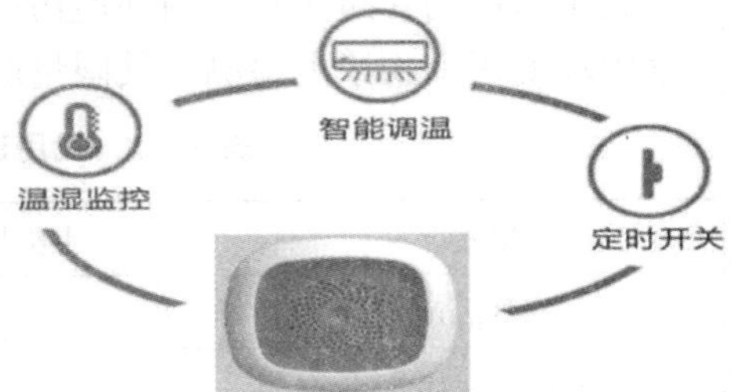

图 4-2-21　智能温湿度传感器

若将温湿度传感器放在衣柜，当检测到湿度偏高，提醒主人更换除湿剂，避免衣物发霉。智能温湿度传感器如图 4-2-21 所示。

温度和湿度

温度：度量物体冷热程度的物理量，是国际单位制中 7 个基本物理量之一，在生产和科学研究中，许多物理现象和化学过程都是在一定的温度下进行的，人们的生活也和他密切相关。

湿度：日常生活中最常用的表示湿度的物理量是空气的相对湿度，用%RH 表示，在物理量的导出上相对湿度与温度有着密切的关系，一定体积的密闭气体，其温度越高，相对湿度越低，反之温度越低，其相对湿度越高。其中涉及到复杂的热力工程学知识。

相对湿度：在计量法中规定，湿度定义为“物象状态的量”。日常生活中所的湿度为相对湿度，用%RH 表示。总之，即气体中（通常为空气中）所含水蒸气量（水蒸气压）与其空气相同情况下饱和水蒸气量（饱和水蒸汽压）的百分比。

统计数据显示：冬天温度为 18～25℃，湿度为 30%～80%；夏天温度为 23～28℃，湿度为 30%～60%，在此范围内感到舒适的人占 95%以上。在装有空调的室内，室温为 19～24℃，湿度为 40%～50%时，人会感到最舒适。如果考虑到温湿度对人思维活动的影响，最适宜的室温度应是 18℃，湿度则是 40%～60%，此时，人的精神状态好，思维最敏捷。

本书配套实训台采用的温湿度探测器如图 4-2-21 所示。产品采用一颗 CR2450 纽扣电池供电。设备基于 ZigBee 协议与 ZigBee 网关进行连接通信，在 ZigBee 通信方面的工作参数与前面所述的智能开关等设备保持一致。

安装时，将温湿度传感器的双面胶背膜下，将设备贴在所需区域的墙面上即可。

2. 智能水浸探测器

水浸传感器是基于液体导电原理，用电极探测是否有水存在，正常无水时两极探头被空气绝缘，在浸水状态下探头导通，传感器输出干接点信号，当探头浸水高度超过预设的警戒值后，探测器主体通过无线发射模块将报警信号发送到智能家居主机。该产品广泛用于地下室、机房、宾馆、水塔、水窖、水池、太阳能、厨房、卫生间等漏水、溢水或水位的探测。

智能家居中，可以将水浸探测器放置在浴室中，当检测到浴室积水过多时可以提醒人，防止老人小孩进入浴室滑到，也可以避免家中停水后水龙头忘记关掉带来的麻烦。

将智能水浸探测器放在窗户边上，可以实时感应屋外是否下雨、雨量大小情况，以联动开启推窗器（如有配备推窗器）实现自动关窗。

水浸传感器实物如图 4-2-22 所示。产品采用一颗 CR2032 纽电池供电。设备基于 ZigBee 协议与 ZigBee 1 网关进行连接通信，在 ZigBee 通讯方面的作参数与前面所述的智能开关等设备保持一致。

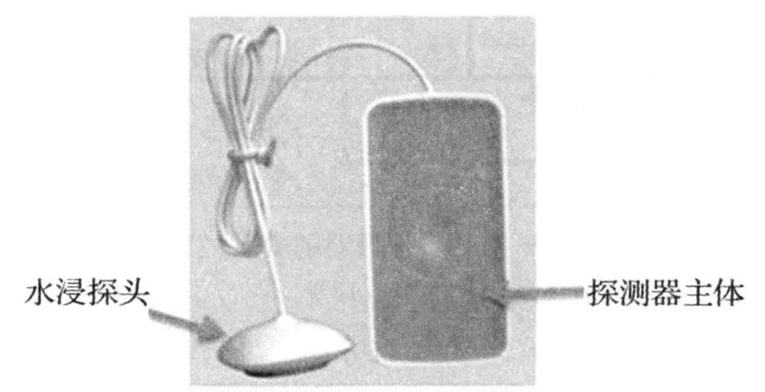

图 4-2-22　智能水浸探测器

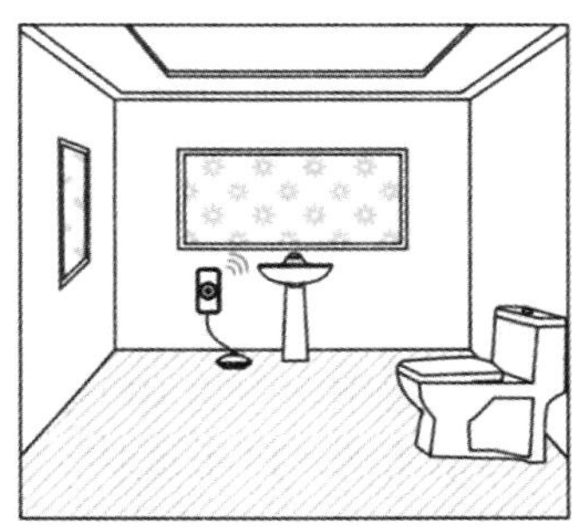

图 4-2-23　智能水浸探测器安装效果图

安装时，将水浸探测器主体的双面胶背膜撕下，将设备贴在所需区域的墙面上，水探头放置在需要探测水量的位置即可。安装位置如图 4-2-23 所示。

3. 智能一氧化碳报警器（CO 报警器）

一氧化碳（CO）气体是一种无色、无味、无刺激、无法用五官感知的有毒气体，抑制血液的携氧能力。当吸入一氧化碳气体后，一氧化碳进入肺部抢先与血红细胞结合，使血红细胞丧失运输氧气的能力，造成人体多个器官缺氧，导致组织受损甚至死亡。一般人在意外中毒时无法自我察觉，被发现时往往已进入昏迷状态，酿成重大伤害甚至死亡。

在家里，用于加热或炒菜的设备最有可能是一氧化碳的源头，车库内发动的汽车也会产生的一氧化碳，作为燃烧的副产品，一氧化碳来源于汽车、炉子、热水器、壁炉、柴炉碳烤架、煤气灶，天然气炉笼、暖气设备、微型发电机等。通风良好时，一氧化碳会被排到屋外，很快散去。一旦设备发生故障、使用不当或通风不良都会导致一氧化碳在家中聚集。

一氧化碳报警器是的智能家居环境监控的一个重要组成部分。在美国，消费者产品安全委员会（CPSP）建议每一个家庭至少要配有一个一氧化碳报警器。

一氧化碳报警器（以下简称 CO 报警器）是通过一氧化碳传感器感应空气中一氧化碳气体的浓度转变成电信号，电信号的大小跟一氧化碳的浓度有关。CO 报警器按所使用的传感器来分类，一般分为半导体 CO 报警器、电化学 CO 报警器、红外 CO 检测仪等。性能最好的是红外 CO 检测仪，但比较昂贵，民用的一般为半导体或电化学的 CO 报警器，其中又以电化学 CO 报警器为主流。电化学 CO 报警器采用零功耗电化学 CO 传感器作为敏感元件，大都采用电化学法中的定电位电解法原理，利用定电位电解法进行氧化还原电化学反应，检测扩散电流便可得出CO气体的浓度，建议选用电池供电的电化学CO报警器，误报率低，功耗低，即使市电停电也不影响使用。

本书配套实训台采用的一氧化碳报警器如图4-2-24所示。产品采用一颗CR123A锂电池供电，支持声光报警输出，具有稳定性高、超低功耗、受环境影响较小等特点。免工具安装，即贴即用。该设备基于ZigBee协议与ZigBee网关进行连接通讯，在ZigBee通讯方面的工作参数与前面所述的智能开关等设备保持一致。

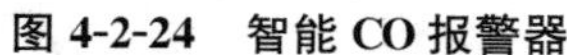

图 4-2-24　智能 CO 报警器

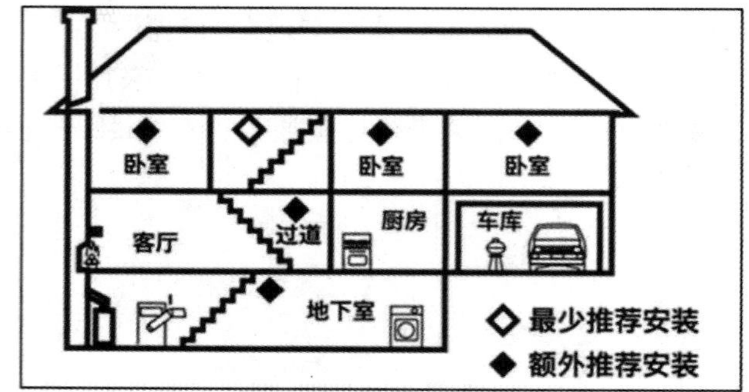

图 4-2-25　一氧化碳报警器的安装效果图

正常情况下，室内CO浓度低于人体安全标准时，CO报警器并不会马上报警；一氧化碳报警器设定为CO浓度持续超过30 ppm的情况下，120 min后才会报警；而当CO浓持续上升到100 ppm后，最快10 min就会报警；若是CO浓度上升到300 ppm以上，则3 min内就会报警。

CO报警器安装时的注意事项包括①报警器探头主要是接触燃烧气体传感器的检测元件，由铂丝线圈上包氧化铝和黏合剂组成球状，其外表面附有铂、钯等稀有金属，因此，在安装时一定要小心，避免摔坏；②报警器的安装高度一般应在160～170cm，以便于维修人员进行日常维护；③报警器是安全仪表，有声、光显示功能，应安装在易看到和易听到的地方，以便及时消除隐患；④报警器的周围不能有对仪表工作有影响的强电磁场（如大功率电机、变压器）；⑤把报警器安装在卧室和生活区域附近所有一氧化碳有可能会泄漏的地方，建议在多层次楼房的每一层都要安装，选择位置时，要保证每一个睡觉的地方都能听到报警声；⑥一氧化碳报警器不能用于检测天然气（甲烷）、丙烷、丁烷或其他可燃性原料。智能一氧化碳报警器的安装效果图如图4-2-25所示。

对于多层房子，建议每个卧室至少安装一个报警器；如果有地下室，至少安装一个报警器；在燃火烟囱和煤气设备相隔6 m处安装一个报警器。

4. 智能可燃气体探测器

可燃气体探测器是对单一或多种可燃气体浓度响应的探测器，可燃气体探测器有催化型、红外光学型两种类型。催化型可燃气体探测器是利用难熔金属的丝加热后的电阻变化来测定可燃气体浓度，当可燃气体进入探测器时，在电丝表面引起氧化反应（无焰燃烧），其产生的热量使的丝的温度升高，而铂丝的电阻率便发生变化；红外光学型是利用红外传感器通过红外线光源的吸收原理来检测现场环境的烷烃类可燃气体。

如图4-2-26所示，为半导体式可燃气体探测器。该报警器选用高稳定性半导体式气敏传感器，用于检测可燃气体的泄露，预防气体泄露造成的危害，当报警器探测到有可燃气体泄露并达到报警设定的报警浓度时（报警浓度：6%LEL±3%LEL 天然气），报警器发出高分贝报警信号，并发射无线信号到家居智能主机上。产品一般安装于厨房等有可能产生可燃气体泄露的室内场所。

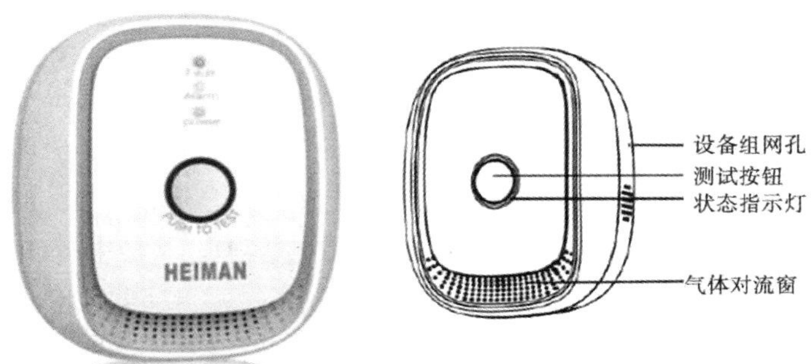

图 4-2-26　智能可燃气体探测器

设备背部安装有两级插头，可采用 220V 交流电压直接供电。产品基于 ZigBee 协议与 ZigBee 网关进行连接通讯，在 ZigBee 通讯方面的工作参数与前面所述的智能开关等设备保持一致。

如图 4-2-26 右图所示，该产品具有一个自检测试按钮，可用于检测报警器的 LED 及蜂鸣器是否能够正常的工作，当按下自检按钮时，报警器红色 LED 与黄色 LED 交替闪烁，蜂鸣器将发出报警声。

安装可燃气体探测器时，要注意先确定所需检测报警的气体比空气重还是比空气轻。比空气重的气体如液化石油气等应安装于高出地面 0.3～1.0 m，距气源半径 1.5 m 内，比空气轻的气体如天然气、人工煤气、沼气等应安装于低于天花板 0.3～1.0 m、距气源半径 1.5 m 内（气体密度大于 0.97 kg/m³ 即认为比空气重，气体密度小于 0. 97 kg/m³ 即认为比空气轻）。如图 4-2-27 所示为可燃气体探测器的安装效果图。

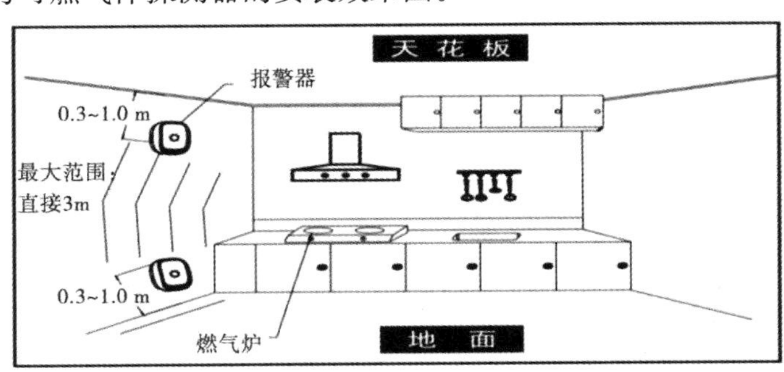

图 4-2-27　可燃气体探测器的安装效果图

一氧化碳报警器与可燃气体探测器的区别

一般人很容易把一氧化碳气体报警器和可燃气体报警器弄混。将需要使用一氧化碳报警器的场合错误地安装了燃气报警器，或者把本该安装燃气报警器的场合安装了一氧化碳报警器。其实一氧化碳报警器和燃气报警器有很大的不同，一氧化碳气体报警器严格上是一种有毒气体报警器。

一氧化碳报警器是用来检测一氧化碳气体（CO）的，不能用于检测甲烷（CH_4）等烷类气体。市面上的燃气报警器通常可用于检测天然气、液化石油气、煤制气等城市管道气体。这些气体的主要成分是甲烷（CH_4）等烷类气体，其主要特征是有一种刺鼻性气味。当空气中这些可燃气的浓度超过一定标准后会引起爆炸。燃气报警器检测的就是这种爆炸性的烷类气体，并不能用于检测一氧化碳气体。城市管道煤制气是一种比较特殊的气体，里面既含有 CO 的成分，又含有烷类气体。如果在使用煤炉取暖，燃烧煤炭的场合安装燃气报警器是没有任何用处的，人中毒了，燃气报警器也不会响的，这是相当危险的。因此，如果只是检测管道煤气是否有泄露，则既可以用一氧化碳报警器检测也可以用燃气报警器检测。但是，如果要检测管道天然气、液化石油气或煤制气在燃烧时是否产生了过量的一氧化碳气体，则需要用一氧化碳报警器检测。另外，用煤炉取暖，燃烧煤炭等产生的是一氧化碳气体（CO），不是甲烷（CH_4）等烷类气体。所以应该使用一氧化碳报警器而不是燃气报警器。简言之，如果你要检测的是中毒性气体，关心的是不是会中毒，那么一定要选用一氧化碳报警器。如果你要检测的是爆炸性气体，关心的是管道是不是有泄露，一般采用燃气报警器就可以了。

当环境空气中天然气或液化石油气浓度值达到或超过报警浓度值时，报警器会自动进入持续报警状态，此时应做如下处理：①立即关闭管道阀门；②熄火所有火源，避免使用一切产生火花的物品；③避免开关各种电器；④立即打开窗户使室内空气对流。

任务 4　使用 CAD 软件查看家居设计图

本任务主要学习如何利用 AutoCAD 软件查看已经设计好的家具工程设计图纸。

一、认识 AutoCAD 软件

AutoCAD 是由美国 Autodesk 公司开发的通用计算机辅助绘图与设计软件包，AutoCAD 广泛应用于机械、建筑、电子、航天、造船、石油化工、土木工程、冶金、农业、气象、纺织、轻工业等领域的工程图纸设计。该软件具有易于掌握、使用方便、体系结构开放等特点。本书选用 AutoCAD2012 版本进行介绍。

二、AutoCAD2012 的安装

步骤 1　AutoCAD2012 的安装软件在本书配套软件资源中可以找到，在其中找到名为 setup. exe 的安装文件。如图 4-2-28 所示。

图 4-2-28　AutoCAD 软件安装包

执行 setup. exe 文件，运行安装程序后，会看到安装初始画面。随后可以选择“在此计算机上安装”，如图 4-2-29 所示。

图 4-2-29　AutoCAD 软件安装

步骤 2　选择“我接受”安装许可协议后，然后点击“下一步”进入产品序列号的输入框。在图 4-2-30 所示窗口，输入正确的产品序列号，并点击“下一步”。

图 4-2-30　输入产品序列号

在图 4-2-31 所示窗口，进行安装配置，除 AutoCAD 2012 软件外，还可以选择另外两种辅助设计软件（可选择安装）。下方为安装路径，使用默认的即可。设置完成后点“安装”。

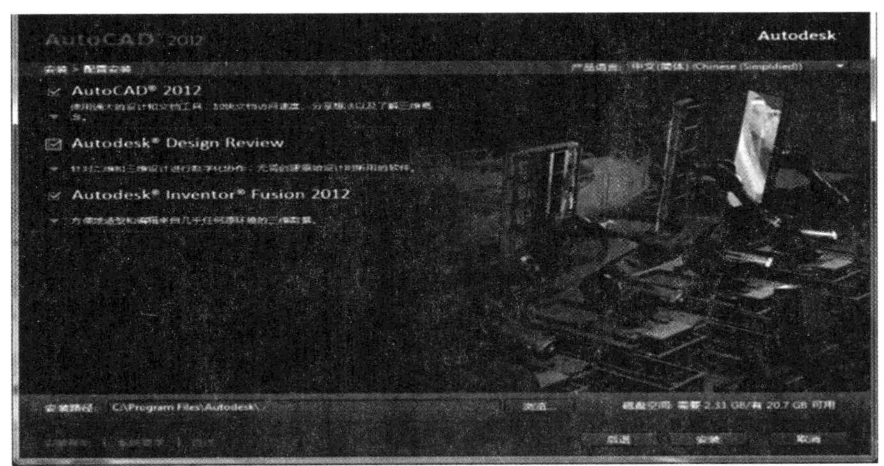

图 4-2-31　安装路径

接下来等待安装进度完成即可，安装程序会自动安装所需的各种组件，包括 VisualC++2008，Net Framework Runtime4. 0 等。

等待一段时间，就会提示安装完成。

步骤 3 安装完成后，运行 AutoCAD2012 软件，第一次运行软件，将会遇到产品激活的提示。在图 4-2-32 所示窗口，选择“我具有 Autodesk 提供的激活码”选项。然后把正确的激活码粘贴到下面的文本框中，再点“下一步”按钮。接下来就会显示激活完成的界面。至此，AutoCAD2012 的安装完成。

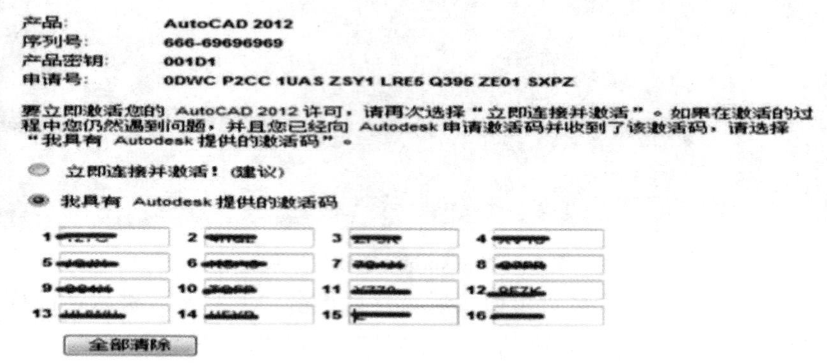

图 4-2-32　输入产品的激活码

三、认识 AutoCAD2012 工作界面

AutoCAD2012 的经典工作界面由标题栏、菜单栏、各种工具栏、绘图窗口、光标、命令窗口、状态栏、坐标系图标、模型/布局选择卡和菜单浏览器等组成，如图 4-2-33 所示。

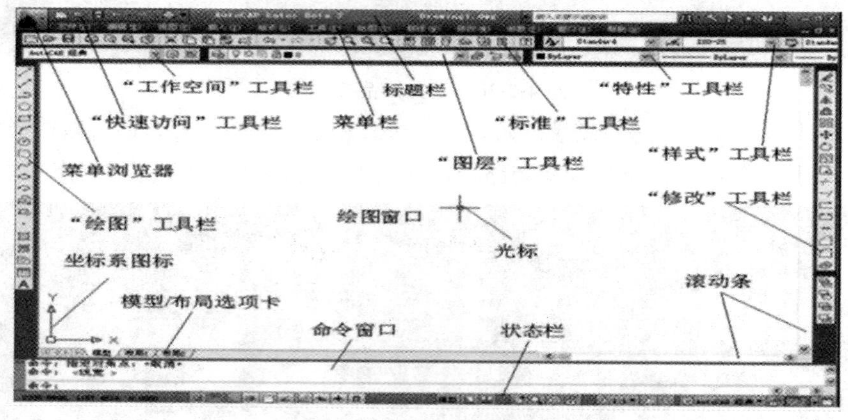

图 4-2-33　AutoCAD2012 经典工作界面

1. 标题栏

标题栏与其他 Windows 应用程序类似，用于显示 AutoCAD2012 的程序图标以及当前所操作图形文件的名称。

2. 菜单栏

菜单栏是主菜单，可利用其执行 AutoCAD 的大部分命令，单击菜单栏中的某会弹出相应的下拉菜单，图 4-2-34 所示为“视图”下拉菜单。下拉菜单中，右侧有小三角的菜单项，表示它还有子菜单。右图显示出了“缩放”子菜单，右侧有三个小点的菜单项，表示单击该菜单项后要显示出一个对话框；右侧没有内容的菜单项，单击它后会执行对应的 AutoCAD 命令。

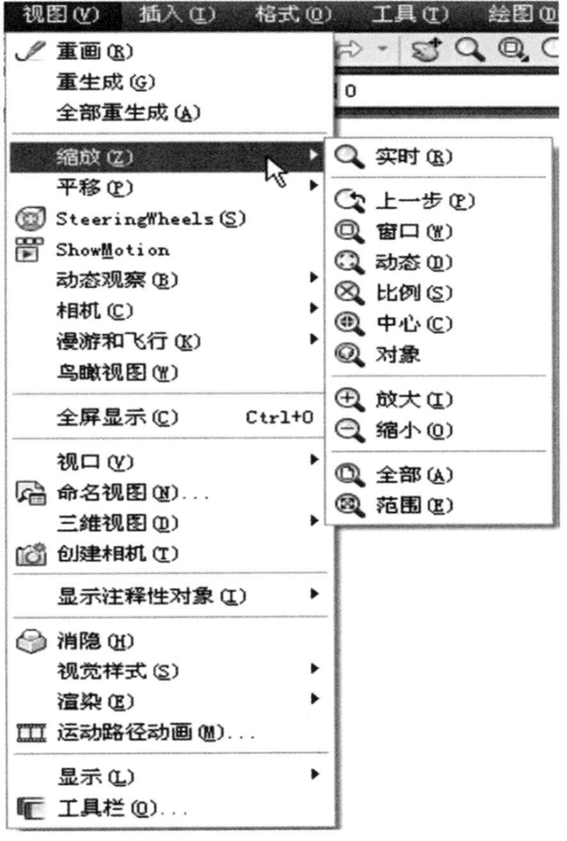

图 4-2-34　“视图”下拉菜单

3. 工具栏

AutoCAD2012 提供了 40 多个工具栏，每一个工具栏上均有一些形象化的按钮，单击某一按钮，可以启动 Auto CAD 的对应命令，用户可以根据需要打开或关闭任一个工具栏。方法是在已有工具栏上右击，AutoCAD 弹出工具栏快捷菜单，通过其可实现工具栏的打开与关闭。此外，通过选择与下拉菜单“工具”→“工具栏”→“Auto CAD”对应的子菜单命令，也可以打开 AutoCAD 的各工具栏。

4. 绘图窗口

绘图窗口类似于手工绘图时的图纸，是用户用 AutoCAD2012 绘图并显示所绘图形的区域。

5. 光标

当光标位于 Auto CAD 的绘图窗口时为十字形状，所以又称其为十字光标。十字线的交点为光标的当前位置。AutoCAD 的光标用于绘图、选择对象等操作。

6. 坐标系图标

坐标系图标通常位于绘图窗口的左下角，表示当前绘图所使用的坐标系的形式以及方向等，AutoCAD 提供有世界坐标系（World Coordinate System，WCS）和用户坐标系（User Coordinate System，UCS）两种坐标系。世界坐标系为默认坐标系。

7. 命令窗口

命令窗口是 AutoCAD 显示用户从键盘键入的命令和显示 AutoCAD 提示信息的地方，默认时，AutoCAD 在命令窗口保留最后三行所执行的命令或提示信息，用户可以通过拖动窗口边框的方式改变命令窗口的大小，使其显示多于 3 行或少于 3 行的信息。

8. 状态栏

状态栏用于显示或设置当前的绘图状态，状态栏上位于左侧的一组数字反映当前光标的坐标，其余按钮从左到右分别表示当前是否启用了捕捉模式、栅格显示、正交模式、极轴追踪、对象捕捉、对象捕捉追踪、动态 UCS（用鼠标左键双击，可打开或关闭）、动态输入等功能以及是否显示线宽、当前的绘图空间等信息。

9. 模型/布局选项卡

模型/布局选项卡用于实现模型间与图纸空间的切换。

10. 滚动条

利用水平和垂直滚动条，可以使图纸沿水平或垂直方向移动，即平移绘图窗口中显示的内容。

11. 菜单浏览器

单击菜单浏览器，AutoCAD 会将浏览器展开，如图 4-2-35 所示，用户可通过菜单浏览器执行相应的操作。

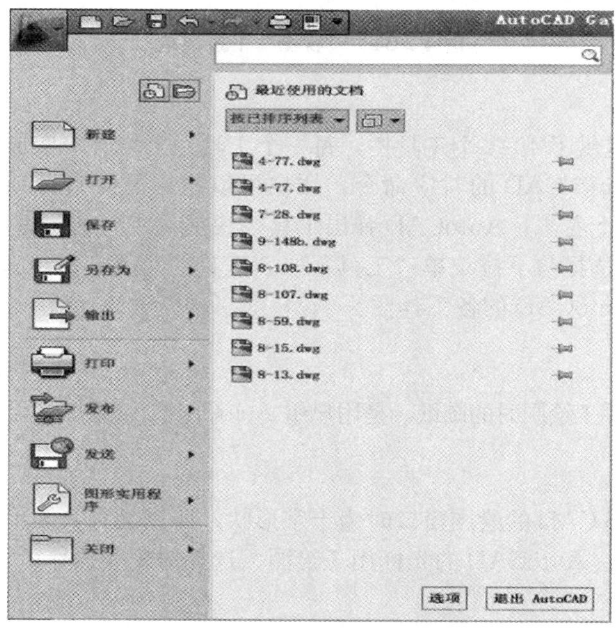

图 4-2-35 菜单浏览器

四、使用 AutoCAD2012 软件打开家居设计图

本书教学资源中提供了部分事先制作好的智能家居 CAD 设计图，接下来我们利用 AutoCAD2012 软件将相应的图纸文件打开，并进行查看。

步骤 1　单击“标准”工具栏上的②（打开）按钮，或选择“文件”→“打开命令”，即执行 OPEN 命令，AutoCAD 将弹出“打开文件”对话框，我们通过此对话找到“智能家居 CAD 设计图纸”目录，在其中选择“智能家居 1 电气设计. dwg”文件并打开它，如图 4-2-36 所示。

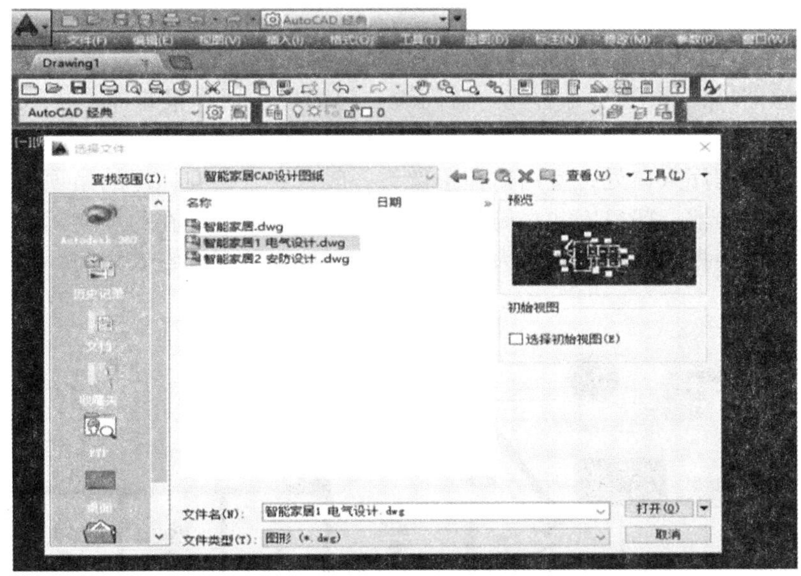

图 4-2-36　打开文件

步骤 2　查看打开的智能家居电气设计图的相关细节。

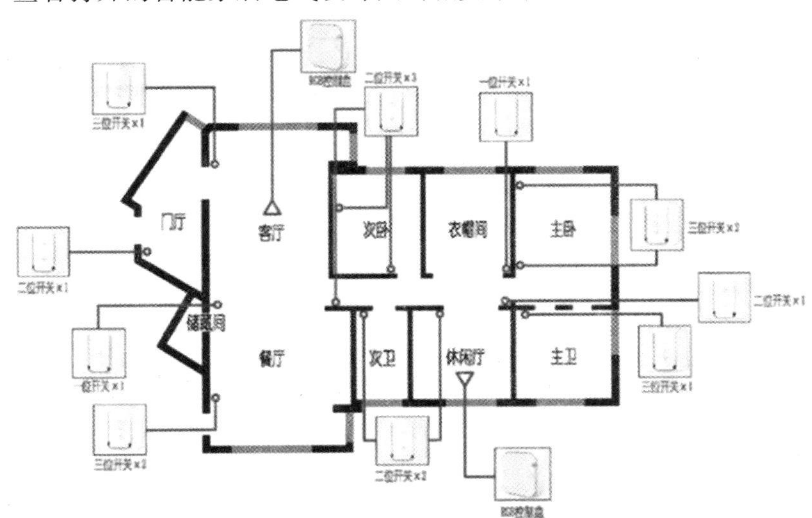

图 4-2-37　智能家居电气设计图

图 4-2-37 所示为一套三房两厅家居的智能开关布局设计，设计对象以家居中的照明设

备为主，也包括了可调节的 LED 彩色灯带的布局。智能开关除了包含传统开关的手动功能外，还能够接收智能家居主机（智能网关）传送的控制信号，以实现远程开关、延时开关、场景模式等功能。方案针对不同用途的房间设计了不同数量和类型的智能开关（例如，衣帽间、储藏间仅需要设计一个一位开关即可；而主卧、次卧就需要至少 2 个二位开关或者三位开关才能满足家用需求，且至少一个开关位于房间门口，方便用户手工开启/关闭）。另外，客厅和休闲厅的位置上设计有 LED 彩色灯带，使用 RGB 控制盒来进行彩灯的控制，以调节居家环境氛围。

步骤 3 使用同样的方法，在同一文件目录下，打开“智能家居 2 安防设计. dwg”文件，可以查看安防设计图的相关细节。

图 4-2-38 所示为一套三房两厅家具的安防设备布局设计，设计对象包括了室内监控摄像头、门窗传感器（俗称门磁）、智能防盗门锁，门牌机、烟雾报警器、一氧化碳报警器以及可燃气体探测器。该方案同样针对不同房间设计了不同的设备布局。例如，智能门锁和门牌机的位置设计在门厅入口处；室内监控摄像头一般也要安装在门厅的吊顶上；一氧化碳报警器和可燃气体报警器一般只安装在厨房位置，用于探测可能存在的煤气/天然气泄漏隐患；而烟雾探测器可以根据家庭成员的个人需求，有选择地安装于卧室衣帽间、客厅等位置。

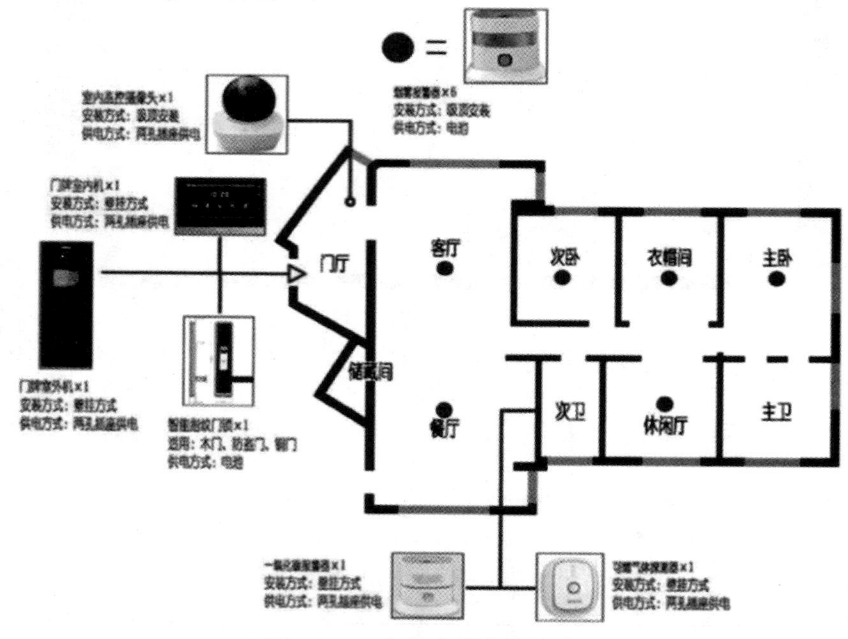

图 4-2-38 智能家居安防设计图

模块三 认识智能家居实训平台

智能家居实训平台提供家居控制、场景控制、安防监控、娱乐影音、语音识别控制等功能。利用本实训平台可以将常见的智能家居设备进行连接组网实现本地智能控制、语音控制、远程控制和移动设备控制等功能。

任务 1　智能家居实训平台系统原理

认识智能家居实训平台物理及逻辑构架；认识常见智能家居设备；了解各个设备的基本功能。

任务实施

体会应用中所涉及的技能知识，理解智能家居系统应用的整体规划与方案。该系统集教学、实训和体验功能于一体，围绕智能家居主题，注重各种设备之间的融合与灵活应用。

一、实训平台逻辑构架

智能家居实训系统，是将智能家居控制系统安装在实验环境中，对灯光、门窗、窗帘、家电等进行智能控制。通过实训可以认知智能家居控制系统与实际环境、受控设备之间的关系，掌握在具体设备组合成不同的应用场景，体现了物联网感知层、网络层、应用层在智能家居中的应用。

智能家居实训平台的逻辑构架如图 4-3-1 所示。

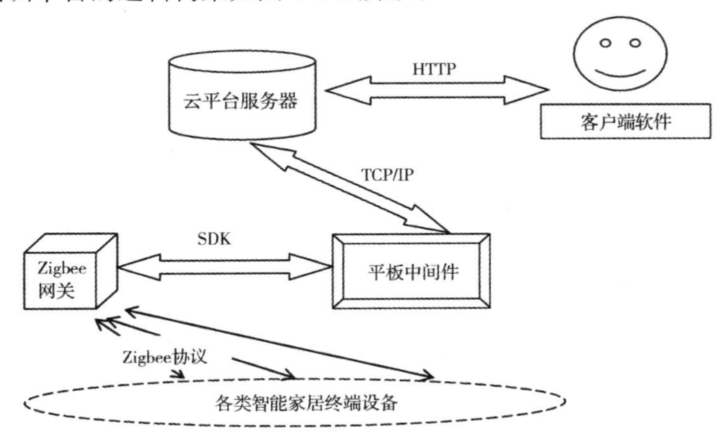

图 4-3-1　智能家居实训平台逻辑构架

对于用户而言，最终目标就是要控制各类智能家居终端设备正常。而面向用户的客户端软件可以是安装在 PC 上，也可以是安装在 Android 平板设备上的。在本实训平台中，客户端设备与智能家居终端之间的通讯需依靠多个组件协同工作实现。依据图 4-3-1 所示，整个智能家居实训平台可以包含下列五大组件：客户端、云平台服务器、中间件、ZigBee 网关、终端设备。

二、实训平台原理

根据图 4-3-1 所示的逻辑架构，我们可以了解智能家居实训平台的系统实现原理。

（1）各类智能家居终端设备通过 ZigBee 协议与智能家居网关（也称作 ZigBee 硬件网关）连接，终端设备一方面负责采集数据并上传给智能家居网关，另一方面也要接收来自智能家居网关的控制信号。

（2）智能家居实训系统云平台服务器采用基于标准 TCP/IP 的 socket 通讯接口，可以直接连接大多数现行的物联网网关；也可以先与平板中间件设备进行通讯，借助平板中间件上安装的软件网关来实现对硬件网关的控制。本实训平台采用的就是硬件 ZigBee 网关和软件网关相结合的原理。

（3）用户终端一般以 PC 或 Android 客户端软件的形式体现，为了更好地实现整个系统的控制，需要客户端软件首先登录到指定的本实训系统指定的物联网云平台上。在图中可以看到，客户端直接面向云平台，两者之间通过 HTTP 协议实现通讯。

任务 2　智能家居实训平台系统物理构成

任务描述

本任务主要学习智能家居系统的物理构架；认识智能家居典型组成设备并了解功能。

任务实施

一、智能家居实训平台的设备布局

智能家居实训平台及设备安装布局如图 4-3-2、图 4-3-3 所示。

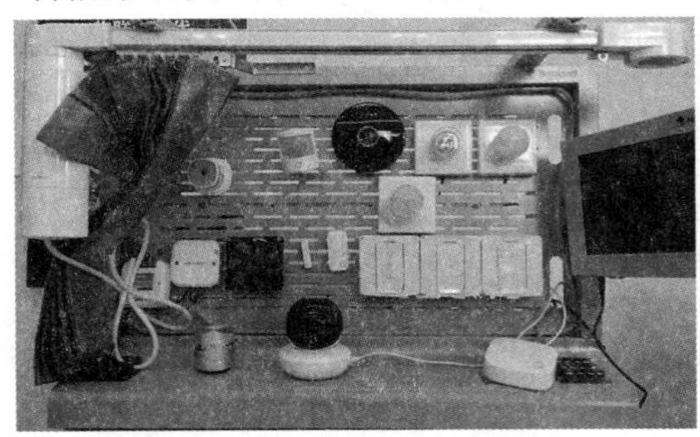

图 4-3-2　安装设备的实训台正面

图 4-3-3　安装设备的实训台背面

二、智能家居实训平台的物理构架

智能家居实训平台的设备是基于其物理构架来实现的，具体的物理构架如图 4-3-4 所示。按照该图的设计，除开必要的供电线路外，仅有 ZigBee 网关、PC 和门牌机设备需要使用有线网络连接到路由器，其他设备均采用无线方式实现连接。由此可见，几乎所有的智能家居终端设备都可以通过 ZigBee 无线信号连接到 ZigBee 网关上，个别家庭影音设备如红外音乐播放器和液晶电视，不支持 ZigBee 协议的，也可以通过红外转发器转发遥控信号的方式连接到 ZigBee 网关。

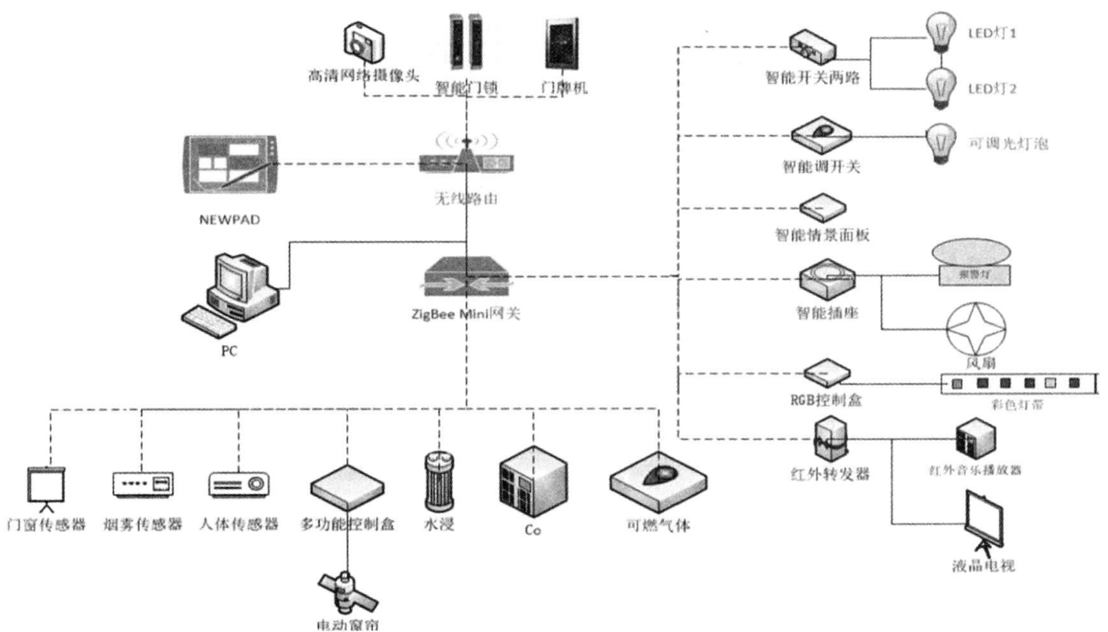

图 4-3-4　智能家居系统的物理构架

智能家居实训系统的设备配置清单见表 4-3-1。

表 4-3-1　智能家居系统设备清单

序号	设备名称	功 能 说 明	图　片	数量及单位
1	移动实训台			1 台
2	ZigBee Mini 网关	全面支持家居灯光、空调、电视、窗帘、幕布及其他家用电器的本地及远程软件控制，支持 32 防区的电话及英文短信报警功能，支持 20 区域的远程实时视频监控，支持 20 组一键情景模式控制，支持温湿度联动、定时联动、无线信号联动等组合控制，支持 200 路灯光开关、150 红外遥控设备及两路大功率继电器输出控制，支持 ZigBee 协议的多层信号级联		1 台
3	红外转发器	ZigBee 红外转发器是一款对红外家电设备（如空调、电视、机顶盒、DVD、音箱等）进行无线操作的智能控制器，是 ViHome 智能家居系统的重要组成部分。普通家用红外电器通过红外对码学习，ZigBee 主机可通过 ZigBee 信号转发学习过的红外码，用户可利用手机或平板电脑通过客户端软件轻松控制红外家电，另外该设备也可以配合智能家居情景模式操作		1 个

续表

序号	设备名称	功能说明	图片	数量及单位
4	智能调光开关	可对客厅灯光调节明暗		1个
5	智能开关	本产品是一款ZigBee智能开关（零火线），此产品按照86型开关标准设计，用户只需要更换墙面上的普通开关，即可享受极具科技感的触控体验。另外，开关配合ZigBee主机一起使用，用户可通过手机或平板电脑对开关进行遥控，开关具有实时反馈状态，家中用电一目了然		1个
6	智能情景面板	ZigBee智能控制面板是在ZigBee协议基础上开发由零火线供电的控制面板，可设置多种情景模式，如离家模式、在家模式、会客模式等。配合相应的主机，用户可以使用手机远程控制它，进而达到一键进入某种情景的目的。它具有自组网功能，使用简单方便。本产品可用于家庭、办公、医院和酒店等场合		1个
7	智能插座	这是一款ZigBee无线智能插座，普通插电式电器可以接入该设备。另外配合ZigBee主机一起使用，用户可以通过手机或者平板电脑对插座进行遥控，插座具有实时反馈状态，家中用电一目了然		1个
8	网络摄像头	这是针对网络视频应用而开发的一体化网络摄像机，适合家庭、商铺、连锁店、超市、写字楼等应用场合		1台
9	多功能控制盒（智能窗帘控制盒）	这是一款ZigBee多功能设备，它可以与普通窗帘电机连接，把控制信号通过ZigBee网络连接到ZigBee主机中，用智能主机APP可以轻松调节窗帘的开启和关闭，让普通窗帘迅速变成可遥控的智能窗帘，也适用于控制大型电器的开关		1个
10	ZigBee窗帘电机	这是一款内置ZigBee模块的窗帘电机，设备通电后可以通过ZigBee网络连接到Zigbee主机中，用智能主机APP可以轻松调节窗帘开关，让普通窗帘迅速变成可遥控的智能窗帘		1个

续表

序号	设备名称	功 能 说 明	图　片	数量及单位
11	电动窗帘导轨	电动窗帘导轨		1 根
12	门窗传感器	本产品是一款可以安装在门、窗户或者其他可开关的物体上，配合智能主机和 APP，可以实现家居安防报警和自定义设备联动功能	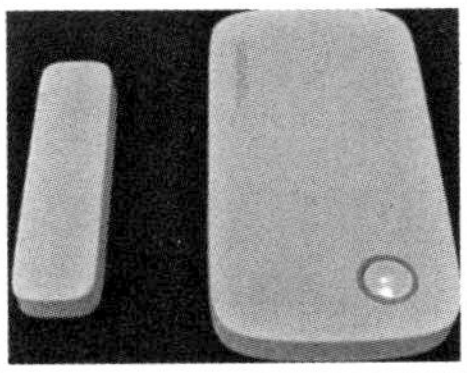	1 个
13	烟雾传感器	离子式 DC9V 供电，吸顶安装；低功耗设计、低电压提醒报警；自检功能，声光报警；发射频率 315/433MHz；电磁屏蔽设计，离子式无线型	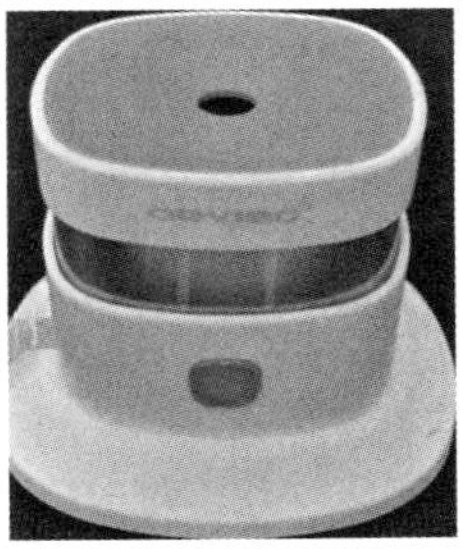	1 个
14	人体红外传感器	本产品是一款基于人体红外光谱探测技术原理，当人体在其范围内活动时，通过感应人体释放的红外线来探测人或宠物的移动。配合智能主机和 APP，可实现家居安防报警和自定义设备联动功能		1 个
15	移动工控终端	在移动工控终端上安装中间件，可充当软件网关的作用，使 ZigBee 硬件网关和云平台建立连接，并能控制智能家居设备		1 台
16	RGB 控制盒	本产品是一款 ZigBee 可调光/RGB 控制盒，它可以与普通的 RGB 灯带或平板灯连接，把灯控制信号通过 ZigBee 网络连接到 ZigBee 主机中，用智能手机 APP 可以轻松调节灯光的颜色和明暗，让普通灯迅速变成智能灯	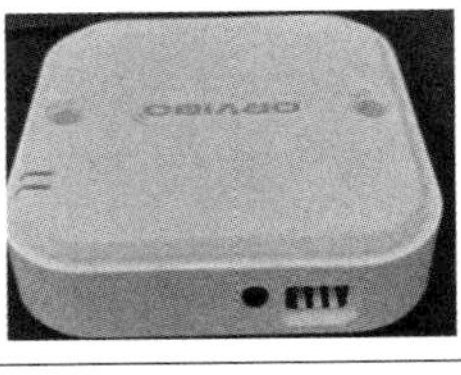	1 个
17	LED 小灯泡	用于卧室、客厅、厨房等控制器开关		3 个

续表

序号	设备名称	功能说明	图片	数量及单位
18	RGB彩色变色灯带	可随意弯曲，可任意固定在凹凸面上，体积小巧，颜色丰富		1个
19	常规调光小灯泡	用于客厅，常规小灯泡不仅能控制其开关，还可以调节灯泡的明暗		1个
20	灯泡底座	用于灯泡的固定		3个
21	风扇	在实训系统中用于模拟空调设备		1个

三、智能家居实训平台的组成模块

智能家居实训系统平台采用了模块化的结构设计，如图 4-3-5 所示。该系统通过云平台方式实现语音识别控制系统、摄像头监控、家居红外影音系统、家居安防、灯光控制、情景控制等功能。其中：语音识别控制系统实现语音识别、家居控制。智能家居云平台主要实现云平台的远程控制、智能家居云平台管理系统。网关控制系统主要涉及 ZigBee 网关控制系统和软件网关。家居红外影音系统主要控制红外影音系统和电视。家居安防实现烟雾报警、入侵报警、门磁监控系统功能。灯光控制不仅实现双路灯控，还实现智能调光。情景控制有三种：离家模式、影音模式、回家模式。智能家居实训平台包含五大模块，分别为智慧中心模块、家居控制模块、场景控制模块、安防监控模块、影音模块。下面分别介绍各个模块的功能。

1. 智慧中心模块

智慧中心模块，包括语音识别控制系统、云平台、网关控制系统。这个模块是整个智能家居实训平台最核心的部分，智能家居系统以智能网关为控制中心，配合红外转发器、智能开关、智能插座等设备，从而实现家居控制、场景控制、安防监控、娱乐影音等功能。智能中心模块集成了各个系统的控制逻辑程序，包含用户交互界面，数据库管理中心。

智慧中心模块主要涉及的设备有实训工位、智能家居 ZigBee 网关、移动工控终端、无线路由器等。

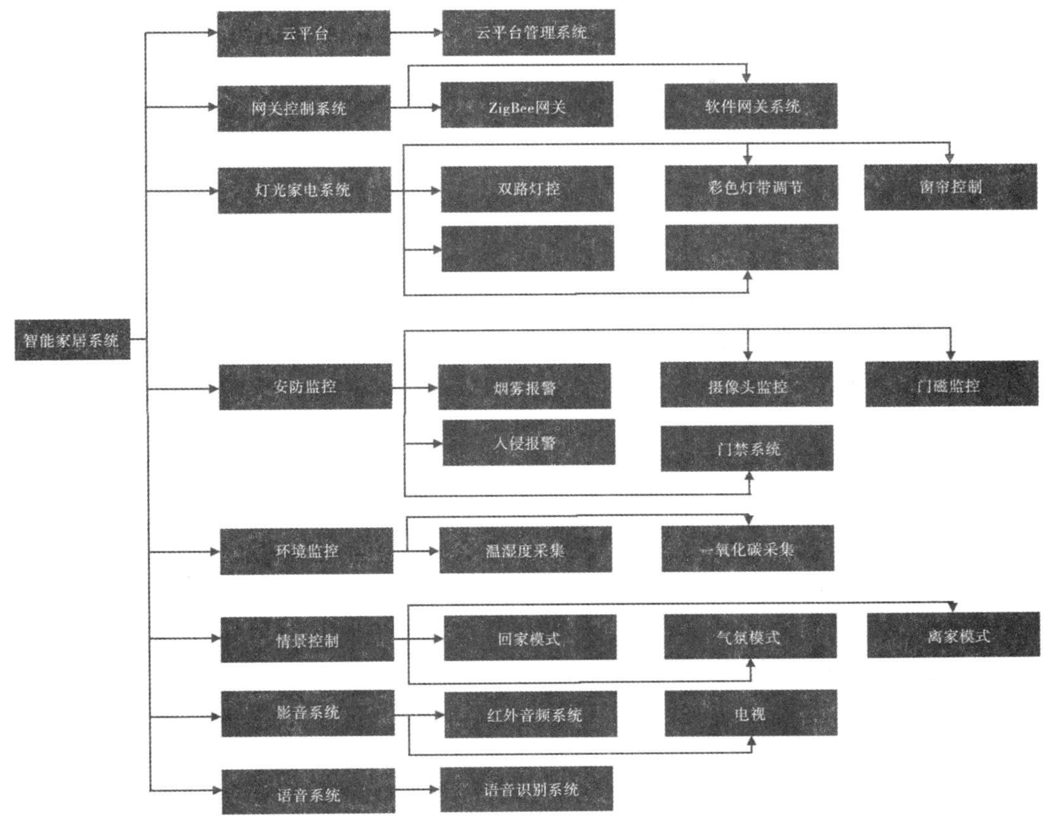

图 4-3-5　智能家居实训平台的组成模块

2. 家居控制模块

家居家居控制模块主要包括：灯光控制模块、电动窗帘模块、家电控制模块。

模块主要是通过智能开关、智能插座来控制线路。灯光控制模块采用智能开关、调光开关等控制设备对设备体验环境的灯光进行智能控制，支持回家、离家、影音等多种情景和调光功能，同时还可以实现智能定时等功能。电动窗帘模块主要是通过窗帘控制开关来控制窗帘电机、窗帘导轨等设备的开合。可以实现对家中所有的电动窗帘远程控制当外面阳光太大时，您可以通过触摸屏关闭窗帘，避免太多的光线进入室内。另外家居控制系统还能够实现家电控制，采用红外转发器、智能插座等设备实现家电的智能化控制、定时执行等。方便用户在外远程对家电的控制。

3. 安防监控模块

采用高清网络摄像机免去复杂的布线和调试，支持四区域移动侦测，实现对现场全方位布防。安防监控系统中的各类传感器（如人体红外传感器、无线门窗磁、烟雾传感器等），只需使用平板、电脑控制所有的安防系统，使操作变得非常简单。智能门锁采用指纹与密码相结合控制技术，可以自由地设定及变更开/关功能。烟雾探测器和可燃气体探测器等设备提供火灾感知预防功能。通过手机客户端，可以监控各种房间和户外的情况，保障居家安全。安防监控系统主要涉及到的设备有高清网络摄像机、人体红外传感器、无线门窗磁烟雾传感器等。

4. 影音模块

影音模块主要控制红外音箱及视频的播放。影音系统主要涉及的设备有 ZigBee 红外转发器、红外音箱、液晶电视等。

5. 情景控制模块

情景控制模块可以实现回家模式、离家模式、影音模式等三种模式的切换。回家模式和影音模式可以同时被选择。回家模式主要实现自动打开客厅、厨房的灯光，关闭门窗及人体红外的报警。影音模式主要实现自动调节客厅灯光的明暗，自动打开音乐播放系统，自动打开 RGB 灯带。离家模式主要实现自动关闭所有屋内的灯光、电动窗帘、影音等居家设备。情景控制模块主要涉及到的设备有智能情景面板等。

模块四　智能家居设备安装与部署

本模块介绍实训平台的硬件安装和软件部署，首先要将各个设备安装到实训平台上，并将相应的线路连接好，在硬件安装的过程中，让学生加深对家居电工施工操作技能的掌握，随后对实训平台配备的路由器进行设置，搭建局域网实训环境。最后是软件平台的部署，主要包括 PC 服务器端的云平台搭建，以及 PC/Android 客户端的软件安装。本模块以实训操作为主。

任务 1　智能家居硬件设备布局与连线图

认识硬件设备的布局和连线图，并理顺硬件设备的安装思路，了解设备安装步骤。

一、实训台的布局和连线图

（1）移动实训台如图 4-4-1、图 4-4-2 所示。

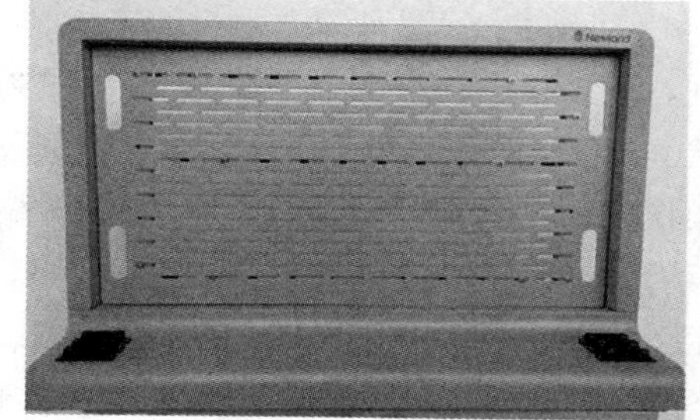

图 4-4-1 实训台正面

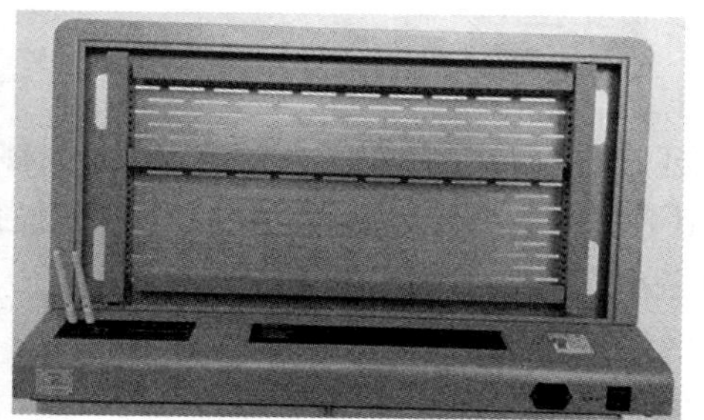

图 4-4-2 实训台背面

（2）相应的布局图和连接图如图 4-4-3、图 4-4-4 所示。

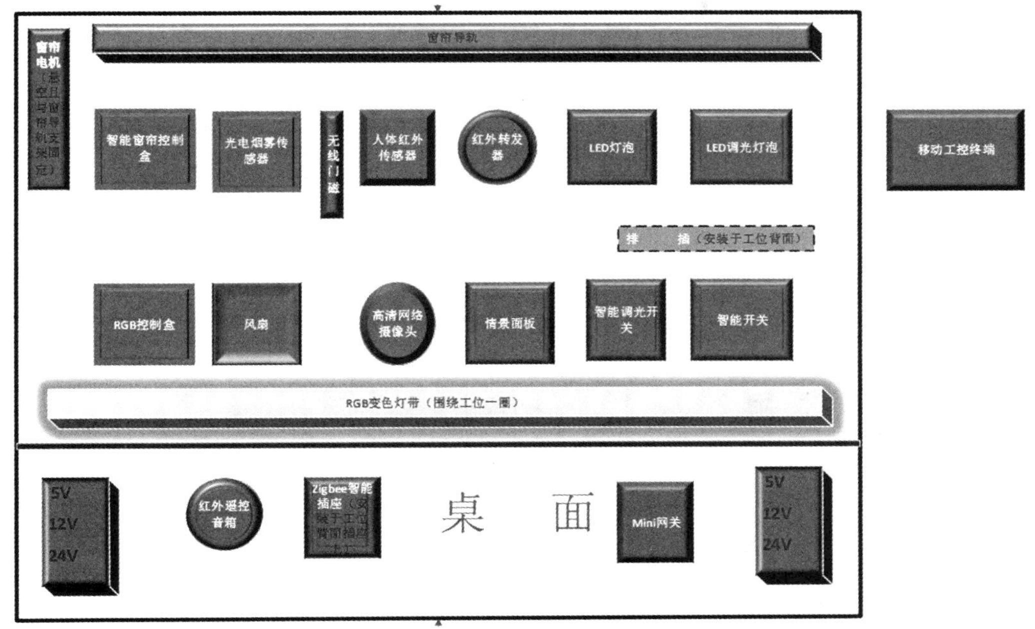

图 **4-4-3**　实训台布局图

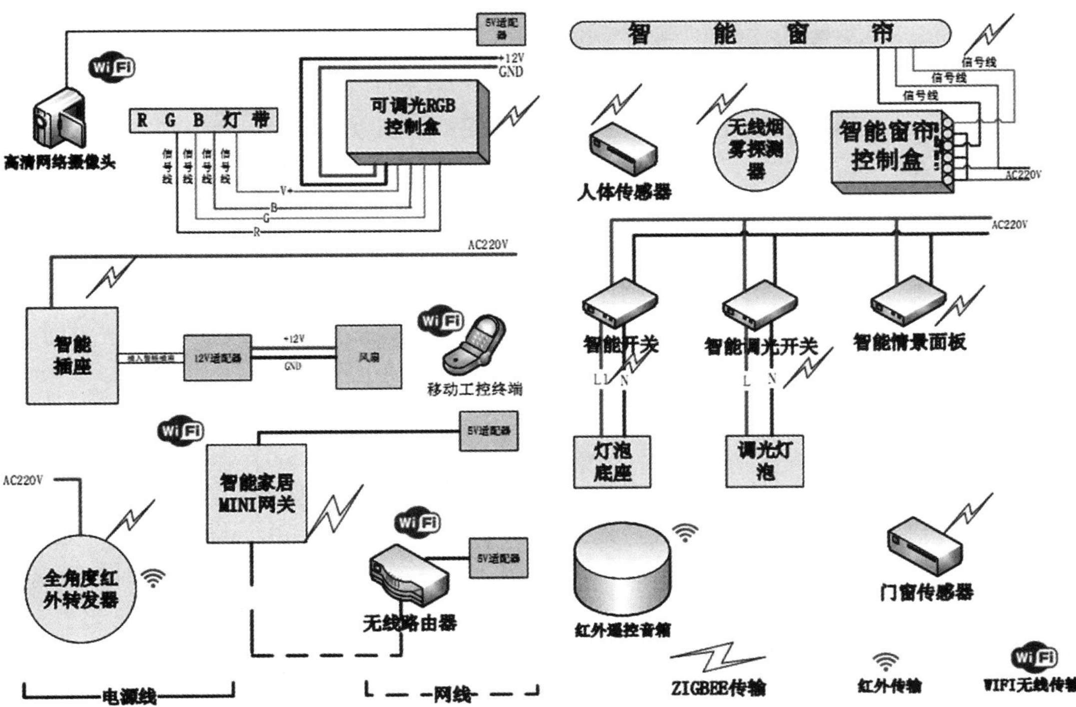

图 **4-4-4**　实训台接线图

（3）设备安装完成后的实训台如图 4-4-5、图 4-4-6。

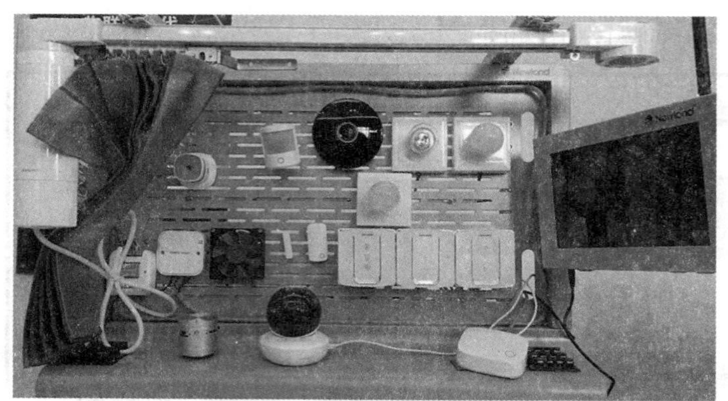

图 4-4-5　完成安装的实训台正面

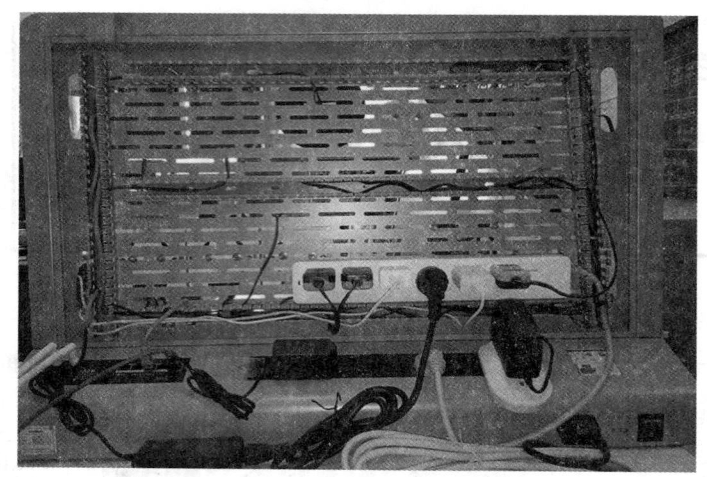

图 4-4-6　完成安装的实训台背面

二、设备安装顺序说明

设备安装不需要设定严格的先后顺序，实际操作中一般可根据个人习惯、设备安装位置、难易程度来决定先安装什么后安装什么。本实训参照日常家居装修通用的做法，即“先强电后弱电”，优先安装强电设备。

1. 强电设备

智能家居中，使用市电 220 V 交流电供电的主要设备有智能双路开关、智能调光面板、智能场景面板、红外线转发器、ZigBee 多功能控制盒（窗帘电机）、LED 液晶电视、可燃气体探测器。以上设备属于强电供电设备，采用 220 V 市电供电，在安装和接线过程中必须严格遵守断电操作规则。

2. 弱电设备

智能家居实训设备中，使用低压直流电供电（36 V 以下）的设备主要有网络摄像头、ZigBee Mini 网关、无线路由器、移动工控终端、风扇、RGB 控制盒（灯带控制盒）、智能门牌室内机/室外机、报警灯。以上设备中，网络摄像头采用 5V/2 A 直流稳压电源适配器供电；Zig-

Bee Mini 网关采用 5V/1A 直流稳压电源适配器供电；实训台内置无线路由器采用 7．5V/1A 直流稳压电源适配器供电；工控平板采用 12V/3A 直流稳压电源适配器供电；风扇采用实训台提供的 12 V 直流电源供电；RGB 灯带控制盒采用实训台提供的 12 V 直流电源供电。

除上述到设备外，智能家居实训环境中还有部分设备使用自带电池供电，主要有红外遥控音箱、门窗传感器、红外人体探测器、智能光电烟雾探测器、智能 CO 探测器、智能温湿度探测器、智能水浸探测器、智能门锁等。

安全提示：每个设备在安装之前，必须反复确认实训台处于断电状态。

任务 2　智能家居设备硬件安装与接线

按要求将所有的强电设备安装到实训工位平台上。掌握强电设备的安装与线路连接方法、技巧及注意事项。

一、开关面板的安装

开关面板包括智能双路开关、智能调光开关、智能情景面板。其接线图如图 4-4-7 所示。

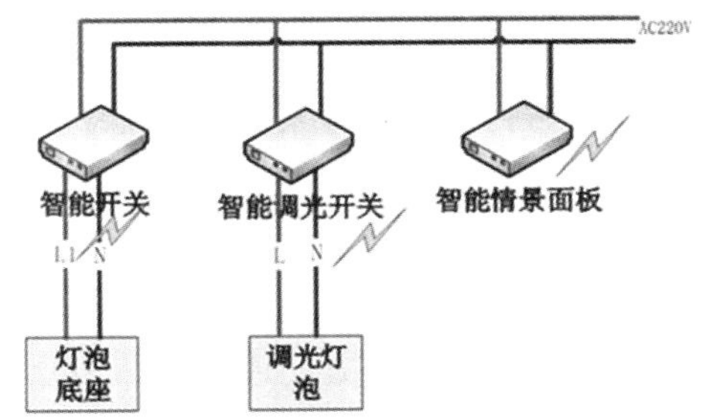

图 4-4-7　智能双路开关、智能调光开关、智能情景面板的接线图

1．安装所需工具

安装开关面板所需工具见表 4-4-1。

表 4-4-1　安装开关面板所需工具表

序号	名称	规　　格	数量
1	“+”字螺丝刀	5mm	1 把
2	“—”字螺丝刀	5mm	1 把
	万用表	UT890D	一块
3	测电笔	SATA6202	一只
4	剥线钳	ProsKit 8PK-3001D	1 把

2. 安装设备及相关物料清单

安装开关面板设备清单见表 4-4-2。

表 4-4-2 安装开关面板设备清单

序号	名称	规　　格	数量
1	智能双位开关	ZigBee	1 个
2	LED 灯座	60W/220V	2 个
3	LED 普通灯泡	3W/220V/50～60Hz	1 只
4	LED 调光灯泡	3W/220V/50～60Hz	1 只
5	明装底盒	86HS35	3 个
6	红黑导线	0. 5mm²/30cm	2 根
7	红黑导线	0. 5mm²/60cm	3 根
8	两级电源插头	16A/220V	3 个
9	智能调光开关	ZigBee	1 个
10	智能情景面板	ZigBee	1 个

3. 开关的安装规范

(1) 底盒内的预留线平顺，无打结。

(2) 电线剥线长度约 9 mm。

(3) 电线插入开关接线柱后无毛刺外漏（有条件的情况下，建议采用压线端子对线头进行压线固定）。

(4) 接线柱固定螺丝刀打紧无松动现象。

(5) 开关固定螺丝刀松紧度合适，开关底壳无变型。

(6) 开关保持水平、多开关之间保持水平方向成直线、多开关间保持同一平面。

(7) 相邻的多个开关，底盒与底盒的间距不小于 90 mm。

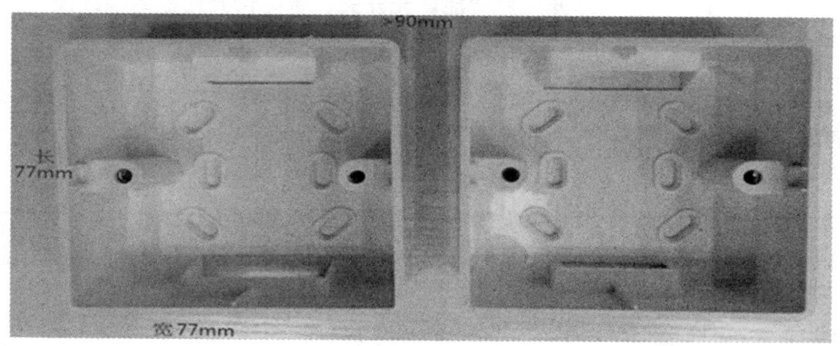

图 4-4-8 安装底盒间距不小于 90 mm

4. 智能双位开关安装步骤

步骤 1 检查实训台是否带电。安装时先关闭实训台空开，确保实训台处于断电状态。

用万用表或者测电笔测试电源插座处是否带电。

步骤 2　电源插头接线。选取一条 60cm 长的红黑线，一头接入两极电源插头，另外一头贴上标签，分别标注上“进火线”和“零线”。插头接线如图 4-4-9 所示。

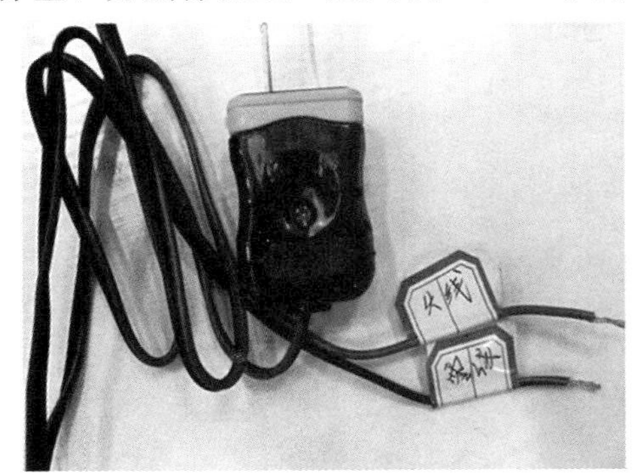

图 4-4-9　电源插头接线

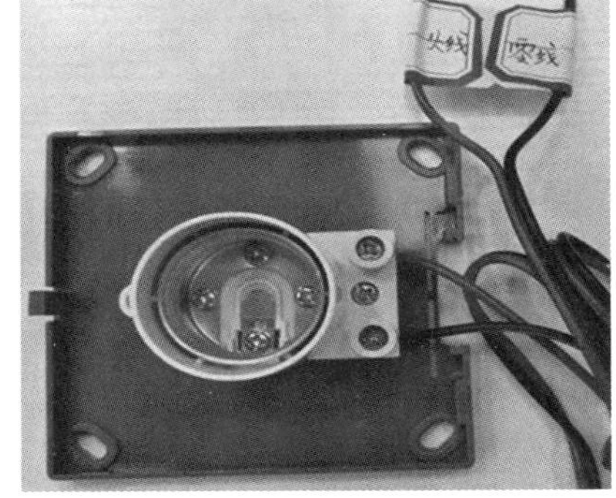

图 4-4-10　灯座接线

步骤 3　灯座接线。选取一条 30 cm 长的红黑线，一端连接灯座，另外一头贴上标签，在标签上分别标注上“灯控火线”和“零线”。灯座接线如图 4-4-10 所示。

步骤 4　LED 灯座安装。将 LED 灯座安装在实训台上，并装上 LED 灯泡（注意：本步骤只需要安装一个灯座和 LED 灯泡进行实验的验证即可。另外还有一个 LED 灯座留给可调光 LED 灯泡安装时使用）。

步骤 5　安装智能开关底座（86 底盒）。安装好底座后，将插头和灯的两对红黑线通过实训台的背板线槽走线。两对电线带有标签的一端都要经由背板穿入底盒。所有电线要求整理整齐、直顺，并注意控制好穿入底盒内的电线长度，大约保留 13cm 即可。

步骤 6　用 5mm 一字螺丝刀从智能开关的底部开口处将面板撬开。

步骤 7　将底座内的两对红黑线接入智能开关的接线柱。“进火线（插头火线）”接到开关的 L 接线柱；“灯控火线（灯火线）”接到开关的 L1 接线柱；两条“零线”同时接入开关的 N 接线柱，如图 4-4-11 所示。

图 4-4-11　智能开关安装接线

步骤 8　将开关固定在智能开关底座（86 底盒）上，并拧紧螺丝盖上面板。

步骤 9 通电实验。将两极电源插头插入实训台后置的电源插座（注意做好面电线的走线）。通电后，测试智能开关的效果，手动触模按键，观察能否点亮关 LED 灯泡。智能开关控制灯泡实验如图 4-4-12 所示。

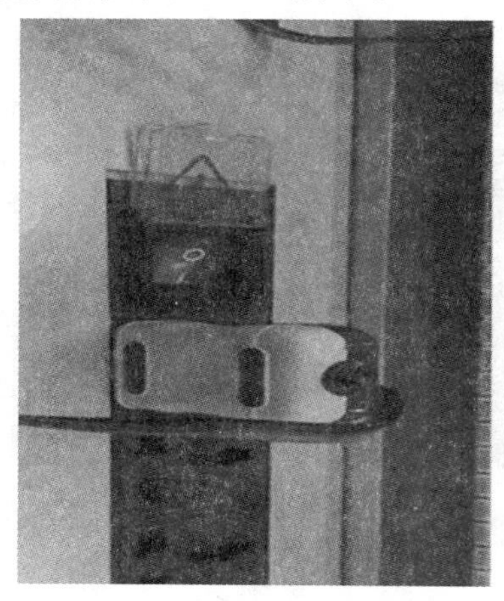
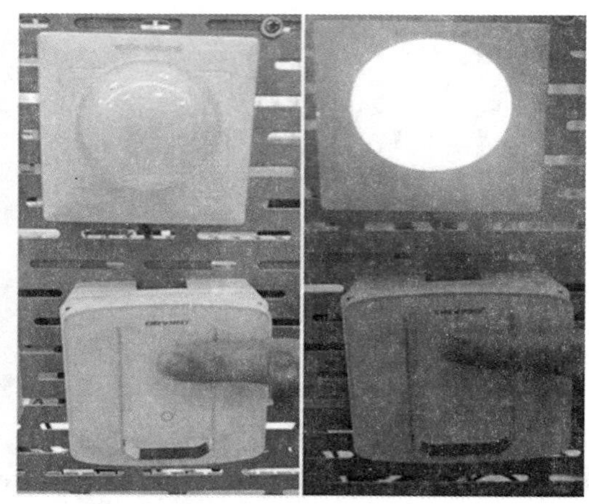

图 4-4-12 智能开关控制灯泡通电实验

至此，智能双位开关的安装测试已经完成。

5. 智能调光开关的安装步骤

智能调光开关和 LED 调光灯泡的安装与智能双位开关的安装步骤基本相同，区别在于调光开关的接线柱设置和双位开关的设置有所不同。

步骤 1 检查实训台是否带电。安装时先关闭实训台空开，确保实训台处于断电状态。用万用表或者测电笔测试电源插座处是否带电。

步骤 2 电源插头接线。选取一条 60cm 长的红黑线，一头接入两极电源插头，另外一头贴上标签，分别标注上“进火线”和“零线”。

步骤 3 灯座接线。选取一条 30cm 长的红黑线，一端连接灯座，另外一头贴上标签，在标签上分别标注上“灯控火线”和“零线”。

步骤 4 LED 灯座安装。将 LED 灯座安装在实训台上，并装上 LED 灯泡。

步骤 5 安装智调光能开关底座（86 底盒）。安装好底座后，将插头和灯的两对红黑线通过实训台的背板线槽走线。两对电线带有标签的一端都要经由背板穿入底盒。所有电线要求整理整齐、直顺，并注意控制好穿入底盒内的电线长度，大约保留 13cm 即可。

步骤 6 用 5mm 一字蝶丝刀从智能开关的底部开口处将面板撬开。

步骤 7 将智能调光关开关底座内的两对红黑线接入智能开关的接线柱。“进火线（插头火线）”接到开关的 L 接线柱；“灯控火线（灯火线）”接到开关的 L1 接线柱；两条“零线”同时接入开关的 N 接线柱。智能调光开关接线如图 4-4-13 所示。

步骤 8 将开关固定在智能调光开关底座（86 底盒）上，并拧紧螺丝盖上面板。

步骤 9 通电实验。将两极电源插头插入实训台后置的电源插座（注意做好面电线的走线）。通电后，测试智能调光开关的效果，手动触模按键，观察能否点亮熄灭 LED 灯泡，能否调节 LED 灯泡亮度。智能调光开关控制灯泡实验如图 4-4-14 所示。

至此，智能调光开关的安装测试已经完成。

图 4-4-13　智能调光开关安装接线

图 4-4-14　智能调光开关通电实验

6. 智能情景面板的安装步骤

智能情景面板只需要连接“火线”和“零线”供电即可。其连接步骤如下：

步骤 1　检查实训台是否带电。安装时先关闭实训台空开，确保实训台处于断电状态。用万用表或者测电笔测试电源插座处是否带电。

步骤 2　电源插头接线。选取一条 60cm 长的红黑线，一头接入两极电源插头，另外一头贴上标签，分别标注上“进火线”和“零线”。

步骤 3　安装智情景面板底座（86 底盒）。安装好底座后，将插头和灯的两对红黑线通过实训台的背板线槽走线。两对电线带有标签的一端都要经由背板穿入底盒。所有电线要求整理整齐、直顺，并注意控制好穿入底盒内的电线长度，大约保留 13cm 即可。

步骤 4 用 5mm 一字蝶丝刀从智情景面板的底部开口处将面板撬开。

步骤 5 智能情景面板接线。将智情景面板底座内的一对对红黑线接入智能情景面板的接线柱。“进火线（插头火线）”接到智能情景面板的 L 接线柱；“零线”接入智能情景面板的 N 接线柱。智能情景面板的接线如图 4-4-15 所示。

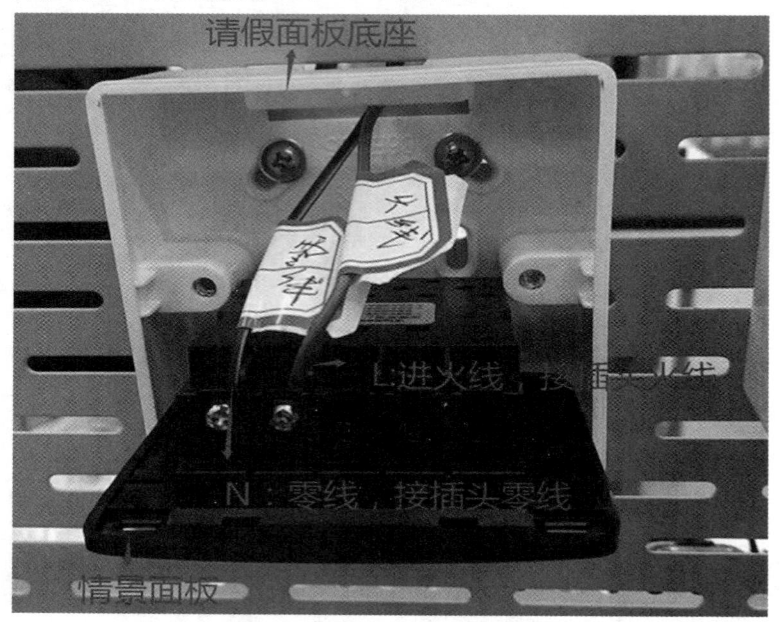

图 4-4-15 情景面板接线

步骤 6 将智能请假面板固定在底座（86 底盒）上，并拧紧螺丝盖上面板。

步骤 7 通电实验。将两极电源插头插入实训台后置的电源插座（注意做好面电线的走线）。通电后，智能请假面板上的三个按键图标应发蓝光，用手触摸某一个按键时，该按键变成红光，说明设备接线正确。智能情景面板通电测试如图 4-4-16 所示。

图 4-4-16 智能情景面板通电测试

图 4-4-17 红外转发器的接线图

至此，智能调光开关的安装测试已经完成。

二、红外线转发器的安装

红外线转发器接线图如图 4-4-17 所示。

1. 安装所需工具

安装红外转发器所需工具见表 4-4-3。

表 4-4-3　安装红外转发器所需工具表

序号	名称	规　　格	数量
1	“+”字螺丝刀	5mm	1 把
2	“—”字螺丝刀	5mm	1 把
	万用表	UT890D	一块
3	测电笔	SATA6202	一只
4	剥线钳	ProsKit 8PK-3001D	1 把
5	绝缘胶布	ProsKit MS-V001	1 卷

2. 安装设备及相关物料清单

安装红外转发器所需设备及相关物料见表 4-4-4。

表 4-4-4　安装红外转发器所需设备及相关物料清单

序号	名称	规　　格	数量
1	红外线转发器	CT20Z-B1GO	1 个
2	红黑导线	0.5mm²/60cm	1 根
3	两级电源插头	16A/220V	1 个

3. 红外线转发器的安装规范

（1）红外转发器的背板与墙壁（或天花板）紧贴无松动。
（2）过线孔在背板的正中间。
（3）接头处线头无外漏，用压线帽接好或用绝缘胶布缠绕紧致。
（4）多余线无外露。
（5）红外转发器固定无松动。

4. 红外线转发器的安装步骤

步骤 1　检查实训台是否带电。安装时先关闭实训台空开，确保实训台处于断电状态。用万用表或者测电笔测试电源插座处是否带电。

步骤 2　制作电源插头接线。选取一条 60cm 长的红黑线，一头接入两极电源插头，另外一头贴上标签，分别标注上“进火线”和“零线”。

步骤 3　红外线转发器安装。先将插头的 60cm 红黑线通过实训台背板走线，电线加标签的一端对准红外线转发器的安装位置，由实训台背板向前穿出，直接穿过红外线转发器的背板，然后将转发器背板用螺丝固定在实训台背板上。

步骤 4　红外线转发器接线。将”进火线”（即插头火线）与转发器的红色线头连接，“零线”（即插头零线）与转发器的蓝色线头连接。用绝缘放布分别包好接线头（或用压线帽接好)，确保绝缘良好。如图 4-4-18 所示。

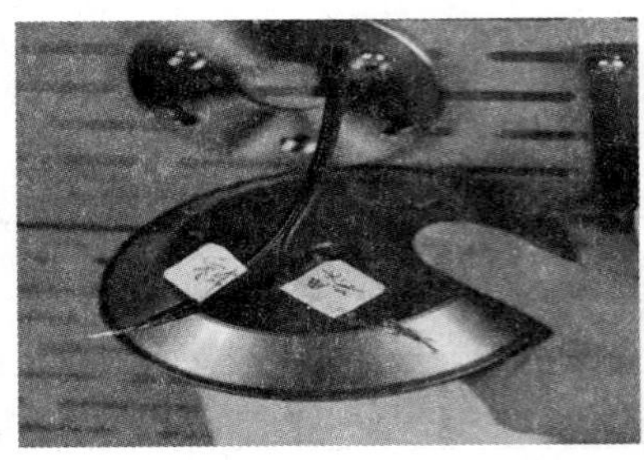

图 4-4-18　红外线转发器接线

图 4-4-19　红外线转发器安装

步骤 5　将连接好的电线放入实训台背面的线槽内，然后把红外转发器对准其背部的孔位旋转即可固定。如图 4-4-19 所示。

至此，红外线转发器的安装已经完成。

三、ZigBee 多功能控制盒的安装

ZigBee 多功能控制盒也称为智能窗帘控制盒，用于和智能窗帘电机相连接。其接线如图 4-4-20 所示。

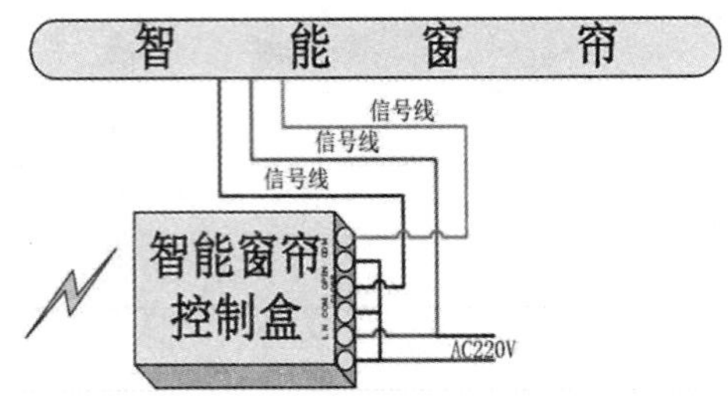

图 4-4-20 智能窗帘控制盒接线图

1. 安装所需工具

智能窗帘控制盒安装所需工具见表 4-4-5。

表 4-4-5　安装红外转发器所需工具表

序号	名称	规　　格	数量
1	“+”字螺丝刀	5mm	1 把
2	“—”字螺丝刀	5mm	1 把
	万用表	UT890D	一块
3	测电笔	SATA6202	一只
4	剥线钳	ProsKit 8PK-3001D	1 把
5	绝缘胶布	ProsKit MS-V001	1 卷

2. 安装设备及相关物料清单

安装智能窗帘控制盒所需设备及相关物料见表 4-4-6。

表 4-4-6　安装智能窗帘控制盒所需设备及相关物料清单

序号	名称	规　　格	数量
1	智能窗帘控制盒	QRVIBO ZigBee 多功能控制盒	1 个
2	智能窗帘电机		1 台
3	红黑导线	0．5mm²/60cm	1 根
4	两级电源插头	16A/220V	1 个
5	短接线	0．5mm²/5cm	2 根
6	粘性磁条	3m	合适长度

3．安装智能窗帘控制盒的安装规范

（1）电源线剥线长度约 5mm。

（2）电线插入智能窗帘控制盒接线柱后无毛刺外漏（有条件的话，最好用压线子线固定）。

（3）接线柱固定螺丝拧紧无松动现象。

（4）固定螺丝松紧度合适。

（5）固定在墙面时指示灯应朝外紧贴墙面。

4．智能窗帘控制盒工作模式设置

安装智能窗帘控制盒之前，要通过拨码开关设置合适的工作模式。其方法是利用 3 mm 一字型螺丝刀拨动调节制盒侧面的拨码开关来选择工作模式。如图 4-4-21 所示。

智能窗帘控制盒的拨码开关与工作模式关系如下：拨下拨码开关 1——控制盒处于强电电机工作模式；拨下拨码开关 2——控制盒处于弱电电机工作式；拨下拨码开关 3——控制盒处于继电器工作模式。

图 4-4-21　智能窗帘控制盒模式设置拨码开关

5．智能窗帘控制盒安装步骤

步骤 1　检查实训台是否带电。安装时先关闭实训台空开，确保实训台处于断电状态。用万用表或者测电笔测试电源插座处是否带电。

步骤 2　电源插头接线。选取一条 60 cm 长的红黑线，一头接入两极电源插头，另外一头贴上标签，分别标注上“进火线”和“零线”。

步骤 3　将插头的红黑线通过实训台背面线槽走线，电线加标签的一端对准智能窗帘控制盒的安装位置，并由实训台背板向前穿出。

步骤 4　用 3 mm 的一字螺丝刀，将智能窗帘控制盒的拨码开关 1 拨下来，设为强电工作模式。

步骤 5　将插头上连接的 60 cm 红黑线的“进火线”接到智能窗帘控制端口 8，然后用 5 cm 的短接线把接线端口的 4，6，8 短接在一起。如图 4-4-22 所示。

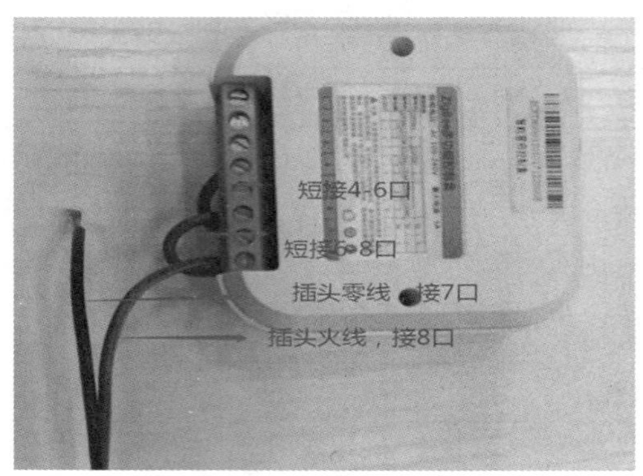

图 4-4-22　智能窗帘控制端口短接线

步骤 6　窗帘电机接线。将窗帘电机的电源线通过实训台背面走线，向前穿出。把电机的正转线接入智能窗帘控制盒的端口 5，电机的反转线接入智能窗帘控制盒的端口 3，电机的公共线与插头的零线一同接入智能窗帘控制盒的端口 7。电机的黄绿线为“接地”线，用绝缘胶布包扎，不接入智能窗帘控制盒。如图 4-4-23 所示。

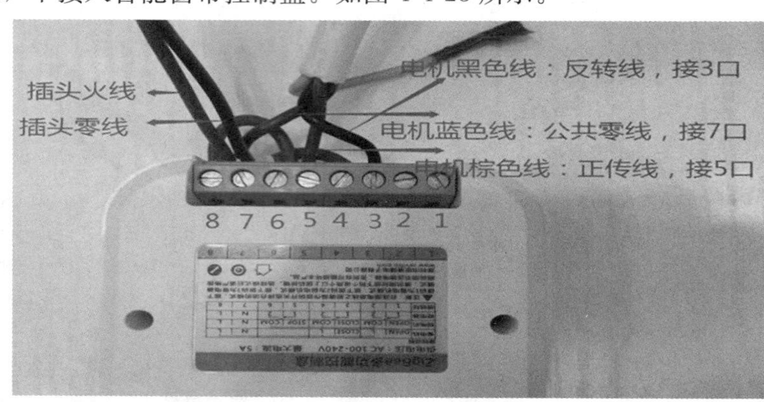

图 4-4-23　窗帘电机控制盒与电机接线

步骤 7　使用 M3 螺丝将智能窗帘控制盒安装到实训工位台的正面面板上。

步骤 8　将窗帘导轨安装到实训工位台的上方，并与窗帘电机对接好，将电线放入实训工位背面的线槽内。如图 4-4-24 所示。

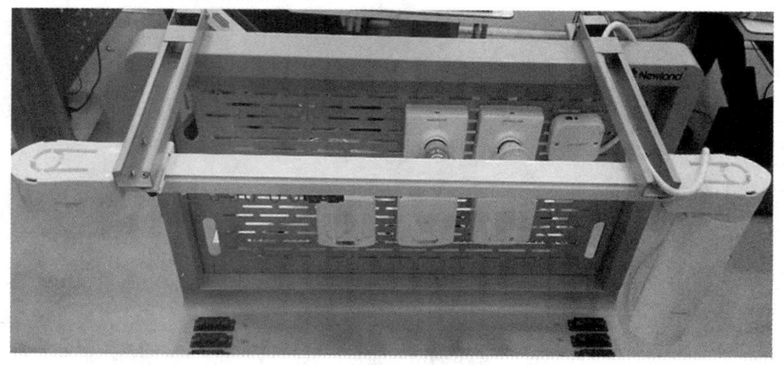

图 4-4-24 窗帘导轨的安装

至此，智能窗帘控制盒与窗帘电机安装接线已经完成。

任务 3　智能家居设备硬件安装与接线

按要求将智能家居中所有弱电设备安装到实训工位平台上。主要安装工作集中在风扇和RGB灯带及其控制盒的安装与接线，其他弱电设备采用电源适配器供电，仅需简单固定并布置好电源走线即可。通过弱电设备的安装接线，要求掌握智能家居中常用的弱电电设备的功能、安装与线路连接方法、技巧及注意事项等基本技能。

一、安装风扇

在本实训中，风扇的作用是模拟家用空调或电风扇等室内空气环境的设备。风扇安装的接线图见图 4-4-25。

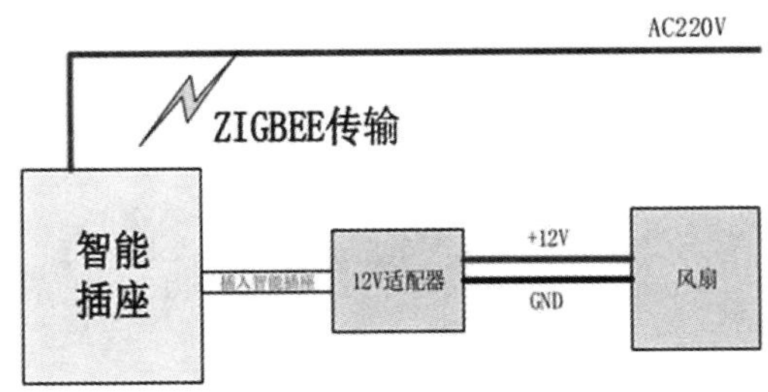

图 4-4-25　风扇与智能插座接线

1. 安装所需工具

安装风扇所需工具见表 4-4-7。

表 4-4-7　安装红外转发器所需工具表

序号	名称	规　　格	数量
1	“+”字螺丝刀	5mm	1把
2	“—”字螺丝刀	5mm	1把
	万用表	UT890D	一块
3	测电笔	SATA6202	一只
4	剥线钳	ProsKit 8PK-3001D	1把
5	绝缘胶布	ProsKit MS-V001	1卷

2. 安装设备及相关物料清单

安装智能窗帘控制盒所需设备及相关物料见表 4-4-8。

表 4-4-8　安装智能窗帘控制盒所需设备及相关物料清单

序号	名称	规　　格	数量
1	风扇	DC 12V 0．16A	1个
2	ZigBee 智能插座	QRVIBO S10K1Z	1台
3	电源适配器	12V/2A	1个

3．风扇安装步骤

步骤 1　检查实训台是否带电。安装时先关闭实训台空开，确保实训台处于断电状态。用万用表或者测电笔测试电源插座处是否带电。

步骤 2　连接风扇与电源适配器。用剥线钳将 12V/2A 电源适配器及风扇的原有接线头剪掉，重新剥离出约 9mm 的裸线，通过实训台背板走线，然后将电源适配器和风扇的接线头正确连接，并用压线帽或绝缘胶布包好（注意：分清直流电源的正负极，如果正负极接反，电源风扇将反转。接线之前，可用万用表先测量一下电源线输出电压的正负极，然后再进行连接）。风扇与电源适配器接线如图 4-4-26 所示。

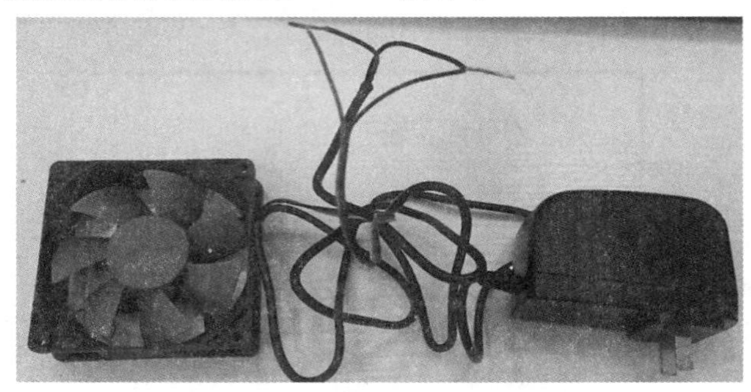

图 4-4-26　风扇与电源适配器接线

步骤 3　固定风扇。用螺丝将风扇固定到实训台上，并将电线放进实训台背面线槽内。

步骤 4　连接智能插座。将智能插座插到实训台后方的电源插座上，并将 12V/2A 电源适配器插到智能插座上，如图 4-4-27 所示。

图 4-4-27　电源适配器与智能插座连接

步骤 5　风扇测试。通电后，测试风扇能否正常转动。

至此，风扇和智能插座的安装完成。

二、安装 RGB 灯带控制盒

RGB 灯带控制盒接线图如图 4-4-28 所示。

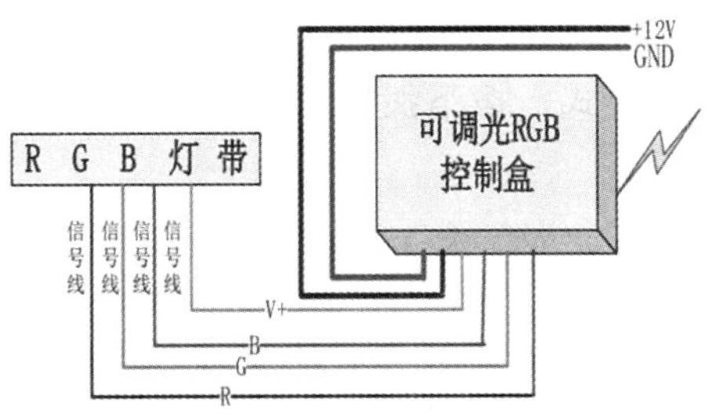

图 4-4-28　RGB 灯带控制盒接线

1. 安装所需工具

安装 RGB 灯带控制盒见表 4-4-9。

表 4-4-9　安装红外转发器所需工具表

序号	名称	规　　格	数量
1	“+”字螺丝刀	5mm	1 把
2	“—”字螺丝刀	5mm	1 把
	万用表	UT890D	一块
3	测电笔	SATA6202	一只
4	剥线钳	ProsKit 8PK-3001D	1 把

2. 安装设备及相关物料清单

安装 RGB 灯带控制盒所需设备及相关物料见表 4-4-10。

表 4-4-10　安装智能窗帘控制盒所需设备及相关物料清单

序号	名称	规　　格	数量
1	RGB 灯带控制盒	QRVIBO ZigBee 可调光/ RGB 控制	1 个
2	RGB 彩色灯带	1mm	1 根
3	红黑导线	0．5mm^2/60cm	1 根
4	粘性磁条	3m	适当长度

3. RGB 控制盒安装规范

（1）电源线剥线长度约 5mm。

（2）电线插入控制盒接线柱后无毛刺无外漏（建议采用压线帽对线头进行压线固定）。

（3）接线柱固定螺丝拧紧，无松动现象。

（4）固定螺丝松紧度合适。

（5）固定在墙面时指示灯朝外紧贴墙面。

4. 模式说明

安装 RGB 控制盒前，应首先正确设置择工作模式。利用 3 mm 一字螺丝刀打开控制盒侧面的拨码开关，选择所需的 RGB 控制盒工作模式。工作模式说明如下：未拨下拨码开关 1—控制盒处于 RGB 控制模式；拨下拨码开关 1—控制盒处于色温控制模式；拨码开关 2、3—无效。

5. RGB 控制盒安装步骤

步骤 1 检查实训台是否带电。安装时先关闭实训台空开，确保实训台处于断电状态。用万用表或者测电笔测试电源插座处是否带电。

步骤 2 电源插头连线。将截好的 60cm 长的红黑线的一头接入实训台前置 12V 电源接线端口，另外一头贴上标签，分别标注上“12＋”和“12－”。

步骤 3 将 60cm 红黑线通过实训台背板线槽走线，电线加标签的一端对准 RGB 控制盒的安装位置，由实训台背板向前穿出。

步骤 4 确认 RGB 控制盒未拨下拨码开关 1，即控制盒处于 RGB 控制模式。

步骤 5 将 60cm 红黑线的“12V＋”接在 RGB 控制盒的端口 8，“12V－”接在 RGB 控盒的端口 7。

步骤 6 取出 RGB 彩色变色灯带，将灯带头部原始封装的接头剪掉，得到的 4 条电线，分别剥出 5mm 的线头，之后将 RGB 灯带的＋12V 控制线（黑色）接在 RGB 控制盒的 1 号线柱，R 控制线（红色）接在控制盒的 2 号接线柱，G 控制线（绿色）接在控制的 3 号接线柱，B 控制线（蓝色）接在控制盒的 4 号接线柱。如图 4-4-29 所示。

步骤 7 使用 M3 螺丝将 RGB 控制盒安装于控制台的面板上。

步骤 8 利用 3M 磁性贴条，将 RGB 彩色变色灯带围绕实训台面板进行吸附式安装。如图 4-4-29 所示。

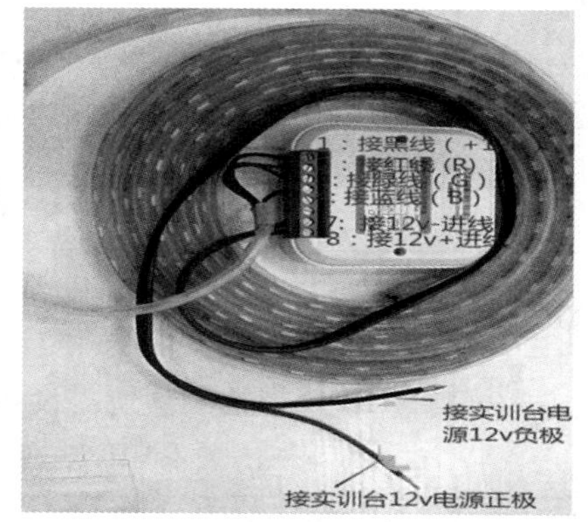

图 4-4-29 RGB 控制盒与灯带连接

至此，RGB 控制盒与 RGB 灯带的安装完成。

三、其他弱电设备的安装

除开风扇和 RGB 灯带控制盒外，其他弱电设备主要有门窗传感器、人体红外探测器、网络摄像头、移动工控终端、ZigBee Mini 网关和无线路由器等。这些设备安装较为简单，只须使用螺丝固定或用不干胶直接粘贴于实训台上即可。如图 4-4-30 所示。

具体安装如下：

（1）门窗传感器安装。直接使用双面不干胶粘贴到实训台上。

（2）红外人体探测器、网络摄像头和移动工控终端安装。使用配套固定板架及螺丝固定到实训台上。

（3）红外遥控音箱安装。利用自带吸盘直接将红外遥控音箱吸附在实训台上。

（4）ZigBee Mini 网关安装。利用粘性磁条，将 ZigBee Mini 网关放置在实训台合适的位置上。

（5）无线路由器安装。实训工位台内置有无线路由器，无需安装。

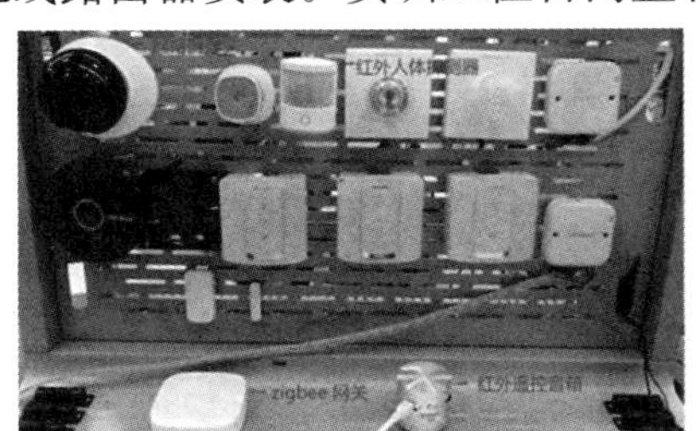

图 4-4-30　部分弱电设备安装

任务 4　无线路由器设置

任务描述

对无线路由器进行设置是搭建局域网的基础。智能家居设备、PC 客户端及移动客户端（移动终端也可以通过 4G 连接至互联网）一般通过家庭无线局域网连接至互联网智能家居云平台。由于本实训系统整个智能家居环境都是限制在局域网内部，因此，只要将路由器的 LAN 接口与移动工控终端及一台或两台 PC 机相连，使之处于同一个 IP 地址段内，就可以通过配置正确的路由器将整个智能家居系统连接在同一局域网内。

实训中，既可用一台 PC 兼做服务器和客户机，也可以使用两台 PC，其中一台用作服务器，另一台用作 PC 客户机；移动工控终端用作移动客户机。

本任务主要是对无线路由器进行设置，使之与 PC、移动工控终端能够组成一个局域网。本实训系统采用的路由器直接内置于实训台中。

一、无线路由器相关设置

步骤 1　无线路由器于 PC 机连接。将双绞线的一端连接路由器的任意一个 LAN 接口（LAN1～LAN4），另一端与 PC 的网卡连接（双绞线可以选择直通线，也可以选择交叉线）。

步骤 2　路由器通电后，在 PC 机打开浏览器，并在地址输入栏输入该路由器的 IP 地址进入路由器管理设置身份验证界面，输入用户名“admin”，密码“admin”，单击“确定”按钮，进入路由器设置主界面。如图 4-4-31 所示。

本实训台内置的路由器 IP 地址为 http：//1920168.1.1。如设备完好、连线及供电正常，而无法进入路由器管理设置界面，可在通电状态下，按住路由器的 Reset 复位键不动，等待约 10 s，看到路由器上所有指示灯均开始快速闪烁后，再松开 Reset 按键，此时路由器已恢复到出厂设置，然后再从 PC 进入路由器设置界面。

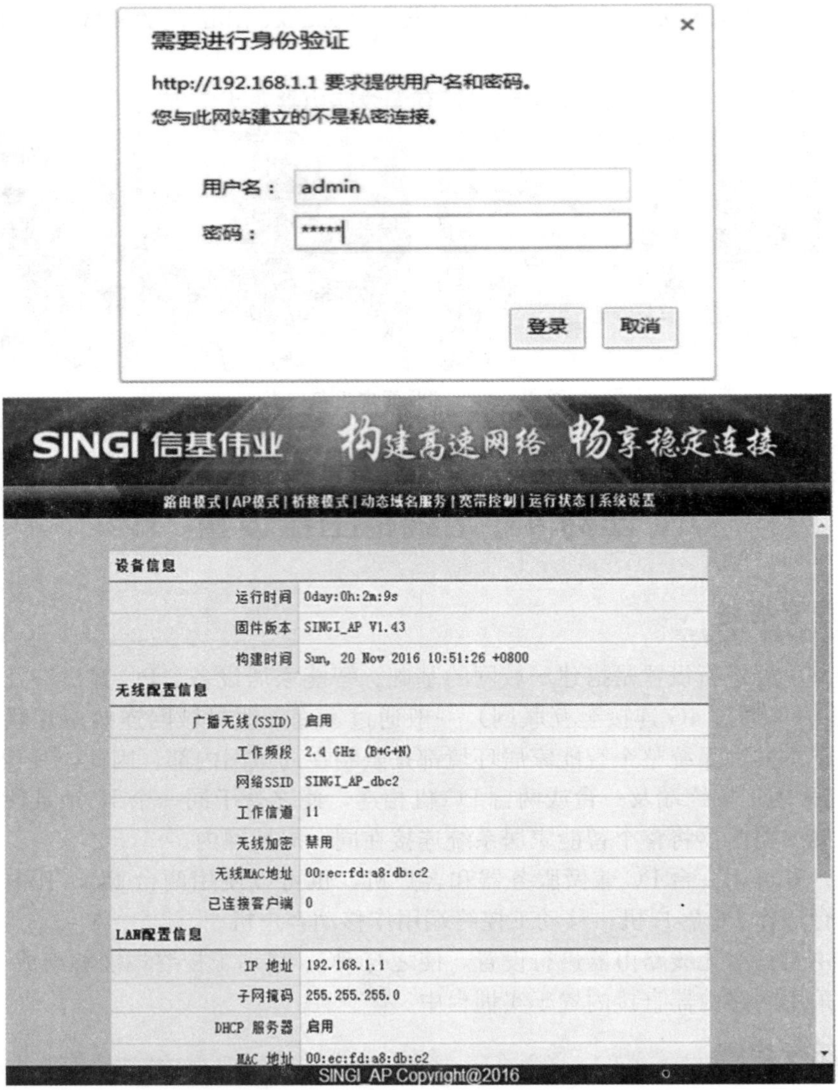

需要进行身份验证

http://192.168.1.1 要求提供用户名和密码。

您与此网站建立的不是私密连接。

用户名：admin

密码：*****

登录 取消

SINGI 信基伟业 构建高速网络 畅享稳定连接

路由模式 | AP模式 | 桥接模式 | 动态域名服务 | 宽带控制 | 运行状态 | 系统设置

设备信息	
运行时间	0day:0h:2m:9s
固件版本	SINGI_AP V1.43
构建时间	Sun, 20 Nov 2016 10:51:26 +0800
无线配置信息	
广播无线(SSID)	启用
工作频段	2.4 GHz (B+G+N)
网络SSID	SINGI_AP_dbc2
工作信道	11
无线加密	禁用
无线MAC地址	00:ec:fd:a8:db:c2
已连接客户端	0
LAN配置信息	
IP 地址	192.168.1.1
子网掩码	255.255.255.0
DHCP 服务器	启用
MAC 地址	00:ec:fd:a8:db:c2

SINGI_AP Copyright@2016

图 4-4-31　进入路由器设置主界面

步骤 3　LAN 及 DCHP 服务器设置。在主界面中依次点击“路由模式”，可以看到“LAN 设置”项（也就是面向局域网络参数设置，这些参数设置将影响到 LAN1～LAN4 和无线接口所连接的设备）。该窗口中，IP 地址 192.168.1.1 代表路由器本身面向内部局域网的 IP 地址，子网掩码设置为 255.255.255.0。

点击“DCHP”项按钮，选择“启用”。这里默认将 192.168.1.10～192.168.1.200，这一段连续的地址分配给接入局域网的设备，一般将第一个接入设备将分配到 192.168.1.10。如图 4-4-32 所示。

图 4-4-32 LAN 及 DCHP 服务器设置

步骤 4 无线设置。在“路由模式”设置界面的“无线设置”选项中，作如下设置：“禁用无线”不勾选；“无线名称（SSID）”可根据需要更改（这里改为：ZNJJ），“无线加密”选择“WAP”，“无线加密密码”可自行任意设置密码（这里设置为“12345678”）。设置完成后，单击“保存”。如图 4-4-33 所示。

图 4-4-33 无线设置

至此，无线路由器的设置已经完成。

任务 5　云平台服务器搭建

任务描述

局域网环境搭建完成后，就可以在局域网基础上搭建云平台了。智能家居实训环境中，可以选择一台局域网内部的 PC 作为服务器，在此 PC 上安装智能家居云平台服务端软件。

智能家居云平台服务器软件主要包含了以下几个部分：Internet 信息服务（IIs）管理器、Microsoft NET Framework 4、SQL Server2008R2、智能家居云平台数据库。本任务将对以上各个组件进行安装部署

一、安装 Internet 信息服务（IIs）管理器

步骤 1　关闭 Windows 7 防火墙。PC 服务器可以选择日常使用的 32/64 位 Windows7 系统进行部署。进入 Windows7 系统的“控制面版”→“Window 防火墙”界面，在左侧列表选择“打开或关闭 Windows 防火墙”，如图 4-4-34 所示。将“关闭 Windows 防火墙”全选上，按确定，然后关掉“控制面版”，如图 4-4-35 所示。

图 4-4-34　打开或关闭 Windows 防火墙

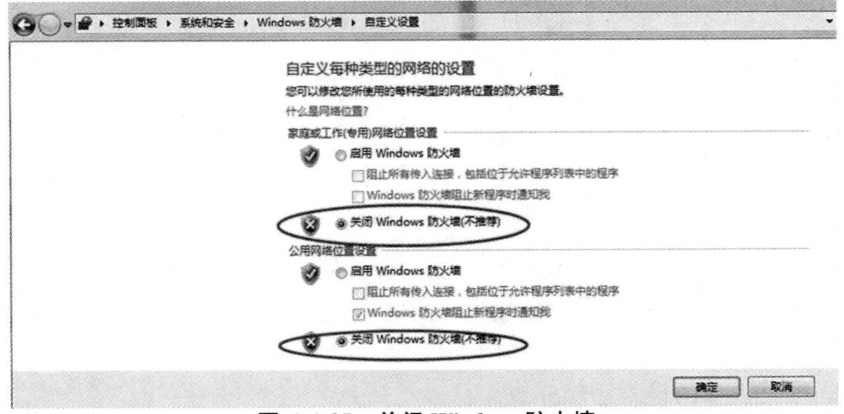

图 4-4-35　关闭 Windows 防火墙

步骤 2　安装 Internet 信息服务（IIS）管理器。打开“控制面版”→“程序和功能”，点击左侧列表的“打开或关闭 Windows 功能”，如图 4-4-36 所示。

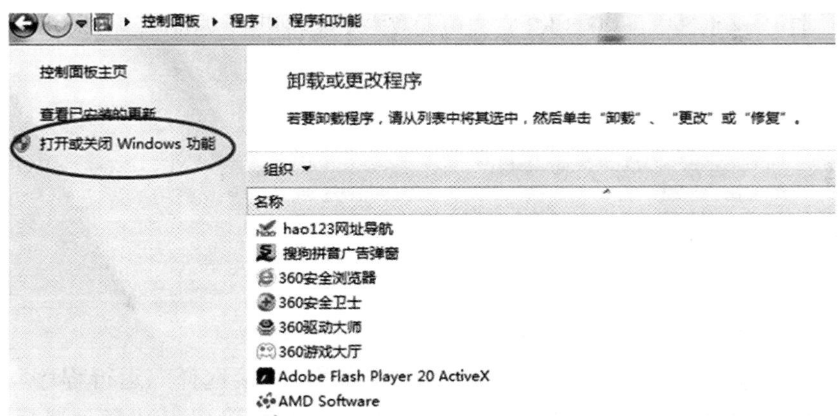

图 4-4-36　打开或关闭 Windows 功能

在打开的界面中，将“Internet Information Services 可承载的 Web 核心”选上，将“Internet 信息服务”里面所有能选的的全部选上，直到“Internet 信息服务”前的框出现的是“√”，如图 4-4-37 所示。

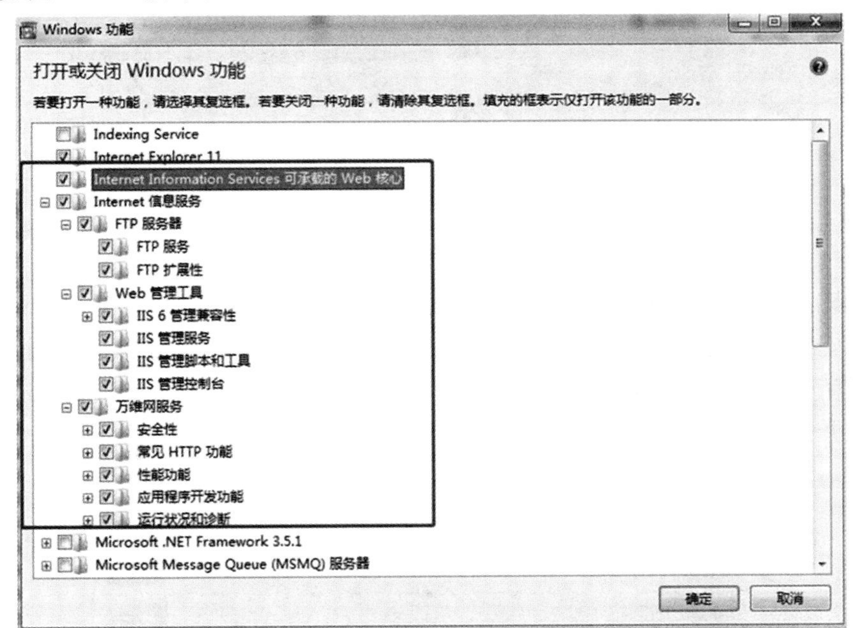

图 4-4-37　Internet 信息服务（IIs）管理器

点击“确定”进行安装，安装完成后关掉控制面板。至此完成 Internet 信息服务（IIS）管理器的安装。

二、安装 Microsoft. NET Framework 4. 5

在本教程配套的教学资源软件包里找到并点击. Net 安装包“dotnetfx45_full_x86_x64.exe”进行安装。

三、安装数据库 SQL Server 2008 R2

步骤 1　打开 SQL Server 2008 R2 安装包，双击安装包里的 setup 程序，如图 4-4-38 所示。

x86	2012/2/24 8:47	文件夹
autorun	2008/7/4 6:18	安装信息
MediaInfo	2008/8/1 17:20	XML 文档
Microsoft.VC80.CRT.manifest	2008/7/1 8:36	MANIFEST 文件
msvcr80.dll	2008/7/1 8:49	应用程序扩展
Readme	2008/7/7 11:15	360seURL
setup	2008/7/10 10:49	应用程序
setup.rll	2008/7/10 10:49	应用程序扩展

图 4-4-38　双击 setup 程序进行安装

第一次运行安装包，如果出现“兼容性问题提示”，直接选择“运行程序”即可。进入 SQL Server 安装中心后，选择左侧列表的“安装”进入安装列表选择。选择“全新 SQL Server 独立安装或向现有安装添加功能”，如图 4-4-39 所示。

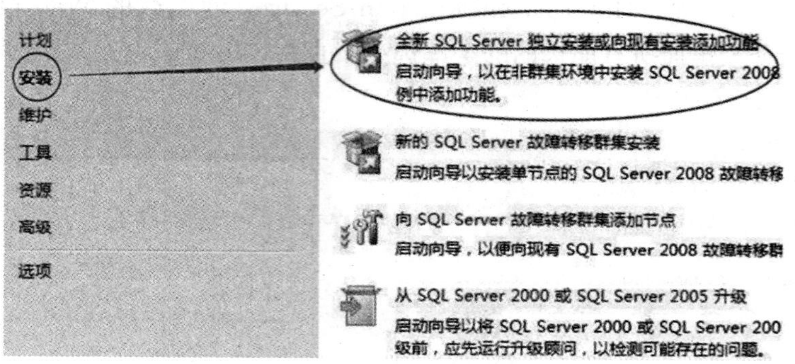

图 4-4-39　进入安装中心安装

此时如果再次出现兼容性问题提示，依然选择“运行程序”。

进入“安装程序支持规则”界面，安装程序将自动检测安装环境基本支持情况，需要保证通过所有条件后才能进行后续的安装。当所有检测都通过后，点击“确定”进行下一步安装，如图 4-4-40 所示。

规则	状态
最低操作系统版本	已通过
安装程序管理员	已通过
重新启动计算机	已通过
Windows Management Instrumentation (WMI)服务	已通过
针对 SQL Server 注册表项的一致性验证	已通过
SQL Server 安装媒体上文件的长路径名	已通过

图 4-4-40　安装程序支持规则

步骤 2　进入“产品密钥”界面，输入产品密钥后，输入 PTTFM-X467G-P7RH2-3Q6CG-4DMYB，如图 4-4-41 所示。点击“下一步”，进入“许可条款”界面，选中“我接受许可条款”才能继续下一步安装，如图 4-4-42 所示。

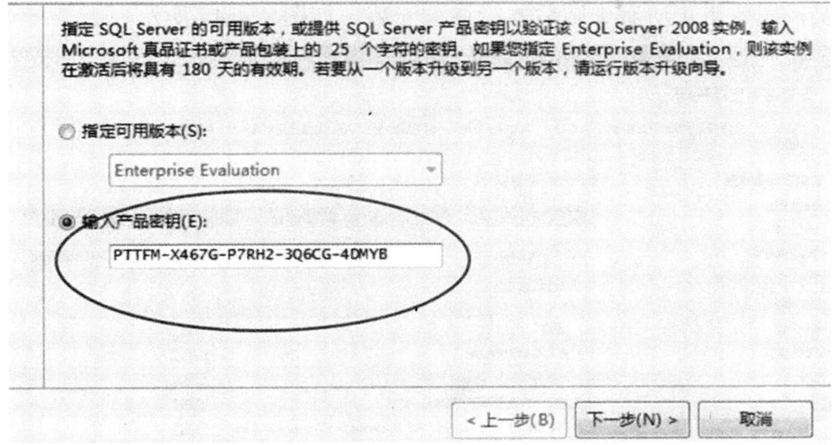

图 4-4-41　输入产品密钥

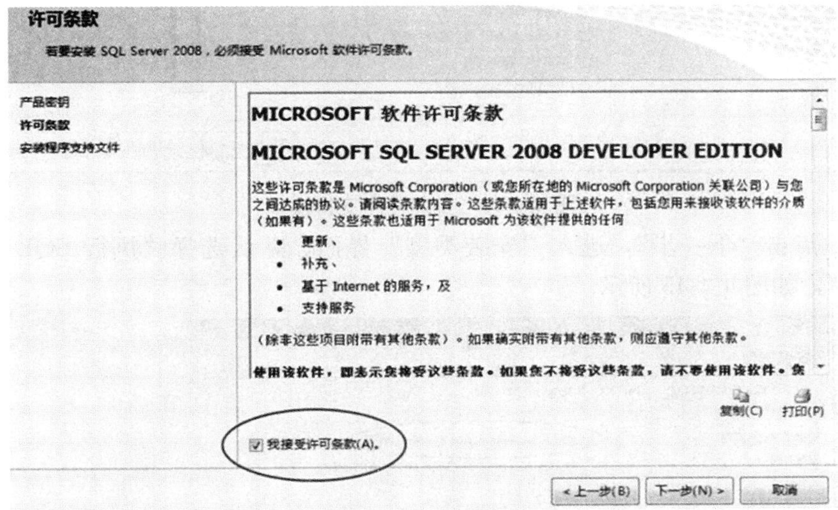

图 4-4-42　输入产品密钥接受许可条款

之后出现的安装向导界面，只需点击“下一步”即可，直到进入“服务器配置“界面。

步骤 3　点如图 4-4-43 所示安装。

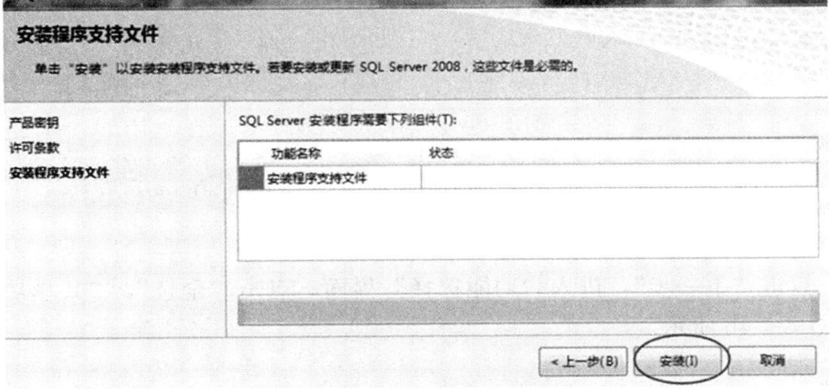

图 4-4-43　安装程序支持文件

步骤 4 点击“安装”后，当检测都通过之后才能点击“下一步”继续安装，如果有出现未通过错误，需要更正所有失败后才能继续安装，如图 4-4-44 所示。

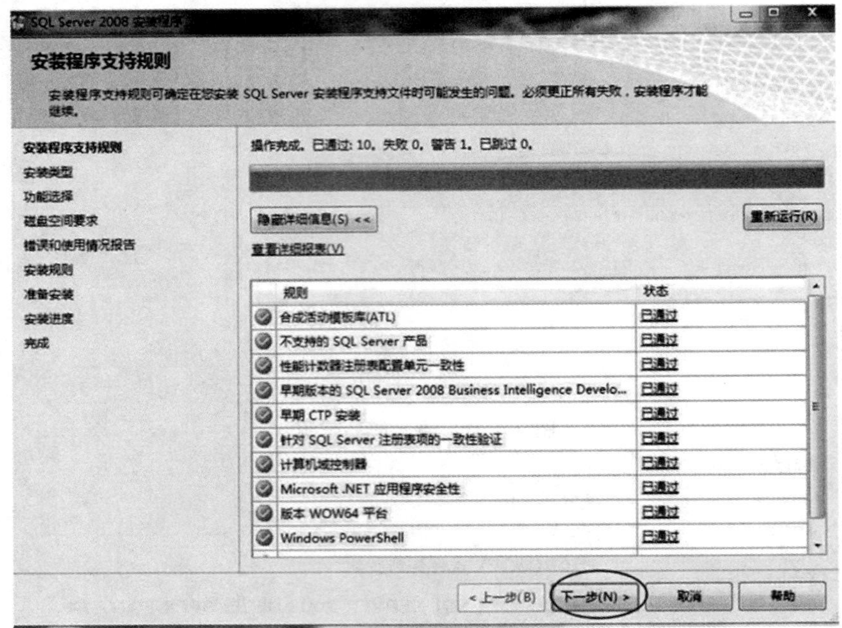

图 4-4-44　安装程序支持规则

步骤 5 点击“下一步”，进入“安装类型”界面，默认选择“执行 SQL Server 2008 的全新安装”，如图 4-4-45 所示。

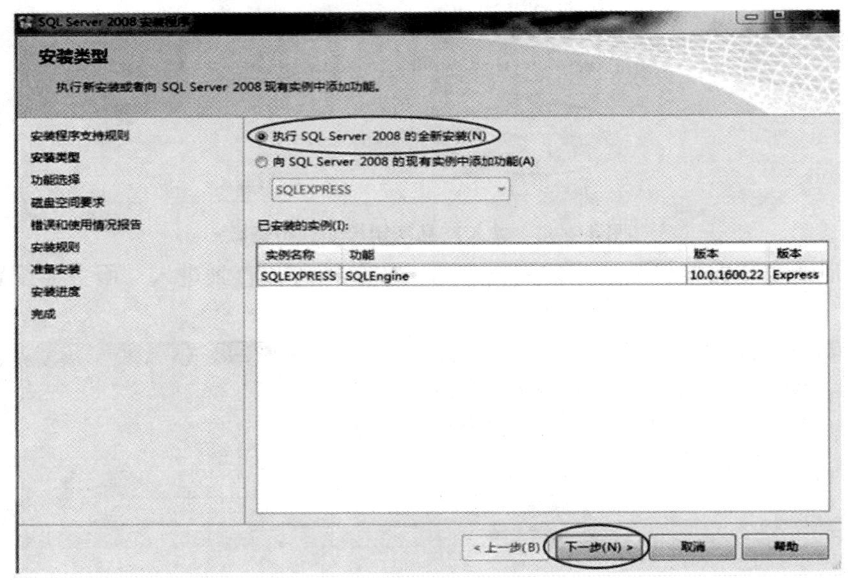

图 4-4-45　安装类型

步骤 6 点进“下一步”，进入“功能选择”界面，点击“全选”，“共享功能目录”保持默认，如图 4-4-46 所示。

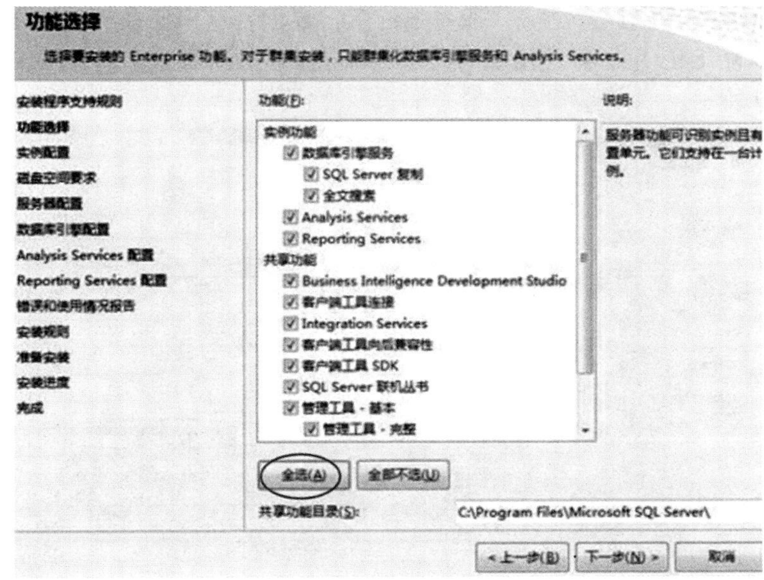

图 4-4-46　功能选择

步骤 7　点击“下一步”进入“实例配置”界面，选择“默认实例”，如图 4-4-47 所示。

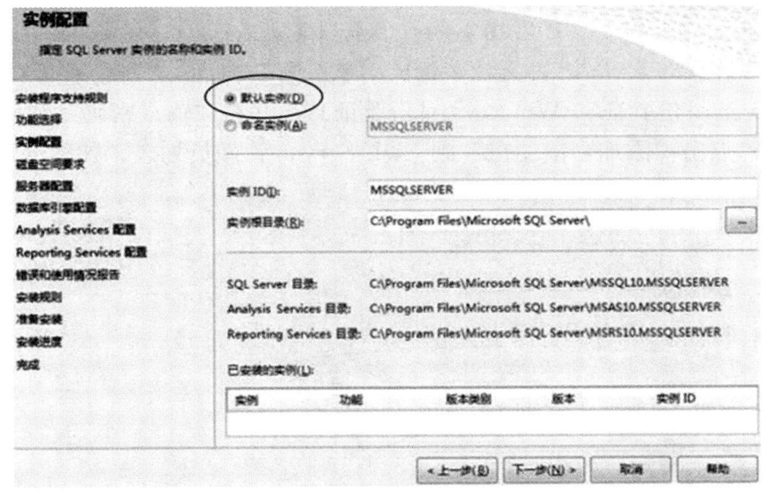

图 4-4-47　实例配置

步骤 8　点击“下一步”进入“磁盘空间要求”界面，会显示磁盘使用情况，如图 4-4-48 所示。

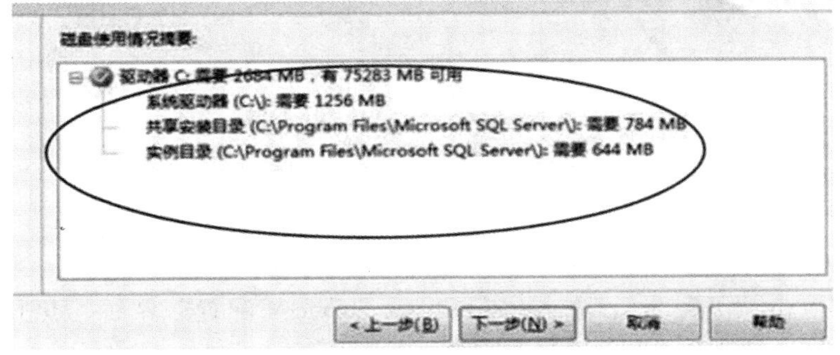

图 4-4-48　磁盘空间要求

步骤 9　点击“下一步”，进入“服务器配置”界面，这里比较弄易出错的地方，只要选择“对所有 SQL Server 服务使用相同的账户”，并输入此 PC 的用户名和密码才能通过检测，如图 4-4-49 所示。

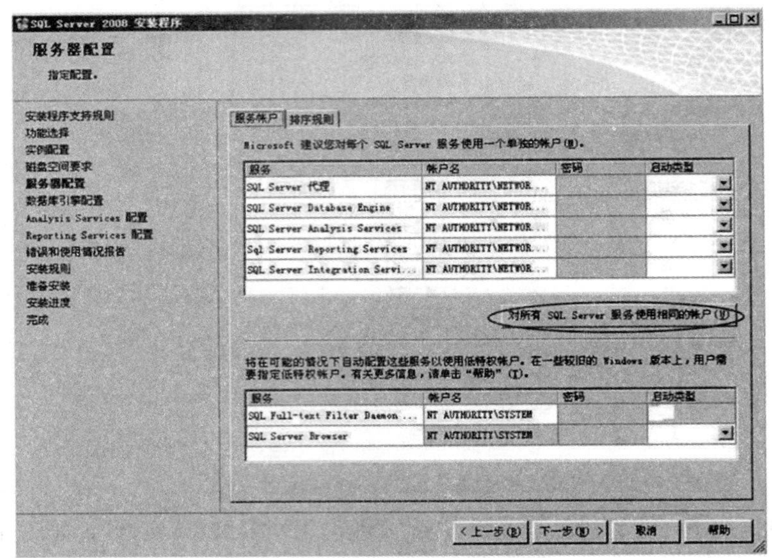

图 4-4-49　服务器配置

步骤 10　点击“下一步”，进入“数据库引擎配置”界面，“身份验证模式选择“混合模式（SQL Server 身份验证和 Windows 身份验证）”，并在“输入密码”和“确认密码”里输入“123456”，点击“添加当前用户”到 SQL Server 管理员列表，如图 4-4-50 所示。

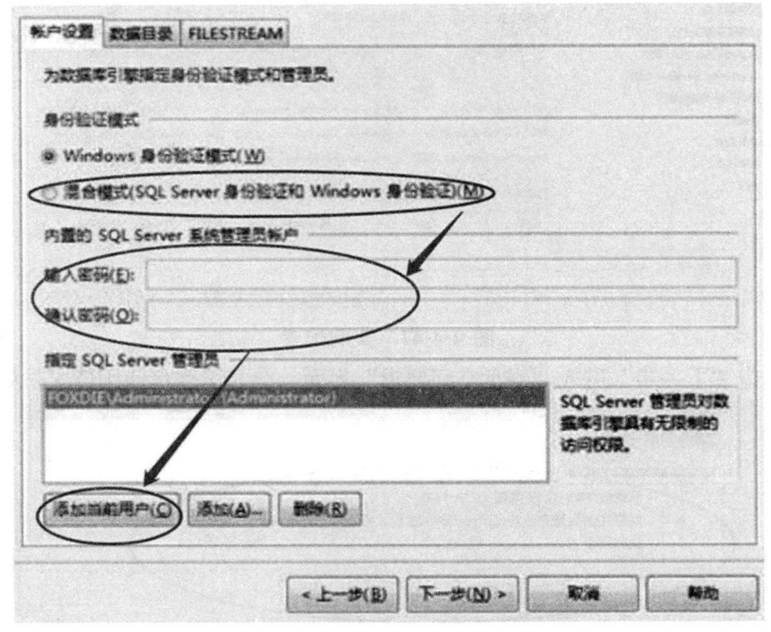

图 4-4-50　数据库引擎配置

步骤 11　点击“下一步”，进入“Analysis Services 配置”界面，点击“添加当前用户”到账户管理权限列表，如图 4-4-51 所示。

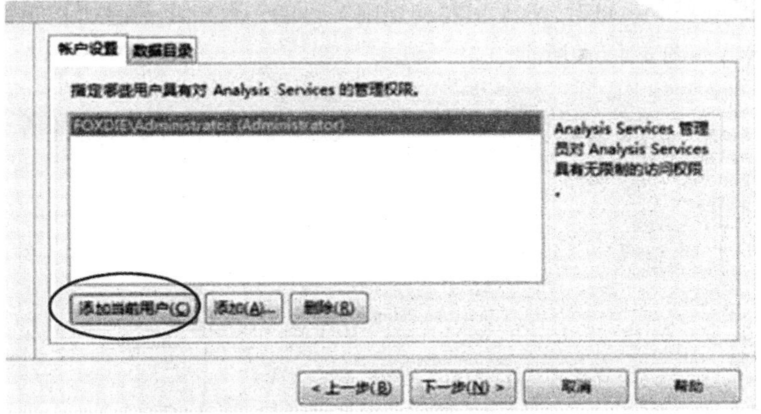

图 4-4-51　配置

步骤 12　点击“下一步”，进入“Reporting Services 配置”界面，选择“安装本机模式默认配置”，如图 4-4-52 所示。

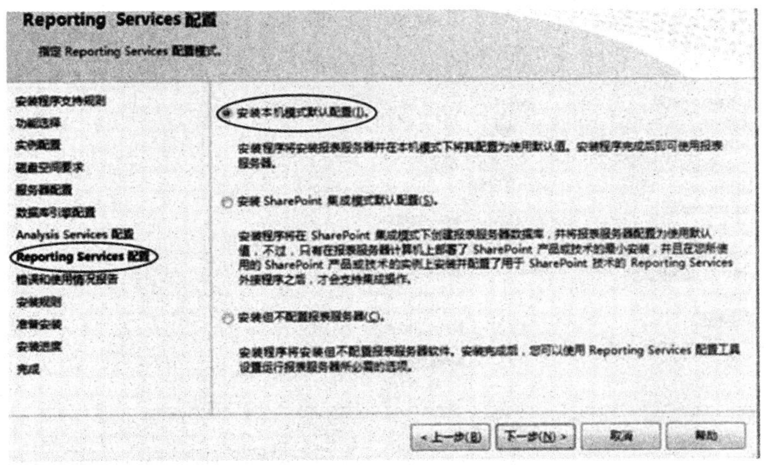

图 4-4-52　Reporting Services 配置

步骤 13　点击“下一步”进入“错误和使用情况报告”界面，这里不选择，如图 4-4-53 所示。

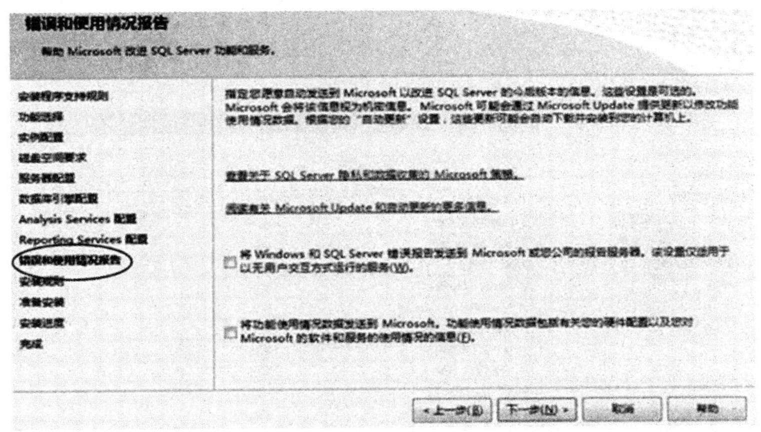

图 4-4-53　错误和使用情况报告

步骤 14　点击“下一步”，进入“安装规则”界面，这里将根据功能配置选择再次进行安装环境的检测，如图 4-4-54 所示。

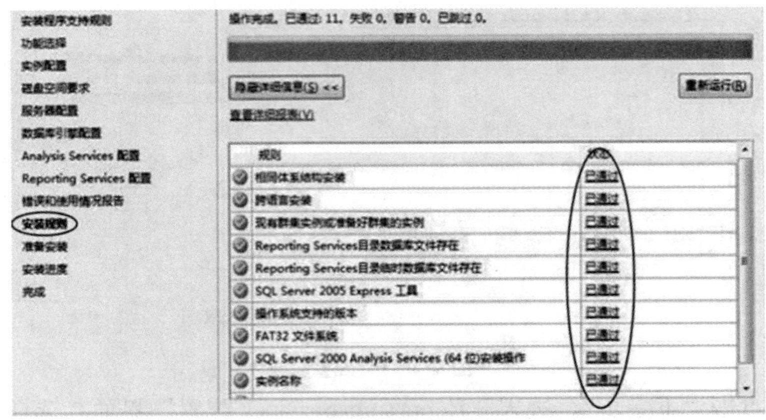

图 4-4-54　安装规则

步骤 15　点击“下一步”，进入“准备安装”界面，当通过检测后，会列出所有配置信息，最后一次确认安装，如图 4-4-55 所示。

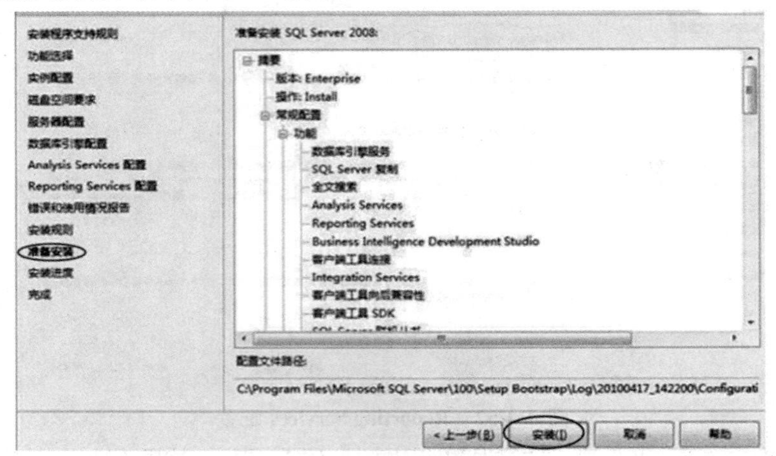

图 4-4-55　准备安装

步骤 16　点击“下一步”进行安装，安装过程可能持续 10～30 min，如图 4-4-56 所示。

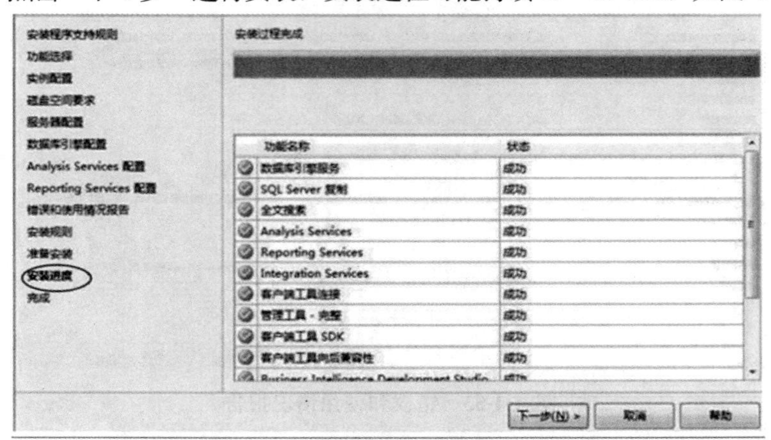

图 4-4-56　安装进度

步骤 17　如图 4-4-57 所示，此时 SQL Server 2008 完成了安装，并将安装日志保存在了指定的路径下。

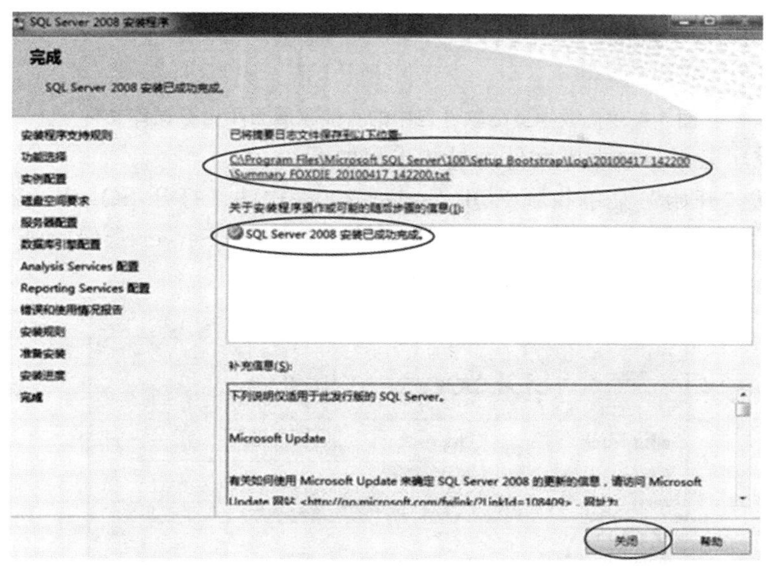

图 4-4-57　安装完成

步骤 18　SQL 数据库配置。安装结束后，需要对 SQL 数据库的服务启动模式进行配置，配置方法如下：依次打开“开始”→“配置工具”→“配置管理器”，在“MSSQLSERVER 的协议”中设置“Shared Memry 已启用”“TCP/IP 已启用”；在“SQL Server 服务”中设置“SQL FULL-text Fileter Daemon Launcher（MSSQLSERVER）手动启用”“SQL Server Browser 手动启用”“SQL 代理 手动启用”，如图 4-4-58 所示。

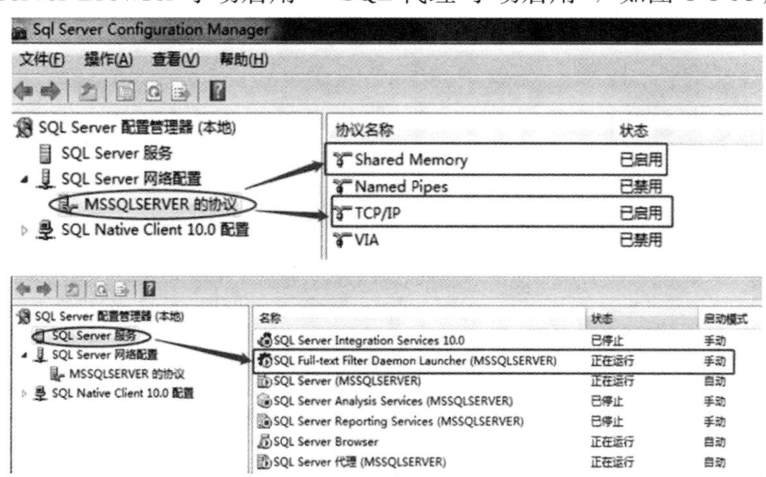

图 4-4-58　MSSQLSERVER 的协议配置及 SQL Server 服务设置

至此，SQL Server 2008R2 的安装和服务配置已经完成。

四、添加智能家居云平台数据库

本实训系统云平台的数据库依赖于 SQL Server 2008 R2 的运行，因此，在 SQL Server 2008 R2 安装完成后，需要将智能家居云平台数据库的相关文件添加到 SQL 数据库中。本教程的教学资源软件提供了智能家居云平台数据库文件，涉及到的的文件包括库文件“INewlandCloud. mdf”和日志文件“INewlandCloud _ log. LDF”，如图 4-4-59 所示。

INewlandCloud.mdf	2016/9/27 17:47	SQL Server Data...	65,536 KB
INewlandCloud_log.LDF	2016/9/27 17:47	LDF 文件	504 KB

图 4-4-59　教学资源软件包中的智能家居云平台数据库文件

添加智能家居云平台数据库文件的具体步骤如下：

步骤 1　从“开始”菜单找到 SQL Server 2008 软件，打开 SQL Server Management Studio，进入“连接到服务器”界面，身份验证选择“SQL Server 身份验证”，登录名输入“sa”，密码输入“123456”，如图 4-4-60 所示。

图 4-4-60　连接到服务器

步骤 2　连接成功后，在“数据库”上右击，选择“附加”，如图 4-4-61 所示。

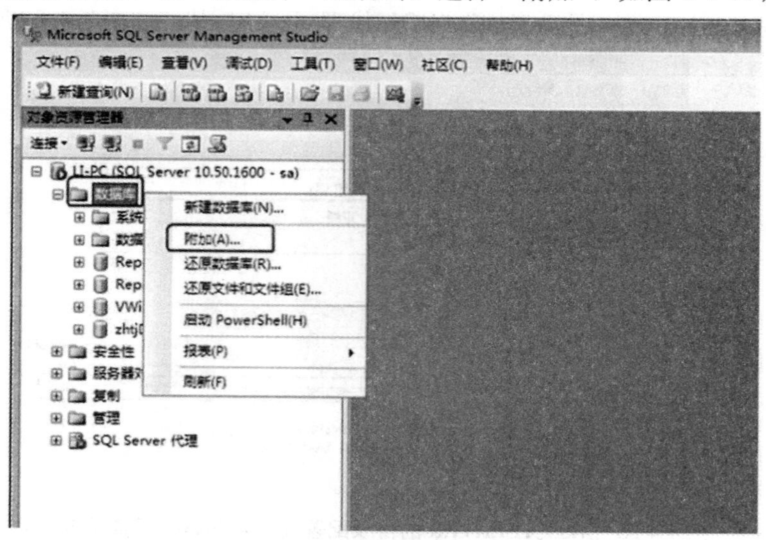

图 4-4-61　在数据库中“附加”新的库文件

步骤 3　连接成功后，跳出“附加数据库”的窗口，点击“添加”对云平台数据库件“INewlandCloud. mdf”进行添加（文件的具体位置请根据配套资源包中查找的结果来确定），如图 4-4-62 所示。

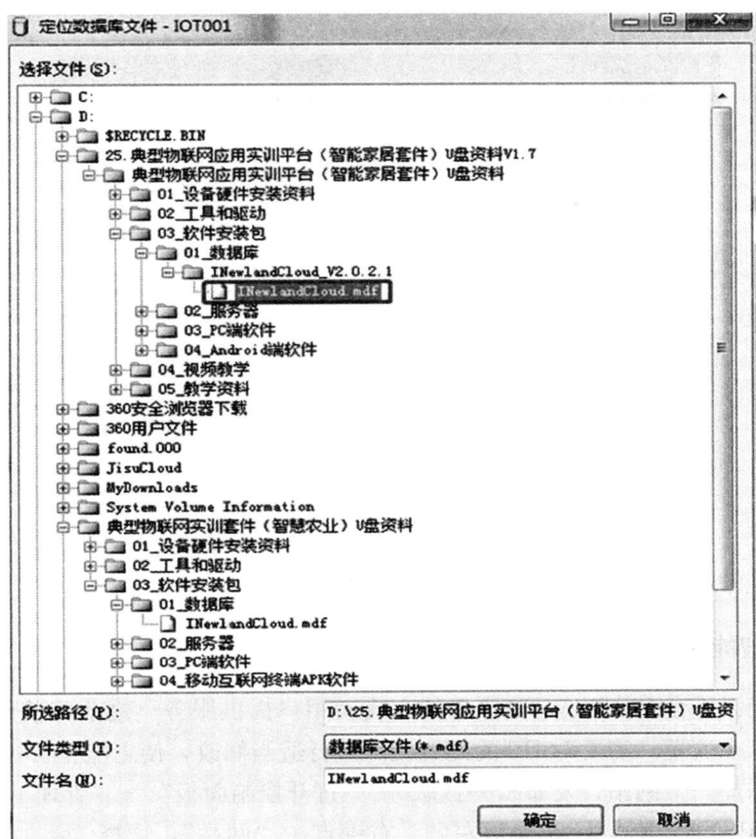

图 4-4-62　选择智能家居云平台数据库文件

步骤 4　选择好相应位置的数据库文件后，点击“确定”，即可导入库文件“INewland-Cloud. mdf”和日志文件“INewlandCloud_log. LDF”，如图 4-4-63 所示。

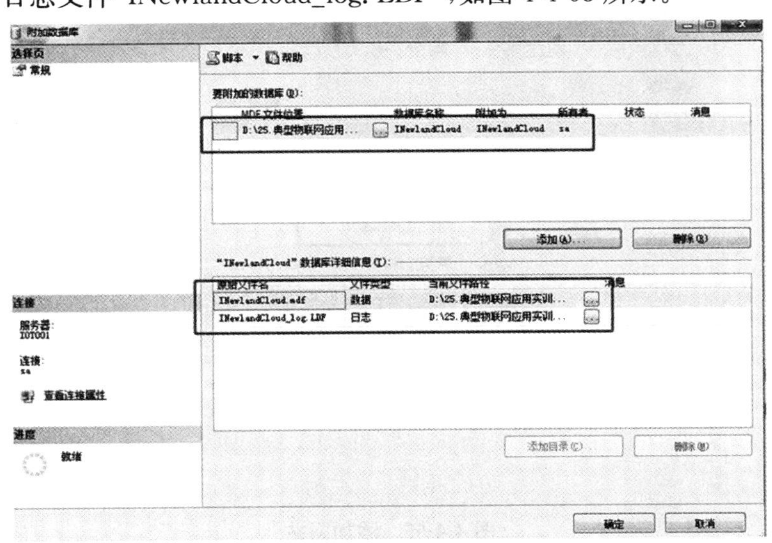

图 4-4-63　导入数据库

步骤 5　添加完成后，在数据库下可以看到附加的云平台数据库文件，如图 4-4-64

所示。

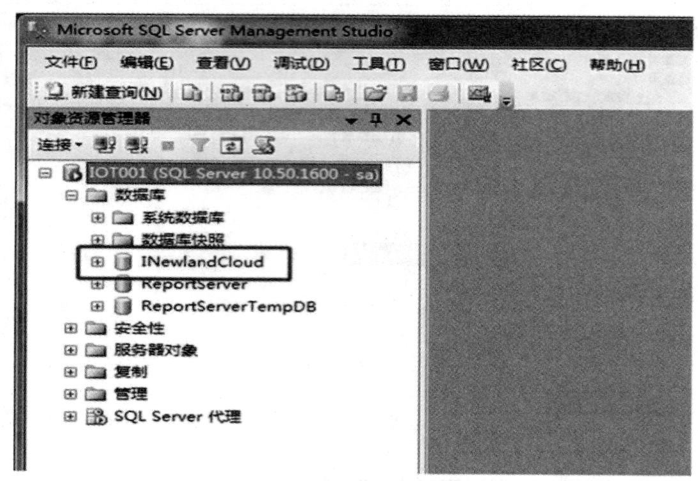

图 4-4-64 在数据库中查看已添加的数据库文件

至此，智能家居云平台数据库文件已经添加完成。

五、发布智能家居云平台服务

本实训系统云平台允许以 WEB 页面的方式向用户提供服务。之前安装的 IIS 服务就是为此而准备的。在这里，需要对 IIS 的配置文件进行适当修改，使之能正常提供服务。

步骤 1 添加一个网站，发布云平台服务。“打开控制面板”→“管理工具”→“Internet 信息服务（IIS）管理器”，在窗口左侧，右键点击“网站”，选择“添加网站”，网站名称可自己命名，如图 4-4-65 所示。

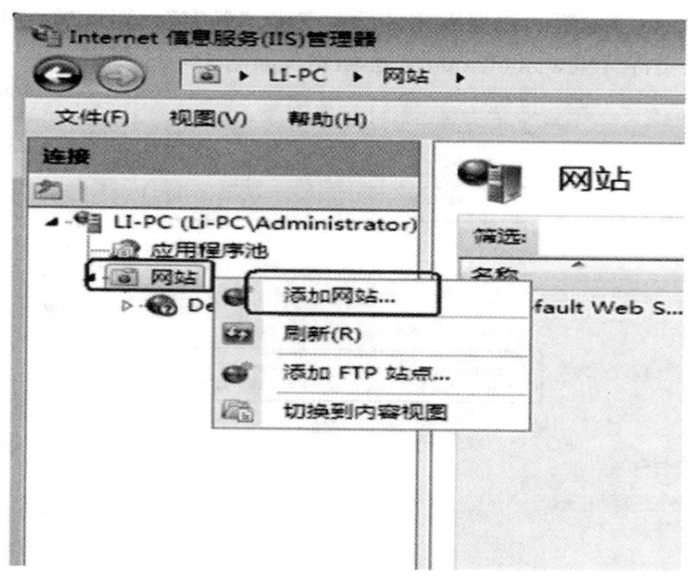

图 4-4-65 添加网站

本教程，我们设定网站名称为“SmartHome”，应用池选择为“ASP.NET V4.0”，物理路径根据实际云平台程序位置而定，这里物理路径指向“F:\智能家居软件安装包\02_服务器\云服务平台\INewCloud”，绑定的端口设置为“80”，如图 4-4-66 所示。

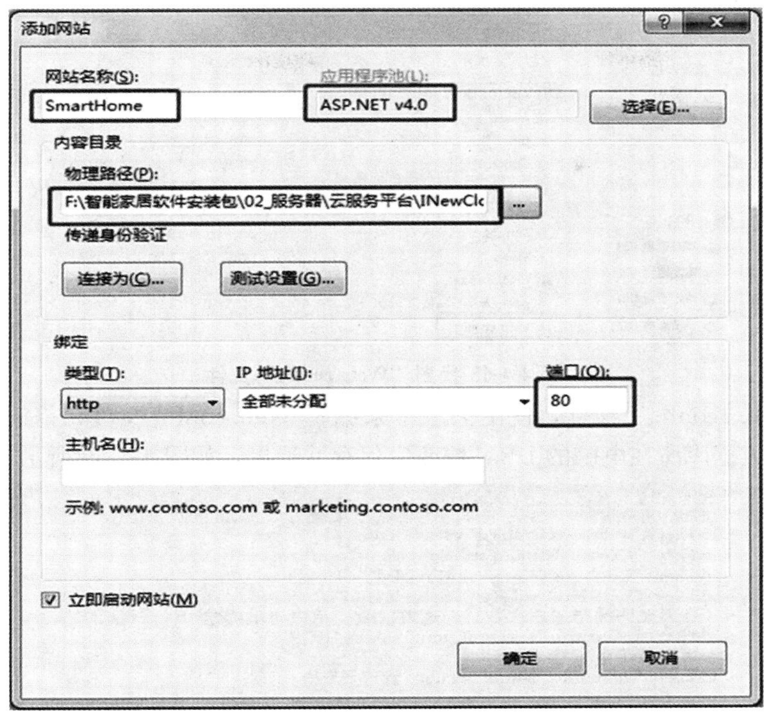

图 4-4-66　IIS 配置

步骤 2　添加完网站后，进行配置文件修改，在“SmartHome”网站上右击选择“浏览”，打开网站所对应的 PC 本地硬盘所对应的目录文件“INewCloud”，如图 4-4-67 所示。

图 4-4-67　浏览网站

在打开的 INewCloud 目录里，找到“Web. config”文件，如图 4-4-68 所示。

图 4-4-68 找到“Web. config”文件

打开“Web. config”文件，使用记事本来编辑 Web. config 文件，修改有关代码（将 IP 修改为实际数据库所在电脑的 IP），修改完保存并退出，如图 4-4-69 所示。

```
<add key="webpages:Enabled" value="false" />
<add key="ClientValidationEnabled" value="true" />
<add key="UnobtrusiveJavaScriptEnabled" value="true" />
<add key="DbName" value="NewlandCloud" />
<!--最大允许输错账户次数，超过该次数，用户将被锁定-->
<add key="MaxErrorPasswordCount" value="10" />
<!--管理员角色名称-->
<add key="AdminRoleName" value="管理员" />
<!--普通人员角色-->
<add key="NormalRoleName" value="普通人员 " />
<!--网关通信ip地址与端口-->
<add key="SocketIp" value="192.168.1.10" />
<!--新大陆网关的端口-->
<add key="SocketPort" value="8600" />
<!--农业网关的端口-->
<add key="AgSocketPort" value="1883" />
<!--家居网关的端口-->
<add key="HouseholdSocketPort" value="8700" />
<!--禁用删除以及编辑的项目案例-->
<add key="DisableUpdateProject" value="SmartHomeCase,StandardCase" />
```


图 4-4-69 修改 Web. config 文件中 IP 地址

步骤 3 用上述同样的方法依次打开文件夹“NewCloud”→“bin”→“config”，找到“NewlandCloud. cfg. xml”文件，如图 4-4-70 所示。

计算机 ▸ 本地磁盘 (F:) ▸ 智能家居软件安装包 ▸ 02_服务器 ▸ 云服务平台 ▸ INewCloud ▸ bin ▸ Config

打开 ▾ 新建文件夹

名称	修改日期	类型	大小
AgSensorTypeConfig.xml	2016/6/14 17:18	XML 文档	6 KB
CaseTemplateConfig.xml	2016/6/14 17:18	XML 文档	2 KB
log4net.config	2016/6/14 17:18	CONFIG 文件	3 KB
NewlandCloud.cfg.xml	2016/9/27 10:04	XML 文档	1 KB
SensorDefaultConfig_GZ.xml	2016/10/17 9:51	XML 文档	17 KB

图 4-4-70 找到“NewlandCloud. cfg. xml”

用记事本打开 NewlandCloud. cfg. xml 文件，修改相关代码，即正确填写“数据库所在电脑 IP”“数据库名称”“数据库登录用户名”“数据库密码”等参数，修改完成并保存后退出，如图 4-4-71 所示。

```
<?xml version="1.0" encoding="utf-8"?>
<configuration>
  <configSections>
    <section name="hibernate-configuration" type="NHibernate.Cfg.ConfigurationSectionHandler,
NHibernate" />
  </configSections>
  <hibernate-configuration xmlns="urn:nhibernate-configuration-2.2">
    <session-factory>
      <property name="dialect">NHibernate.Dialect.MsSql2008Dialect</property>
      <property name="connection.driver_class">NHibernate.Driver.SqlClientDriver</property>
      <property name="current_session_context_class">web</property>
      <property name="connection.connection_string">Data Source=192.168.1.10;Initial
Catalog=INewlandCloud;Integrated Security=False;Persist Security Info=False;User
ID=sa;Password=123456</property>
      <mapping assembly="INewCloud.Model" />
    </session-factory>
  </hibernate-configuration>
</configuration>
```


图 4-4-71　编辑 NewlandCloud. cfg. xml

步骤 4　在本机打开浏览器，输入链接 http：//localhost：80，（也可以在 IIS 信息管理器中点击“浏览网站”）打开云服务平台的首页，如图 4-4-72、图 4-4-73 所示。

图 4-4-72　点击“浏览网站”

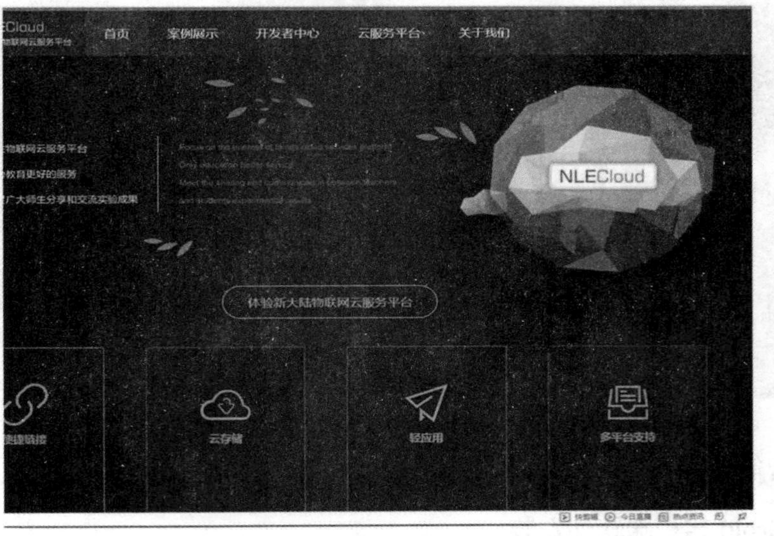

图 4-4-73　打开云服务平台网页

至此，已经成功在 IIS 上发布 SmartHome 云平台站点了。

任务 6　云平台客户端软件安装

智能家居云平台的服务端安装好后，就可以进行客户端软件安装了。云平台客户端软件安装，包括基于 PC 平台和基于 Android 平台两个版本。基于 PC 平台的智能家居客户端软件可以运行在 PC 机上；基于 Android 平台的智能家居客户端软件可以运行在安卓手机、安卓平板等安卓移动设备上。本任务就是将这两个版本的智能家居客户端软件分别安装到 PC 和安卓移动工控终端上。

一、PC 客户端软件安装

步骤 1　本教程选择一台 Windows 7 系统电脑进行 PC 客户端软件安装（也可以用云服务端电脑兼作 PC 端电脑）。安装之前，需要关闭 Windows 7 自带的防火墙，并且安装 Microsoft. NET Framework 4. 5（参见本模块任务 5 相关内容）。

步骤 2　在本教程在配套的教学资源软件包里找到智能家居软件安装包，打开 PC 端软件，双击 物联网智能家居实训系统_20161021_V1....　2016/10/25 14:09　应用程序　80,510 KB 进行安装。

步骤 3　安装完成后，双击桌面上“智能家居”客户端程序，进入智能家居主界面。云平台服务器连接、视频监控、门牌机的 IP、端口等可通过“系统设置”界面配置，如图 4-4-74 所示。

图 4-4-74　智能家居主界面及系统设置界面

至此，智能家居 PC 客户端软件安装已经完成。

二、Android 客户端软件安装

在平板上安装应用软件，常用的的方法有两种，一种是类似于手机助手之类的第三方辅助安装软件，另一种是直接用 U 盘复制安装软件插入到移动工控终端直接进行安装。本教

程只介绍插入 U 盘安装方法。

方法一：在配套软件资源包中找到“智能家居软件安装包 \ Android 端软件”打开如图 4-4-75 两个文件，然后将这两个 apk 文件复制到 U 盘，再将 U 盘插到移动工控终端的 USB 口上，然后打开移动工控终端的“ES 文件浏览器”找到 U 盘里面的这两个安装软件，分别进行安装。

立式智能家居_网关20161121_V1.0.1.apk	2016/11/21 15:22	APK 文件	3,074 KB
智能家居20171215_V1.0.2.apk	2017/12/15 23:25	APK 文件	27,739 KB

图 4-4-75　立式智能家居和智能家居 APK 文件

方法二：将移动工控终端连接网络，能够访问外网，通过 USB 线把移动工控终端连接到电脑上，电脑端安装有手机助理（如：豌豆荚），移动工控终端成功连接到手机助理后，直接通过手机助理进行软件安装，可将程序安装到所连接的移动工控终端安卓系统上。

在安卓移动工控终端上安装完 Android 客户端软件后，在界面中可以看到智能家居应用程序图标，点击即可打开，如图 4-4-76 所示。

图 4-4-76　已经安装在移动工控终端上的智能家居网关和智能家居客户端程序图标

至此，云平台客户端软件安装已经完成。

模块五　智能家居组网与应用

模块介绍

本模块介绍智能家居实训平台的基本组件互联互通的原理，包括云平台、平板中间件和硬件网关之间的数据交互方式。依次介绍了云平台对网关的管理、ZigBee 设备的入网方法，以及摄像头、智能门锁和门牌机的设置；最后，通过智能家居客户端软件，实现智能家居系统中所有设备的正常使用。

本模块的任务目标：理解实训平台组件的运行原理；熟悉智能家居网关的操作；掌握智能家居客户端软件的操作；了解云平台的管理模式。

任务 1　云平台与网关连接

任务描述

智能家居服务端与客户端软件部署完成后，就可以开始进行服务器和设备的连接了，本任务就是实现云平台与网关的连接。

本任务所需设备与物料清单见表 4-5-1。

表 4-5-1　设备与物料清单

序号	名称	规　　格	数量
1	智能家居网关	ORVIBO ZigBee mini	1 个
2	无线路由器	SINGI 300M	1 个
3	计算机	Lenovo M410	1 台
4	移动工控终端	NLE-I0190	1 台
5	网线	＞1m	3 根

任务实施

一、云平台用户管理

步骤 1　注册登录云平台。用户可以根据部署时设置的云平台 IP 地址和端口，通过 PC 上的网页浏览器访问云平台（请根据实际部署的网址进行登录，例如：http：//192.168.10：80），如图 4-5-1 所示。

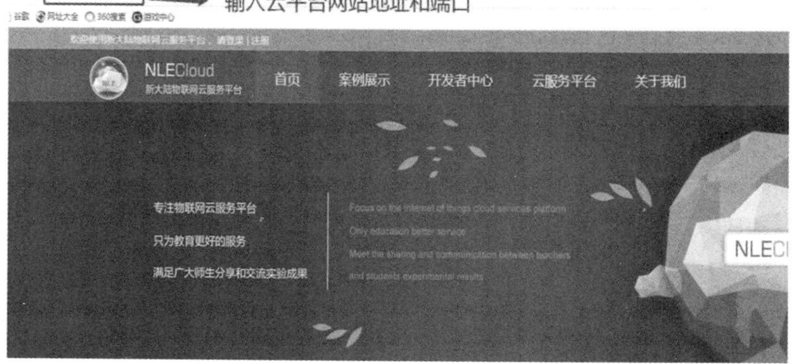

图 4-5-1　打开云平台网站

点击云平台首页界面右上角的“请登录”或“ 注册”按钮进行用户登录或注册（也可以点击“云服务平台”进入云服务平台界面进行注册或登录），如图 4-5-2 所示。

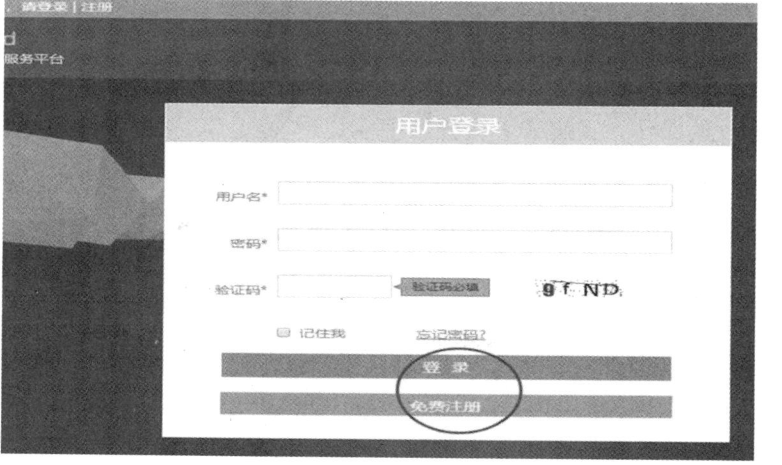

图 4-5-2　用户登录注册界面

点击进入“登录”，可以使用已经注册的用户进行登录，如图 4-5-3 所示。

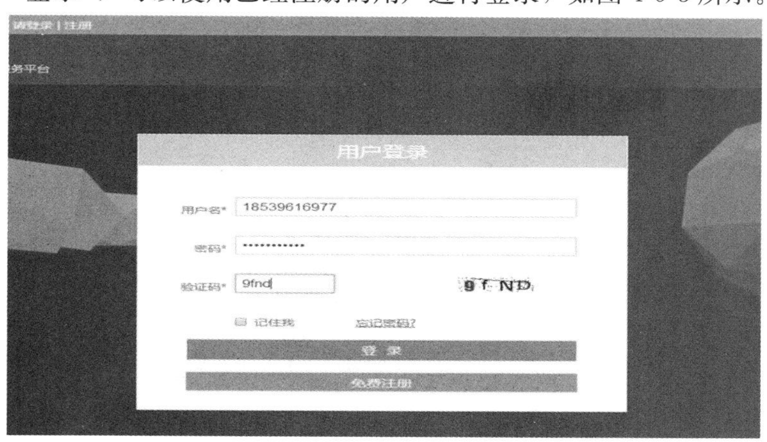

图 4-5-3　用户登录

点击“注册”，进入用户注册界面，填写注册信息进行注册可以使用已经注册的用户进行登录，如图 4-5-4 所示。

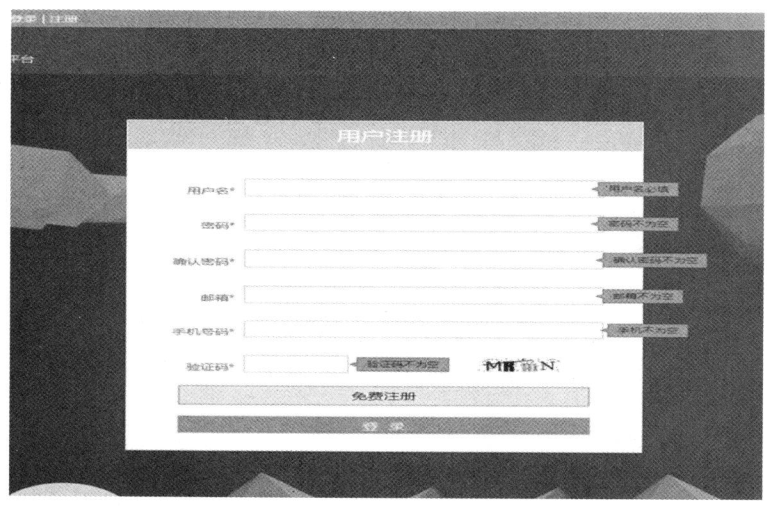

图 4-5-4　用户注册

步骤 2　用户资料管理。登录云平台后，点击右上角的已经登录的用户名按钮，可以查看个人资料，如图 4-5-5 所示。

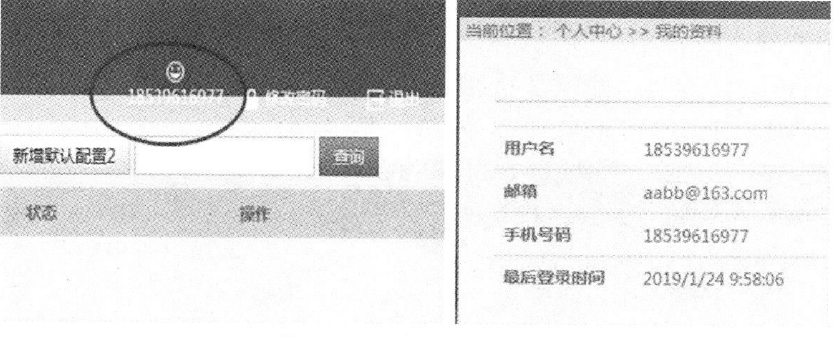

图 4-5-5　查看个人资料

登录云平台后，点击右上角的修改密码按钮，可以修改密码，如图 4-5-6 所示。

图 4-5-6　修改密码

登录云平台后，点击右上角的退出按钮，可以退出云平台，如图 4-5-7 所示。

图 4-5-7　退出云平台

二、云平台与网关连接

步骤 1　打开网关 APP。在移动工控终端，打开“智能家居网关”APP，进入智能家居网关登录界面，如图 4-5-8 所示。

图 4-5-8　智能家居网关登录界面

步骤 2　网关 APP 连接 ZigBee 网关。点击“登录”，即可将“智能家居网关”APP 和 ZigBee 网关进行连接（注意：安装有“智能家居网关”APP 的移动工控终端必须和 ZigBee 网关处在同一交换网络内，APP 才可以自动搜索到网内的 ZigBee 网关，并与之相连），网关 APP 界面左上角会显示“当前网关标识：O _ 88e62810d278”的字样，即表示网关 APP 软件与 ZigBee 网关匹配成功。如图 4-5-9 所示。

图 4-5-9　网关 APP 界面显示的网关标识

步骤 3　云平台添加网关。在 PC 机上打开并登录云平台 Web 管理界面，依次点击“设备管理”“网关管理”“新增”，在打开的新增网关页面中输入网关类型、网关名称、网关标识等内容，并点击“提交”按钮，如图 4-5-10 所示。

图 4-5-10　云平台新增网关

步骤 4　网关连接云平台。点击移动工控终端网关 APP 右上角“设置”按钮，在弹出的窗口中填写 IP 地址和端口（这里的 IP 是云平台连接成功了），如图 4-5-11 所示。

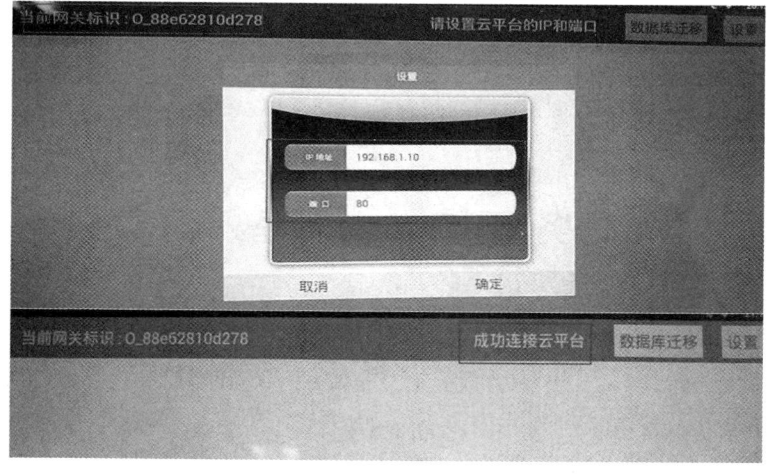

图 4-5-11　输入 IP 和端口，成功连接云平台

步骤 5　云平台添加项目。云平台需要通过项目管理的方式，将云平台、客户端、网关

及设备等组件关联起来。添加方法为：依次点击“项目中心”→“项目管理”→“新增项目”，在打开的界面中输入相关信息，再点击“提交”按钮即可，如图 4-5-12 所示。

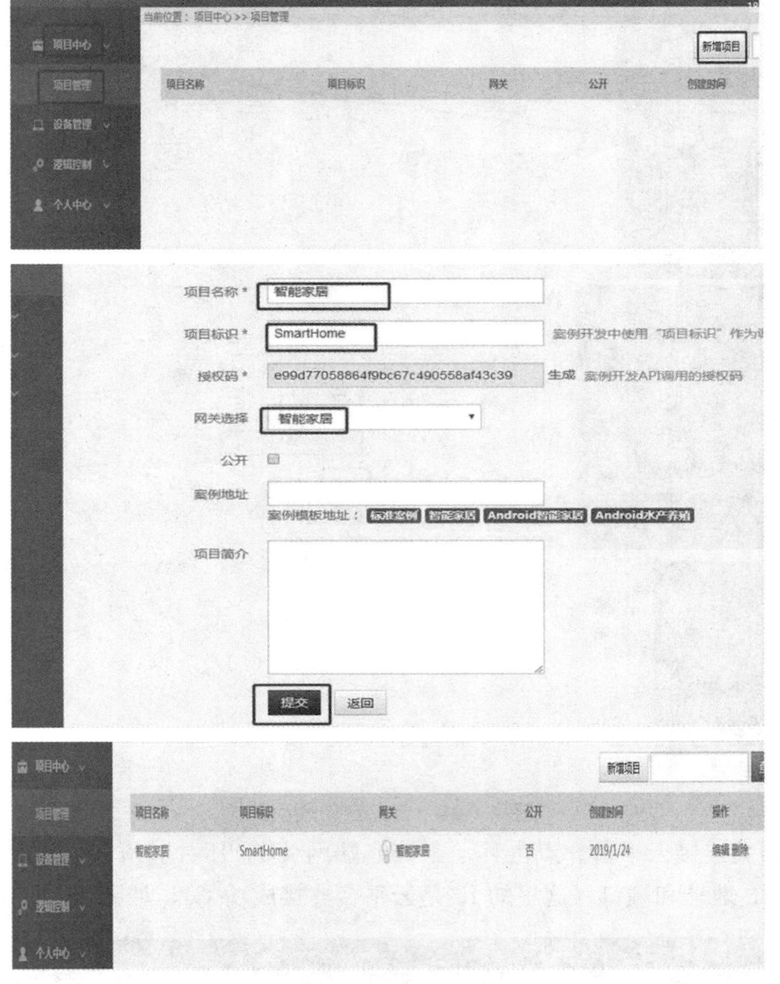

图 4-5-12　添加项目

至此，云平台与网关连接操作已经完成。

任务 2　ZigBee 设备入网

智能家居系统中的 ZigBee 设备必须先和 ZigBee 网关组网后，才能够正常使用。另外，家居系统中部分电气设备属于红外遥控设备（如电视、音响等），这些设备则可以借助 ZigBee 红外线转发器的信号转发来实现正常的使用控制。本任务就是要学习各种 ZigBee 设备入网、红外遥控电气设备借助 ZigBee 红外转发器入网的方法与步骤。

本任务所需设备与物料清单见表 4-5-2。

表 4-5-2　设备与物料清单

序号	名称	规　　格	数量
1	智能家居网关	ORVIBO ZigBee mini	1 个
2	无线路由器	SINGI 300M	1 个
3	计算机	Lenovo M410	1 台
4	移动工控终端	NLE-I0190	1 台
5	网线	>1m	3 根

一、网关重置

网关重置并非本任务中必要的实操，仅在设备出现问题，网关无法正常连接云平台，或者出现其他 ZigBee 设备干扰入网的情况时，才需将 ZigBee 网关进行一次重置，以清除之前的使用带来的干扰。本实训采用的是“ORVIBO ZigBee mini”网关，其重置方法为：将 mini 网关的一端用网线连接路由器，长按重置按钮，等待按钮旁边的指示灯熄灭后松开重置按钮，等待约 2 min 后，min 网关自动重置成功。如图 4-5-13 所示。

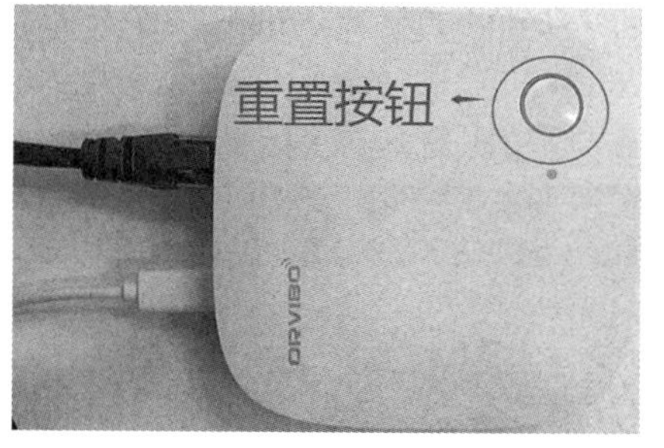

图 4-5-13　ORVIBO ZigBee mini 网关重置

二、ZigBee 设备入网

步骤 1　登录云平台，进行设备搜索添加。点击云平台的“网关管理—设备管理—搜索设备”，云平台将下发命令给移动工控终端上的智能家居网关 APP，智能家居网关 APP 则控制 ZigBee 网关设备对 ZigBee 传感设备进行搜索（云平台上网关指示灯变为绿色，即网关在线的情况下，才能进行 ZigBee 设备进行搜索，一次搜索时间为 240 s，中途可以停止搜索），如图4-5-14所示。

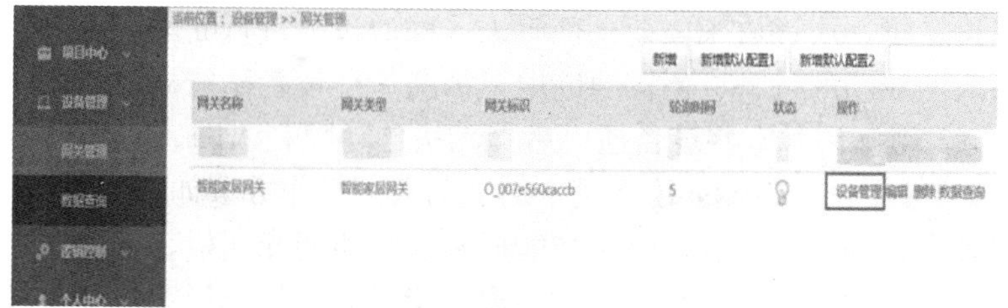

图 4-5-14　登录云平台搜索 ZigBee 设备（1）

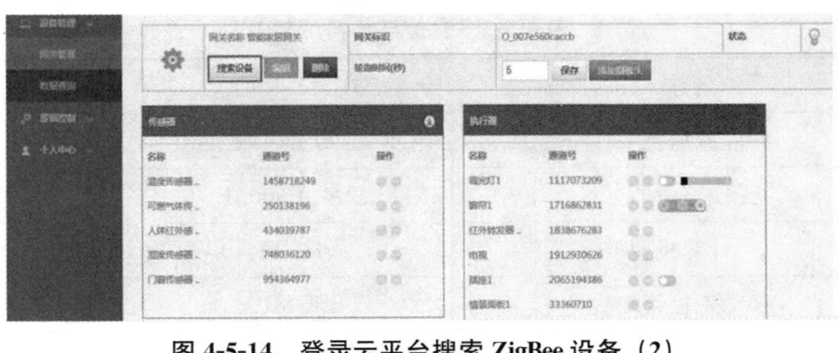

图 4-5-14　登录云平台搜索 ZigBee 设备（2）

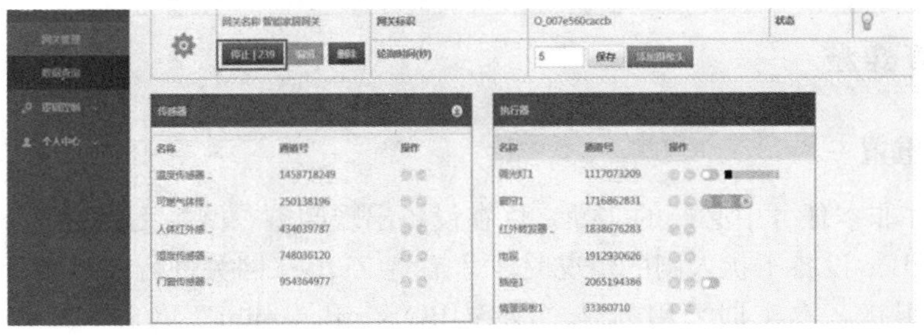

图 4-5-14　登录云平台搜索 ZigBee 设备（3）

步骤 2　自动搜索入网操作。在云平台搜索设备 240 s 的时间内，智能家居网关 APP 中间件会自动捕获并在 Android 移动终端上显示入网的传感设备，当搜索时间结束后，可以看到 Android 移动终端上网关中间件和云平台会同步显示搜索到的设备（Android 端会自动刷新，云平台搜索设备结束时也会自动刷新），如图 4-5-15 所示。

图 4-5-15　已搜索到并显示的设备

注意：搜索设备时，应该将不需要入网且未入网的设备进行断电，否则会搜索到范围内的所有设备。已入网成功的设备，不需要断电，因为一个设备不能同时入两个网。

步骤 3　手动入网操作。有些设备通电后，无法自动顺利入网，可以针对不同设备采用相应的手动入网操作。各个 ZigBee 传感设备的手动入网操作方法如下：

（1）智能开关、红外转发器、ZigBee 智能插座、智能调光面板、智能控制面板：先连续按下面板的任意按键 4 次→第 5 次长按不放→出现指示灯快闪，说明已经手动脱网→再按一次出现慢闪即可入网，当指示灯不再亮时，代表组网成功。

（2）人体红外传感、无线门磁传感：长按设备上的按钮→出现指示灯快闪→快闪结束→再按一次→出现慢闪，即可入网，当指示灯不再亮时，代表组网成功。

（3）RGB 控制盒、智能窗帘控制盒：先连续按下组网键 4 次→第 5 次长按不放→出现红灯长亮，蓝灯快闪情况，说明已经手动脱网→按 1 次组网键，出现蓝灯慢闪，则进入组网过程→当红灯长亮，蓝灯不亮，代表组网成功。

（4）可燃气体、光电烟雾、一氧化碳、温湿度、水浸传感：长按设备组网键 2 s 后绿灯快闪，然后绿灯长亮 3 s，代表组网成功（长按设备组网键 5 s 可退网绿灯慢闪 3 s 后，退网成功）。

（5）智能门锁：参考任务 4 的“门锁入网操作”相关内容。

三、红外设备入网与学习

添加红外设备之前，一定要确保红外转发器已成功入网。因此只有当红外转发器成功入网后，才可以开始添加、学习具体的红外设备，红外设备的学习，实质是对遥控器按键的学习。本实训系统中的红外控制电气设备只有音箱，该设备的入网学习可通过智能家居网关 APP 上的操作来完成。具体操作步骤为：

步骤 1　添加音箱。在安卓移动工控终端的智能家居网关 APP 的界面上，点击“添加红外设备”，然后在弹出的小窗口输入名称“音箱”，并点击“创建”。音箱是通过红外转发器发出的红外操作码进行控制的。整个操作过程如图 4-5-16～图 4-5-18 所示。

图 4-5-16　添加红外设备

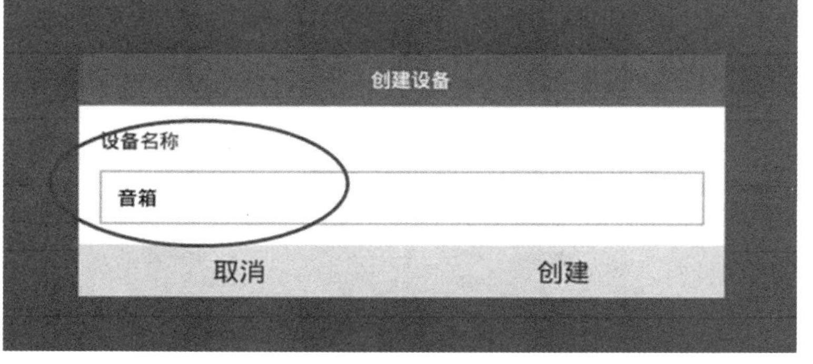

图 4-5-17　输入设备名称

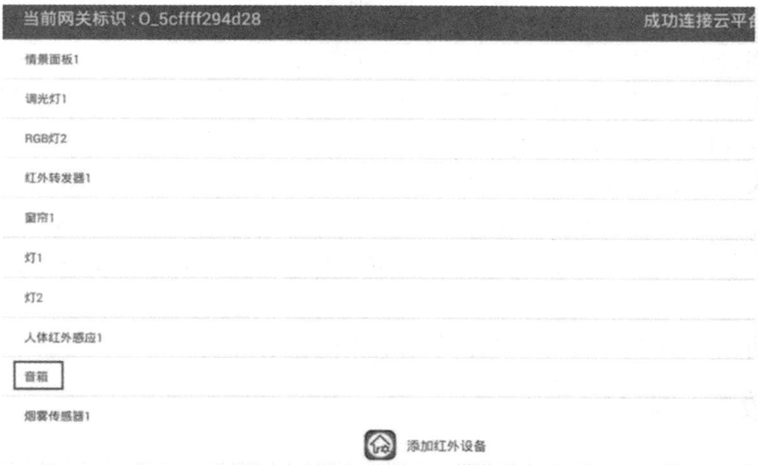

当前网关标识：O_5cffff294d28　　成功连接云平台

情景面板1

调光灯1

RGB灯2

红外转发器1

窗帘1

灯1

灯2

人体红外感应1

音箱

烟雾传感器1

添加红外设备

图 4-5-18　添加设备成功

步骤 2　音箱按键学习。红外设备学习的具体操作方法如下：

首先，点击“音箱”，进入音箱学习界面，如图 4-5-19 所示。

图 4-5-19　音箱按键学习界面

其次，进行按键创建。点击“开关”按钮一次，弹出“操作成功”提示，如图 4-5-20 所示。

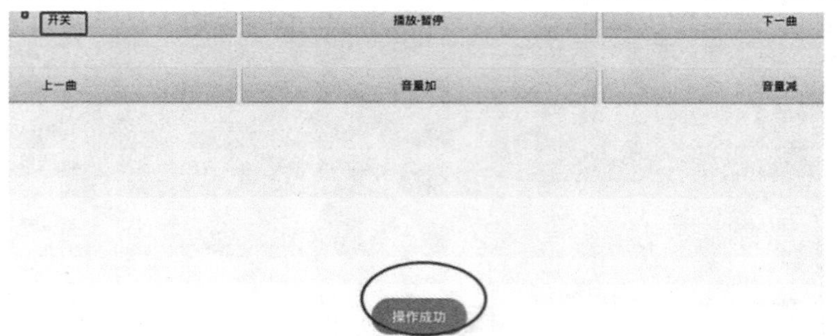

图 4-5-20　按钮“开关”创建

再进行“开关”按键的功能学习。点击“开关”按钮，弹出“进入学习状态”的提示，如图4-5-21所示。

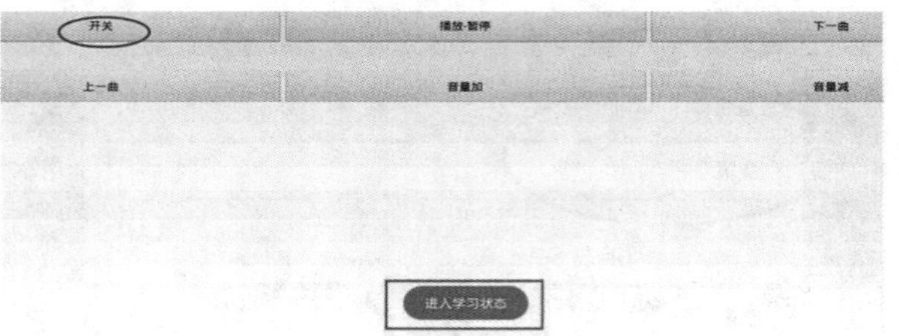

图 4-5-21　进入学习状态

最后完成学习。将音箱原装遥控器对准 ZigBee 红外转发器，点击遥控器上的开关按钮一次，看到红外转发器灯光会闪一下，网关 APP 界面弹出“学习成功”提示，说明网关的“开关”按键功能学习成功，如图 4-5-22 所示。

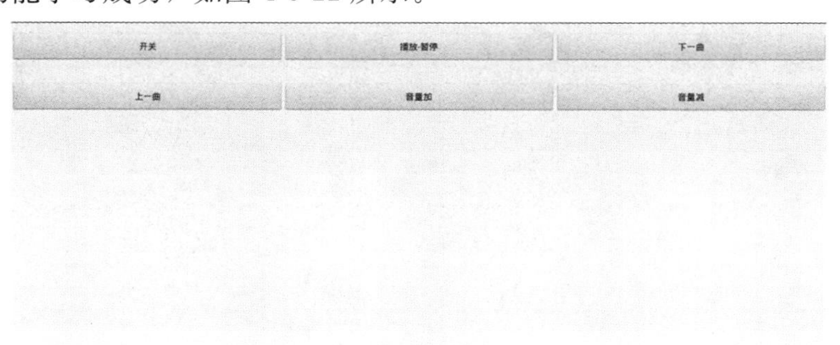

图 4-5-22　学习成功

按照上述四步操作方法，网关 APP 上的其他五个按键（播放、暂停、下一曲、上一曲、音量加、音量减）逐一进行学习，如图 4-5-23 所示。

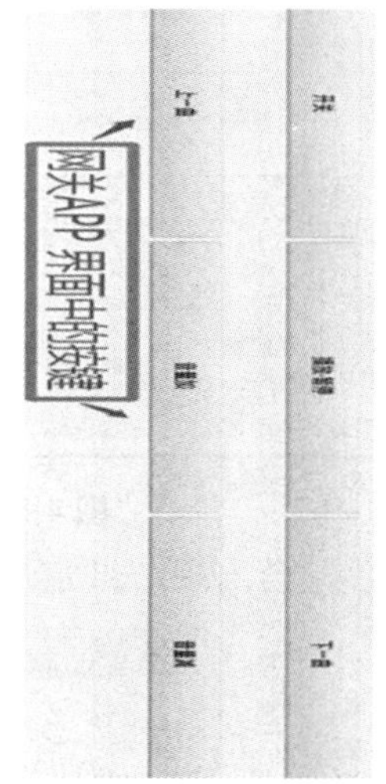

图 4-5-23　遥控器与网关 APP 中的按键

三、情景面板的配置

情景面板属于比较特殊的一个设备，与红外线转发器类似的是，情景面板在入网后也需要进行配置，需要定义好不同的情景模式后，才能正常使用。配置步骤为：

步骤 1　情景面板上的开关与网关 APP 里按钮进行绑定。对网关里情景面板的三个按钮进行任意开关绑定配置，以实现情景面板设备一个按键同时控制多个设备的效果（网关里的按钮 1 对应情景面板设备的第一个开关、按钮 2 对应第二个开关、按钮 3 对应第三个开关），如图 4-5-24 所示。

图 4-5-24　情景面板的三个按钮设定

步骤 2　配置第一个按钮。将按钮 1 设置为，“调光灯、RGB 灯、灯 1、灯 2”同时亮起的效果（学生也可根据自己喜好配置按钮 1 的情景），如图 4-5-25 所示。

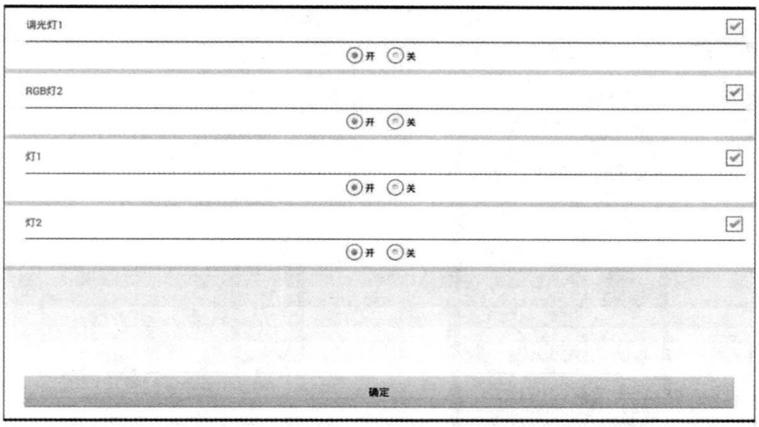

图 4-5-25　按钮 1 的设置

按钮 1 配置完成后，会出现“绑定成功”的提示，如图 4-5-26 所示。

图 4-5-26　绑定成功

此时，点击情景面板设备上的第一个按键，“调光灯、RGB 灯、灯 1、灯 2”会同时亮起。

步骤 3　参照步骤 1 和步骤 2 的配置方法，分别完成按钮 2 和按钮 3 的配置。

任务 3　网络摄像头入网设置

任务描述

本任务采用的是 TP6C 摄像头。此网络摄像头的设置，主要是将摄像头连接到无线路由器上，查找到摄像头的 IP 地址，再利用此 IP 登录到摄像头的管理界面，进而实现摄像头的详细配置。

本任务所需设备与物料清单见表 4-5-3。

表 4-5-3　设备与物料清单

序号	名称	规　　格	数量
1	网络摄像头	TP6C	1 个
2	无线路由器	SINGI 300M	1 个
4	移动工控终端	NLE-I0190	1 台

任务实施

步骤 1　设置移动工控终端与无线路由器连接到同一个局域网上。

步骤 2　安装摄像头无线配置工具软件。在移动工控终端上安装 摄像头无线网配工具.apk 。移动平板安卓系统安装完软件后，在界面中生成了摄像头无线网配工具应用程序图标 配网工具 。

步骤 3　在移动工控终端上，双击配网工具应用程序图标，打开该程序，在打开的界面中输入摄像头底部标记的序列号和移动工控终端所连接的 Wi-Fi 密码，如图 4-5-27 所示。

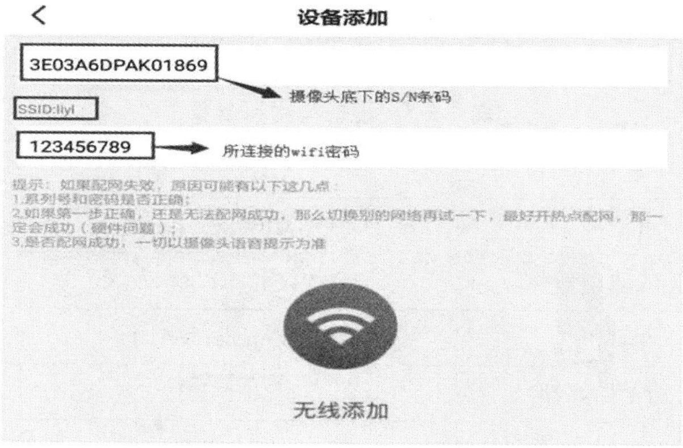

图 4-5-27　添加摄像头

步骤 4　在设备添加界面界面中点击“无线添加”→“确定”，可以听到摄像头的语音提示“网络连接中”，当网络连接成功后，摄像头语音提示“连接路由器成功”，此时配置工具中会显示路由器分配的所有客户端 IP 地址。登录路由器管理界面打开客户端列表，通过摄像头 S/N 序列号可以得知摄像头的 IP 地址（注：TP6C 摄像头默认的端口号是：37777），如

图 4-5-28 所示。

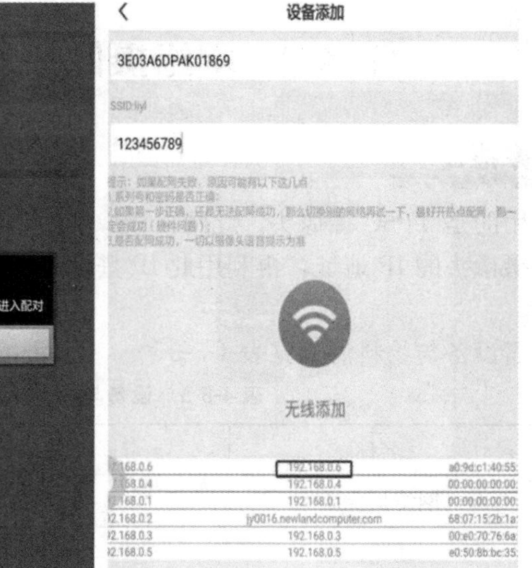

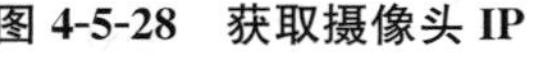
图 4-5-28　获取摄像头 IP

至此，网络摄像头的基本设置就全部完成了。

任务 4　智能家居客户端软件的使用

当智能家居系统内的所有组件全部安装组网成功后，我们就可以通过智能家居客户端软件，实现对整个智能家居系统的控制。本任务是学习基于 Android 端及 PC 端的智能家居客户端软件的使用方法。由于智能家居客户端软件 PC 端的界面、功能及使用方法和 Android 端基本一样，本教程只学习 Android 端使用方法，不再讲述 PC 端客户软件的使用方法。

本任务所需设备与物料清单见表 4-5-3。

表 4-5-3　设备与物料清单

序号	名称	规　　格	数量
1	网络摄像头	ORVIBO ZigBee mini	1 个
2	无线路由器	SINGI 300M	1 个
3	计算机	Lenovo M410	1 台
4	移动工控终端	NLE-I0190	1 台
5	网线	＞1m	3 根

一、打开 Android 客户端软件

打开移动工控终端，在界面上找到已经安装好的智能家居客户端软件图标，并双击

打开。智能家居 Android 客户端主界面如图 4-5-29 所示。

图 4-5-29　智能家居 Android 客户端主界面

二、系统设置

步骤 1　进入系统设置界面。点击主界面左上角的菜单列表图标，或者从主界面的左侧边框处向右滑动界面，会显示出左侧菜单列表，点击选择进入“系统设置”，如图 4-5-30 所示。

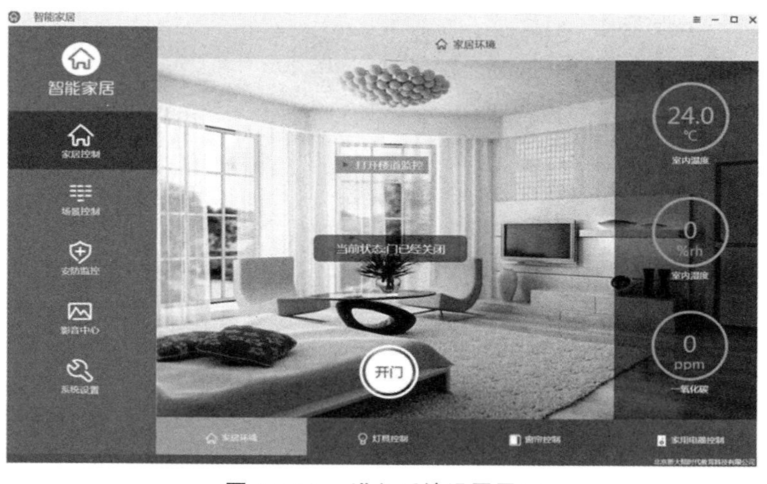

图 4-5-30　进入系统设置界面

步骤 2　连接设置。点击“系统设置”，进入“连接设置”界面，正确输入相关信息，其中，“用户名”“密码”为云平台上所使用的用户名及密码，“服务器”为云服务平台的链接地址，“项目标识”为云平台上该用户所添加的项目的项目标识；“视频监控 IP”为家居中网络摄像头的 IP，“端口”默认为 HTTP 对应的端口 80，“账户”“密码”为网络摄像头网页访问时登录的用户名及密码；“门口机 IP”为单元（室外）门口机的 IP，“端口”默认为 RTSP 的端口 554，“账户”“密码”为单元（室外）门口机网页访问时登录的用户名及密码；填写完成，点击“保存设置，如图 4-5-31 所示。

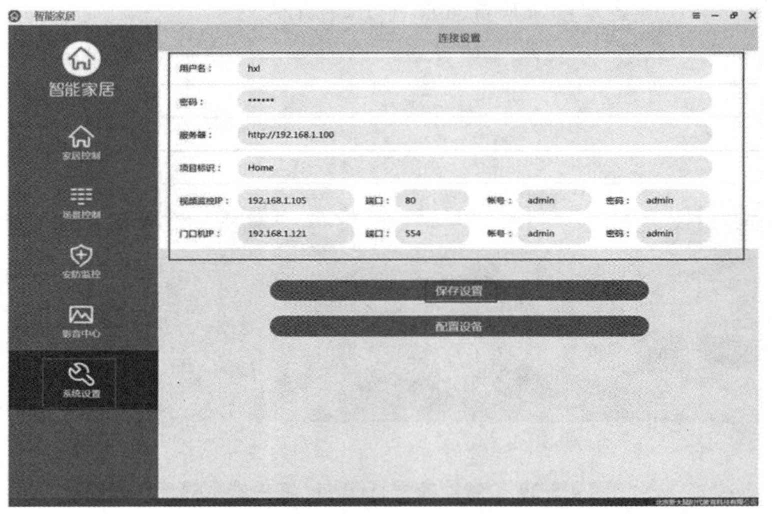

图 4-5-31　**连接设置**

步骤 3　配置设备。云平台服务连接设置成功后，进入“配置设备”，进行智能家居应用程序中各个控件、传感与云平台上执行设备、传感进行绑定保存，如图 4-5-32 所示。

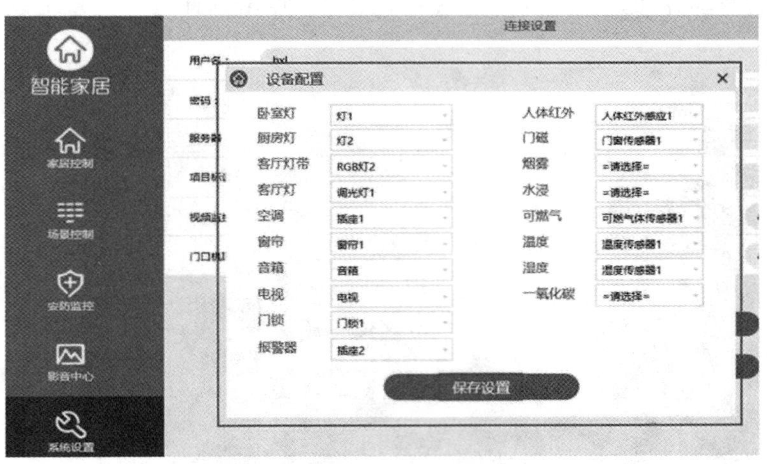

图 4-5-32　**配置设备**

三、家居控制

点击主界面左上角的菜单列表图标☰，或者从主界面的左侧边框处向右滑动界面，会显示出左侧菜单列表，点击“家居控制”按钮，进入家居控制主界面。

1. 家居环境

在家居控制主界面下边，点击“家居环境”按钮，进入家居环境界面，如图 4-5-33 所示。

（1）查看门口监控。查看门口（楼道）监控是通过室外机的摄像头获取到视频画面。同时“查看门口监控”界面右上角“开门”按钮，还可以控制室外机进行开门操作，如图 4-5-34 所示。

图 4-5-33　家居环境

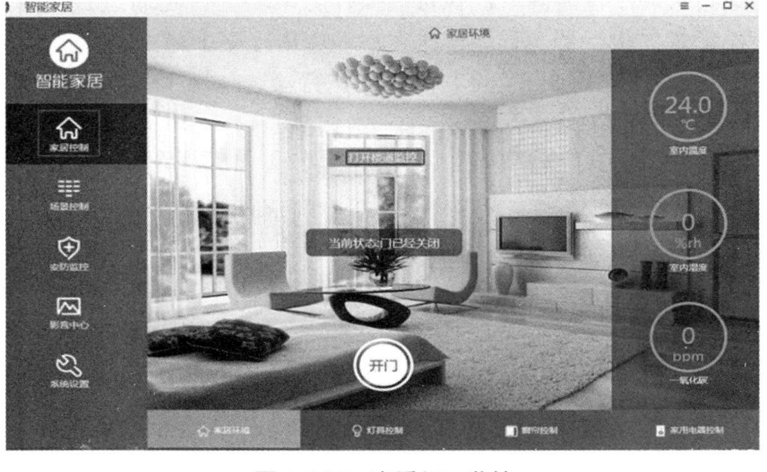

图 4-5-34　查看门口监控

（2）控制智能门锁开门。智能门锁以 ZigBee 无线传感方式与网关组网，“居家环境”主界面中的“开门”可以实现遥控智能门锁的开门功能。在“居家环境”界面，点击“开门”，执行智能门锁的开门操作，开门成功后，主界面的“当前门状态”会相应的变化，门锁会有语音提示“验证成功”。

注意：门口监控界面上的“开门”功能和界面中的“开门”功能作用不同，要避免理解混淆。前者针对的一般是可视对讲系统中的室外机位置的大门，而“居家环境”界面中的“开门”针对的则是 ZigBee 智能门锁（本教程不含 ZigBee 智能门锁设备）。

（3）环境传感数值显示。“居家环境中的环境传感数值可显示室内温度、湿度及一氧化碳的传感数值如图 4-5-34 的右侧栏目中所示。

2. 灯具控制

（1）开关控件操作。灯具控制中可对卧室灯、厨房灯、客厅灯带、客厅灯进行手动开关操作，开关设备之前，需要先进入“系统设置→连接设置→配置设备”对各个设备进行对应的执行器进行绑定，如图 4-5-35 所示。

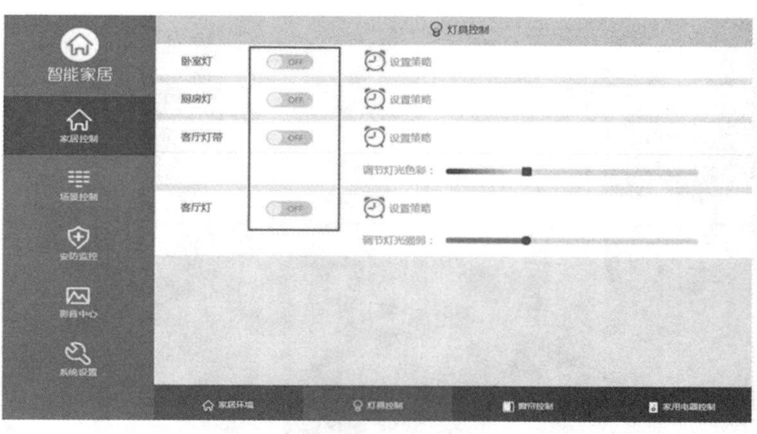

图 4-5-35　开关控件

（2）时间设置。智能家居中的策略主要是以时间为判断条件，当满足所设置的时间时，对应的设备就会进行策略中该时间所需执行的操作，策略主要是通过云平台进行添加设置。云平台上添加策略绑定的执行器为智能家居客户端应用程序中与卧室灯绑定的设备。如卧室灯与灯 1 绑定，则云平台上添加卧室灯策略时，执行器选择灯 1。如图 4-5-36、图 4-5-37 所示。

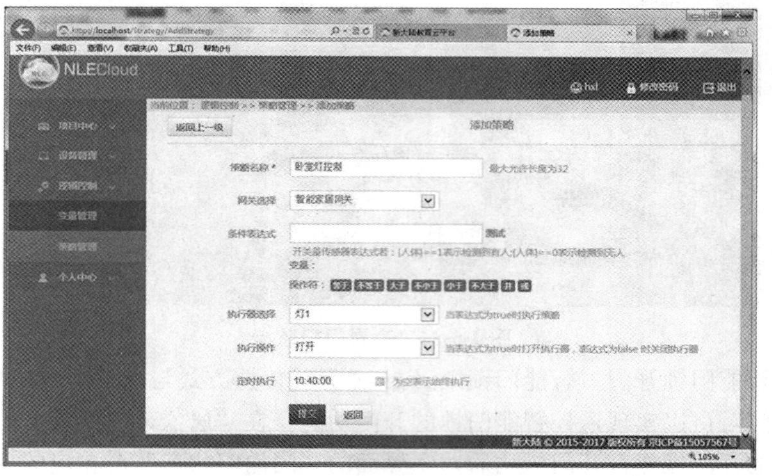

图 4-5-36　点击“策略管理”

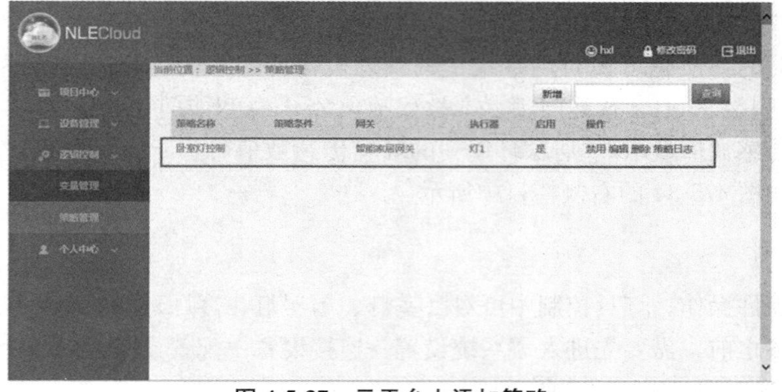

图 4-5-37　云平台上添加策略

在安卓端智能家居—灯具控制中，点击查看卧室灯的⏰，可查看云平台上所添加的策略，如图 4-5-38 所示。

图 4-5-38　查看卧室灯的时间策略

（3）语音识别控制。“家居控制—灯具控制”中的卧室灯、厨房灯、客厅灯带、开客厅灯、关客厅灯等可通过语音识别进行控制。语音识别的按键图标位于软件界面右上角。语音识别的命令包括“开卧室灯、关卧室灯、开客厅灯、关客厅灯、开厨房灯、关厨房灯、开客厅灯带、关客厅灯带、开客厅灯、关客厅灯”，当点击语音识别图标时，软件界面会出现“倾听中”提示，此时，可进行语音识别，如图 4-5-39 所示。

图 4-5-39　语音识别

3. 窗帘控制

窗帘控制界面中可对窗帘进行“开”“暂停”“关”操作；“时间设置”也就是策略功能与灯具控制中策略类似，也是通过云平台上进行添加策略，如图 4-5-40 所示。

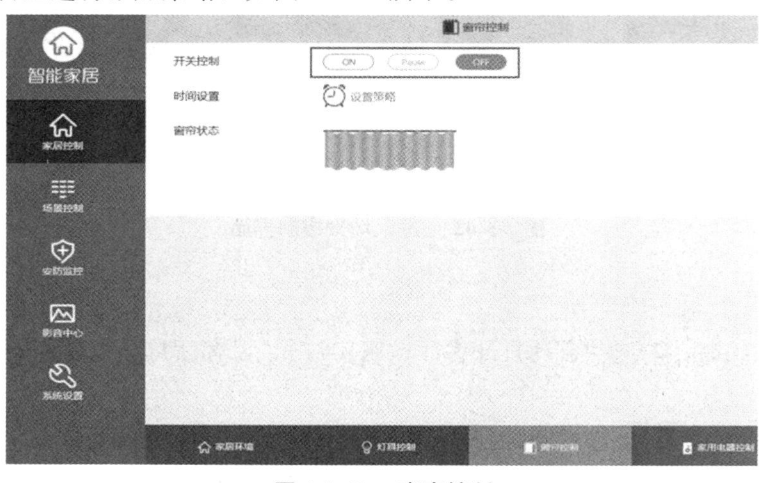

图 4-5-40　窗帘控制

4. 家用电器控制

家用电器控制是对空调进行开关操作，本教材实训设备中，使用风扇模拟空调，风扇是连接在智能插座上，通过控制智能插座对风扇进行控制。另外，“时间设置”也就是策略功能与灯具控制中策略类似，也是通过云平台上进行添加策略，如图 4-5-41 所示。

图 4-5-41　家用电器控制

四、场景控制

点击智能家居 APP 主界面左上角的菜单列表图标，或者从主界面的左侧边框处向右滑动界面，会显示出左侧菜单列表，点击“场景控制”按钮，进入场景控制界面。界面中有“回家模式、氛围模式、离家模式”等三种模式，如图 4-5-42 所示。

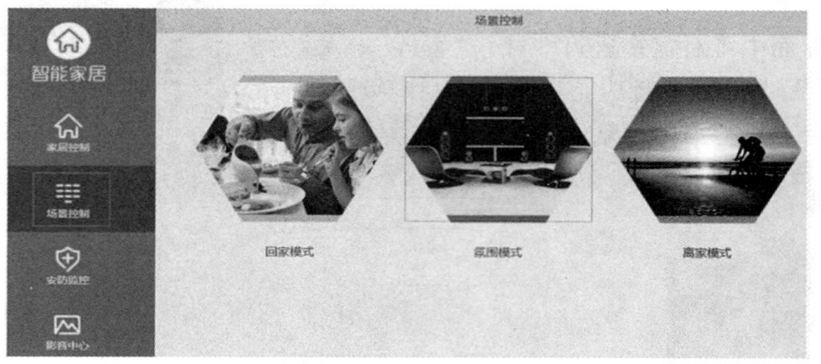

图 4-5-42　进入场景控制界面

1. 回家模式

选择回家模式时，勾选“自动打开客厅、厨房灯光”，客厅灯、厨房灯会自动打开，如图4-5-43所示。

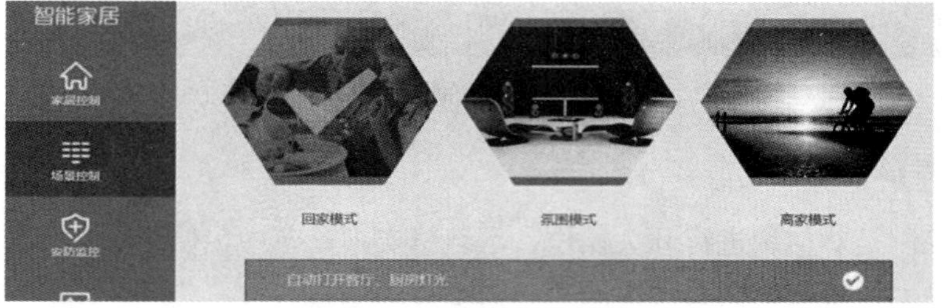

图 4-5-43　选择回家模式

返回家居控制界面，可以看到，选择回家模式后，相应设备被开启，如图 4-5-44 所示。

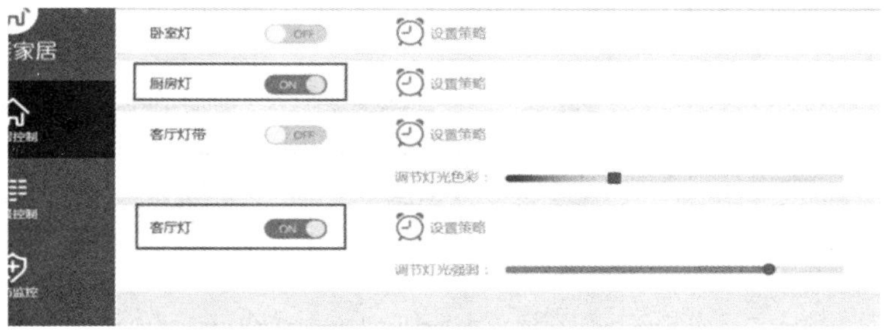

图 4-5-44　回家模式下的灯光状态

2. 氛围模式

选择氛围模式时，勾选“自动打开 RGB 灯带”，RGB 灯被打开，如图 4-5-45 所示。

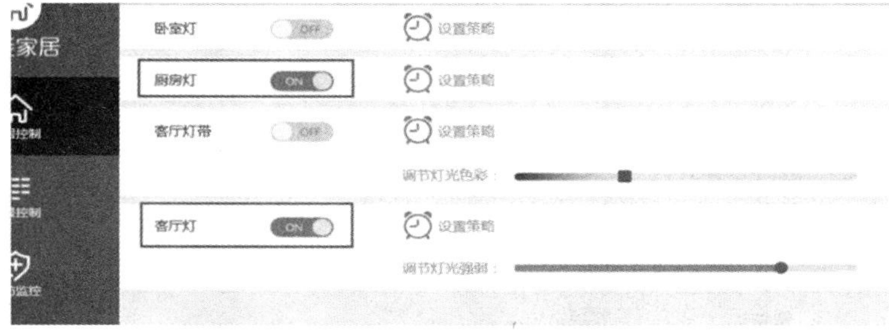

图 4-5-45　选择氛围模式

返回到家居控制界面，可以看到，选择氛围模式后，客厅灯带被开启，如图 4-5-46 所示。

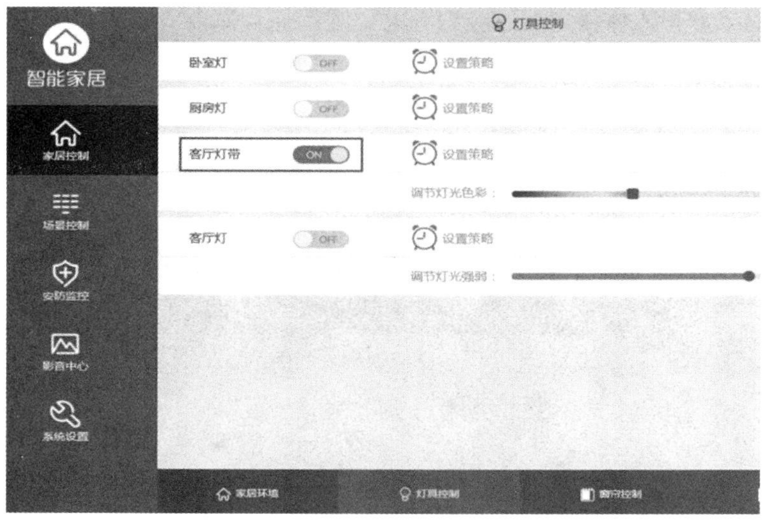

图 4-5-46　氛围模式下的灯光状态

3. 离家模式

选择离家模式时，勾选下发选项，自动关闭屋内所有灯控设备，灯带被调暗，如图 4-5-

47 所示。

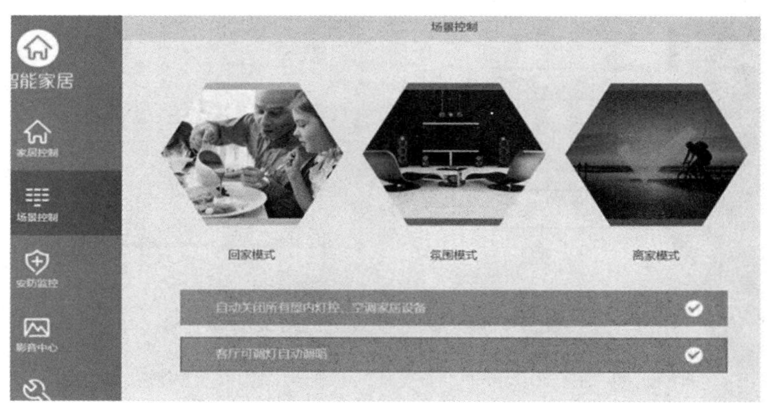

图 4-5-47　选择离家模式

返回到家居控制界面，可以看到，选择离家模式后，灯控设备被关闭，灯带变暗，如图 4-5-48 所示。

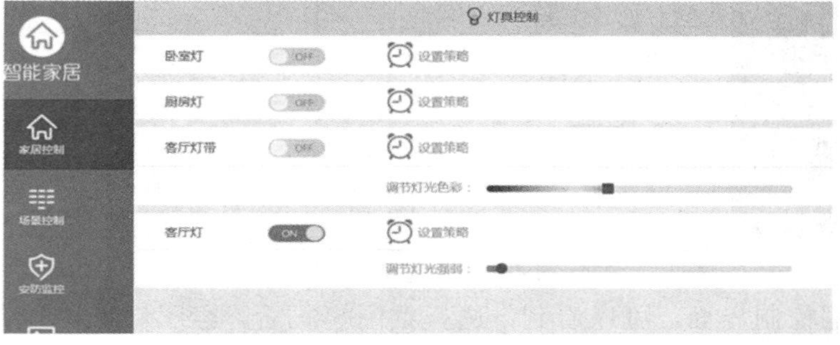

图 4-5-48　离家模式下的灯光状态

离家模式时，如果人体传感器感应到有人，则系统会弹出“非法入侵”的报警框；如果门窗传感器感应到门窗被打开，则系统会弹出“门窗”的报警框，同时联动触发报警器开启。如果要关闭报警器，可通过进入“安防监控”中，点击“关闭报警器”，进行报警器关闭操作，如图 4-5-49 所示。

图 4-5-49　门窗报警

注意：①无论在何种模式下，制药烟雾传感器感应到烟雾，系统都会弹出报警框；②门窗检测到门窗合上时，云平台上查询到的门窗传感器状态值为 0，反之为 1；③人体传感器检测到有人时，云平台上查询到的人体传感器状态值为 1，反之为 0。

五、安防监控

点击智能家居 APP 主界面左上角的菜单列表图标，或者从主界面的左侧边框处向右滑动界面，会显示出左侧菜单列表，点击“安防监控”进入安防监控界面，如图 4-5-50 所示。

图 4-5-50　安防监控主界面

1. 打开视频监控

点击“打开监控”，则显示摄像头捕捉到的画面，如图 4-5-51 所示。

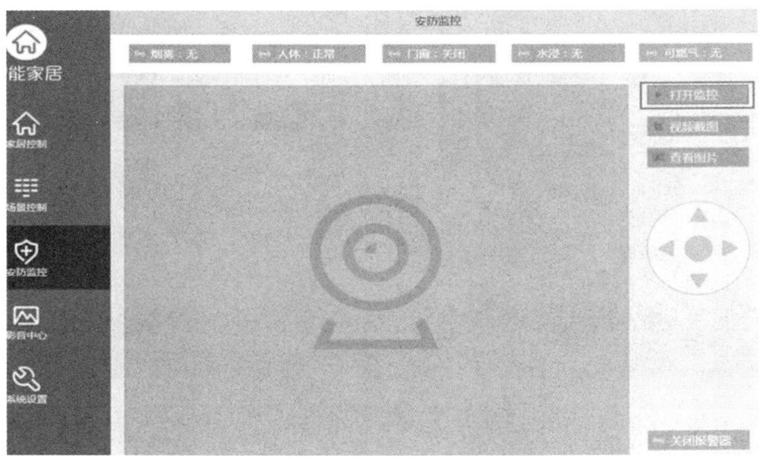

图 4-5-51　打开摄像头监控

2. 视频截图

点击“截图”，可以截取当前摄像头拍摄到的界面保存为图片。

3. 查看截图

点击“查看图片”，可以看到截图的所有图片。

4. 监控方位调节

点击界面右侧的方向键盘，可以调节摄像头的上下左右方向，从而改变了监控方位，如图 4-5-52 所示。

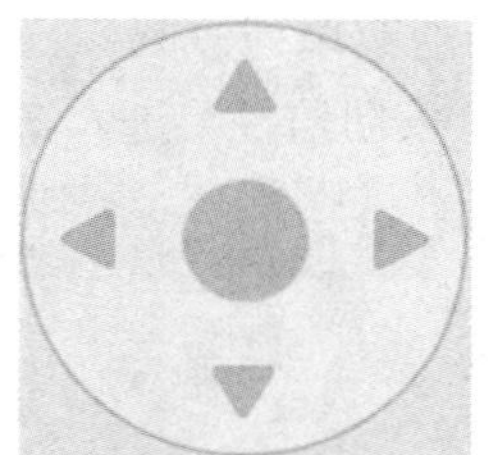

图 4-5-52 双摄像头方向按钮

5. 报警信息

不管在家模式、氛围模式还是离家模式，只要触发烟雾器，安防监控中烟雾就会显示“有”，反之则“无”。只有在离家模式下，触发人体感应器时，人体才会显示“异常”，否则为“正常”；门窗开启打开时显示“打开”，否则显示“关闭”。

六、影音中心

点击智能家居 APP 主界面左上角的菜单列表图标，或者从主界面的左侧边框处向右滑动界面，会显示出左侧菜单列表，点击“影音中心”按钮，进入影音中心界面，如图 4-5-53 所示。

图 4-5-53 影音中心主界面

1. 电视控制

在“影音中心”→“电视控制”界面中，右侧有一个遥控器，当智能家居网关端对电视各个按键学习成功后，就可通过该界面遥控器进行按键操作，实现电视控制功能（本实训中无电视设备）。

2. 音箱控制

在“影音中心”→“音响控制”界面中，右边模拟的是一个遥控器，当智能家居网关端对音箱的各个按键学习成功后，就可通过该界面中的遥控器进行按键操作，可实现操控音箱的功能。

任务 5　智能家居云平台管理

在实际应用中，碰到一些特殊的情况，例如某些传感器、执行器等 ZigBee 设备不再继续使用，或者需要更换掉一些旧的设备、增加一些新设备，或者需要定时开启关闭某些家用电器。此时就需要使用云平台的扩展功能，例如设备管理、设备删除、策略管理等来满足上述的要求。本任务主要学习云平台设备管理、云平台上删除设备、管理策略与数据查询等。

在云平台的主界面上，可以直接对各种智能家居设备进行控制。如图 4-5-54 所示，打开“网关管理”设备管理”，可以看到在任务 2 中已经入网的所有 ZigBee 设备，如图 4-5-55 所示。

一、云平台设备管理

在云平台的主界面上，可以直接对各种智能家居设备进行控制。在与平台上打开“设备管理”，可以看到已经入网的所有 ZigBee 设备。如图 4-5-54、图 4-5-55 所示。

图 4-5-54　打开“网关管理”

图 4-5-55　设备管理界面

点击开关按钮，相应的设备会启动，例如点击灯 1，硬件设备灯 1 亮起，如图 4-5-56 所示。

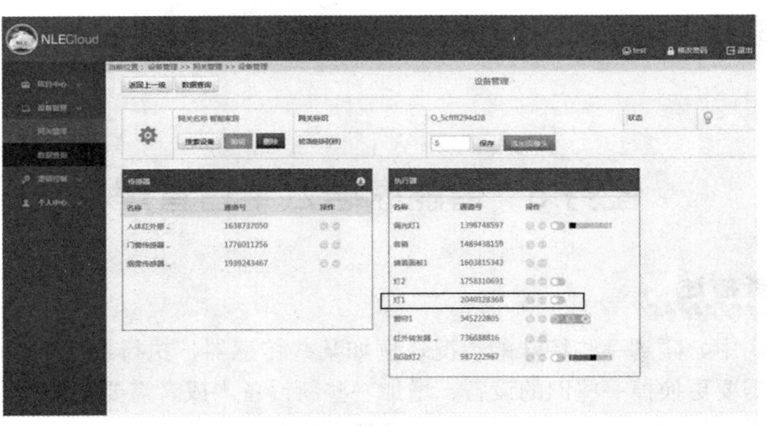

图 4-5-56　启动相应的设备

云平台操作，也会在 Android 端和 PC 端同步，如图 4-5-57、图 4-5-58 所示。

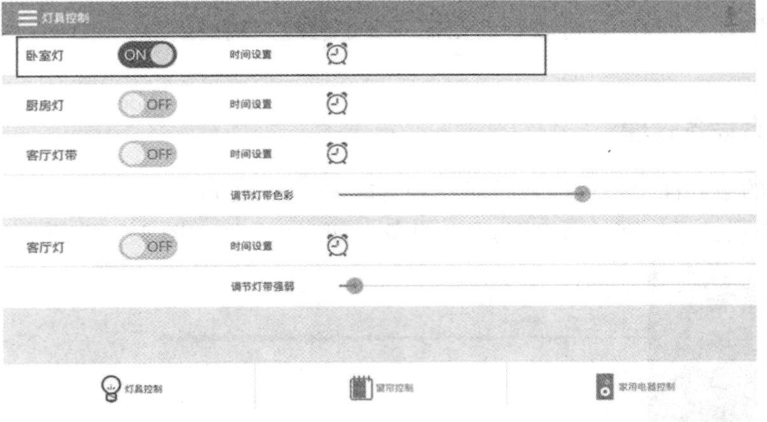

图 4-5-57　云平台上打开“灯 1”的操作同步到 Android 客户端界面

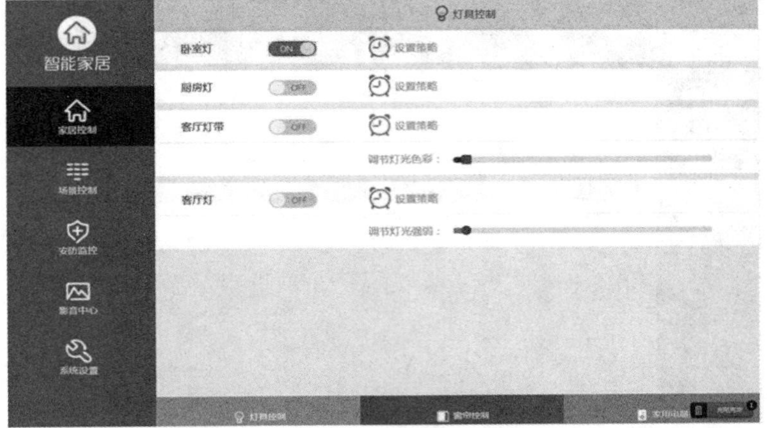

图 4-5-58　云平台上打开“灯 1”的操作同步到 PC 客户端界面

注：在 PC 上用浏览器访问云平台时，建议用谷歌 Chrome 浏览器，或 IE9. 0 以上版本。否则可能出现某些控件不能显示的问题。

二、在云平台上删除设备

当某个设备不再使用时，可以从网关上删除这个设备。另外，当需要重置网关时，也需要先删除该网关下所有连接设备。删除设备之前，要先将网关与云平台断开连接（退出 Android 端网关，按 F5 刷新云平台，看到设备连接指示灯泡变灰色说明云平台与网关断开），点击删除图标，删除设备，如图 4-5-59 所示。

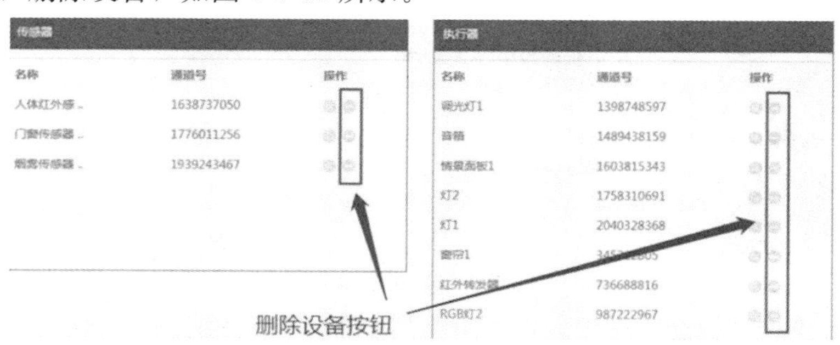

图 4-5-59　在云平台上的删除设备按钮

点击要删除的设备右侧图标 ，删除设备，如图 4-5-60 所示。

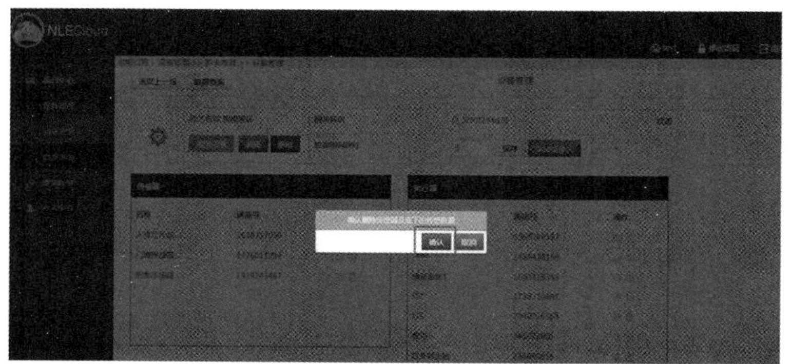

图 4-5-60　删除设备

三、策略管理

智能家居云平台可以提供多种基于策略的设备管理。通过策略管理功能可以为智能家居设备提供定时关机，也可以使传感器联动其他设备，例如当人体红外传感器感应到有人非法入侵时，相应的策略将激活智能开关，使得连接在智能开关上的声光报警器发出警报。策略管理的操作步骤为：

步骤 1　在云平台管理界面依次点击“逻辑控制——策略管理——新增”，如图 4-5-61 所示。

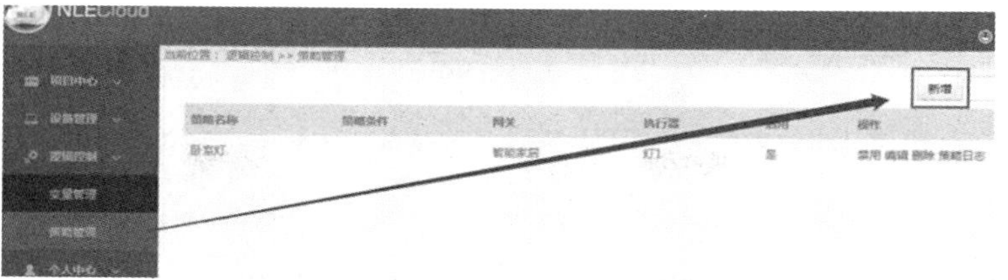

图 4-5-61　新增策略

步骤 2 编辑策略。假如这里要添加一个“客厅灯 15：45：31 打开”的策略，如果需要其他设备联动，还可以在“条件表达式”中做进一步设置，如图 4-5-62 所示。

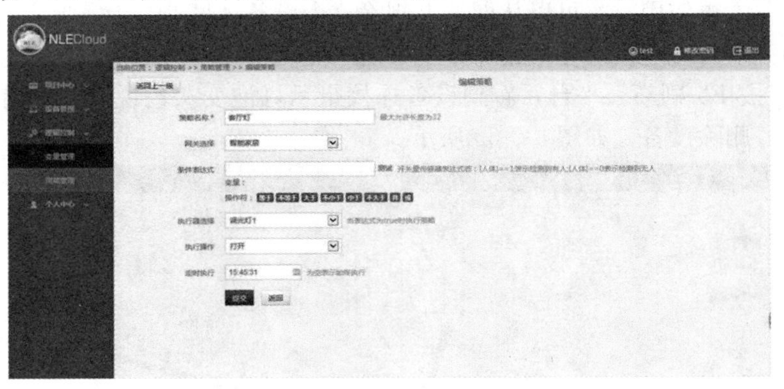

图 5-4-62 编辑策略

添加好后，点击“提交”按钮，返回策略列表中，会显示刚才添加成功的策略。在列表中也可以对已经添加的策略进行编辑修改、删除等操作，如图 4-5-63 所示。

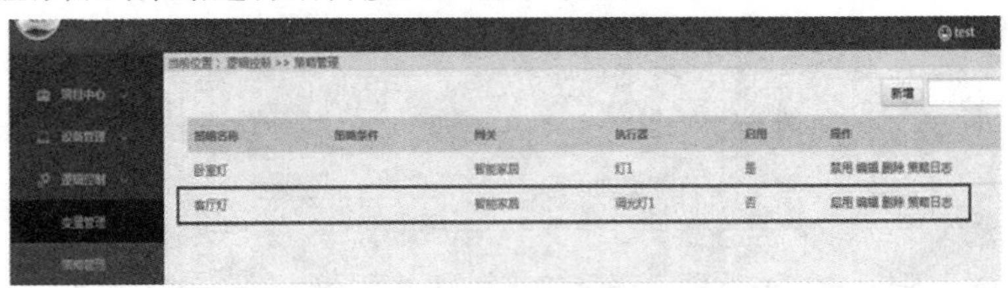

图 4-5-63 已增加的策略列表

步骤 3 启用列表。策略添加后并没有立即生效，还需要在项目列表中点击对应策略行右边的“启用”按钮，才能正式启用该策略，如图 4-5-64 所示。

策略名称	策略条件	网关	执行器	启用	操作
卧室灯		智能家居	灯1	是	禁用 编辑 删除 策略日志
客厅灯		智能家居	调光灯1	否	启用 编辑 删除 策略日志

图 4-5-64 启用策略

步骤 4 查看策略效果。策略启用后，等待条件满足时（这里添加的策略示例是时间到达 15：45：31），可以看到调光灯自动被打开了，在云平台设备管理界面上，也将看到相应的状态开启情况，如图 4-5-65 所示。

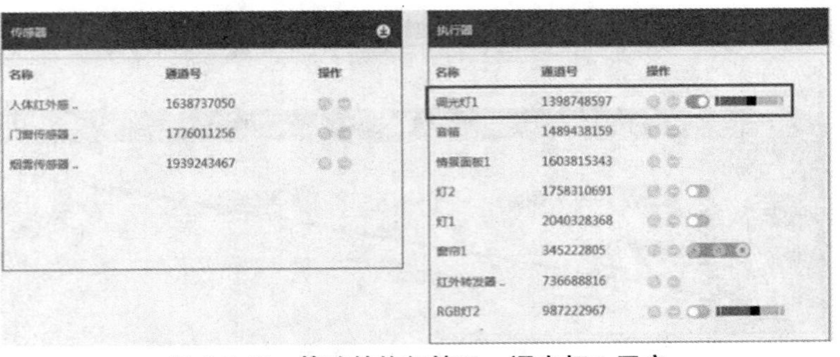

图 4-5-65 策略的执行情况—调光灯 1 开启

三、数据查询

智能家居中各种传感设备都会定时向网关反馈自身的工作状态，以人体红外传感器为例，当人体红外传感器探测到有人时，返回一个传感值为“1”，反之无人时，则返回一个传感值为“0”，并且这个数据会以每 5 s 一次的频率发送给网关，其他传感器设备同样按照设定好的频率发送自身工作状态数据。这样，所有设备发送的数据也就能够为整个智能家居系统的运作提供数据支持了。

在云平台上，也专门提供了数据查询的功能，查询方法为：依次点击“设备管理”→“数据查询”，便可以打开“数据查询”界面，在查询选框中，选择好查询的时间段、项目、传感器名称，最后点击“查询”，将会显示指定时间段内的该传感器的所有数据。这些传感器的数值十分重要，它们将作为后续课程中开发智能家居系统相关软件的直接数据来源。如图 4-5-66 所示。

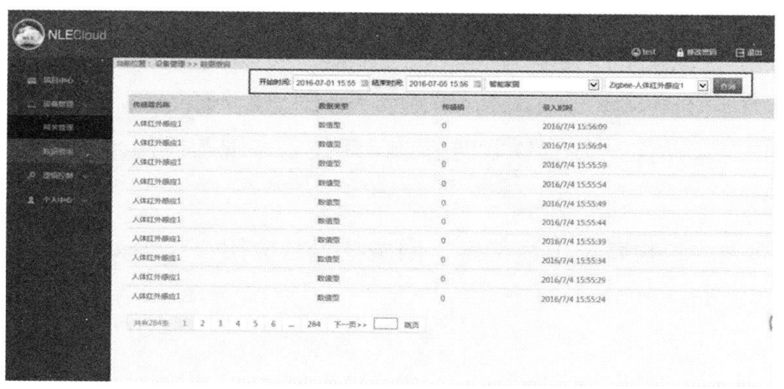

图 4-5-66 查询数据结果显示

参考文献

[1] 宗平. 物联网概论 [M]. 北京：电子工业出版社，2012.

[2] 燕庆明. 物联网技术概论 [M]. 西安：西安电子科技大学出版社，2012.

[3] 无线龙. ZigBee 无线网络原理无线龙 [M]. 北京：冶金工业出版社，2011.

[4] 刘伟荣，何云. 物联网与无线传感器网络 [M]. 北京：电子工业出版社，2013.

[5] 郑文怡，熊书明，王军，等. 物联网工程概论 [M]. 北京：清华大学出版社，2017.

[6] 常排排，綦志勇. 无线传感器网络技术应用 [M]. 北京：水利水电出版社，2019.

[7] 郭文书，刘小洋，王立娟. 物联网技术导论 [M]. 武汉：华中科技大学出版社，2017.

[8] 熊茂华，熊昕，刘萍. 无线传感器网络技术及应用开发 [M]. 北京：清华大学出版社，2015.

[9] 仇保利，胡志昂，范红，等. 物联网安全保障技术实现与应用 [M]. 北京：清华大学出版社，2017.

[10] 谢金龙，邓人铭. 物联网无线传感器网络技术与应用：ZigBee 版 [M]. 北京：人民邮电出版社，2016.

图书出版申报表

填报日期：______年____月____日

<table>
<tr><td>书稿名称</td><td colspan="5"></td></tr>
<tr><td>作　　者</td><td colspan="3"></td><td>著作方式</td><td></td></tr>
<tr><td>单　　位</td><td colspan="3"></td><td>职务职称</td><td></td></tr>
<tr><td>联系地址</td><td colspan="3"></td><td>联系电话</td><td></td></tr>
<tr><td>字　　数</td><td>千</td><td>开本</td><td>开</td><td>发稿时间</td><td></td></tr>
<tr><td>页　　码</td><td></td><td>印数</td><td></td><td>出版时间</td><td></td></tr>
<tr><td>主要内容
（不少于 300 字）</td><td colspan="5"></td></tr>
<tr><td>读者对象</td><td colspan="5"></td></tr>
<tr><td>书稿特色</td><td colspan="5"></td></tr>
<tr><td>作者简介
（不少于 100 字）</td><td colspan="5">（含作者姓名、单位、职务职称及论文发表、著述等情况）</td></tr>
</table>

如有出版意向，请认真填写申报表并扫描或拍照成电子文件，与其他材料（作者身份证正反扫描件、书稿样章、书稿图片等）一起发至邮箱：911988039@qq.com 或直接与编辑（QQ：911988039）联系。